Interdisziplinäre Perspektiven in der Philosophie

Band 2

AF878946

Interdisziplinäre Perspektiven in der Philosophie

Band 2

Die Philosophie des Geistes im Spiegel der Informatik und der Komplexitätstheorie

von

Gero Zimmermann

Tectum Verlag

Die vorliegende Dissertation zum Dr. phil. wurde unter dem Titel *Die Philosophie des Geistes im Spiegel der Hirnforschung, der Informatik und der Theorie komplexer Systeme* am 27.5.2010 bei der Technischen Universität München eingereicht und durch die Fakultät TUM School of Education am 24.11.2010 angenommen.

Vorsitzender: Univ.-Prof. Dr. Peter Hubwieser
Prüfer: 1. Univ.-Prof. Dr. Klaus Mainzer
2. Priv.-Doz. Dr. Jörg Wernecke

Gero Zimmermann

Die Philosophie des Geistes im Spiegel der Informatik
und der Komplexitätstheorie
Interdisziplinäre Perspektiven in der Philosophie; Band 2
Zugl.: Technische Universität München, Diss. 2010
ISBN: 978-3-8288-2740-0
ISSN: 1867-7592
Umschlagabbildung: © Henrik5000 | iStockphoto.de
© Tectum Verlag Marburg, 2011

Besuchen Sie uns im Internet
www.tectum-verlag.de

Bibliografische Informationen der Deutschen Nationalbibliothek
Die Deutsche Nationalbibliothek verzeichnet diese Publikation in der Deutschen Nationalbibliografie; detaillierte bibliografische Angaben sind im Internet über http://dnb.ddb.de abrufbar.

Meiner lieben Frau Helga
die die Entstehung dieser Arbeit begleitete,
ihre Fertigstellung aber nicht mehr
miterleben durfte

Inhalt

Abbildungen

Vorwort

Die vorliegende Arbeit behandelt eine Thematik, die mich über viele Jahre hinweg beschäftigt hat. Durch das Buch „Automat und Mensch" von Prof. Karl Steinbuch wurde mein Interesse geweckt für die Möglichkeit der Übertragung des Gedankenguts der Informatik auf geistige Prozesse.

Nach langjähriger Industrietätigkeit mit Universitätskontakten im Bereich der Wirtschaftsinformatik begann ich mich nach dem Übergang in den Ruhestand wieder mit interdisziplinären Fragen von Philosophie und Informatik zu beschäftigen. Die Tür hierzu öffnete mir Prof. Klaus Mainzer, dessen Publikationen und Vorlesungen zu den Themenbereichen der künstlichen Intelligenz, Computerphilosophie, Komplexitätstheorie und der Theory of Mind die Basis lieferten für eine darauf aufbauende Auseinandersetzung mit den Fragen und Thesen der Philosophie des Geistes. Wichtige Anregungen bekam ich auch von verschiedenen Vortragsreihen an der Carl von Linde-Akademie der TU München.

Das Ziel dieser Arbeit ist es zu zeigen, dass es auch für scheinbar rätselhafte geistige Phänomene durchaus Erklärungsansätze gibt, wenn man auf das angegebene Grundlagenwissen zurückgreift und die Fragen im Bereich der Philosophie des Geistes an aktuellen Entwicklungen, Fragestellungen und Erkenntnissen der Robotik spiegelt, deren Artefakte in Zukunft immer mehr „menschliche Züge" annehmen werden. Hier sind interdisziplinäre Ansätze gefragt unter Einbeziehung der Philosophie, wie das Forschungsprogramm CoTeSys (Cognition for Technical Systems) dreier Münchner Universitäten exemplarisch demonstriert. Auch die Hirnforschung, Psychologie, Evolutionstheorie u.a. haben mir wichtige Anregungen für die Auseinandersetzung mit den Fragestellungen der Philosophie des Geistes geliefert, die in diese Arbeit ebenfalls eingeflossen sind.

Ich hoffe, mit der vorliegenden Abhandlung einen Beitrag zum interdisziplinären Diskurs der angesprochenen Thesen zu liefern, wobei das Ziel darin besteht, die Argumentation sowohl für Philosophen als auch für Hirnforscher und Informatiker nachvollziehbar zu machen und allen drei Bereichen Anregungen für weitergehende Überlegungen zu liefern.

Herrn Prof. Klaus Mainzer gilt mein besonderer Dank für Anregungen, die dazu geführt haben, dass einige der hier unterbreiteten Thesen klarer formuliert und deren Prämissen deutlicher herausgearbeitet werden konnten.

München im März 2011 Gero Zimmermann

Vorbemerkung und Aufgabenstellung

Die aktuelle Philosophie des Geistes beschäftigt sich mit Grundsatzfragen, die nahezu unlösbar erscheinen und „ ... man argumentiert gerade deshalb, weil die Konklusion fraglich erscheint, man sie aber nicht direkt, zum Beispiel durch Beobachtungen, bewahrheiten oder widerlegen kann" (Tetens 2004, S. 24).

Betrachtet man die bisherige Herangehensweise an die ungelösten Fragen des Geistes, dann fällt auf, dass sie im Wesentlichen von den Hirnforschern einerseits und den Philosophen andererseits bearbeitet werden. Erstere versuchen durch Beobachtung und Analyse des Geschehens im Gehirn zu einem Verständnis des Geistigen zu gelangen, während letztere durch Introspektion, Nachdenken und Hinterfragung der Erkenntnisse der Hirnforschung versuchen, zu schlüssigen Aussagen zu kommen. Dabei stoßen sie aber immer wieder auf Fragestellungen, die sich einer plausiblen Beantwortung hartnäckig widersetzen. „Mancher betrachtet deshalb die Unbeantwortbarkeit philosophischer Fragen weniger als Zeichen ihrer Tiefe, sondern eher als Hinweis darauf, dass mit der Frage selbst etwas nicht in Ordnung ist" (Lanz 1996, S. 163). Spitzer meint: „Eine Kuriosität ist nur dann kurios, wenn man über keine geeignete Theorie verfügt, die die Dinge verständlich macht" (Spitzer 2000, S. 143). Wahrscheinlich werden wir auch hier erst wissen, welches die richtigen Fragen sind, wenn wir kurz davorstehen, die Antworten zu kennen, wie der Physiker Steven Weinberg einmal formulierte.

Aus Sicht des Verfassers werden in der aktuellen Diskussion neuere Erkenntnisse der Kybernetik, Synergetik und der Theorie komplexer Systeme zu wenig beachtet. Es wird dann behauptet, dass bestimmte sog. mentale Phänomene Kennzeichen lebender Systeme, und in ihrer höchsten Vollendung des Menschen, seien, und mit den Hilfsmitteln der Physik, Chemie oder Biologie nicht erklärt werden könnten und deshalb unvermeidliche „Erklärungslücken“ zurückbleiben.

Beispielsweise kann uns die Hirnforschung zwar näherungsweise sagen, welche Gehirnareale für welche Gehirnfunktionen zuständig sind und wie sie jeweils zusammenwirken. Damit ist aber noch nichts darüber ausgesagt, wie sie die Phänomene hervorbringen, die wir beobachten und erleben. Der Ansatz der Hirnforscher entspricht dem Versuch, die Funktionsweise eines Computers allein mit den Hilfsmitteln der Physik und Elektrotechnik zu verstehen. *Gewusst wo* heißt eben nicht *gewusst wie*! Warum also erleben wir z. B. die in der Hörrinde aufbereiteten Informationen *als Hören* und die in der Sehrinde *als Sehen*, und warum werden Sie uns erst bewusst, wenn sie in den vorderen Cortex gelangen? Sind die Unterschiede auf unterschiedliche Verschaltungen der Neuronen in diesen Arealen zurückzuführen oder worauf ggf. sonst?

Die Informatik wiederum liefert uns intelligente künstliche Systeme (künstliche Intelligenz KI), Systeme die etwas wissen (wissensbasierte Systeme), Systeme die angeblich denken können (wie der Titel „Computerdenken“ des Buches von Roger Penrose suggeriert), autonom agierende Systeme (bestimmte Arten von Robotern) usw., ohne dass klar definiert wird, was Intelligenz, Wissen, Denken usw. ist. Und es wird bereits darüber diskutiert, ob solche Systeme eines Tages eventuell auch bewusstseinsfähig sind, noch ehe es eine Abgrenzung dafür gibt, wodurch Bewusstsein eigentlich charakterisiert ist.

Die Begriffe der philosophischen Erkenntnistheorie sind nicht präzise genug formuliert, um auf dieser Basis die Möglichkeit maschinellen Wissens und Erkenntnisgewinns diskutieren oder gar verifizieren oder falsifizieren zu können, ebenso wie die Charakterisierung des Bewusstseinsphänomens in der Philosophie des Geistes keine ausreichende Basis liefert zur Klärung der Möglichkeit maschinellen Bewusstseins.

Das Problem sogenannter *kognitiver Phänomene* ist, dass sie weitgehend ohne Bezug zu Raum und Zeit, also zu Kants a priori Anschauungsformen und auch zu Kants a priori Verstandesformen erlebt werden, die ihrerseits als Grundlage bzw. Bezugsrahmen für jegliche Erkenntnis vorausgesetzt werden. Wahrnehmungen wie Gerüche und Geschmackserlebnisse lassen sich ebenso wie Gefühle, Wünsche, Ängste usw. nicht räumlich und nur bedingt zeitlich einordnen. Deshalb scheinen sie sich der menschlichen Erkenntnis- und Erklärungsmöglichkeit zu entziehen und erlangen so den Status von etwas Geistigem und Rätselhaftem, das sich angeblich nicht fassen und verstehen lässt. Dennoch lassen sich auch aus ihnen, so die Meinung des Verfassers, Erkenntnisse einer bestimmten Art (z. B. über mein augenblickliches Befinden) ableiten.

Die vorliegende Abhandlung weist einen Weg zum Verständnis derartiger Phänomene, indem sie zeigt, dass sich nicht nur visuelle und auditive Wahrnehmungen im Gehirn oder in einem technischen System (Datenträger) repräsentieren lassen (CD, DVD, Schallplatte, Film usw.), sondern auch sonstige kognitive Erlebnisse (Gefühle), die sich scheinbar einem solchen Ansinnen widersetzen. Zu diesem Zwecke müssen sie, wie aus der Sprechakttheorie bekannt, aufgeteilt werden in einen *propositionalen Gehalt* und einen *Erlebnistyp*, der dem Sprechakttyp entspricht. Die Philosophie spricht hier von propositionalen Einstellungen. Der Erlebnistyp bringt zum Ausdruck, ob es sich um eine Wahrnehmung, eine Vorstellung, einen Glauben, eine Hoffnung, einen Wunsch, eine Befürchtung o.ä. handelt, während der propositionale Gehalt ausdrückt, worauf sich der Erlebnistyp bezieht, also auf das Wahrgenommene, das Vorgestellte, das Befürchtete, das Erwünschte usw. Dabei wird der propositionale Gehalt seinerseits einer gewissen Modalität, Qualität, Intensität und ggf. Lokalität zugeordnet. Gefühle sind dann durch ihre spezifische Wahrnehmungs*modalität* (z. B. Schmerzen) definiert, in Verbindung mit einer spezifischen Qualität (z. B. *stechender* Schmerz), Intensität (*wie stark* tut es weh) und Lokalität (*wo* tut es weh). Der Erlebnistyp bringt schließlich zum Ausdruck, ob ein Schmerz z. B. aktuell erlebt, nur vorgestellt (was tue ich falls ...) oder nur befürchtet wird. Es ist dann zwar kontraintuitiv aber dennoch möglich, auch solche kognitiven Phänomene in irgendwelchen Mustern zu codieren. Affective computing weist hier den Weg, wobei sich die Gefühle selbst ggf. wiederum auf bestimmte Basisemotionen zurückführen lassen. Damit werden sie der Informationsverarbeitung und der Informationsmanipulation zugänglich, was wiederum ermöglicht, sie als Einflussgröße auf das Verhalten einer gewissen Kategorie von Systemen zu verstehen. Das Gehirn wird dadurch zu einem „informationsverarbeitenden System". Im Gegensatz zur Diskussion um die starke und die schwache KI These geht es hier aber um die Möglichkeit der *Repräsentation von Qualia-Erlebnissen*, denn die Fokussierung auf Software allein kann keine Antwort auf die Frage liefern, was „Bewusstseins-Inhalte" sind, wie sie entstehen und welche Wirkung von ihnen ausgeht.

In der vorliegenden Arbeit rückt deshalb *der Inhalt geistiger Phänomene,* also der *propositionale bzw. intentionale Gehalt* des uns bewusst Gewordenen in den Blickpunkt der Betrachtung. Und dieser „Inhalt" des bewusst Gewordenen wird aus Sicht des Verfassers *in Mustern repräsentiert* bzw. codiert, sowohl im Gehirn (neuronale Erregungsmuster) als auch im Computer (in irgendwelchen Speichermedien). Dabei ist es letztlich irrelevant, welche physikalischen Hilfsmitteln (Materialismus, Physikalismus) als Träger für diese Muster herangezogen werden und auch welche Codierungsform benutzt wird. Die Thesen in der vorliegenden Arbeit sind somit eine Weiterentwicklung des sogenannten Repräsentationalismus *und mentale Vorgänge werden im Gehirn wie im Computer als Musterverarbeitungsprozesse betrachtet,* die nur mit den Hilfsmitteln der Logik, Schaltalgebra und allgemein der Informatik verständlich gemacht werden können. Welche *physikalischen* Prozesse dahinter stehen, ist für das Verständnis der Informationsverarbeitung uninteressant. Wichtig ist aber, dass die Art der „Mustergenerierung" durch die „Konstruktion" der Maschine bzw. des Gehirns bestimmt wird und dass wir es hierbei mit komplexen Systemen zu tun haben, die durch ganz spezifische Merkmale charakterisiert sind. Da deren Funktion in Computern durch Computerprogramme explizit auf einer logischen Ebene beschrieben wird, kann Software die Art der Informationsverarbeitung und Informationsgenerierung am besten *deutlich machen.* Zudem trennt die Abbildung von neuronalen Netzen in Computern die Informationen im Speicher strikt von deren Verarbeitung in der CPU und macht so das Zusammenspiel von beidem deutlicher. Kognitive Prozesse setzen sich also stets aus einer *Verarbeitung* (dem Wahrnehmen, dem Denken, dem Entscheiden usw.) und dem *Ergebnis der Verarbeitung* (dem Wahrgenommenen, dem Gedachten, der Entscheidung usw.) zusammen. Beides muss strikt auseinander gehalten werden. Wird dies nicht beachtet, entstehen Scheinprobleme, wie wir ihnen z. B. bei der Diskussion des freien Willens immer wieder begegnen.

Computer sind so gesehen Systeme, die uns schonungslos die Lücken in unserem Verständnis vor Augen führen, weil sie uns zwingen, die Verarbeitungsprozesse und die zu verarbeitenden Informationen explizit niederzuschreiben.

Damit wird aber ausdrücklich nicht behauptet, dass das Gehirn ein Computer ist, sondern lediglich dass solche Computer*modelle* geeignet sind, uns gewisse Phänomene zu erklären. Tatsächlich haben wir es beim *Gehirn,* wie bereits ausgeführt, mit *einem System neuronaler*

Netze zu tun, in denen die Funktionsweise „fest verdrahtet" ist, auch wenn die Netze anpassungs- und lernfähig sind.

Der Blick auf Computer ist auch deshalb naheliegend, weil Computer als Basis für die Entwicklung künstlicher Systeme herangezogen werden, bei denen wir kognitive Fähigkeiten implantieren möchten. Roboter ermöglichen zudem die Überprüfung von Hypothesen, weil wir ihre Funktion verstehen und konstruktiv gestalten können, was für das Gehirn nicht gilt.

In der vorliegenden Abhandlung wird pragmatisch unterstellt, *dass Qualia Repräsentationen von Merkmalen, Objekten und Ereignissen der realen Welt sind, was aus Sicht des Individuums sowohl die Außenwelt als auch die Innenwelt, d.h. den eigenen Körper und dessen Zustand umfasst. Als geistiger Gehalt von Informationen wird hier also nur das akzeptiert, was einen Bezug zur realen (oder einer vorgestellten) Welt hat*, d.h. eine solche repräsentiert. *Als Bewusstseinsinhalte werden bzw. sind Qualia aktiv verfügbares explizites Wissen und damit (gedanklich) manipulierbar und nutzbar*, und wir (oder ein beliebiges informationsverarbeitendes System) können darüber berichten. Da jedoch die Behauptung eines Systembeobachters oder eines Systems selbst, dass er bzw. es über Qualia-Erlebnisse verfüge, aus prinzipiellen Gründen nicht verifizierbar bzw. falsifizierbar ist, handelt es sich auch beim vorliegenden Ansatz nur um eine plausible und zweckmäßige, aber nicht beweisbare Annahme.

Weiterhin wird in dieser Abhandlung die Antwort auf die Frage nach der Existenz eines „Ichs" daraus abgeleitet, dass streng zwischen merkmalsbezogenem und objektbezogenem Bewusstsein unterschieden und die evolutionären Triebfedern aufgezeigt werden, die uns die Welt als eine Ansammlung interagierender Objekte erleben lassen. Daraus leitet sich dann das Ich als ein ganz spezifisches Objekt in der Welt ab, das vom Gehirn erschlossen bzw. konstruiert wird.

Die strikte Trennung zwischen Informations*lieferant* (Körper mit Rezeptoren und Propriozeptoren) einerseits und Informations*verarbeiter* (Gehirn) andererseits, zwischen Informations*verarbeitung* (einem Prozess im Gehirn) und den (im Gehirn in neuronalen Erregungsmuster repräsentierten) *Informationen selbst* sowie zwischen dem *physikalischen Träger* (Signal) und dem in ihm codierten bzw. repräsentierten *propositionalen Gehalt* einer Information ist die entscheidende Voraussetzung zum Verständnis kognitiver Prozesse. Diese Sicht wird hier mit dem Begriff *Separatismus* gekennzeichnet, wodurch postuliert wird, dass beide Dinge jeweils getrennt und in ihrem Zusammenspiel betrachtet werden müssen. Das eröffnet einen neuartigen Blick auf kognitive Phänomene und damit neue Erklärungsansätze. Beispielsweise wird so das Zustandekommen des „Ich-Erlebnisses" aus der Wechselwirkung des Körpers mit seiner Repräsentation im Gehirn und die Frage nach der Beziehung zwischen Gehirnsubstanz (Materie) und Geist aus der Beziehung zwischen Repräsentation und physikalischem Träger der Repräsentation deutlich. Auch die „Illusion der Willensfreiheit" erklärt sich dann aus der Tatsache, dass Entscheidungen keine Ereignisse sind, sondern das Resultat von Entscheidungsprozessen, die sich der bewussten Beobachtung und Beeinflussung entziehen. Und die „Gründe" für unsere Entscheidungen sind dann letztlich „nichts anderes" als bewusst wahrgenommene oder vorgestellte und bewertete Zustände des Körpers in einer bestimmten Umweltsituation, die im Gehirn repräsentiert sind und so seine Reaktion „bestimmen".

Voraussetzung hierfür ist aber eine begriffliche Basis für die angesprochenen Themen, die als Ausgangspunkt für eine Diskussion dienen kann. Wenn wir überlegen, welchen Anforderungen künstliche Systeme genügen müssen, damit wir ihnen mentale Eigenschaften zugestehen können, wird sehr schnell deutlich, wie unklar und verschwommen allein schon die in der Hirnforschung und Philosophie gängigen Begriffe sind. Andreas Kemmerling drückt das so aus: „Die Diskussion über das Bewusstsein, wie sie in der analytischen Philosophie der letzten 50 Jahre stattgefunden hat, leidet meines Erachtens sehr darunter, dass Gedankenexperimente, Begriffsneuschöpfungen und die sog. Intuition den Vorrang hatten vor Datensammlungen, Falluntersuchungen und sorgfältigen Begriffsanalysen" (Kemmerling 1998, S. 70). Der Verfasser stellt deshalb neue Begriffsdefinitionen vor und ist dabei bemüht, sie so zu gestalten, dass sie generell und damit auch auf künstliche Systeme anwendbar sind. Der Blick wird dadurch auf die wesentlichen Kernfragen gelenkt. Auf dieser Basis können die Fragestellungen der Philosophie des Geistes, aber auch die der Hirnforschung, KI und Robotik neu angegangen werden. Dies führt zu z.T. unerwarteten Aussagen und Schlussfolgerungen, die sicher ihrerseits wieder einer Diskussion bedürfen, insbesondere in Hinblick auf ihre Rückwirkung auf unser menschliches Selbstverständnis.

Wann sind wir bereit, einem Roboter Wissen, Erkenntnisse, Absichten oder Bewusstsein zuzugestehen? Können künstliche Systeme wirklich nichts versprechen und keine Verpflichtungen eingehen? Und von welchen unausgesprochenen Prämissen gehen Behauptungen der Art aus, dass künstliche Systeme prinzipiell nur das Nachvollziehen können, was ihnen zuvor explizit einprogrammiert wurde, dass sie nicht die Bedeutung von Sprache verstehen können, dass sie nichts wollen können und ähnliches? Wenn wir künstliche Systeme mit mentalen Erlebnissen schaffen und schließlich klären wollen, ob sie solche tatsächlich auch haben, müssen wir zumindest angeben können, welche notwendigen und hinreichenden Bedingungen solche Systeme erfüllen müssen, damit wir ihnen diese Fähigkeiten zugestehen und zwar unabhängig davon, wie sie in einem bestimmten Fall technisch realisiert werden können. Wir benötigen also ein „Pflichtenheft für den Geist", d.h. wir benötigen zumindest einen klaren Anforderungskatalog, in dem schriftlich fixiert ist, welche Anforderungen ein System (Artefakt, Tier, Mensch) erfüllen muss, damit wir ihm bestimmte mentale Fähigkeiten bescheinigen können. Die nächste Aufgabe besteht dann darin, eine Konstruktionsanweisung für solche Systeme zu entwickeln, oder eine Begründung dafür zu liefern, warum sich solche Systeme nicht bauen lassen. Dies setzt aber mindestens klare Begriffe und Thesen voraus, die falsifizierbar sind.

Schließlich stellt sich beim aktuellen Entwicklungsstand der Robotik auch noch die immer dringender werdende Frage nach der Autonomie und „Entscheidungsfreiheit" von Artefakten und der daraus resultierenden Verantwortung für deren Aktionen. Der Verfasser zeigt auf, dass der Begriff der Freiheit aus Sicht der Chaos- und Komplexitätstheorie aus einer neuen Perspektive verstanden werden muss und sich die Verantwortung für Entscheidungen und Handlungen nicht daraus ableitet, dass es auch alternative Möglichkeiten gegeben hätte, sondern aus den Situationen und Motiven, die der Entscheidung und Aktion zugrunde lagen. Und dies gilt für Mensch und Maschine gleichermaßen.

Karl Popper hat einmal formuliert: „Wenn eine neue Theorie eine Entdeckung oder ein Schritt nach vorn sein soll, muss sie mit ihrer Vorgängerin kollidieren; das heißt, sie sollte wenigstens zu einigen anderen Ergebnissen führen. Das bedeutet jedoch von einem logischen Gesichtspunkt aus, dass sie zu ihrer Vorgängerin in Widerspruch stehen muss: Sie muss sie stürzen. In diesem Sinn ist Fortschritt in der Wissenschaft - oder zumindest auffallender Fortschritt - immer revolutionär" (zitiert in Koestler 1990, S. 183).

1 Physikalische und Informationstheoretische Grundlagen

1.1 Zeichen, Symbole und deren Bedeutungen

Zeichen können Buchstaben, Zahlen und Sonderzeichen sein, aber auch Zeichen der chinesischen oder arabischen Schrift und Bilder, gesprochene Laute und Worte. Ein ***Alphabet*** umfasst das jeweilige Repertoire an Zeichen. Folgen von Zeichen kann man ***Superzeichen*** zuordnen. So sind beispielsweise Worte Superzeichen einer Folge von Buchstaben (Zeichen) des Alphabetes. Diese Buchstaben sind umgekehrt ***Subzeichen*** der Worte. Sätze wiederum sind Superzeichen von Worten und so weiter.

Charles S. Peirce unterscheidet bei Zeichen zwischen solchen, die eine gewisse Ähnlichkeit zum bezeichneten Objekt haben, er nennt sie ***Ikone***. Aus ihnen kann direkt auf das Bezeichnete geschlossen werden kann. Geben Zeichen nur einen Hinweis auf das Bezeichnete, spricht er von ***Indizes***. So liefert etwa ein Ehering einen Hinweis, dass eine Person verheiratet ist. Indizes erfordern aber ein gewisses (z. B. kulturspezifisches) Vorabwissen, zur richtigen Deutung (z. B. Uniform). Man kann dann auf Basis von Erfahrung von einem Zeichen auf das bezeichnete Objekt schließen. Ist das Zeichen ein ***Symbol***, wie etwa ein chinesisches Schriftzeichen oder ein Verkehrszeichen, dann kann die Zuordnung zum Bezeichneten nur durch eine willkürliche Vereinbarung hergestellt oder durch Erfahrung gelernt werden (Strafzettel bei Missachtung eines Verkehrszeichens, Rüge bei Missachtung eines Statussymbols). Werden solche Erfahrungen wiederholt gemacht, lernen wir diese Zuordnung von Symbolen durch Induktion kennen. Im Weiteren verwenden wir die Begriffe Zeichen und Symbol synonym.

Menschen haben ***eigenständige Symbolsysteme*** geschaffen, etwa für die Logik, die Mathematik oder die Musik (Noten). Hier ist die ***Bedeutung*** der Symbole durch ihren *Gebrauch* definiert.

Symbole erhalten ihre ***Bedeutung*** also entweder durch ***Vereinbarung*** zwischen Sender und Empfänger (zum Beispiel Verkehrszeichen, Alarmmeldungen, Morsezeichen und ähnliches im Bereich der Technik) oder durch ***Induktion,*** wobei der Empfänger aus seinen Erfahrungen mit Symbolen deren Bedeutung ableitet. Schon auf dieser Ebene begegnet man in Teilen der Philosophie Missverständnissen darüber, was eine Bedeutung ist. Ein Musterbeispiel hierfür ist die Behauptung, dass Rauch über dem Haus die natürliche Bedeutung habe, dass es im Haus brennt (Textor 1998, S. 474). Rauch selbst hat überhaupt keine Bedeutung, er ist lediglich für Wesen, die den Zusammenhang zwischen Feuer und Rauch aus Erfahrung kennen, ein *Indiz* dafür, dass es vermutlich ein Feuer gibt. „Die Bedeutung von Signalen hängt überhaupt nicht von der Beschaffenheit der Signale ab, sondern von den Bedingungen, unter denen sie beim Empfänger aufgenommen werden. *Es ist der Empfänger, der Bedeutung konstituiert*" (Roth 1997, S. 107). So kann man Tieren durch klassische Konditionierung beibringen, Symbole richtig zu interpretieren. Neutrale Reize in Form von Symbolen lösen dann beim Empfänger eine bestimmte *Erwartungshaltung hinsichtlich bevorstehender Konsequenzen* aus. Dadurch wird ein kausaler Zusammenhang hergestellt. Und dieser Zusammenhang muss nicht einmal ein bewusst erkannter sein. „Bedeutsam ist, was neu ist ..., was für uns gut ist und vor allem was für uns besser ist, als wir das zuvor erwartet hatten", (Spitzer 2004, S. 153). Man beachte hierbei den Terminus „für uns"! Informationen haben nicht eine Bedeutung an sich. Vielmehr bezieht sich die Bedeutung immer auf ***ein Objekt oder Subjekt, das die Bedeutung*** beziehungsweise die Konsequenzen der Information ***„zu spüren" bekommt. Daraus folgt, dass ein Computer die Bedeutung einer Information zwar nicht für sich selbst, wohl aber für eine andere Entität, z. B. einen Roboterkörper, erkennen kann.***

Dretske diskutiert die Frage, ob ein Kind, das (noch) nicht weiß, was Hunde sind, und das zum ersten mal in seinem Leben einen Pudel sieht, den Pudel so sieht, wie wir (Dretske 1998a, S. 73ff). Ohne auf seine langwierigen Ausführungen zu diesem Thema einzugehen, wollen wir sofort unsere Antwort auf diese Frage präsentieren. Visuell sieht das Kind dasselbe wie wir. Es hat aber noch keine Vorstellungen von einem Hund, deshalb kann es mit dem Pudel auch keine Erfahrungen der Art „beißt", „bellt", „kann gut riechen" u.ä. verbinden. Das Kind kann dem Gesehenen also noch keine detaillierte Bedeutung zuordnen. Erst im Laufe der Entwicklung lernt das Kind sukzessive, seine Umwelt immer detaillierter zu klassifizieren. Zunächst kann es vielleicht nur Tiere, Menschen und unbelebte Objekte unterscheiden. Nach und nach lernt es aber die Unterschiede zwischen Hunden, Katzen, Kühen, Pferden u.a. kennen und anschließend auch den zwischen Bernhardinern, Wolfshunden, Dackeln und Pudeln. Es sammelt dann nach und nach ein Wissen über die spezifischen Hunderassen und kann sich entsprechend auch individuell auf jeden Hund einstellen, weil es weiß, was es von ihm zu erwarten hat. Die Fähigkeit zur Klassifizierung ist also die Basis zur Sammlung von Erfahrungen und Ableitung von Bedeutungen. Die Bedeutung einer Information ist deshalb nicht Teil der Information selbst. Man denke beispielsweise an den genetischen Code. Sie ist außerdem nur für den Empfänger relevant, für das beobachtete Objekt oder Ereignis selbst ist sie bedeutungslos. Die Bedeutung von Zeichen zeigt sich dadurch, dass sie beim Empfänger Zustandsänderungen herbeiführen. *Bedeutung ist deshalb ein Maß für die Wirkung einer Information auf einen Empfänger* und seine daraus resultierende Reaktion. „Der Informationsgehalt bestimmt sich ... durch das Vorwissen, den *semantischen Kontext*, in dem es empfangen wird. Dieses Vorwissen ist in den verschiedenen Empfängern von Signalen verschieden, und deshalb haben Signale für unterschiedliche Empfänger unterschiedliche Bedeutungen" (Roth 1977, S. 107). Für Charles Sanders Peirce liegt die eigentliche Bedeutung von Aussagen in ihren praktischen Konsequenzen. Er veranschaulichte dies mit der Bemerkung „Es gibt absolut keinen Unterschied zwischen einem harten Ding und einem weichen Ding, solang sie nicht auf die Probe gestellt werden."

Die Erkennung der Bedeutung einer Information setzt also ein Vorwissen voraus, und Kommunikation erfordert einen Konsens zwischen Sender und Empfänger darüber, wie die übermittelten Informationen zu deuten sind.

Der Hirnforscher Gerhard Roth schreibt: „Das Gehirn (ist) von seiner Außenwelt und damit von allen anderen Gehirnen und ihren Trägern isoliert; es erfährt nur das, was die Sinnesorgane ihm in der Sprache der Neurone mitteilen. Diese Sprache enthält keine primären Bedeutungen, sondern jedes individuelle Gehirn muss sich selber Bedeutungen konstruieren" (Roth 1997, S. 334). „Dem Gehirn als einem *neuronalen System* sind nur seine eigenen Erregungen gegeben, deren Herkunft und Bedeutung es *erschließen* muss" (Roth 1997, S. 104). „Aus der Beschaffenheit der neuronalen Signale allein lässt sich nicht auf deren Herkunft und Bedeutung schließen" (Roth 1997, S. 94). Bei der Sprache werden Bedeutungen im Gehirn sogar *getrennt* von lautlichen Aspekten und zwar lokal in Netzwerken gespeichert (Spitzer 2000, S. 230 und S. 263). Deutlich wird dies, wenn wir etwas sagen wollen, uns aber die Worte fehlen, um es auszudrücken. „Durch Gebrauch der Sprache zusammen mit Handlungen in der Welt werden Bedeutungen erlernt" (Spitzer 2000, S. 267). „Die Bedeutung eines Wortes ist in einem ... Netzwerk durch Knoten repräsentiert sowie durch Nachbarschaftsbeziehungen zu anderen Inhalten bzw. Begriffen" (Spitzer 2000, S. 243). „Wenn wir sprechen oder Sprache verstehen, dann werden Knoten in semantischen Netzwerken aktiviert." Auch wenn wir uns an einen Text erinnern, erinnern wir uns nicht an die Worte, sondern an die Bedeutung des Gehörten oder Gelesenen, d.h. an die eigenen Vorstellungen und Erfahrungen, die wir mit dem Gehörten verknüpfen.

Von *angeborenen Bedeutungen* sprechen wir, wenn Stimuli genetisch fixierte Reaktionen auslösen. Dies gilt beispielsweise für ***Botenstoffe***, die dem Informationsaustausch zwischen Zellverbänden oder ganzen Lebewesen dienen, aber auch für Instinktreaktionen auf auslösende Reize. Die Vereinbarung darüber, wie die entsprechenden Signale zu interpretieren sind, hat hier die Evolution getroffen, indem sie Fehlinterpretationen aussterben lies.

Gottlob Frege hat auf die Notwendigkeit der Unterscheidung zwischen ***Bedeutung*** und ***Bezug*** hingewiesen. Symbole können sich auch auf Dinge beziehen, die für uns ohne Bedeutung sind.

Georges Rey meint: „Viele traditionelle und neuere philosophische Arbeiten im Bereich der Theorie der Bedeutung sind ... , um es milde auszudrücken, ohne überzeugendes Ergebnis geblieben" (Rey 1998, S. 361). Eine exakte Definition dessen, was unter einer ***Bedeutung*** zu verstehen ist, ist deshalb erforderlich, weil sich nur so die Frage sinnvoll diskutieren lässt, ob und wie Lebewesen und Automaten die Bedeutung von Zeichen verstehen. Daraus leitet sich dann in einem weiteren Schritt ab, was ***Verständnis*** überhaupt ist. Bei der Frage, ob Maschinen befähigt werden können, Sprache zu verstehen, kommen wir auf diesen Punkt zurück. An dieser Stelle soll jedoch bereits unsere Aussage verdeutlicht werden, dass die Bedeutung von Sprache nicht aus ihr selbst erschlossen werden kann. Wir erkennen dies beim Versuch, tierische Sprache zu verstehen. Man kann zwar Gesetzmäßigkeiten in den Sprachlauten (Syntax) erkennen, aber die Bedeutung der Sprachlaute kann nur durch Verhaltensbeobachtungen erschlossen werden, nicht aber aus den Sprachsymbolen allein. Das Problem eines maschinellen Sprachverständnisses entspricht also dem Problem des Menschen, die Sprache der Tiere zu verstehen, wobei deren Sprache in der Regel sehr viel einfacher aufgebaut ist, als die des Menschen.

Die Konsequenzen eines wahrgenommenen Zeichens (was hier ganze Zeichenfolgen einschließen soll), können logischer oder kausaler Art sein. Sie zu kennen, setzt ein Vorabwissen beim Zeichenempfänger voraus. Er kann durch Induktion ***Redundanzen*** erkennen, das sind ***logische Abhängigkeiten*** und Gesetzmäßigkeiten zwischen den Zeichen (***Syntax***) und damit innerhalb einer Sprache selbst. Er kann aber auch ***kausale Abhängigkeiten*** erkennen. Diese sind jedoch von anderer Art. Bei ihnen werden aus der Erfahrung mit bestimmten Zeichen und Verallgemeinerung dieser Erfahrungen die ***Bedeutung*** der Zeichen (***Semantik***) erschlossen, also ihr Wirlichkeitsbezug aus Sicht des Informationsempfängers. Dieser lernt dann die ***Konsequenzen der Zeichen*** kennen. Während sich also Syntax auf Abhängigkeiten zwischen den Zeichen innerhalb einer Nachricht bezieht, sie ist die Grammatik der Sprache, bezieht sich Semantik auf die Abhängigkeit zwischen den Zeichen einer Nachricht und Ereignissen, die außerhalb dieser Nachricht liegen. Daraus wird in der Philosophie des Geistes z.T. abgeleitet, insbesondere von John R. Searle, dass Computer die Bedeutung von Sprache deshalb nicht verstehen können, weil sie nur Zeichen manipulieren, aber keinen Bezug herstellen können zwischen diesen Zeichen und Ereignissen in der realen Welt bzw. Wirklichkeit. Dabei übersieht er, dass auch das menschliche Gehirn keinen direkten Zugang hat zur realen Welt, sondern lediglich zu deren Repräsentation innerhalb des Gehirns. Wenn aber das Gehirn die Bedeutung einer aus der Umwelt eintreffenden Nachricht daraus erschließen kann, dass es Beziehungen herstellt zwischen seiner internen Repräsentation dieser Nachricht und der internen Repräsentation der Welt, dann gibt es keinen Grund dafür, warum dies nicht auch für einen Computer gelten sollte. Und jetzt wird auch deutlich, warum wir tierische Sprache nicht unmittelbar verstehen können. Dies liegt daran, dass wir keinen Zugriff auf die gehirninterne Repräsentation der Welt der Tiere haben, an denen sie ihre Sprache spiegeln. „Es gibt also strenggenommen keine Kommunikation im Sinne von *Bedeutungs*übertragung. Was zwischen Organismen übertragen wird, sind Signale, keine Bedeutungen, denn diese müssen erst im kognitiven System des Empfängers im Rahmen des jeweils vorliegenden semantischen Kontextes erzeugt werden“ (Roth 1997, S. 108). Mit Bezug auf Maturana ergänzt Roth: „Verstehen ist also möglich, wenn für einen bestimmten kommunikativen Kontext ein spezifischer konsensueller Bereich ... existiert, also ein Bereich, in dem Signalen durch individuelle Gehirne dieselbe Bedeutung zugeordnet wird. ... Bestimmte Vorgänge und Reize haben fast überall im Tierreich dieselbe Bedeutung und werden deshalb in derselben Weise mit Verhaltensreaktionen beantwortet" (Roth 1997, S. 335). „In dem Maße, in dem ich diese immer spezifischer werdenden konsensuellen Bereiche mit anderen Menschen teile, *verstehe* ich mich mit ihnen, d.h. ich ordne bestimmten Signalen (meist Worte, aber auch Mimik und Gesten sowie Geräusche) dieselben Bedeutungen zu. Missverstehen ist das Fehlen solcher gemeinsamer Bedeutungszuordnungen" (Roth 1997, S. 336). „»Kommunikationsschwierigkeiten« ... treten dort auf, wo die Prozesse der Bedeutungszuweisungen komplex sind, z. B. einen großen *individuellen* Erfahrungshintergrund benötigen und nicht in einfacher Weise im Handeln von Personen überprüfbar sind" (Roth 1997, S. 337). Am Beispiel der Wirkung von *Spiegelneuronen* werden wir später zeigen, wie Lebewesen die Sprache, Mimik (Körpersprache) und das Verhalten anderer Lebewesen deuten können.

Diese Aussagen sollen an einem konkreten Beispiel veranschaulicht werden, nämlich an der Entzifferung der altägyptischen Hieroglyphenschrift durch François Champollion auf Basis des *Steins von Rosette*. Auf diesen Stein stieß ein französischer Soldat im Jahr 1799 im Anschluss an Napoleons Feldzug in Ägypten. Diese Stele trug eine dreisprachige Inschrift, in Hieroglyphen, in einer noch unbekannten Schrift und in griechischer Sprache. Champollion ging von der Annahme aus, dass das Koptische die in griechischer Schrift geschriebene altägyptische Sprache sei, die er so erlernte. Außerdem unterstellte er, dass der Stein von Rosette denselben Sachverhalt in drei verschiedenen Schriften und Sprachen schilderte. Aus der Tatsache, dass 1419 Hieroglyphen nur 486 griechische Wörter gegenüber standen, folgerte er, dass nicht jede Hieroglyphe für ein Wort stehen konnte. Ausgehend vom von einer Kartusche umrahmten Königsnamen Ptolemaios, geschrieben in hieroglyphischen Zeichen, gelang es ihm nach und nach, eine Zuordnung zwischen hieroglyphischen Zeichen und den entsprechenden demotischen Zeichen der altägyptischen Volkssprache herzustellen. Dabei erkannte er, dass die Hieroglyphenschrift weder eine Bilder- noch eine Buchstabenschrift ist, sondern aus Wortzeichen, Lautzeichen und stummen Deutzeichen besteht. So erschloss er schrittweise die ***Syntax*** der Hieroglyphenschrift. Da er auch die Syntax des ***Griechischen*** kannte, konnte er die Regeln für die (inhaltsneutrale!) ***Umcodierung*** der einen in die andere Sprache ableiten. Da er zudem die griechische Sprache in Bezug zu Sachverhalten der realen Welt (genauer zur Repräsentation der Welt in seinem Gehirn) setzen konnte, konnte er die ***Semantik*** aus dem Griechischen auf die Hieroglyphen übertragen und die Hieroglyphenschrift so ***dechiffrieren*** d.h. entziffern.

Und jetzt wird auch deutlich, warum wir Schwierigkeiten haben, die Sprache von Tieren (z. B. Walen und Delphinen) zu entziffern. Sie haben keine den Primaten vergleichbare genetisch verankerte Gebärdensprache, die wir entziffern können, und aus der wir dann durch Umcodierung die Syntax ihrer Sprache ableiten und schließlich die Semantik dieser Sprache, d.h. deren Bezug zu ihrem Innenleben und ihrem Erleben der Welt herleiten können. Erst dieser Bezug erklärt nämlich die Bedeutung, die sie ihrer Sprache zuordnen.

Wenn wir hier von ***Welt*** oder ***Wirklichkeit*** sprechen, meinen wir stets die Welt außerhalb des informationsverarbeitenden Systems, also außerhalb eines Gehirns oder Computers, in der diese repräsentiert wird. (Anmerkung: Gerhard Roth unterscheidet zwischen der realen Welt und deren Repräsentation im Gehirn, die er mit dem Begriff Wirklichkeit versieht. Wir bevorzugen im Weiteren den Begriff „Repräsentation"). Aus dieser Sicht ist auch der Körper eines Lebewesens, der das Gehirn mit Energie und Informationen versorgt, Teil der Welt außerhalb des Gehirns. Dasselbe gilt für eine Roboterhardware, die von einem Computer gesteuert wird. Auf die Spezifika und Unterschiede zwischen ***Innenwelt*** (eigener Körper) und ***Außenwelt*** (Welt in der der vom Gehirn gesteuerte Körper agiert) gehen wir ein, wenn wir uns mit der Thematik des Bewusstseins auseinandersetzen.

Optische, elektrische, akustische u.a. ***Signale*** sind die materiellen oder energetischen Träger von Zeichen. Ohne einen solchen Träger können Informationen weder übertragen noch verarbeitet werden. Zwischen Zeichen und Signalen gibt es eine n zu m Beziehung, das heißt, ein Zeichen kann durch verschiedenartige Signale repräsentiert werden und umgekehrt können mit einem bestimmten physikalischen Träger beliebige Zeichen dargestellt werden. Man muss also streng unterscheiden zwischen *Zeichen* bzw. Symbolen, ihren *Trägern*, den Signalen und der *Bedeutung von Zeichen* für einen Empfänger. Die Semantik leitet sich ab aus den Zeichen und nicht aus den Signalen. Signale sind für sich betrachtet so bedeutungslos wie Zeichen und Symbole.

Hier stoßen wir auf die oft unklaren Begriffsabgrenzungen und Missverständnisse in Teilen der Philosophie, die etwa in der Frage deutlich werden, ob denn die von einem Informationsempfänger richtig interpretierten Zeichen die Ursache oder der Grund für seine Reaktion sind. Und in der Folge kommt dann die Fragestellung auf, wie sich die Reaktion eines Informationsempfängers auf die von ihm empfangenen Zeichen mit den Energieerhaltungsgesetzen der Physik vereinbaren lassen. Leitet sich also die Wirkung auf den Empfänger ab aus den Zeichen, den Signalen oder aus der Art, wie der Empfänger auf diese reagiert? Wir kommen später auf diese Frage zurück.

Für einen außen stehenden Beobachter (dritte Person Perspektive) geben die von einem Sender ausgegebenen und von einem Empfänger aufgenommenen ***Zeichen*** Auskunft darüber, ob der Sender ein ***beobachtbares Verhalten*** zeigt und der Empfänger dies richtig interpretieren und angemessen darauf reagieren kann. Je zuverlässiger bestimmte Muster in einer Nachricht vorhergesagt werden können, je größer also die ***Vorhersagesicherheit*** wird, umso weniger ***Überraschung*** enthält die Nachricht. Das heißt aber auch, dass sich die verbleibende ***Freiheit des Systems*** verringert. Werden unter gleichen äußeren Randbedingungen vom Sender identische Zeichenfolgen ausgegeben, deutet dies auf ein geordnetes, ***determiniertes Verhalten*** des Senders hin.

Wenn sich dagegen in den empfangenen Nachrichten zwar Muster finden, diese aber nicht streng determiniert sind, sondern in gewissem Umfang zufällig auftreten, dann ist dies ein Indiz für ein Verhalten mit gewissen ***Freiheitsgraden***. Die ausgegebenen Zeichen werden dann durch innere, einem äußeren Beobachter unzugänglich Zustände des Senders mitbestimmt. Dies bringt, negativ betrachtet, ein ***zufälliges und unzuverlässiges***, oder, positiv betrachtet, ein ***intentionales, absichtsgeleitetes Verhalten*** zum Ausdruck.

Die Beobachtung des Empfängers und seiner Reaktion auf empfangene Zeichen liefert Erkenntnisse über die ***Wirkung*** der Zeichen auf den Empfänger. Zeichen führen beim Empfänger zu ***Zustandsänderungen***. Sie bekommen dadurch für ihn eine ***Bedeutung***. Die Bedeutung ist somit ein ***Maß für die Wirkung*** einer Information auf einen Empfänger und seine daraus resultierende Reaktion, das heißt ***Zustands-*** und eventuell zusätzlich ***Verhaltensänderung***.

1.2 Codierungen und raum-zeitliche Muster

Zeichen werden oft nicht in ihrer ursprünglichen Form übertragen, sondern zuvor komprimiert und in Zeichen transformiert, die Sender und Empfänger „verstehen" und verarbeiten können. Diesen Vorgang nennt man ***Codierung*** oder auch ***Verschlüsselung***. Ein Beispiel für eine solche Transformation ist die Umwandlung von Dezimalzahlen in Dualzahlen oder von Zahlen und Buchstaben in das Morsealphabet. Auch ***analog-digital-Transformationen*** und ***Serien-Parallelumwandlungen*** sind Umcodierungen.

Durch ***Codierung***, also durch Transformation einer Zeichenmenge auf eine andere Zeichenmenge, wird der Bezug der Zeichen (welche Sachverhalte werden in ihnen ausgedrückt) nicht verändert. Er ist ***repräsentations-invariant***. Während bei der ***Decodierung*** eine Zeichenfolge anhand einer bekannten Gesetzmäßigkeit in eine andere Zeichenfolge transferiert wird, versucht man etwaige Gesetzmäßigkeiten innerhalb einer Zeichenfolge oder gesetzmäßige Beziehungen einer Zeichenfolge zu anderen Zeichenfolgen zu erkennen und so durch ***Dechiffrierung*** einen Geheimcode zu entschlüsseln.

Vor dieser Aufgabe steht auch das menschliche Gehirn, das eingehende Informationen dechiffrieren muss, um aus ihnen eine Bedeutung ableiten zu können. In welcher Form diese Informationen codiert sind und in welcher Codierungsform sie im Gehirn weiterverarbeitet werden, ist demgegenüber von nachrangiger Bedeutung. Die Hirnforscher sprechen hier von der ***Neutralität des neuronalen Codes***, d.h. den Erregungsmustern im Gehirn, die aus Zeichen bzw. Signalen gebildet werden. Diesen ist selbst nicht anzusehen, was sie codieren. Ihre Bedeutung ergibt sich erst aus der Reaktion der Gehirnbereiche, die diese neuronalen Signale empfangen. Aus diesem Grund sehen Hirnforscher mit ihren bildgebenden Verfahren auch nur, welche Neuronenverbände in welchen Gehirnarealen aktiv sind. Was diese Aktivität bewirkt, also deren Bedeutung für den Betroffenen, zeigt sich erst aus der Reaktion bzw. den Schilderungen der Probanden.

Jeder Code ist ein spezifisches ***Muster***. Bei der Dualverschlüsselung besteht er aus nur zwei Zeichen, meist aus 0 und 1. Will man Informationen speichern oder übertragen, möchte man oft mit einem Minimum an 0/1-Zeichen auskommen. Diese erforderliche Minimalzahl von 0/1-Zeichen, das heißt von Dualzahlen zur eindeutigen Identifikation eines Sachverhalts, nennt man die ***Informationsmenge***. Bei jedem Zeichen müssen mehrfache Auswahlentscheidung (zwischen 0 und 1) getroffen werden. Eine solche Entscheidung zwischen zwei Alternativen ist eine ***Binärentscheidung*** oder kurz 1 ***bit*** (von englisch binary digit). Treten die einzelnen Zeichen eines Codes in unterschiedlicher Häufigkeit auf, wird man die häufiger auftretenden Zeichen mit einem kürzeren Code verschlüsseln (beispielsweise 001 für das im Alphabet häufig auftretende e) als die selten vorkommenden Zeichen (beispielsweise 111111111110 für q). Ein ***Optimalcode*** bezieht sich dann auf eine zuvor ermittelte empirische relative Häufigkeit der einzelnen Zeichen und benötigt eine minimale Nachrichtenmenge zur Übertragung einer Information. Aus der Auftrittswahrscheinlichkeit p_i eines Zeichens Z_i

leitet sich dann sein ***Informationsgehalt*** $I(Z_i)$ ab mittels der Beziehung $I(Z_i) = \mathrm{ld}\ (1/p_i) = - \mathrm{ld}\ p_i$.

Information ist also lediglich eine Maßzahl für die Anzahl möglicher Zustände, die ein System einnehmen kann, und zwar unabhängig davon, in welcher materiellen oder energetischen Form diese verwirklicht sind. Deshalb können *quantitative* Aspekte von Gehirnen und Computern vergleichbar gemacht werden.

Die in einem konkreten Fall gespeicherte oder übertragene Anzahl von bits, die man als ***Nachrichtenmenge*** bezeichnet, kann auch größer sein, etwa wenn eine andere Verschlüsselungsform gewählt wird. Die Differenz zwischen Nachrichtenmenge und Informationsmenge nennt man ***Redundanz***.

Muster sind räumliche und/oder zeitliche Anordnungen von Entitäten. Muster erkennen wir nur dort, wo diese Anordnung keine zufällige ist, sondern irgendwelchen ***Gesetzmäßigkeiten*** unterliegt. Der ***Zweite Hauptsatz der Thermodynamik*** besagt nun, dass in einem abgeschlossenen System die ***Entropie*** stets zunimmt. Die Entropie ist ein Maß für die ***Unordnung*** und damit die Unzugänglichkeit von Energie in einem System. ***Ordnung*** geht daher immer in den Zustand von ***Unordnung*** über. Die Entropie nimmt deshalb in einem abgeschlossenen System solange zu, bis es sich im Gleichgewicht befindet. Zufällige sporadische Ordnung als unwahrscheinlicher Zustand wird also immer wieder zerfließen. Beim Übergang zur ***Unordnung*** geht jegliche ***Information*** verloren. Ungeordnete Muster haben keine Syntax und können keine Information vermitteln. Durch ***Ordnung*** werden umgekehrt die Freiheitsgrade der einzelnen Elemente eines Systems beschränkt. Sie bekommen dadurch eine gewisse Anordnung bzw. Struktur, die sich als Muster zeigt oder als geordnetes Zusammenwirken in einem Prozess. Ordnung ist daher durch Gesetzmäßigkeiten charakterisiert, was Formähnlichkeit (fraktale Strukturen) einschließt.

Der Zweite Hauptsatz der Wärmelehre gilt nur, wenn die Komponenten eines Systems „frei beweglich" sind. Wirken zwischen ihnen aber Kräfte, die größer sind, als die der „Wärmebewegung", kann sich Ordnung einstellen. Dann entstehen dauerhafte ***Muster*** und Formen. Wir sprechen dann von einem ***konservativen Ordnungsprinzip***. Diesem Prinzip begegnen wir nur bei idealisierten Systemen, die gegenüber ihrer Umwelt abgeschlossen sind. Sie basieren auf ***Gleichgewichtsstrukturen*** die ein Minimum an freier Energie fixieren. Sie manifestieren sich in stabilen, statischen räumlichen Lagen oder auf stabilen Bahnen (zum Beispiel Planetenbahnen im Sonnensystem). Diese Ordnung wird ohne Zuführung von Energie und ohne Reibungsverluste in abgeschlossenen Systemen der klassischen Mechanik aufrechterhalten. ***Energieminimierung*** erklärt auch die Bildung von Kristallgittern. Diese entstehen bei geeigneten Drücken und Temperaturen durch Anordnung der Atome so, dass Energieminimierung erreicht wird.

Eine andere Form der ***Selbstorganisation*** von Materie ist der ***Magnetismus***. Er tritt bei Eisenkristallen unterhalb einer Temperatur von 774 Grad Celsius auf, das heißt beim Übergang in einen anderen ***Aggregatzustand***, und geht oberhalb dieser Temperatur wieder verloren. Beim Magnetismus ändern die Moleküle plötzlich ihr Verhalten, kooperieren und erzeugen dadurch ein ***Muster***. Dabei sind zwei alternative Ausrichtungen möglich. Durch zufällige Schwankungen auf molekularer Ebene wird eine ***Entscheidung*** zugunsten einer der (beiden gleichberechtigten) Alternativen getroffen. Es kommt dadurch zu einer ***Symmetriebrechung***, bei der die Symmetrie spontan verloren geht.

Bei der ***Morphogenese***, das heißt der Entstehung von Mustern und Formen in lebenden Organismen, kommt es bei einer anfänglichen Gleichgewichtssituation zu zufälligen Unregelmäßigkeiten (***Fluktuationen***), die den Prozess der ***Musterbildung*** in Gang setzen. ***Chemische Musterbildung*** entsteht durch ***Autokatalyse***, bei der sich eine bestimmte Ausgangssubstanz, ein ***Aktivator***, von selbst vermehrt, indem sie die erforderlichen Stoffe ihrer Umgebung entnimmt. Gleichzeitig wird dabei aber auch die Synthese eines ***Inhibitor***stoffes katalysiert, der die Autokatalyse behindert und hemmt. Bei begrenzter Verfügbarkeit von Ausgangsstoffen stellt sich dann ein Gleichgewicht zwischen den beiden Reaktionen ein. Wird die Verfügbarkeit der Ausgangsmaterialien vergrößert, wie etwa beim Wachstum biologischer Systeme, kann der Inhibitor in die Umgebung diffundieren. Der Aktivator erlangt dadurch am Ausgangsort die Oberhand, während in der Umgebung der Inhibitor dominiert. Wenn in ausreichender Entfernung vom Maximum die Inhibitorreaktion wieder abklingt, wird der Ausgangsprozess von neuem in Gang gesetzt. Auf diese Weise kommt es zur Ausbildung von ***periodischen Mustern***.

Durch fortwährende Stoff- oder Energiezufuhr kann ebenfalls Ordnung in Form von ***geordneten Nichtgleichgewichtsstrukturen*** erzeugt werden. Neben ***statischen Gleichgewichten*** entstehen so ***Fließgleichgewichte***. Nach Ilya Prigogine gilt die klassische Thermodynamik nur für abgeschlossene Systeme, die von ihrer Umgebung isoliert und unbeeinflusst sind. Ganz anders liegen die Verhältnisse bei offenen Systemen, die sich weit ab vom Gleichgewicht befinden und Energie oder Materie aus ihrer Umgebung aufnehmen. Wird bei ihnen durch Zugabe eines Stoffes ein ***Ungleichgewicht*** erzeugt, versucht das System, wieder den ***Gleichgewichtszustand*** herzustellen. Wird aber ständig ein Reaktionspartner zugeführt und werden die aus der Reaktion hervorgegangenen Reaktionsprodukte entnommen, kann das System einen solchen Gleichgewichtszustand nie erreichen. Wir haben es dann mit einem ***offenen System*** zu tun, in dem sich durch die permanente Zu- und Abfuhr von Stoffen quasi stationäre Mengenverhältnisse einstellen. Dies führt zu ***dissipativen Ordnungszuständen***, die durch zeitlich synchronisierte physikalische oder chemische Prozesse entstehen. Es entsteht dann der Eindruck eines Gleichgewichtszustandes, weil sich Auf- und Abbau kompensieren. Solche ***offenen Systeme*** sind von ihrer Umgebung in hohem Maße abhängig, man sagt, sie sind ***heteronom***. Ein typisches Beispiel hierfür sind ***lebende Organismen***. Sie nehmen aktiv Nährstoffe aus ihrer Umgebung auf und geben Abfallstoffe wieder an diese Umgebung ab. Der Austausch erfolgt über Membranen, die selektiv sind und nur bestimmte Stoffe herein und heraus lassen. Dies ist der Anfang jeglicher ***Wahrnehmung***. Dadurch halten sich die Lebewesen im Zustand des NichtGleichgewichts, bis einer der beiden Prozesse zum Erliegen kommt. Gleichgewichtszustand bedeutet für sie den Tod. „Lebewesen ... regulieren ihren Stoff- und Energieaustausch mit der Umwelt selbst, sie sind autonome Systeme (Roth 1997, S. 81). Fernab vom ***thermischen Gleichgewicht*** entsteht so Leben mit neuen Formen und Eigenschaften. Alle Lebewesen sind deshalb ***offene dissipative Systeme***. Offenheit gegenüber der Umgebung bedeutet, dass sie in enger Wechselwirkung mit dieser Umwelt stehen und deshalb leicht von außen beeinflussbar sind. Solche Systeme werden dann durch die Verbindung zwischen ihrer inneren Organisation und ihrer Umgebung gesteuert. Für außenstehende Beobachter wird ihr Verhalten dadurch schwer verständlich und schwer vorhersehbar.

Auch auf der rein physikalisch-chemischen Ebene gibt es solche Prozesse der ***Selbstorganisation***. Die einzelnen Komponenten übernehmen dabei spezielle Aufgaben und sind mit anderen Elementen „kooperativ“ und „rekursiv“ verknüpft. Ein anschauliches Beispiel für die Entstehung und Aufrechterhaltung stabiler ***Ungleichgewichte*** liefert eine Flüssigkeit (z. B. Wasser) in einem Gefäß, das von unten erhitzt wird. Hier entsteht Ordnung nicht durch Zufuhr von Material, sondern durch Zufuhr von Energie. Zunächst gleichen die Moleküle den Temperaturunterschied zur Oberfläche aus, indem sie Wärme ungeordnet nach oben transportieren (***mikroskopisches Chaos***). Wird die Temperatur weiter erhöht, kann so nicht mehr genügend Wärme abgeführt werden. Es kommt dann zu kollektiven Bewegungen, wo an manchen Stellen die erwärmte Flüssigkeit nach oben aufsteigt und an anderen Stellen abgekühlt wieder nach unten zurückkehrt. So entsteht eine Rollenbewegung, bei der die Moleküle wohlgeordnete und abgestimmte (selbstorganisierte) Bewegungen ausführen. Diese werden durch die permanente Zuführung von Wärmeenergie aufrechterhalten. Das System ist in diesem Zustand weit entfernt vom Thermodynamischen Gleichgewicht. Beim Übergang aus den ungeordneten Bewegungen in geordnete, werden bestimmte zufällige Aufwärtsbewegungen verstärkt und andere unterdrückt. Der Umschlag vom ursprünglichen Bewegungszustand in den neuen ist von qualitativer Art. Er erfolgt, wenn die Umweltbedingungen (hier die Erhitzung) einen kritischen Punkt überschreiten. Die kontinuierliche Veränderung mündet dann in einer ***Unstetigkeit.*** Der neue Zustand wird durch ***Wettbewerb*** und ***Auslese*** gefunden. Aus der anfänglichen chaotischen Bewegung entsteht (durch ***Selbstorganisation***) eine geordnete Bewegung, bei der die gegenseitige Behinderung der Moleküle kleiner ist. Diese geordnete Bewegungsstruktur wird dem System nicht von außen aufgezwungen, es schafft sich diese vielmehr selbst von innen heraus. Diesem Prinzip begegnen wir wieder bei der menschlichen Wahrnehmung, wo unterschiedliche Interpretationsmöglichkeiten von Sinnesreizen letztlich eine Entscheidung zugunsten einer plausiblen Wahrnehmungshypothese treffen müssen und auf der höchsten Stufe, wo uns ein physischer oder emotionaler Nichtgleichgewichtszustand bei Erreichung eines kritischen Punktes dazu veranlasst, uns für eine bestimmte Aktion (Unstetigkeit im Verhalten) zu entscheiden, die wieder einen Gleichgewichtszustand herbeiführt. Dieser ist allerdings in den meisten Fällen lediglich ein geordneter Nichtgleichgewichtszustand. Bei der Diskussion der Willensfreiheit kommen wir darauf zurück.

Zusammenfassend lässt sich also sagen, dass die Zuführung von Wärme die Rollenbewegung auslöst und dass Zufallsfluktuationen die Richtung der Rollen bestimmen (Links- oder Rechtsdrehung). Die noch offene Frage, wodurch die Anzahl der sich bildenden Rollen bestimmt wird, lässt sich dahingehend beantworten, dass die Muster der geordneten Bewegung und hier die Anzahl der Rollen durch Form und Größe des Flüssigkeitsbehälters bestimmt werden. Er übernimmt die Rolle eines ***Kontrollparameters,*** der das entstehende Muster mit beeinflusst. Man kann neben Rollenmustern auch Spiralen erzeugen, wenn ein rundes Gefäß zusätzlich von der Seite erhitzt wird. Auch hexagonale bienenwabenähnliche Muster, so genannte ***Bénard-Zellen,*** sind möglich.

Die ***Synergetik*** erklärt die Entstehung solcher Muster dadurch, dass in derartigen Systemen bei langsamen Veränderungen ***Ord-***

nungsmuster entstehen, die die restlichen Teile des Systems, die sich schneller und leichter anpassen können, in dieselbe ***Ordnung*** zwingen und sie somit „versklaven". Störungen der Ordnung werden dabei gedämpft und unterdrückt. Man kann dies auch so interpretieren, dass ***der Ordner die restlichen Teile des Systems***, die sich ihm anpassen, ***informiert***. Das Verhalten des Gesamtsystems wird dadurch auf wenige Freiheitsgrade reduziert. Über den Ordner stimmen die einzelnen Elemente also ihr gegenseitiges Verhalten ab. Dies lässt sich als eine Form von ***Konsensfindung*** deuten. Auf diese Art können ***komplexe Strukturen*** durch ***Selbstorganisation*** auch ohne übergeordneten ***Bauplan*** entstehen. Äußere ***Randbedingungen***, wie zum Beispiel die Geometrie eines Gefäßes, bestimmen dann als ***Kontrollparameter***, welches Muster sich ausbildet.

Hat sich ein System weit vom Zustand des thermischen Gleichgewichts entfernt, wird es durch die Verbindung zwischen seiner inneren ***Organisation*** und seiner ***Umgebung*** gesteuert. Dies charakterisiert alle Lebewesen, deren Verhalten dadurch schwer vorhersagbar wird (s.o.). Bei nichtlinearen Systemen kann die Änderung eines Kontrollparameters bei Erreichen eines kritischen ***Schwellwerts*** eine ***sprunghafte Verhaltensänderung*** des Gesamtsystems hervorrufen, wie wir dies ja häufig bei Tier und Mensch beobachten. Der ursprüngliche Zustand wird dann instabil und es kommt an einem ***Bifurkationspunkt*** zu einer ***Symmetriebrechung***. Dabei kann das System einen von zwei (oder mehreren) möglichen alternativen, neuen, stabilen Zuständen einnehmen. Das System hat dann „eine Entscheidung getroffen." Solche sich selbst stabilisierenden Zustände nennen wir ***Attraktoren***. In welchen Zustand das System übergeht, entscheiden (bei gleichwertigen Attraktoren) zufällige ***Fluktuationen***.

Diese Art von Entscheidungsfindung und (Selbst-) ***Organisation*** bedarf keines übergeordneten Steuerungszentrums oder höheren Wesens (eines Ichs?), sondern manifestiert sich im Zusammenspiel vieler Komponenten zwischen denen ein ***Informationsaustausch*** stattfindet. Dies gilt hinauf bis zu lebenden Organismen und zum menschlichen Gehirn. Ein Beispiel hierfür sind Insektenstaaten, die ihre Behausung (Ameisenhaufen, Termitenbau, Bienenwaben u.ä.) ohne einen übergeordneten Plan und ohne zentrale Steuerung in einem Selbstorganisationsprozess erstellen. Nirgends in ihren Genen ist ein Bauplan installiert. Ihre Behausungen resultieren aus dem Zusammenspiel vieler Individuen, die nach festen Regeln interagieren und reagieren.

Die hier beschriebenen Phänomene lassen sich nicht mehr auf das simple Ursache-Wirkungs Prinzip zurückführen, nach dem viele Philosophen suchen, wenn sie die Ursachen oder Gründe unserer Entscheidungen und unseres Verhaltens ausfindig machen wollen. Und sie zeigen auch, dass scheinbar zielgerichtetes Handeln nicht notwendigerweise einer expliziten Zielvorgabe bedarf. Und dass Katalysatoren oder Kontrollparameter, wie zum Beispiel der genetische Code, ebenfalls den Prozess der Selbstorganisation beeinflussen, ohne dass deshalb gegen die Prinzipien der Energieerhaltung verstoßen wird, sollte bei der Diskussion des „freien Willens" ebenfalls berücksichtigt werden.

In der Natur stößt man darüber hinaus oft auf *fraktale Formen*. Diese sind gekennzeichnet durch ***Selbstähnlichkeit***, das heißt geometrische Formen, die bei laufender Verfeinerung immer wieder denselben Gesetzen gehorchen. Sie behalten ihre Identität auf jeder Stufe bei und können durch relativ einfache Gesetzmäßigkeiten beschrieben werden, die in einem ***iterativen Prozess*** ständig wiederholt werden. Die ständig wiederholte Anwendung dieser Regeln führt dann zu komplexen selbstähnlichen Mustern. Der Weg vom Bild zum Gesetz ist ***Datenreduktion*** (***algorithmische Kompression***). Auch in der Natur haben viele Erscheinungsformen *fraktale Eigenschaften* die sich auf relativ einfache Bildungsgesetze zurückführen lassen.

Solche Zustände, *weit entfernt vom Gleichgewicht*, kennzeichnen das so genannte *deterministische Chaos*. Es ist charakterisiert durch das Prinzip der ***Selbstähnlichkeit***. Diese Art von Chaos kennzeichnet einen ***komplexen Attraktor***. Auf Schwankungen nach den Gesetzen des deterministischen Chaos stößt man bei vielen Lebensvorgängen, wie etwa beim Herzschlag, der Regelung der Atmung oder des Blutdruckes. Diese Art der ***Regelung periodischer Vorgänge*** ermöglicht dem biologischen Organismus eine optimale Reaktions- und Anpassungsfähigkeit auf veränderte Umweltbedingungen und damit äußere störende Einflüsse. Ganz generell wirkt der Zustand des *Chaos* auf einen Betrachter unregelmäßig. Solche Systeme reagieren auf geringste Einflüsse extrem sensibel und unvorhersehbar, auch wenn sie sich streng deterministisch und berechenbar verhalten. Auf ein analoges Verhalten treffen wir auch bei höheren Lebewesen.

Systeme die sich gleichmäßig und stereotyp verhalten, werden unflexibel. Beispiele hierfür sind ***epileptische Anfälle***, die von regelmäßigen Erregungen der Neuronen begleitet werden, die als streng periodische *Gehirnströme* mit einem *Elektroenzephalogramm* (EEG) nachweisbar sind.

Zeigt ein System Regelmäßigkeiten, die sich allein aus dem Verhalten seiner einzelnen Teile nicht unmittelbar ableiten lassen, sondern nur, wenn zusätzlich deren Zusammenwirken betrachtet wird, sprechen wir von ***Emergenz*** oder auch einem emergenten Phänomen. Im Gegensatz zu Makrozuständen ist ***Emergenz*** eine Art von höherer Seinsstufe, die aus den niederen Stufen dadurch hervorgeht, dass deren Bestandteile in einer bestimmten (nichtlinearen) Art wechselwirken, die eine ***neuen Qualität der Gesamtheit*** hervorbringt. Man umschreibt dieses Phänomen üblicherweise mit dem Satz „das Ganze ist mehr als die Summe seiner Teile". Im Gegensatz dazu ist ein System genau dann gleich der Summe seiner Teile, wenn das Verhalten jeder Komponente unabhängig ist vom Verhalten aller anderen Teile des Systems. So können sich beispielsweise einzelne Lichtstrahlen oder Schallwellen völlig unabhängig voneinander ausbreiten.

Über das bisher Gesagte hinaus, gibt es einige weitere ***Charakteristika für komplexe räumliche und zeitliche Muster.***

Komplexe Systeme verändern ihr Verhalten auf Dauer nur, wenn ihre Struktur verändert wird. Erziehung und Psychologie versuchen dies beim Menschen zu bewirken. Eine einmalige Erfahrung oder Ermahnung reicht in der Regel für eine dauerhafte Verhaltensänderung nicht aus. Es gibt nur wenige Stellen im System, an denen sich durch einen Eingriff spürbare dauerhafte Veränderungen des Systemverhaltens erzielen lassen. Diese Stellen und die Art des erforderlichen Eingriffs um bestimmte Wirkungen zu erzielen, sind nur schwer auszumachen

Eingriffe in ein komplexes System mit anfänglich positiven Resultaten können über nicht beachtete ***Rückkopplungen*** auf Dauer doch zu unerwünschten Effekten führen. Umgekehrt können anfängliche, scheinbare negative Wirkungen letztlich eine notwendige Voraussetzung für eine Wende zum Besseren sein

Ein Eingriff zeigt in den seltensten Fällen an der Eingriffsstelle, das heißt dort, wo man sie erzielen wollte, eine Wirkung. Er führt vielmehr zu ***Fernwirkungen*** bedingt durch nicht vorhersehbare Kettenreaktionen. Umgekehrt können viele Probleme nicht richtig gedeutet werden, weil wir nur Symptome wahrnehmen und die eigentlichen, oft kleinen Ursachen, die als Auslöser dafür in Frage kommen, nicht erkennen. Als Musterbeispiel denke man an ***Computerprogramme,*** bei denen selbst kleinste Fehler das Verhalten total verändern und das System in eine Katastrophe treiben können. Je komplexer ein System ist, umso weiter liegen Ursache und Wirkung räumlich und zeitlich auseinander, man sagt auch, sie sind ***nicht lokal***. Anfangs scheinbar harmlose Entwicklungen können dann in chaotischen Zuständen enden, deren Ursachen kaum mehr nachvollziehbar sind. Derartige Aspekte werden in der Philosophie bei der Erörterung des freien Willens ebenfalls zu wenig beachtet. Sie zeigen, dass sich unser Verhaltens oft nur als Fernwirkung irgendwelcher Ursachen erklären lässt, die wir, wenn wir unsere Entscheidungen treffen, meist längst vergessen haben.

Komplexe Systeme können mehrere (***koexistierende***) ***Attraktoren*** besitzen und kleinste Einwirkungen können sie von einem zu einem anderen Attraktor führen. Bei der Erörterung des freien Willens in der Philosophie wird unsere angebliche Freiheit häufig damit begründet, dass uns, im Gegensatz zu deterministischen Systemen in der Physik, mehrere Optionen zur Wahl stehen. Dies kommt exemplarisch in einer Behauptung von Pauen zum Ausdruck: „In einer deterministischen Welt kann es Freiheit nicht geben, weil keine alternativen Möglichkeiten bestehen“ (Pauen 2004, S. 118). Jedes System, das nur *diskrete Zustände* annehmen kann, widerlegt diese These. Solche Systeme müssen sich zwischen alternativen Möglichkeiten, d.h. sich gegenseitig ausschließenden Zuständen „entscheiden“. Der aktuelle Zustand zusammen mit äußeren Einwirkungen bestimmt dann jeweils den Folgezustand. Die Informatik veranschaulicht solche Zustandswechsel mit Hilfe von *Zustandsübergangsgraphen*. Im einfachsten Fall kann eine Komponente zwei mögliche Zustände, d.h. eine ***Binärentscheidung*** repräsentieren. Ganz generell kann sich bei komplexen Systemen unter veränderten Randbedingungen ein Attraktor in mehrere Attraktoren aufspalten. In solchen Situationen fühlt sich das menschliche Gehirn dann vor die Notwendigkeit einer Entscheidung gestellt. Bei der Diskussion des so genannten „freien Willens“ kommen wir auf diesen Punkt zurück.

Analogieschlüsse vom Verhalten eines komplexen Systems auf das Verhalten eines anderen ähnlichen komplexen Systems können zu fatalen Fehleinschätzungen führen. Ähnliche Ausgangssituationen bewirken bei komplexen Systemen unter Umständen völlig verschiedene Reaktionen und Endzustände. Das so genannte ***schwache Kausalitätsgesetz*** besagt, dass *gleiche* Ursachen *gleiche* Wirkungen haben. Da aber in der Praxis exakt gleiche Ausgangsbedingungen nicht realisierbar und überprüfbar sind, weicht man auf das ***starke Kausalitätsgesetz*** aus. Dieses besagt, dass *ähnliche* Ursachen *ähnliche* Wirkungen haben. Diese Annahme trifft aber bei chaotischen Systemen nicht mehr zu, weil hier minimale Unterschiede bei den Ausgangsbedingungen völlig unterschiedlich Konsequenzen nach sich ziehen (sog. Schmetterlingseffekt). Der „Beobachter im Gehirn" erkennt dann nicht, dass die Ausgangsbedingungen nicht identisch waren, sondern nur, dass bei scheinbar gleichen Gründen (Gehirnzuständen) die Wirkungen unterschiedlich sind. Und daraus leitet er ab, er habe sich das eine mal so, das andere mal dagegen anders entschieden. Tatsächlich hat sich aber das System Gehirn an einem ***Bifurkationspunkt*** für eine von zwei möglichen Alternativen entschieden, wobei zufällige Fluktuationen letztlich dafür ausschlaggebend waren, wie die Entscheidung ausfiel.

Hat eine Wirkung erst einmal angefangen, sich in einem vernetzten System auszubreiten, kann man sie fast nie mehr rückgängig machen, vor allem wenn Zeitverzögerungen im Spiel sind und die Wirkungen erst erkennbar werden, wenn es bereits für Gegenmaßnahmen zu spät ist. Man kann allenfalls versuchen, so früh wie möglich Störungen am Entstehungsort zu korrigieren oder zu kompensieren. Ein Musterbeispiel hierfür ist das Verhalten von Ökosystemen (Einbringen fremder Lebewesen mit oft fatalen Folgen). Analoges gilt für die Spätfolgen traumatischer Erlebnisse bei Menschen. Andererseits können sich aber auch äußere Einwirkungen in einem komplexen System verlieren, weil ihre Wirkung gedämpft wird. Man denke nur an Bürokratien.

1.3 Repräsentationen und Simulationen

An den Beginn dieses Kapitels stellen wir die Auseinandersetzung mit einer philosophischen Behauptung, die Dieter Sturma wie folgt formuliert: „Die Fähigkeit, sich auf etwas anderes zu beziehen, fehlt allen Ereignissen, die ausschließlich mit physikalischen Prädikaten identifizierbar sind" (Sturma 2005, S. 78). Offensichtlich wird hier nicht beachtet, dass Muster physikalischer Entitäten sehr wohl irgendwelche von ihnen verschiedenen Sachverhalte repräsentieren können. Beispielsweise sind, wie bereits oben ausgeführt, Signale die physikalischen Träger von Symbolen, die sich auf etwas beziehen, indem sie ein Objekt oder einen Sachverhalt repräsentieren. Sturma merkt weiterhin an: „Insbesondere in der Außenperspektive beziehungsweise unter der Voraussetzung physikalischer Weltbeschreibungen erscheint es rätselhaft, dass einige physische Systeme, nämlich denkende Körper, sich bewusst auf andere physische Systeme beziehen können. Auch die Wechselwirkung zwischen diesen Systemen, die sich offenbar auf dem Wege der ständigen Transformation von Physischem in Psychisches und von Psychischem in Physisches vollzieht, bleibt undurchsichtig" (Sturma 2005, S. 78). Wie also ist es möglich, dass sich physische Systeme auf andere physische Systeme beziehen können? Ein Philosoph fragt zusätzlich „wodurch festgelegt wird, dass eine mentale Repräsentation einen bestimmten Inhalt hat, ... was es ausmacht, dass ein bestimmtes materielles Gebilde im Gehirn den und den Inhalt und keinen anderen hat" (Schröder 2004, S. 150). Die Antwortet lautet, dass dazu lediglich eine bestimmte Beziehung zwischen beiden Systemen definiert werden muss, so dass ein bestimmter Zustand des einen Systems den Zustand des anderen Systems repräsentiert bzw. codiert. Und wir wissen, dass es dabei keinen Zwang für eine bestimmte Codierungsform gibt. Wohl aber haben unterschiedliche Codierungsformen jeweils spezifische Vor- und Nachteile z. B. hinsichtlich ihrer Redundanzen, Robustheit gegenüber Störungen, Möglichkeit der Fehlererkennung und -korrektur u.ä.. Die im Gehirn realisierte Codierung ist das Ergebnis eines langen Evolutionsprozesses, weshalb wir davon ausgehen können, dass dieser die Art der Repräsentation im Gehirn für dessen Belange optimiert hat.

Werden die Repräsentationen darüber hinaus so konzipiert, dass sie nicht nur einen bestimmten Zustand der realen Welt repräsentieren, sondern eine gesamte Zustandsfolge, dann kann die Repräsentation die reale Welt sogar simulieren oder berechnen. Es lassen sich dann aus der Repräsentation Aussagen über den Zustand des repräsentierten Systems ableiten, ohne dass es hierfür einer physikalischen Interaktion oder einer Transformation von Physischem in Psychisches oder umgekehrt bedarf.

Die Philosophie versteht unter ***Intentionalität*** „die bewusste Bezugnahme auf einen Sachverhalt", wobei sich „Bewusstseinszustände dadurch aus(zeichnen), dass sie sich auf etwas richten, einen Gehalt haben. Sie bedeuten etwas oder handeln von etwas" (Sturma 2005, S. 77). Zunächst einmal bleibt festzustellen, dass physikalische Muster, die etwas repräsentieren, auf das sie sich dadurch auch richten bzw. beziehen, nicht notwendigerweise mit Bewusstseinszuständen einhergehen müssen. Sehr wohl aber kann ein *äußerer Beobachter* (Dritte Person Perspektive) wissen (bei Symbolen) oder erkennen (bei Indizien), dass eine solche Repräsentation und damit eine Beziehung vorliegt.

Fred Dretske unterscheidet in seiner Naturalisierung des Geistes zwischen konventionellen Repräsentationen, wie z. B. Messinstrumenten oder Sensoren, mit einer Anzeigefunktion, die sie durch den Hersteller bzw. Benutzer erhalten, und natürlichen Repräsentationen, das sind unsere Sensoren und Wahrnehmungsrepräsentationen, die ihre Funktion auf natürliche Weise erhalten haben, also z. B. im Rahmen der Evolution. Wir betrachten Repräsentationen im Gehirn oder im Computer allein unter dem Gesichtspunkt ihrer Realisierung und Nutzung, unabhängig davon, ob sie von einem menschlichen Schöpfer oder dem Schöpfer Evolution konzipiert wurden. Wohl aber interessiert uns, welchen Nutzen welche Art von Repräsentation verspricht, und welches somit die Triebfedern für die Evolution oder einen Entwickler sind, bestimmte Repräsentationsformen zu bevorzugen.

Peter Bieri schreibt: „Repräsentationen, kann man sagen, sind Träger von Informationen: Sie sind diejenigen Elemente in einem System, kraft derer das System Zustände mit einem Informationsgehalt besitzt" (Bieri 1987, S. 18). Im Gehirn von Lebewesen wird deren Umwelt und ihr eigener Körper repräsentiert, das heißt abgebildet. Beide Repräsentationen zusammen und in ihrer Wechselbeziehung bestimmen das Wirklichkeitserlebnis der Lebewesen. Dies gilt aber nur insoweit, als diese Merkmale für das Überleben eines Organismus in seiner ökologischen Nische relevant sind. Den Ballast, unnütze Repräsentationen auszubilden, leistet sich die Evolution nicht. Dies gilt analog für die im Speicher eines Computers repräsentierte Wirklichkeit. Sie umfasst nur das, was ihr Schöpfer (hier nicht die Evolution, sondern der Entwickler) als unabdingbar für die Erledigung vorgegebener Aufgaben festgelegt hat. Klaus Mainzer schreibt deshalb: „Die Grenze der computergestützten Welt ist die Grenze ihrer Repräsentationsform" (Mainzer 1995, S. 630). Diese ***Repräsentationen*** sind in der Regel keine 1 zu 1 Abbildungen der Wirklichkeit und auch keine Ikone oder Indizes (im Sinne von Peirce), sondern eine Codierung in Form von Symbolen oder Mustern, für die die Ausführungen von Abschnitt 1.2 zutreffen. Repräsentationen sind Muster, die eine Entsprechung in einem anderen System haben, das heißt eine Repräsentation bildet bestimmte Aspekte eines anderen Systems ab, ohne Ähnlichkeit zu ihm zu haben. Am anschaulichsten hat dies Platon in seinem Höhlengleichnis verdeutlicht.

Das in den Repräsentationen niedergelegte Wissen über die Welt ist ein implizites, nicht abrufbares Wissen. Dieses Wissen steckt in der Struktur der Repräsentation, die Gesetzmäßigkeiten der Welt widerspiegelt. Das heißt, sie muss sowohl die logischen Beziehungen (wenn a ... dann b) zwischen den Entitäten der Welt als auch die kausalen Beziehungen (auf x folgt y, falls z) abbilden. Repräsentationen die kausale Beziehungen abbilden, sind keine statischen Abbilder, sondern physikalische Systeme, die auf einen Input mit einem bestimmten Output antworten, so dass sich Input und Output der Repräsentation so zueinander verhalten, wie ihre Äquivalente in der realen Welt. Repräsentationen müssen daher in der Lage sein, zumindest bestimmte Aspekte der realen Welt zu simulieren.

Betrachten wir zunächst, wie logische Beziehungen zwischen den Merkmalen bzw. Entitäten eines Systems repräsentiert werden können. Bereits oben haben wir erwähnt, dass chemische Muster durch Autokatalyse entstehen, und zwar aus der Wechselwirkung von Aktivatoren und Inhibitoren. Nach einem ähnlichen Prinzip lassen sich auch künstliche Muster erzeugen und zwar mittels sog. ***Kohonen-Netze*** (Kohonen 1989). Das sind Netzwerke, die sich in der Verschaltung der Neuronen im (sensorischen Bereich) der Großhirnrinde von Lebewesen nachweisen lassen. Dabei wirken zwei Arten von Verknüpfungen zwischen den Netzknoten zusammen. Bei ***Inhibitorischen Verknüfungen*** versucht jedes Neuron die Aktivität der Neuronen seiner Umgebung zu hemmen. ***Exzitatorische Verknüpfungen*** verstärken dagegen die Aktivität der Neuronen ihrer unmittelbaren Umgebung, wirken also als Aktivator. Bei den nach dem Finnen Teuvo Kohonen benannten Netzen kommt dieses Prinzip ebenfalls zur Anwendung, wobei benachbarte Neuronen in einem Netz aktiviert, entferntere dagegen gehemmt werden. Die Aktivierung eines Neurons bewirkt deshalb stets, dass auch die Nachbarschaftsneurone mit reagieren und beim Lernprozess einbezogen werden. Jedes Neuron hat dadurch eine so genannte Center-Surround-Umgebung.

Bei der ***Morphogenese***, das heißt der Entstehung von Mustern und Formen in lebenden Organismen, haben wir dieses Prinzip bereits kennen gelernt. Es führt auch dort zur Ausbildung von periodischen Mustern.

Man schätzt heute, dass etwa 70 Prozent der Zellen des Cortex auf andere Neuronen erregend wirken, während 20 bis 30 Prozent auf andere Neuronen eine hemmende Wirkung ausüben, das heißt inhibitorisch sind. Im Gehirn liegt der Hauptteil der synaptischen Verbindungen der Neuronen im Umkreis von von 0,3 bis 0,5 Millimetern um die vertikale Achse einer Zelle. Die Neuronen sind also vor allem lokal verschaltet. Dies führt zu einer cortikalen Säulenarchitektur der Hirnrinde. Innerhalb einer Säule bilden die sich gegenseitig aktivierenden Neuronen eine Art funktioneller Einheit. Die Neuronen der Nachbarsäule werden noch leicht mit erregt, die Neurone in den weiter entfernten Säulen werden dagegen gehemmt.

Bei Kohonen-Netzwerken bewirkt dieser Effekt, dass ähnliche Eingabemuster auf benachbarten Knoten und in benachbarten Bereichen abgebildet werden. Bei dieser sog. ***Populationscodierung*** werden Informationen nicht durch einzelne Neurone repräsentiert, sondern auf Gruppen (Populationen) von Neuronen verteilt. Populationscodes sind daher redundant und die entsprechenden Netze toleranter gegenüber Störungen beim Ausfall einzelner Neuronen.

Vermutlich werden nach dieser Methode unsere Körperoberfläche im sensorischen Cortex und auch Gesichter codiert, wobei die sensorische Eingabe eines Objekts durch mehrere unterschiedlich aktivierte Neurone repräsentiert wird. Bildlich lässt sich dies durch Aktivitätshügel veranschaulichen, wobei die Höhe der einzelnen Säulen des Hügels das Aktivitätsniveau der einzelnen verbundenen Neuronen ausdrückt. Analog werden die vom Innenohr kommenden Informationen in einer Frequenzkarte, der sog. tonotopischen Karte analysiert (Spitzer 2000, S. 231).

Bei Kohonen-Netzen organisieren sich die Neuronen zudem so, dass ähnliche Objekte durch örtlich benachbarte Neuronen repräsentiert werden. So entstehen dann topographische Landkarten, in denen Objekte nach ihrer Ähnlichkeit angesiedelt sind, wie wir sie im sensorischen Cortex vorfinden. Kohonen-Netze können deshalb Regelmäßigkeiten in ihren Eingangssignalen aufdecken und darstellen. Dies verleiht ihnen die Fähigkeit zur Abstraktion.

Wird ein Muster durch n Neuronen charakterisiert, dann lässt sich dieses Muster durch einen Vektor im n-dimensionalen Raum mathematisch beschreiben. Solche Vektoren sind daher geeignete Hilfsmittel zur mathematischen Beschreibung topographischer Landkarten. Die Ähnlichkeit zweier Vektoren ist dabei mathematisch definiert durch das Skalarprodukt der beiden Vektoren. Ein bestimmtes Eingabemuster (Inputvektor) wird dann demjenigen intern repräsentierten Muster (Synapsengewichtsvektor) zugeordnet, zu dem das skalare Produkt den maximalen Wert annimmt, das heißt zu dem es eine maximale Ähnlichkeit hat. Dieses Muster wird dann erkannt und zwar um so zuverlässiger, je größer das skalare Produkt zwischen Eingabemuster und diesem Referenzmuster ist. Auf diese Weise können Eingaben mit internen Hypothesen (Repräsentationen) abgeglichen und zugeordnet bzw. erkannt werden. Man kann daher sagen: bestimmte Aktionen des Gehirns lassen sich durch Vektorrechnung beschreiben, sind also algorithmisch komprimierbar.

Wie eine Repräsentation „funktioniert", kann man nur herausfinden, indem man entweder ihre physikalische Realisierung analysiert (Ansatz der Hirnforschung), was in der Praxis aber oft an der Komplexität der Systembasis für die Repräsentation scheitert, oder indem man die Beziehungen zwischen Input und Output analysiert (Ansatz der

Verhaltensforschung). Aber auch dieser Ansatz stößt wegen der Komplexität der Materie schnell an Grenzen und muss zudem akzeptieren, dass man aus der Input-Output-Relation grundsätzlich kein gesichertes Wissen erlangen kann, da es verschiedene Möglichkeiten gibt, um identische Input-Output Beziehungen zu realisieren. Völlig zum Scheitern verurteilt ist diese Herangehensweise, wenn der Output nicht nur vom Input bestimmt wird, sondern zusätzlich von internen Systemzuständen (verborgenen Variablen), die für den äußeren Beobachter unzugänglich sind. Ein weiterer Ansatz ist der Versuch, Systeme zu bauen, die vorgegebene Input-Output Relationen erzeugen, um zu verstehen, welche Anforderungen solche Systeme erfüllen müssen und wie das Gehirn funktionieren „könnte" (Ansatz der künstlichen Intelligenz KI, der neuronalen Netze, der Robotik u.a.). Man ist dann zufrieden, wenn man wenigstens die Grundprinzipien der Funktion eines Systems versteht.

Wir wollen zunächst aufzeigen, wie die reale Welt durch ein sie repräsentierendes System simuliert werden kann. Simulationen sind Ebenbilder der simulierten Welt (Dennett 1994, S. 18). Dabei sind zwei mögliche Ansätze auseinander zu halten, die ***analoge Simulation*** und die Berechnung, im Folgenden als ***homologe Simulation*** bezeichnet. Dabei unterscheiden wir hier nicht, ob der Simulator rein hardwaremäßig arbeitet (sog. Emulation) oder ob sein Verhalten durch Software gesteuert wird.

Bei der ***analogen Simulation*** eines (zu simulierenden) Systems, wird ein Simulator gebaut, dessen Verhalten denselben Gesetzen gehorcht, wie das zu simulierende System. Aus dem Verhalten des Simulators lassen sich dann Aussagen ableiten über das reale, simulierte System. Ein Musterbeispiel für diesen Ansatz ist ein Analogrechner. In ihm lassen sich lineare Anhängigkeiten, Differentiale und Integrale nachbilden. Beispielsweise gilt für einen Widerstand die Beziehung $U = R \cdot I$ zwischen Strom und Spannung, für eine Induktivität $U = L \cdot dI/dt$ und für eine Kapazität gilt $U = 1/C \cdot \int I \cdot dt$. Man kann deshalb durch geeignete Verschaltung dieser Elemente ein künstliches System, einen Simulator, bauen, der sich so verhält, wie dies eine vorgegebene ***Differentialgleichung*** vorgibt. Auf diese Art kann man jedes reale System simulieren, dessen Verhalten durch eine Differentialgleichung beschrieben werden kann. Genau genommen bildet man dabei nicht das reale System selbst mit all seinen physikalischen Merkmalen ab, sondern lediglich einen bestimmten Aspekt dieses Systems, nämlich sein dynamisches Verhalten. Hat man also zwei Systeme mit gleichem dynamischen Verhalten, kann man aus dem Verhalten eines der beiden Systeme auf das Verhalten des anderen schließen. Dabei ist es lediglich eine Frage der Definition, welches der beiden Systeme man als den Simulator und welches als das simulierte Systeme bezeichnet. Letzten Endes kann jedes der Systeme das andere simulieren und damit sein Verhalten voraussagen. Allerdings benötigt man einen außen stehenden Beobachter, der den Simulator beobachtet und daraus eine Schlussfolgerung für das simulierte System ableitet. Er kann den Simulator als ***Wissensquelle*** für das Verhalten des realen Systems nutzen. Diese Wissensquelle liefert aber nur Aussagen über dessen Verhalten und weiß ansonsten nichts über das reale System und natürlich auch nichts von sich selbst!

Ganz anders liegen die Verhältnisse bei der ***homologen Simulation.*** Hier gehorcht der Simulator nicht denselben Gesetzen wie das simulierte System. Vielmehr zeichnet er sich dadurch aus, dass er in einer Zustandsfolge von diskreten Schritten ein Inputmuster in ein Outputmuster überführt und beide Muster bestimmte Aspekte der realen Welt (hier des zu simulierenden Systems) repräsentieren. Die einzelnen Aspekte der realen Welt können hierbei durch Symbole repräsentiert werden oder durch beliebige andere Muster. Symbolverarbeitung ist also keine notwendige Voraussetzung für Umweltsimulation, denn Symbole sind letztlich auch nur Muster, die spezifischen Konventionen genügen müssen. Wenn die Musterumwandlung so konzipiert wird, dass sich das Ausgabemuster beispielsweise durch Multiplikation der Eingangsgröße mit einer Konstanten „errechnet", kann die obige Beziehung $U = R \cdot I$ auch dadurch simuliert werden, dass aus einer Folge von Werten für die Größe I und einen vorgegebenen Wert R jeweils der zugehörige Wert für U berechnet wird. Hier wird also durch reine Musterumwandlung letztlich derselbe Effekt erzielt, wie bei einer analogen Simulation, auch wenn der Simulator jetzt nach völlig anderen Gesetzmäßigkeiten „funktioniert", als das simulierte System.

Solche Systeme lassen sich mit den Gesetzen der ***formalen Logik*** beschreiben, ebenso wie die oben genannten Systeme durch Differentialgleichungen beschrieben werden können. Wir wollen hier kurz auf zwei verbreitete Ansätze von „Logik-Maschinen" eingehen.

Maschinen, deren Schaltungen Gesetze der Schaltalgebra realisieren, sind beispielsweise in Computern implantiert. Wir erläutern das Prinzip kurz an den zwei gängigsten Schaltungen (Bild 1). Dabei wird links der Output O abgeleitet aus der UND-Verknüpfung der Inputsignale I1 bis In, das heißt durch Serienschaltung der Schalter, rechts aus der ODER-Verknüpfung, das ist eine Parallelschaltung der Inputsignale. Bei der UND-Verknüpfung erhält man einen Output nur dann, wenn alle Schalter geschlossen sind, also A1 und A2 usw. geschlossen sind. Sie sind dann geschlossen, wenn die Inputsignale aktiv sind. Die ODER-Verknüpfung liefert demgegenüber schon dann einen Output, wenn nur einer der Schalter geschlossen ist, wenn also A1 oder A2 usw. geschlossen sind.

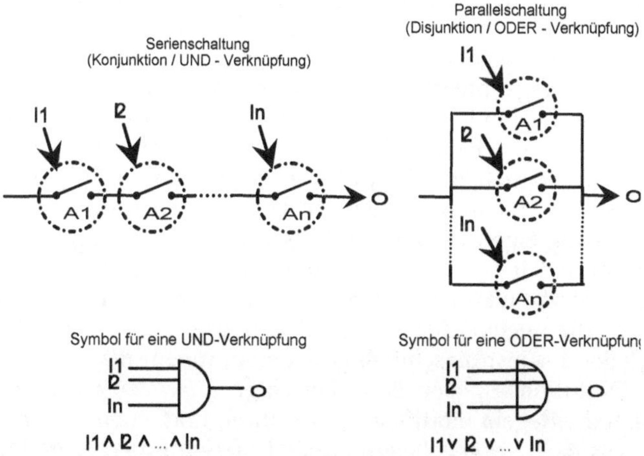

Bild 1: Darstellung von UND- und ODER-Verknüpfungen durch Schalter

Für die Beziehung zwischen Eingangssignal und Ausgangssignal ist es letztlich irrelevant, ob die Schalter mechanisch, pneumatisch oder elektronisch realisiert werden. Auch hier kann die Schaltung von einem äußeren Beobachter wieder benutzt werden als Wissensquelle für die Ableitung des Outputs aus bekannten Inputs auf Grund der logischen Beziehung zwischen diesen Größen, wobei auch hier wiederum nur Aussagen über das logische Verhalten eines realen Systems gemacht werden können, nicht aber über sonstige Aspekte des Systems. Da sich Dezimalzahlen auch in Form von Dualzahlen ausdrücken lassen, können durch geeignete Kombination solcher logischer Schaltungen beliebige Rechenoperationen durchgeführt werden. Jeder Computer bietet einen Vorrat an solchen Schaltungen an, den wir seinen Befehlsvorrat nennen.

Eine spezifische Aufeinanderfolge solcher Befehle nennt man einen ***Algorithmus***, das ist eine Anweisung, wie ein bestimmtes Problem formal zu lösen ist. Diese Aufeinanderfolge kann hardwaremäßig „verdrahtet", das heißt in einer ***realen Maschine*** fixiert werden. Sie kann auch in der Befehlsfolge eines Programms fix vorgegeben werden, das auf einem Universalcomputer abläuft. Ein solches Programm realisiert dann eine ***virtuelle Maschine***. Sie kann nur die im Programm vorgesehenen Aufgaben ausführen. Dieses Programm verkörpert dann ein ***prozedurales Wissen*** darüber, wie eine bestimmte Aufgabe zu lösen ist. Schließlich kann man die Aufgabe, eine geeignete Befehlsfolge, das heißt einen Algorithmus für die Lösung eines bestimmten Problems zu finden, auch einem gesonderten Programm, einem ***allgemeinen Problemlöser***, übertragen. Dies ist der Ansatz der ***künstlichen Intelligenz***. Ein Regelinterpreter überprüft hier die verfügbaren Regeln (das explizite Regelwissen) dahingehend, ob sie einen Beitrag zur Ableitung von neuem (Fakten-)Wissen leisten können. Auf diese Weise wird, soweit möglich, durch ***intelligente Suche*** des Systems selbst ein Lösungsweg erschlossen. Das System stellt dabei den Algorithmus zur Problemlösung eigenständig auf Basis verfügbarer, vorgegebener Regeln zusammen, indem es zielführende Regeln auswählt und in einem Steuerfluss verkettet. In der letzten Ausbaustufe kann man schließlich auch noch die Regeln (der Problemlösung und der Suche nach geeigneten Regeln) selbst maschinell generieren, indem man den Rechner selbst „Evolution" spielen lässt. Durch ***generische Algorithmen*** werden dabei die Regeln modifiziert (***Mutation***) und einem internen Ausleseprozess nach vorgegebenen Fitnesskriterien unterzogen. Nur „bewährte Regeln" werden dann beibehalten, nur sie „überleben", alle übrigen dagegen ausgesondert (***Selektion***). Dieser Prozess wird so lange fortgesetzt, bis effiziente Regeln zur Lösung eines vorgegebenen Problems gefunden sind. Im allerletzten Schritt kann man es dem System überlassen, in einer internen Wettbewerbssituation seine Fitnesskriterien selbst zu finden, wie uns dies ja auch die Evolution vorgemacht hat. Entscheidend bei diesen Entwicklungen ist, dass die in der Philosophie zuweilen angetroffene Vorstellung, dass künstliche Systeme Probleme nur dann lösen können, wenn ihnen von einem Entwickler zuvor exakt der Lösungsweg vorgegeben wird, und dass solche Systeme daher nichts selbst und nichts Unvorhergesehenes tun können, nicht oder doch nur für herkömmliche Programme zutrifft. Diese Aussage kann sogar noch dahingehend erweitert werden, dass ein externer Beobachter die Art wie ein künstliches System ein Problem gelöst hat, nur noch dann nachvollziehen kann, wenn das System seine Zwischenschritte (den Steuerfluss) selbst protokolliert und dieses Protokoll dem externen Beobachter zugänglich macht (sog. Erklärungskomponente bei Expertensystemen). Dieses Protokoll liefert dann ***„Be-***

gründungen" für den Output des Systems oder allgemeiner gesagt, für sein Verhalten, indem es die einzelnen Schritte seiner Vorgehensweise bei der Problemlösung aufzeigt und ggf. auch noch, warum es diese Schritte gewählt hat. Diese ***Begründungen sind logischer Art*** und unabhängig davon, wie das System physikalisch realisiert ist. Die der Problemlösung zugrunde liegenden physikalischen Prozesse (Ursachen) sind hierbei irrelevant und dem System selbst auch unbekannt.

Input-Outputbeziehungen sind zuweilen von einer Art, die mit den Methoden der Schaltungsalgebra nur aufwendig realisierbar sind. Ein Beispiel hierfür ist die Forderung, dass ein System nur dann einen Output liefern soll, wenn eine Mindestanzahl von Inputs aktiviert wird, wobei die Inputs sogar noch unterschiedlich gewichtet sein können. Diese Forderung können ***neuronale Netze*** besser erfüllen.
In Bild 2 wird dies am Beispiel eines Netzknotens mit 5 Inputs I1 bis I5 und einem Output demonstriert.

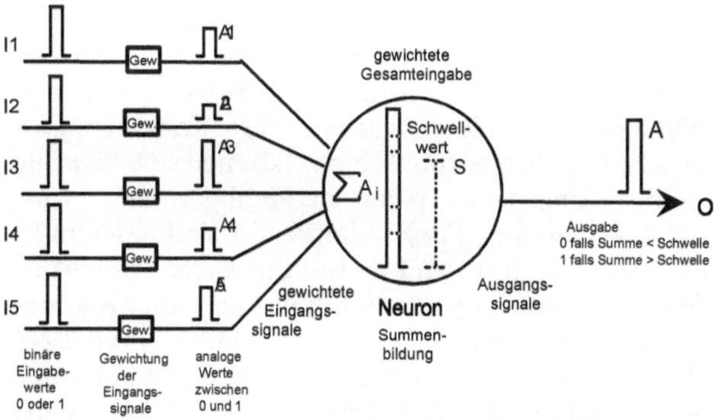

Bild 2: Darstellung von Input-Output-Verknüpfungen durch einen Knoten eines neuronalen Netzes

Hier wird der Output O dann aktiviert, wenn die Summe der Inputsignale Ii einen vorgegebenen Schwellenwert S überschreitet. Die Inputsignale können hierbei sogar unterschiedlich durch Parameter Ai gewichtet werden. Dies gilt analog für den Output. Wird S so niedrig angesetzt, dass bereits durch Aktivierung des am geringsten gewichteten Inputs ein Output erzeugt wird, wirkt der Knoten wie eine ODER-Verknüpfung. Wird S dagegen so hoch angesetzt, dass der Knoten nur dann einen Output liefert, wenn alle Inputs aktiviert sind, bildet der Knoten eine UND-Verknüpfung ab. Durch Vorgabe eines Wertes von S zwischen diesen beiden Grenzfällen, kann eine Mindestaktivität der

Inputsignale vorgegeben werden, damit ein Output erfolgt. 1943 zeigten Warren S. McCulloch und Walter H. Pitts (McCulloch; Pitts 1943) in ihrer Theorie der Nervennetze dass sich die Verrechnung von Signalen in den Synapsen eines Rückenmarksegments durch die Grundoperationen Konjunktion, Disjunktion und Negation der Aussagenlogik beschreiben lässt. Im Gegensatz zu logischen Schaltungen (Bild 1), reicht es bei ***Neuronalen Netzen*** aus, die Aktivitätsniveaus und Schwellenwerte der einzelnen Neuronen, also ihre *Parameter, zu modifizieren*, um denselben Effekt zu erreichen wie bei einer *Neuanordnung* der Schalter bei logischen Schaltungen. Einzelne Neuronen und damit ein gesamtes Neuronales Netz kann deshalb durch ***Lernen*** sein ***Verhalten*** ändern. Hierfür müssen lediglich die Parameter der einzelnen Neuronen modifiziert werden. Dies gilt analog für die Synapsen der Neuronen des Gehirns, die ebenfalls bei wiederholter intensiver Aktivierung ihr eigenes Aktivitätsniveau durch verstärkte Impulsentladungen erhöhen. Dabei gibt es in den Synapsen ***Neurotransmitter*** mit aktivierendem und solche mit hemmendem Einfluss, entsprechend den positiven oder negativen Aktivitätsniveaus der aktivierten Knoten in einem künstlichen Neuronalen Netz. Durch Anpassung ihrer Erregungsschwelle können auch die Synapsen des Nervensystems ihre Kontakteigenschaft ändern (***Hebb´sche Regel***). Neuronale Netze können so ***Erfahrungswissen*** erwerben und speichern, das später wieder abgerufen werden kann.

Michael Tye schreibt: „Fische können ihr Verhalten im Lichte veränderter Evidenzen ändern, und sie tun das auch. Darüber hinaus lassen sich diese Veränderungen im Verhalten oft am besten durch einfache Meinungen oder Einschätzungen erklären" (Tye 1998, S. 114). Wenn Fische, wie viele andere Lebewesen auch, durch Lernen ihr Verhalten ändern, heißt dies im einfachsten Fall nur, dass sich im neuronalen Netz ihres Gehirns bestimmte Parameter ändern. Kann man daraus aber schon ableiten, dass sie Meinungen haben und diese Meinungen ändern? Sicher nicht! Jedes lernfähige künstliche System müsste dann auch Meinungen haben und diese ändern können, eine abenteuerliche Vorstellung. Hier fehlt es einfach an einer klaren Definition dessen, was unter einer Meinung zu verstehen ist!

Man kann auch vollautomatisch Muster nach bestimmten Merkmalen absuchen, wie dies Bild 3 an einem einfachen Beispiel demonstriert.

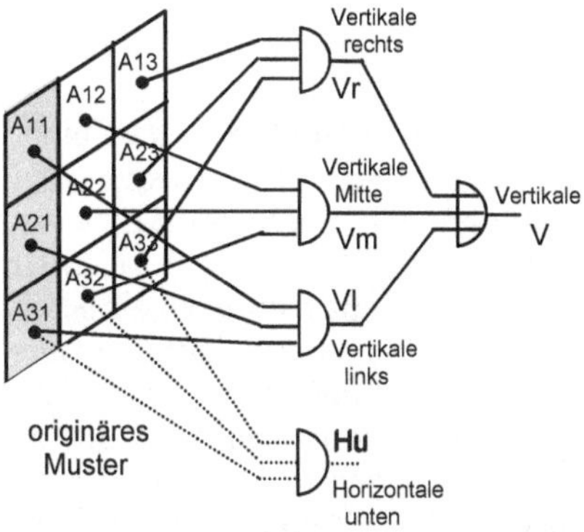

Bild 3: Erkennung von vertikalen Linien in einem Muster

Für eine vertikale Linie gilt hier:

$$V = (A11 \wedge A21 \wedge A31) \vee (A12 \wedge A22 \wedge A32) \vee (A13 \wedge A23 \wedge A33) = Vl \vee Vm \vee Vr$$

Man kann mit dieser Methode auch horizontale (in Bild 3 z. B. Hu) oder diagonale Linien erkennen. Generell lassen sich so beliebige Merkmale in einem Muster identifizieren, wenn man weiß, wonach man suchen soll. Man kann einzelnen Merkmalen bzw. Mustern so auch Symbole zuordnen (hier V bzw. Vi). Symbole sind so gesehen „Kurzfassungen" von Mustern, sie ermöglichen die Reduzierung von Redundanzen.

In der Robotik spricht man vom ***Symbolbezugsproblem***. Hat man mittels eines Symbols aber erst einmal ein Merkmal identifiziert, kann man aus dem Symbol selbst nicht mehr retrograd das Muster rekonstruieren, das von ihm repräsentiert wird. Wenn also ein Neuron aktiviert ist, das eine vertikale Linie repräsentiert, kann aus seiner Aktivierung nicht mehr retrograd erschlossen werden, was eine vertikale Linie ist bzw. wie eine solche „aussieht". Neurone repräsentieren deshalb mit ihrer Aktivität stellvertretend die Geschehnisse in der Außenwelt, sind aber kein Abbild dieser Welt. „Jedem relevanten Umweltereignis entspricht also die Aktivierung eines Signal- oder *Detektorneurons*. ... »Erkennen« ist im Rahmen dieser Modellvorstellungen die korrelierte Aktivität von Detektor-Nervenzellen mit bestimmten Umweltereignissen, die dann zu einer bestimmten Verhaltensaktivität führt. Technisch gesprochen handelt es sich um einen Zuordnungsautomaten, und dieser kann (zumindest theoretisch) beliebig komplex sein" (Roth 1977, S. 130). Zusammenfassend kann man sagen: „Wahrnehmung hängt zwar mit Umweltereignissen zusammen, welche die verschiedenen Sinnesorgane erregen; sie ist jedoch nicht abbildend, sondern konstruktiv" (Roth 1997, S. 125).

Wollen wir nicht nur repräsentieren, *dass* eine vertikale Linie erkannt wurde, sondern zusätzlich auch, *was* eine solche Vertikale charakterisiert, dann müssen wir deren Merkmale zusätzlich codieren. Wenn jetzt also Mynarek glaubt, man könne sich allein schon an dem Problem: „Was ist, in einer Gehirnsprache, ein Kreis?" die Zähne ausbeißen (Mynarek 2006, S. 130), dann lautet unsere simple Antwort, dass die Frage, wie der Kreis im Gehirn codiert bzw. repräsentiert ist, solange uninteressant ist, wie das Gehirn die für den Körper relevanten Verhaltensanweisungen richtig aus dem Code ableiten kann. Zudem wissen wir, dass im Gehirn vom Auge bis zur tertiären Sehrinde mehrfache Umcodierungen ablaufen, die im Wesentlichen eine Informationskomprimierung zum Ziel haben, und dass bei der „Präsentation" eines erkannten Kreises für den präfrontalen Cortex nochmals eine Umcodierung stattfindet. Es wird so „die Komplexität der Umwelt ... »vernichtet« durch ihre Zerlegung in Erregungszustände von Sinnesrezeptoren. Aus diesen muss das Gehirn wiederum durch eine Vielzahl von Mechanismen die Komplexität der Umwelt, soweit sie für das Überleben relevant ist, erschließen" (Roth 1997, S. 115).

Man wird bei Bild 3 an die rezeptiven Felder in der Netzhaut des Auges erinnert. Dort werden spezifische Sehzellenbereiche, die zu einer bestimmten Ganglienzelle projizieren und diese erregen oder hemmen, als ***rezeptive Felder*** bezeichnet. Jedes rezeptive Feld setzt sich zusammen aus einem so genannten Empfangsfeld und einer Peripherie. Wird das Empfangsfeld (Zentrum) durch Lichteinfall aktiviert, kommt es zu einer erhöhten Aktivierung der zugehörigen Ganglienzelle und damit zu einer erhöhten Frequenz der Nervenimpulse an das Gehirn. In Bild 3 wären beispielsweise A12, A22 und A32 Nervenzellen eines solchen Empfangsfeldes und Vm die zugehörige Ganglienzelle. Als Besonderheit kommt allerdings noch hinzu, dass die Reizung der Sehzellen der Peripherie hemmend wirkt (laterale Inhibition). In Bild 3 wären dann zusätzlich auch A11, A21, A31 und A13, A23, A33 mit Vm verknüpft, wobei die zusätzliche Reizung dieser Zellen die Aktivierung von Vm hemmen würde.

Es würde dann gelten: $Vm = (A12 \wedge A22 \wedge A32) \wedge (\neg Vl) \wedge (\neg Vr)$
Nur so ist sichergestellt, dass es sich tatsächlich um eine senkrechte Linie handelt und die Reizung von A12, A22 und A32 nicht nur eine Teilmenge einer Vielzahl gereizter Sehzellen ausmacht. Die rezeptiven Felder des Auges können unterschiedlich groß sein (1 bis 180 Grad des

Gesichtsfeldes), unterschiedliche Formen haben (z. B. konzentrisch oder streifenartig), sie können auf verschiedene Reize reagieren (z. B. rotes Licht Erregung/ grünes Licht Hemmung) und sich über ein oder zwei Augen erstrecken (mono-/binokular).

An dieser Stelle soll noch ein Missverständnis angesprochen werden, das Arno Ross exemplarisch so formuliert: „Diejenigen Teile seiner Umgebung, die auf ein Lebewesen als Lebewesen einwirken, bezeichnen wir gewöhnlich als »Reize«. Und Reize sind bereits von ihrem Begriff her keineswegs dasselbe wie im physikalischen beziehungsweise chemischen Sinne zu verstehende materielle Phänomene" (Ros 2005, S. 315). „Physikalisch beziehungsweise chemisch verstandene Gegenstände reagieren, von ihrem Begriff her, in dem Sinne auf Geschehen in ihrer Umgebung, dass bei ihnen bestimmte Wirkungen verursacht werden. Aber sie reagieren nicht in dem Sinne auf Geschehen in ihrer Umgebung, dass sie selbst sich auf diese Geschehen in der einen oder anderen Weise »einstellen« (Ros 2005, S. 317). Dies mag zwar für simple materielle Gegenstände zutreffen, aber es trifft eben nicht zu für offene, komplexe Systeme. Und solche Systeme müssen nicht notwendigerweise Lebewesen sein. Es können auch rein „materielle Systeme", wie z. B. Roboter, sein, die mit ihrer Umwelt interagieren und sich auf diese einstellen. Selbst simple Regelkreise sind in der Lage, äußere Störeinflüsse zu kompensieren und vorgegebene Sollwerte in gewissen Grenzen einzuhalten, d.h. auf Umwelteinflüsse spezifisch zu reagieren. Beim feed-forward Prinzip wird dieses Prinzip sogar noch um „vorausschauende Reaktionen" erweitert (s.u.).

Sicherlich sind nicht alle Reize materielle Phänomene, wohl aber sind es stets physikalische Phänomene. Unabhängig vom physikalischen Auslöser lassen sich in informationsverarbeitenden Systemen physikalische Phänomene als Muster repräsentieren. Und diese Muster können interpretiert und aus dieser Interpretation sowohl Schlussfolgerungen als auch Aktionen abgeleitet werden und zwar rein „mechanisch" nach vorgegebenen Regeln. Dieser Gesichtspunkt ist vor allem deshalb bedeutsam, weil in der Philosophie die Vorstellung vorherrscht, dass menschliches Verhalten nicht auf Ursachen sondern auf Gründe zurückzuführen ist. Ros spricht von teleologischen Erklärungen, wenn wir versuchen zu zeigen, dass eine "zu erklärende Aktivität deswegen vollzogen worden ist, weil sie *möglicherweise ein Mittel ist,* mit Hilfe dessen das zur Erklärung herangezogene Geschehen *herbeigeführt werden kann*" (Ros 2005, S. 325). Insbesondere psychologische bzw. intentionale Erklärungen müssen dann herhalten, wenn sich Phänomene anscheinend nicht mehr kausal erklären lassen. Unser Kommentar lautet, wir benötigen keine neue Kategorie von Erklärungen, sondern simple, wissenschaftlich zu beantwortende Erklärungen für derartige Phänomene.

Den hier (Bild 3) aufgezeigten Effekt kann man beispielsweise mit neuronalen Netzen erzielen. ***Neuronale Netze***, die Input-Neuronen, Output-Neuronen und Neuronen in einer (verborgenen) Zwischenschicht besitzen, die innere Zustände abbilden, nennt man Perzeptrone. In der Regel werden alle Input-Neurone mit allen Neuronen der Zwischenschicht und diese wiederum mit den Neuronen des Outputs verknüpft. Man spricht bei dieser Art von Verbindungen von *vorwärts*-gekoppelten oder auch ***feed-forward Netzen***. Bei ihnen werden Signale jeweils an Folgeknoten weitergereicht. Diese erhalten dann ihren Input stets nur von vorherigen Schichten und die Neuronen einer Schicht haben untereinander keine Verbindungen.

Die verborgenen Neuronen der Zwischenschicht repräsentieren ***Bedeutungen*** oder genauer gesagt, ***Prototypen*** von Bedeutungen, die als ***Attraktoren*** für eine bestimmte Kategorie von Bedeutungen wirken. In unserem Fall könnten sie beispielsweise eine vertikale Linie rechts, eine in der Mitte oder eine auf der linken Seite repräsentieren. Dies ermöglicht eine ökonomische Repräsentation von Umweltinformationen. Die verborgene Zwischenschicht verallgemeinert den Input und repräsentiert outputrelevante Inputeigenschaften, die in den Eingangsmustern nur implizit enthalten sind. Sie ermöglicht so ***Abstraktionsleistungen*** und kann eigenständig etwaige Gesetzmäßigkeiten in den Eingangsmustern aufspüren und repräsentieren. Sie verkörpert so das Wissen, dass gewisse Eigenschaften in bestimmten Kombinationen auftreten. Merkmale, die mit einem bestimmten Objekt verknüpft sind, werden dadurch automatisch auch anderen ähnlichen Objekten zugeordnet. Die Zwischenschicht impliziert damit, dass zwei Gegenstände, die sich in bestimmten Merkmalen ähneln, auch in anderer Hinsicht Gemeinsamkeiten besitzen. Sie verallgemeinert also nach dem Prinzip der Induktion und ermöglicht ein Verständnis dafür, wie analoge Leistungen vom Gehirn hervorgebracht werden.

Wir wissen, dass auch visuelle Informationen in den verschiedenen Arealen des visuellen Cortex ihren Input klassifizieren und getrennt analysieren. Das Netz in Bild 4 kann dann, wenn die Parameter so justiert werden, dass die Neuronen der Zwischenschicht im Sinne einer Konjunktion und die des Outputs als Disjunktion wirken, nach dem Prinzip von Bild 3 ebenfalls vertikale und horizontale Linien beim Input unterscheiden und identifizieren.

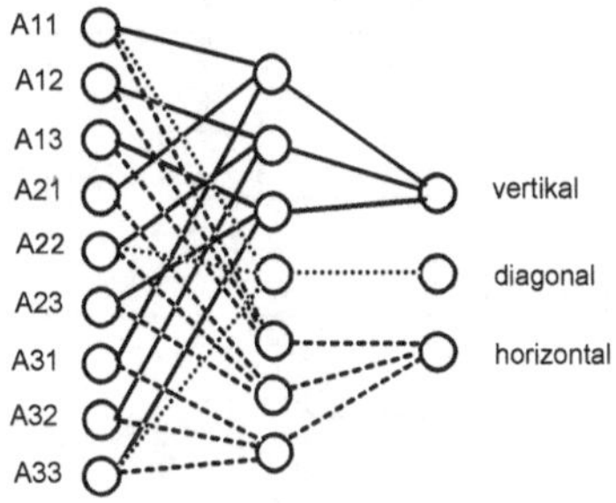

Bild 4: Neuronales feed-forward Netz mit der Fähigkeit, vertikale und horizontale Linien in einem Inputmuster zu erkennen

In der Praxis werden meist alle Knoten einer Schicht mit denjenigen der Folgeschicht verknüpft. Man weiß aus Erfahrung und theoretischen Überlegungen, dass in einem binären Neuronalen Netz die Zahl der erinnerbaren Aktivitätsmuster bei etwa 14 Prozent der Anzahl der Neuronen liegt.

Feed-forward Netze sind unidirektional. ***Unidirektionale Netze*** funktionieren im Gegensatz zum Gehirn nur in einer Richtung. Sie können ***keine Umkehrschlüsse*** ziehen, also nicht aus einem Ergebnis auf die Ursachen oder Auslöser schließen, die dieses Ergebnis herbeiführten. Wenn also der Mensch die (angeblichen) Gründe für sein Verhalten benennen kann, wird dieses Verhalten mit Sicherheit nicht unidirektional aus diesen Gründen abgeleitet.

Bei der homologen Simulation haben wir bisher nur einstufige Prozesse betrachtet, die zu einem Eingabemuster ein bestimmtes Ausgabemuster liefern. Jetzt wollen wir noch Prozesse betrachten, die in einer Folge von Mustern sukzessive einen Output ermitteln oder sogar Endlosschleifen bilden. Was dabei abläuft lässt sich am besten mit ***zellularen Automaten*** verdeutlichen. Bei ihnen gibt es eine Rückwirkung des Outputs auf den Input. Neuronale Netze mit Rückkopplung nennt man ***feed-back Netze***. Als Demonstrationsbeispiel betrachten wir Bild 5.

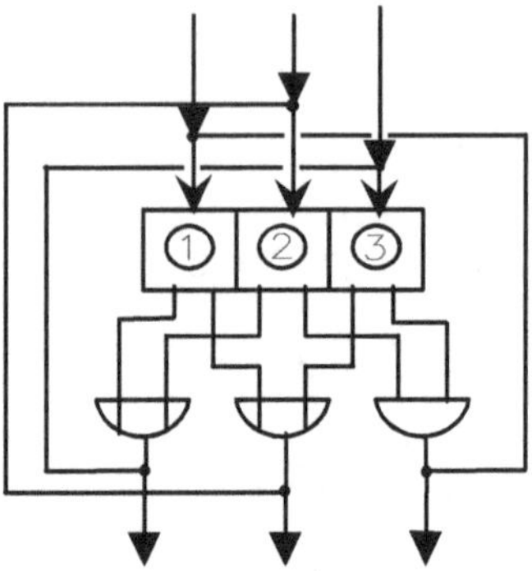

Bild 5: Neuronales Netz mit Rückkopplung

Hier wird zunächst eine Anfangsbelegung der Knoten 1, 2 und 3 von extern vorgegeben. In den Folgeperioden durchläuft das Netz dann eine Zustandsfolge, indem die aktuelle Knotenbelegung jeweils auf den Input rückwirkt. Man erkennt, dass Knoten 1 in der Folgeperiode aktiv ist, falls Knoten 2 ***und*** Knoten 3 in der aktuellen Periode aktiv sind. Knoten 2 wird in der Folgeperiode aktiviert, falls Knoten 1 ***oder*** 3 aktuell aktiv sind, und Knoten 3 wird in der Folgeperiode aktiviert, wenn Knoten 1 ***oder*** 2 momentan aktiv sind. Um die Zahl möglicher Belegungsabhängigkeiten klein zu halten haben wir hier vereinfacht angenommen, dass die Aktivität der einzelnen Knoten in der Folgeperiode unabhängig sei von ihrer aktuellen Belegung. D.h. die Belegung eines Knotens ist hier nur abhängig von der Belegung seiner Nachbarknoten in der vorausgegangenen Periode.

Es gibt hier acht mögliche Kombinationen für die Belegung der drei Knoten. Jede dieser möglichen Anfangsbelegungen von außen, führt zu einer Folge von weiteren Mustern, die schließlich in einem bestimmten Muster oder einer Schleife konvergieren. Sind bei Beginn alle drei Knoten inaktiv, bleibt dieser Zustand erhalten (Schleife 1). Ist der rechte oder mittlere Knoten aktiv, mündet das System in eine Schleife, bei der sich die beiden Zustände abwechseln (Schleife 2). Alle übrigen Anfangsbelegungen münden in einen Zustand, wo alle drei Knoten aktiviert sind und verharren in diesem Zustand (Schleife 3). Dies verdeutlicht Bild 6.

Das hier exemplarisch angegebene Netz ordnet also alle möglichen Eingaben immer einem der drei Attraktoren zu, das heißt, es kann nur drei Kategorien unterscheiden.

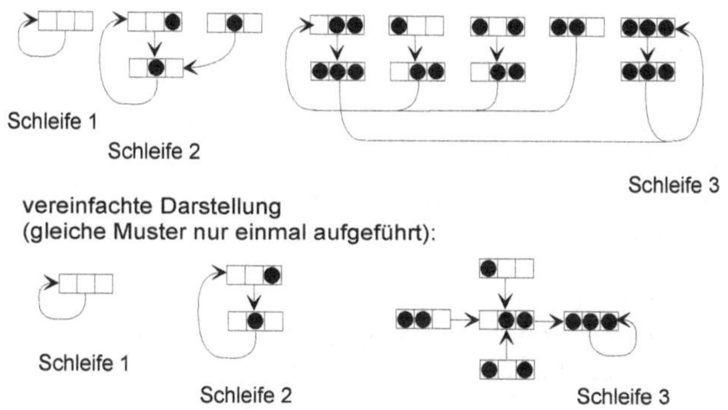

Bild 6: Musterfolge in einem Netz mit Rückkopplung

Solche Attraktoren kann man als ***Gedächtnisspur*** oder ***Informations-Speicher*** betrachten. Bei Lebewesen können solche Attraktoren Wahrnehmungskategorien oder daraus abgeleitete Verhaltensmuster sein. Hirnforscher sagen deshalb, „dass Wahrnehmung ein aktiver Prozess ist und keine bloße Widerspiegelung der Dinge" (Roth 2003, S. 71). ... „Dies heißt, dass Bewegungen, Farben, Formen und der uns umgebende Raum nicht direkt von den Bewegungen, Wellenlängenunterschieden, Kontrasten und räumlichen Anordnungen in der Welt abgeleitet, sondern das Produkt von Berechnungen in neuronalen Netzwerken sind" (Roth 2003, S. 81). Wenn also Metzinger feststellt, dass es „eine Ebene im subjektiven Erleben gibt, die so subtil und feinkörnig ist, dass sie weder der Erinnerung noch dem kognitiven Zugriff zugänglich ist" (Metzinger 1998, S. 383), dann findet diese Aussage in Bild 6 ihre Erklärung. Dies gilt analog für die Feststellung, dass es „außerhalb des phänomenalen Jetzt ... keine Form des subjektiven Zugriffs auf diese Ebene (gibt)," und „die Primitiven des phänomenalen Repräsentationssystems dem Subjekt des Bewusstseins epistemisch unzugänglich (sind)" (Metzinger 1998, S. 383). Dies ist nahe liegend, da diese Primitiven (hier die Inputs des Netzes) nicht Bestandteile des Repräsentationssystems sein können, weil sie nicht als Attraktor repräsentierbar sind. Daraus folgt u.E. aber nicht, dass wir „eine Theorie für *zwei* Formen einfachen phänomenalen Gehalts (benötigen)", eine für den kategorisierbaren sensorischen Gehalt, und eine für den subkategorialen sensorischen Gehalt, wie Metzinger empfiehlt (Metzinger 1998, S. 386).

Man kann sich auch die Steuerung von Instinkthandlungen so vorstellen, dass auf einen *auslösenden Reiz* hin eine Trajektorie durchlaufen wird, die die einzelnen Bewegungen des Handlungsablaufes steuert. Jedes System mit einer endlichen Anzahl möglicher Zustände, die nach vorgegebenen Regeln ineinander übergehen, durchläuft nach dem Start eine Folge von Zuständen und mündet dann in der Regel in einem Attraktor. Diese Zustandsfolge nennt man eine ***Trajektorie***. Beim Menschen wird der auslösende Reiz durch ***Spiegelneuronen*** repräsentiert, auf deren Funktion wir später zurückkommen.

Stephen Wolfram hat bei zellularen Automaten verschiedene Regeln für die Zellenbelegung in der Folgeperiode analysiert und erkannt, dass sich vier typische Klassen von Regeln unterscheiden lassen.

Klasse 1 bringt unabhängig von der Anfangsbelegung immer nur belegte oder nur unbelegte Zellen hervor, mündet also stets im gleichen Endzustand. Es gibt dann nur einen einzigen ***Punktattraktor***.

Klasse 2 erzeugt wiederkehrende Muster, mündet also immer in einem Grenzzyklus, das heißt in einer Folge von Konfigurationen, die sich endlos wiederholt. Solche Muster oszillieren in einem ***periodischen Attraktor***.

Klasse 3 bildet chaotische Muster mit fraktaler Struktur aus. Diese entsprechen ***seltsamen Attraktoren***. Es werden dann permanent neue Strukturen hervorgebracht, die sich fast augenblicklich wieder auflösen. Die Muster sind dann unvorhersagbar.

Klasse 4 schließlich erzeugt ***komplexe Muster mit einer erkennbaren Ordnung*** (örtlich organisierte Muster). Sie können wachsen, sich ausbreiten, trennen und wieder zusammenfinden.

Bei den Regeln der Kategorien 3 und 4 können schon geringste Unterschiede des Anfangszustandes das Ergebnis völlig verändern (sogenannter ***Schmetterlingseffekt***). Hier ist das System extrem empfindlich gegenüber den Anfangsbedingungen im Gegensatz zu den Regeln der Kategorie 1 und 2. Dort bilden sich unabhängig vom Anfangszustand stets gewisse charakteristische Merkmale als Folge einer Art von Selbstorganisation aus.

Chris Langton erkannte, dass der Parameter, der für die Klasse verantwortlich ist, die das Verhalten eines zellularen Automaten bestimmt, die Wahrscheinlichkeit dafür ist, dass eine bestimmte Zelle in der nächsten Generation noch aktiv ist. Ist dieser Parameter gleich 0, sind alle Zellen in der nächsten Periode tot, d.h. unbelegt, dies entspricht der Klasse 1. Mit wachsendem Wert des Parameters gelangt man zu Klasse 2. Bei einem Wert von 0,5 ist in der nächsten Periode die Hälfte der Zellen unbelegt, der Rest noch belegt und aktiv, man befindet sich dann im chaotischen Bereich der Klasse 3. In den Bereich der Klasse 4 gelangt man beim magischen Wert von etwa 0,273. Dieser Wert kennzeichnet den ***Übergang von der Ordnung zum Chaos***. Man spricht auch von ***Rand des Chaos***. In diesem Bereich ist ***Komplexität*** angesiedelt, jene ewig andauernde Weiterentwicklung der Muster. Für uns bedeutet dies, dass Systeme nur dann auf Eingabemuster mit einer fallspezifischen Antwort reagieren, wenn sie in diesen Bereich fallen. Sie reagieren dann in hohem Maße sensibel auf Eingangsmuster, ohne im Chaos zu versinken. Dies erfordert also eine bestimmte Art bzw. Intensität von Rückwirkung des Outputs auf den Input eines Musters. Stuart Kauffman schreibt: „Netzwerke am Rande des Chaos - wo ein ausgewogenes Verhältnis zwischen Ordnung und Regellosigkeit besteht - sind offenbar am besten in der Lage, komplexe Aktivitäten zu koordinieren und sich dabei zu entwickeln" (Kauffman 1998, S. 48).

Bezogen auf unsere Wahrnehmung bedeutet dies, dass im Bereich der Klasse 4 (Rand des Chaos) ein solches Netz auf permanent neue Eingaben von außen (Anfangsbelegungen) nach einigen Zyklen mit jeweils spezifischen Zuständen oder Zustandsfolgen antwortet, die charakteristische Muster aufweisen und weder erstarren, noch im Chaos versinken. Diese Muster kann man als Ergebnisse eines ***Erkennungsvorgangs*** interpretieren. Und aus diesem kann wiederum Verhalten abgeleitet werden.

Interpretiert man die einzelnen Zellen bzw. Neuronen als Dimensionen eines n-dimensionalen Vektors, kann man nach Paul M. Churchland sagen: „Wenn die externe Umwelt im Gehirn in Form von multidimensionalen sensorischen Vektoren codiert ist und wenn die vom Gehirn „beabsichtigte" Reaktion auch in den multidimensionalen Vektoren seiner Motoneurone codiert ist, dann besteht zielgerichtetes Verhalten nur in der passenden und feinabgestimmten Transformation dieser sensorischen Vektoren mit den motorischen Vektoren" (Churchland 1997, S. 110).

Man geht heute davon aus, dass etwa 0,1 Prozent der Neuronen des Gehirns direkt sensorische oder motorische Informationen übertragen. Ein Großteil dieses Inputs kommt wiederum nicht von der Außenwelt, sondern von inneren Körpersensoren, die den Zustand unseres Körpers, also vor allem Atmung, Herzschlag und Verdauung überwachen. 99,9 Prozent aller Neuronen erhalten dagegen ihren Input und liefern ihren Output an andere Neuronen des Gehirns. Unser Gehirn beschäftigt sich also vornehmlich mit der Analyse der eingehenden Informationen und der Generierung geeigneter Reaktionen.

1.4 Anpassung von Repräsentationen und Simulationen an die reale Welt und deren Anforderungen

Die Fähigkeit eines Systems, bestimmten Merkmalen der realen Welt eigene Zustände zuzuordnen, d.h. diese zu repräsentieren, ist eine notwendige aber keine hinreichende Bedingung, um das Verhalten der realen Welt abzubilden. Eine solche Zuordnung kann willkürlich erfolgen, wie dies auch für Symbole charakteristisch ist. Anders liegen die Verhältnisse bei der Abbildung des dynamischen Verhaltens der realen Welt. Hier muss die Repräsentation im Sinne eines Simulators selbst neue Repräsentationsmuster ableiten und diese abgeleiteten Muster müssen wieder ein Äquivalent im simulierten System (der realen Welt) haben. „Der Schlüssel zur Kontrolle (der Aktivitäten eines Lebewesens in Raum und Zeit) ist die Fähigkeit, die wichtigen Eigenschaften der Umwelt zu *verfolgen* oder sogar *vorwegzunehmen*; daher sind alle Gehirne im wesentlichen Antizipationsmaschinen" (Dennett 1994, S. 234).

Die Fähigkeit, ein System bzw. Aspekte der realen Welt zu simulieren bildet die Grundlage, um Vorstellungen darüber entwickeln zu können, wie sich die reale Welt bzw. das zu simulierende System verhalten wird. Diese Fähigkeit ermöglicht Prognosen über die Welt. Die neuronale Umsetzung dieser Anforderung ist für Paul M. Churchland im Prinzip kein Problem. Er schreibt: „Fügt man dem Grundaufbau eines Feedforward-Netzwerks absteigende Bahnen hinzu, dann entsteht etwas fundamental Neues. Ein solches rekurrentes Netzwerk kann externe Strukturen erfassen, die zeitlich wie räumlich unbegrenzt sind" (Churchland 1997, S. 122). Solche rekurrente (feed-back) Netzwerke können prototypische Vorgänge unterscheiden, selbst hervorbringen und bei anderen Organismen wahrnehmen und erkennen. Deshalb kann ein solches Netzwerk eine vorausschauende interne Sequenz erzeugen und auch zukünftige Ereignisse simulieren bzw. vorhersagen. Das Gehirn kann dann einen spezifischen Ereignisablauf erkennen, wenn es ihn einer prototypischen Vektorsequenz zuordnen kann.

In der Evolution stehen am Beginn aber andere Anforderungen für die Lebewesen. Hier geht es nicht darum, Vorstellungen über das Verhalten der Umwelt zu gewinnen, sondern darum, auf Informationen aus der Umwelt oder dem eigenen Körper angemessen zu reagieren. Abweichungen vom Soll-Zustand lösen dabei automatische Reaktionen im lebenden Organismus aus. Dieser versucht, die Abweichungen zu beseitigen und ***sein inneres Milieu*** zu stabilisieren, beispielsweise durch Aufrechterhaltung einer bestimmten Körpertemperatur. Man spricht dann bei lebenden Organismen von ***Homöostase,*** in der Technik von einer ***Regelung*** (Ausgleich von Soll-Ist Abweichungen durch Rückkopplung) nach dem ***feed back Prinzip.*** Stellt dann beispielsweise das Stammhirn eine Abweichung der ***Bluttemperatur*** vom Sollwert fest, löst dies automatisch Gegenmaßnahmen aus (Zittern der Muskulatur, verstärkte Schilddrüsenfunktion, Bildung einer Gänsehaut bei Unterkühlung, oder Schweißabsonderung bei Überhitzung). Innere Ungleichgewichte können aber auch Standardreaktionen und ***Triebe*** aktivieren, die ein Lebewesen beispielsweise zur Nahrungssuche oder Wassersuche veranlassen. So löst etwa eine Änderung der chemischen Zusammensetzung des Blutes einen Drang zum Trinken aus und ein Absinken des Blutzuckergehalts einen Drang zur Nahrungsaufnahme. Auf dieser Entwicklungsstufe wird lediglich bereits eingetretenen Soll-Abweichungen entgegengewirkt, um diese Abweichungen zu reduzieren.

Völlig neue Anforderungen stellt die Ausbildung der ***Fernsinne.*** Sie ermöglichen eine *vorausschauende* Erkennung drohender Soll-Ist Abweichungen und möglicher Methoden zu deren Vermeidung oder Reduzierung. Lebewesen können dann reagieren schon ehe eine Soll-Ist Abweichung eintritt. Jetzt muss also aus der Erfahrung mit bestimmten, von den Fernsinnen erfassten Umweltreizen die ***Bedeutung*** dieser Reize, also deren ***semantischer Gehalt*** erschlossen werden, und damit deren mögliche Konsequenzen bzw. Wirkungen auf den Informationsempfänger, und zwar noch ehe diese eintreten. Der Informationsempfänger lernt dann die möglichen ***Konsequenzen der Wahrnehmungen*** kennen und auch, wie vorsorglich auf sie reagiert werden sollte, um sie (falls erwünscht) herbeizuführen oder (falls unerwünscht) zu vermeiden.

Der Lösungsansatz für diese Anforderung ist das ***feed forward Prinzip.*** Es muss eine angemessene Reaktion auf Umweltwahrnehmungen einleiten, und das heißt genauer: es muss aus Umweltrepräsentationen ein geeignetes Verhalten ableiten. Was ein geeignetes Verhalten ist, lässt sich hier aber nicht mehr aus der Reduzierung von Soll-Ist Abweichungen ableiten, denn es soll ja gerade reagiert werden, ehe solche Abweichungen auftreten. Betrachten wir hierzu das künstliche Hand-Arm System des Instituts für Robotik und Mechatronik des Deutschen Zentrums für Luft und Raumfahrt (www.dlr.de/rm). Dieses System ist in der Lage, einen ihm zugeworfenen Ball aufzufangen. Diese Fähigkeit basiert auf dem bekannten, mathematisch formulierten Gesetz der Flugbahnen von Körpern. Dabei spielt die visuelle dreidimensionale Wahrnehmung eine entscheidende Rolle. Mit ihrer Hilfe wird in kurz aufeinanderfolgenden Zeitpunkten der Ort des Balles bestimmt, daraus seine weitere zu erwartende Flugbahn berechnet und daraus wiederum der Punkt bestimmt, an dem sich der Ball am besten auffangen lässt. Zu diesem Punkt bewegt sich dann die Roboterhand und zwar *vorausschauend*. Wahrnehmungen bzw. Reize lösen hier also eine Aktion (die Handbewegung) aus und das System stellt sich auf die wahrgenommenen Reize in angemessener Weise ein. Dies ist, wie hier gezeigt, kein Kennzeichen, das ausschließlich Lebewesen charakterisiert, wie etwa Arno Ros glaubt (Ros 2005, S. 317). „Reize sind, im Gegensatz zu materiellen Phänomenen, die bei einem Gegenstand eine bestimmte »Wirkung« »verursachen«, Phänomene, gegenüber denen ein Lebewesen in einer bestimmten Weise »reagieren«, auf die es sich also in einer gewissen Weise »einstellen« kann" (Ros 2005, S. 371). Wie wir gesehen haben, können durchaus auch unbelebte Systeme auf Reize angemessen reagieren. Auch *glaubt* das Hand-Arm System weder, dass es mit seiner Hand den Ball fangen kann, noch *beabsichtigt* es, dieses zu tun. Das System hat also keinerlei Intentionen, und solche sind auch nicht erforderliche für vorausschauende Aktionen. Wir müssen uns also mit der Frage auseinandersetzen, welchen Anforderungen Systeme ganz allgemein genügen müssen, die über solche und ähnliche Fähigkeiten verfügen und damit letztlich um die Frage, ob man den Menschen nicht als ein solches System begreifen kann.

Wenn wir fragen, warum sich die Roboterhand zum berechneten Ort hinbewegt, lautet unsere Antwort „*um* den Ball *zu* fangen". Dennoch verfolgt die Roboterhand kein eigenes Ziel, obwohl ihre Handlung zweckgerichtet ist. Sie verfolgt zwar das Ziel ihres Entwicklers, aber nicht ihr eigenes. Daraus leitet sich die Frage ab, ob Lebewesen mit ihren Handlungen eigene Ziele, die Ziele der Evolution (die Evolution ist nicht zielgerichtet!) oder überhaupt keine Ziele verfolgen. Was aber sind die Triebfedern für Handlungen, wenn diese nicht zielgerichtet, sondern nur zielführend bzw. zweckmäßig sind?

Für Lebewesen gilt: „Wahrnehmung ist *in erster Hinsicht* das Orientieren an Umweltmerkmalen zum Zweck des Lebens und Überlebens, wobei beim Menschen und vielen anderen Tieren auch das soziale Leben und Überleben eingeschlossen ist." ... „Wahrnehmung ist stets selektiv, erfasst nie die »ganze Wahrheit« im philosophischen Sinn, weil so etwas für das Überleben völlig irrelevant ist" (Roth 1997, S. 85).

Zur Optimierung müssen beim Simulator (dem neuronalen Netz des Gehirns) die Netzparameter in einem Lernprozess sukzessive justiert werden. Die verbreitetste Methode für diesen Ansatz ist bei den künstlichen neuronalen Netzen die *Backpropagation*. Hier werden dem Netz Trainingsmuster als Input eingegeben, aus denen es einen Output erzeugt. Die Netzparameter werden dabei zu Beginn zufällig ausgewählt. Die Differenz zwischen diesem Output und dem erwünschten Output (z. B. vertikale Linie in Bild 4 (S. 43) oder ein angemessenes Verhalten) ist ein Maß für die Güte der Approximation, das heißt für die Restfehlerquote. Sie dient dann als Eingabe für einen bestimmten (den backpropagation) Algorithmus. Dieser ermittelt, wie stark die einzelnen Parameter zu verändern sind, um die Restfehler zu minimieren und passt die Parameter entsprechend an. Die synaptischen Gewichte werden bei diesem Prozess so justiert, dass das Netz nahezu jede Ein-Ausgabefunktion erzeugen kann. Diese ***schrittweise Belehrung*** des neuronalen Netzes durch eine Folge von Beispielen kann man als ***Lernprozess*** interpretieren. Dabei muss aber dem Netz von außen vorgegeben werden, was der gewünschte Output sein soll. Das Netz selbst kann dies nicht erkennen. Neuronale Netze lernen also aus Beispielen, ihr Wissen wird ihnen nicht einprogrammiert. Es muss ihnen aber gesagt werden, welches der richtige bzw. gewünschte Output ist. Solche Systeme können bei geeignetem Training eigenständig Regelhaftigkeiten in Eingabemustern erkennen, das heißt sie können abstrahieren. Damit besitzen sie die Fähigkeit, Inputmuster zu ***dechiffrieren***. Das Analogon im Gehirn sind ***Gedächtnisspuren*** die sich ausbilden, wenn bestimmte Nervenverbindungen wiederholt angesprochen werden. Man nennt sie auch ***Engramme***. Engramme sind Bahnen, denen Nervenimpulse im Gehirn bevorzugt folgen.

Auch ein neuronales Netz ermittelt seinen Output nach einem Algorithmus aus seinem Input. Dieser Algorithmus ist aber in der Netzstruktur „verborgen" und wird nicht explizit in Form von Programmbefehlen angegeben. Wird ein neuronales Netzt aber durch ein Computerprogramm nachgebildet, wird der Algorithmus (für den Entwickler) explizit gemacht.

Berücksichtigt man die Anzahl der ***Neuronen im Gehirn*** (100 Milliarden) und die mittlere Anzahl von Verknüpfungen (ca. 1000-10000 Synapsen) zwischen ihnen, dann gibt es im Gehirn etwa 10^{15} Kontaktstellen, deren Parameter anzupassen sind. Es liegt daher auf der Hand, dass die meisten dieser Parameter bereits von vornherein genetisch festgelegt oder zumindest voreingestellt sind. Instinktverhalten, standardisierte Verhaltensprogramme und ähnliches stützen diese These. Was wir als genetisches Erbe bereits von Geburt an wissen (besser: können), basiert auf den ererbten Netzstrukturen des Gehirns. Genau genommen sind dabei aber in den Genen nicht die Verknüpfungen zwischen den einzelnen Neuronen des Gehirns im Detail vorbestimmt. Vielmehr sind genetisch nur die Parameter vorgegeben, die einen Prozess der Selbstorganisation so steuern, dass er diese Verknüpfungen herbeiführt. Deshalb haben eineiige Zwillinge auch nicht identische Gehirne. Der Ablauf dieses Selbstorganisationsprozesses hat sich durch ***phylogenetisches Lernen*** herausgebildet, d.h. Lernen der Art. Es basiert darauf, dass die jeweils am wenigsten Angepassten ausgestorben sind und nur Netztopologien überlebten, die den Anforderungen des Lebens am besten gerecht wurden.

Bei niederen Lebewesen sind die Input-Output Beziehungen genetisch fixiert. Beispielsweise löst beim Frosch eine rasche Vertikalbewegung eine Fluchtreaktion, eine langsame Horizontalbewegung dagegen eine Beutefangreaktion aus (Riedl in Riedl/Wuketits 1987, S. 98). Eine tote Fliege dagegen, die direkt vor dem Frosch unbeweglich liegt, kann dieser überhaupt nicht wahrnehmen. Auf dieser Entwicklungsstufe haben Tiere keine Umweltwahrnehmung im menschlichen Sinne. „Einfache Organismen reagieren nur, sie repräsentieren überhaupt nicht" (Spitzer 2004, S. 217). Sie haben in der Terminologie der Philosophie noch ***keine Qualia-Erlebnisse***. Es werden vielmehr lediglich Sinnesreize auf bestimmte Merkmale (z. B. Registrierung einer vertikalen Linie in Bild 4, S. 43) hin analysiert. Wird ein genetisch fixierter Reiz registriert, löst dies eine ebenfalls genetisch vorgegebene Reaktion aus. Solche Lebewesen sind reine ***Reiz-Reaktions-Maschinen***.

Damit beantwortet sich eine häufig von Philosophen gestellte Frage, ob Geist, beziehungsweise mentale Erlebnisse mit irgendwelchen Gehirnzuständen identisch sind, von alleine. Die Antwort lautet: Nein! Mentale Erlebnisse setzen nicht beliebige, sondern *ganz spezifische* Gehirnzustände oder -funktionen voraus, wie wir noch sehen werden.

Im Gehirn der hier betrachteten Lebewesen laufen rein physikalisch-chemische Vorgänge ab, so wie überall in der Natur. Und ebenso wie wir Abläufe in der Natur durch Gesetze beschreiben, können wir auch die Abläufe im Gehirn durch Gesetze beschreiben, indem wir sie beispielsweise als spezifische Formen von Berechnungen interpretieren. Paul M. Churchland schreibt: „Die Vektorbahnen in den neuronalen Merkmalsräumen des Gehirns folgen den gut ausgetretenen Pfaden der Prototypen, die durch frühere Lernvorgänge entstanden sind. Diese Vektorbahnen wechseln als Reaktion auf sich ändernde Wahrnehmungen von einem Prototyp zum nächsten" (Churchland 1997, S. 201). Wir bezeichnen diese Vektorbahnen auch als ***Trajektorien***. Wie bei einem Computer wird im Gehirn aber nicht im üblichen Sprachgebrauch bewusst und aktiv gerechnet. Vielmehr lassen sich die Abläufe als mögliche physikalische Realisierungen, genauer gesagt als Repräsentationen von Rechenvorgängen interpretieren. Gehirn, Abakus und Computer rechnen ebenso wenig, wie der Mond seine Umlaufbahn berechnet. Und ebenso wie der Mond nicht die Gesetze kennt, mit denen wir seine Umlaufbahn beschreiben, kennt auch ein neuronales Netz nicht die logischen Beziehungen, die es repräsentiert. Weder der Mond noch ein neuronales Netz, noch ein Computer kennen die Gesetze, mit denen wir ihr Verhalten charakterisieren und vorhersehbar machen.

Hat der Mensch Gesetze gefunden, mit deren Hilfe er das Verhalten irgendwelcher Systeme beschreiben kann, kann er auch selbst Systeme entwerfen, die denselben Gesetzen unterliegen. Und nach diesem Prinzip kann er auch Systeme entwickeln, die er als Simulator benutzen kann. Computer, die Berechnungen durchführen oder Symbole manipulieren, sind nur Sonderfälle solcher künstlicher Systeme.

Lernfähigkeit von Individuen tritt bei Lebewesen erstmals bei der Prägung auf, etwa wenn sich ein frisch geschlüpftes Küken das Aussehen seiner Mutter einprägt und ihr von da an auf Schritt und Tritt folgt. Bei höheren Lebewesen nimmt die Lernfähigkeit des Individuums schrittweise zu, auch wenn viele Lerninhalte nur in bestimmten Lebensabschnitten, so genannten Zeitfenstern, gelernt werden können. Beim Lernen von Individuen spricht man von ***ontogenetischem Lernen***. Es setzt Neuronen voraus bei denen die Parameter, das sind die Schwellwerte und die Aktivitätsniveaus, angepasst werden können.

Wie oben ausgeführt, erfordert das Lernen bei feed-forward Netzen, dass zu jedem Input jeweils der richtige Output angegeben wird. Auf dieser Basis werden dann die inneren Parameter des Netzes justiert und ähnliche Inputmuster mit demselben Output beantwortet. Das Gehirn und Neuronale Netze können deshalb selbständig ***Kategorien*** bilden. Kategorien sind Dinge mit gleichen Eigenschaften. Für Paul M. Churchland haben Neuronale Netze deshalb die Fähigkeit, die Welt in ihre eigenen, erlernten Kategorien „zu pressen". Diese werden dann beim Menschen zu Begriffen. In der Regel sind solche Kategorien aber Merkmale, wie etwa die Merkmale »vertikal« oder »horizontal« in den Bildern 3 und 4. Die *Objekte* der Welt sind aber durch eine Vielzahl von Merkmalen charakterisiert. Die wesentlichen sind:

- ***Kontinuität*** (verbundene Merkmale gehören zusammen)
- ***örtliche Nähe*** (was nah beieinander liegt gehört zusammen)
- ***Ähnlichkeit*** (gleichartige Dinge werden als zusammengehörig betrachtet)
- ***gemeinsames Schicksal*** (alles was sich gemeinsam in einer bestimmten Richtung bewegt oder dreht gehört zu einem Objekt)
- ***Geschlossenheit und Stabilität*** (alles was von einer Linie oder Oberfläche umrandet wird und auch beieinander bleibt, gehört zu einer Einheit)
- ***Sinnvolle Fortsetzung*** (Linienzüge werden als stetig und nicht als diskret und unterbrochen erwartet)
- ***Sinnvolle Ergänzung*** (diese wird bei verdeckten Teilen hinzugedacht)
- ***Symmetrie*** (im Zweifelsfall betrachten wir symmetrische und nicht unsymmetrische Formen als Einheit)
- Übereinstimmung mit ***früheren Erfahrungen*** (was immer eine Einheit war, interpretieren wir auch bei neuen Wahrnehmungen als Einheit)
- ***Abhebung vom Hintergrund*** (alles was sich durch gemeinsame Farbe, Entfernung oder ähnliches von der Umgebung abhebt) gehört zu einer Einheit (Gadenne 1996, S. 35f).

Wenn Netze jetzt also auch noch eingesetzt werden, um erkannte Merkmale nicht isoliert zu sehen, sondern um nach Merkmalkombinationen zu suchen, die den genannten Kriterien genügen, können solche Netze sogar Objekte identifizieren (wenn Vertikale links und rechts sowie Horizontale oben und unten, dann ist es ein Rechteck, falls diese Relationen auch dann bestehen bleiben, wenn sich die Merkmale bewegen). Man muss hierbei jedoch unterscheiden zwischen der Fähigkeit, ein bekanntes Objekt anhand vorgegebener Kriterien in einer beliebigen Umgebung zu identifizieren, also wieder zu erkennen und der Fähigkeit, immer wieder gemeinsam auftretende Merkmale nach den oben aufgeführten Kriterien als Merkmale eines spezifischen Objekts zu identifizieren und daraus mental ein neues Objekt zu „konstruieren" und auch später als solches wiederzuerkennen. Ersteres leisten moderne computergestützte Wahrnehmungssysteme schon heute, von letzterem ist man noch weit entfernt. Man wird hier an die Funktion der primären, sekundären und tertiären Sehrinde erinnert. In Bezug auf die Fähigkeit der Beuteerkennung bei Amphibien schreibt Roth: „Die verschiedenen Typen von visuellen Neuronen bzw. Teilmengen davon werden von einem Objekt *gleichzeitig* aktiviert, und ihre gemeinsame, gleichzeitige Aktivität ist eine (zumindest partielle) Repräsentation des Objekts" (Roth 1997, S. 149). Das Verhalten ist dann letztendlich diejenige Instanz, die unterschiedliche Teilinformationen integriert. „Dabei können wir annehmen, dass bei einigen, vielleicht den meisten Tieren dieses integrierende Verhalten im Gedächtnis als interne Repräsentation der Einheit der Wahrnehmung niedergelegt wird und »mental« abgerufen werden kann" (Roth 1997, S. 151).

In der Natur kommt aktive Belehrung (***supervised learning*** mit backpropagation) in der Regel nicht vor. Beim phylogenetischen Lernen wird die richtige Antwort des Netzes durch Überleben honoriert. Beim ontogenetischen Lernen gibt es verschiedene Ansätze. Wie beim phylogenetischen Lernen kann man auch hier den Output einfach danach klassifizieren, ob er erfolgreich war oder nicht, etwa wenn der Output eine Instinkthandlung ausgelöst hat, die erfolgreich war oder auch nicht (etwa beim Beutefang oder der Gewinnung eines Geschlechtspartners für die Fortpflanzung). Verhalten wird dann einfach danach klassifiziert, ob es richtig oder falsch war, ohne dass angegeben wird, *warum* es erfolgreich oder erfolglos war und was die bessere oder richtige Alternative gewesen wäre. Das System soll dann lernen, die Verhaltensweisen anzuwenden, die erfolgreich waren und die weniger erfolgreichen verlernen. Man spricht hier auch vom ***reinforcement learning***. Dazu muss das System aber erkennen, was erfolgreich ist und was nicht. Dies ist das Prinzip der ***operanten Konditionierung***. Es erfordert irgendeine Art von ***Rückkopplung und eine Bewertung***, die dem System sagt, was gut und was schlecht war. Diese Bewertungen werden in einer höheren Entwicklungsphase zu Gefühlen.

Wenn aus Erfahrung gelernt wird, ist es wichtig, Erfahrungen zu sammeln. Zu diesem Zweck hat die Natur in Lebewesen ein ***Explorations-*** bzw. ***Neugierverhalten*** implantiert. Es treibt sie dazu an, Neues zu erkunden und dabei Erfahrungen zu machen. Ein Sonderfall hiervon ist das ***Bedürfnis nach Bestimmtheit und Kompetenz***, das ist das Bedürfnis, auch die eigenen Möglichkeiten und Fähigkeiten auszuloten. Diese Bedürfnisse veranlassen Lebewesen, unbekanntes Terrain zu erforschen und eigenständig Erfahrungen zu sammeln. Es setzt allerdings einen Körper voraus, der zu diesem Zwecke eingesetzt werden kann. Außerdem wird ein ***geregeltes und geordnetes Umfeld*** benötigt, in dem sich Regeln und Orientierungshilfen auffinden lassen. In diesem Umfeld können ***Erfahrungen*** gemacht werden, wobei die Lebewesen gezielt nach Orientierungsregeln und Gesetzen suchen, diese verifizieren oder falsifizieren und schließlich bewerten.

Wie bereits aufgezeigt, erfordern derartige Ansätze stets irgendeine Art von Rückkopplung, das heißt die Erkennung einer Beziehung zwischen Ursache (Input) und Wirkung (Output) in Verbindung mit einer Verhaltensänderung. Auf niederen Entwicklungsstufen werden Misserfolge durch Verhungern oder Aussterben bestraft. So werden dann erfolgreiche Netzkonfigurationen und Parameter selektiert und verankert.

Rückkopplungen können auch im Netzt selbst installiert sein (vgl. z. B. Bild 5, S. 44). Solche ***feed-back*** Netze, die man auch als ***rekurrente Netze*** bezeichnet, besitzen die Fähigkeit des Lernens ohne Unterweisung.

Kennzeichen der bisher betrachteten Netze ist, dass sie in der Repräsentation von Umweltinformationen bestimmte Merkmale oder Muster identifizieren können, die sie als Auslöser für eigene Aktionen heranziehen.

Eine weitere Anforderung ist aber die, nicht nur ***bestimmte Merkmale in einem statischen Muster*** zu ***erkennen***, sondern auch zeitliche Abläufe, d.h. ***Ereignisse repräsentieren*** zu können. Eine Lösung für dieses Problem liefern die von dem Sprachforscher Jeff L. Elman konzipierten ***Elman-Netzwerke***. Sie haben eine zusätzliche sog. ***Kontextschicht***, die mit der Zwischenschicht eines dreischichtigen Netzes verbunden ist. Diese Kontextschicht wird von der Zwischenschicht aktiviert und gibt ihre Erregung in der Folgeperiode zusammen mit dem nächsten Input von außen an die Zwischenschicht zurück. So beeinflusst jedes Muster das Folgemuster mit. Bei diesem Rückkopplungsprozess übernimmt die ***Kontextschicht*** die Rolle eines ***Arbeitsgedächtnisses***, da hier relevante Informationen kurzzeitig (als interner Zustand) verfügbar gehalten werden. In Bild 7 ist das Prinzip exemplarisch dargestellt. Es zeigt eine technische Realisierung des in Bild 5 (S. 44) vorgestellten Prinzips der Rückkopplung eines Outputs auf den Input.

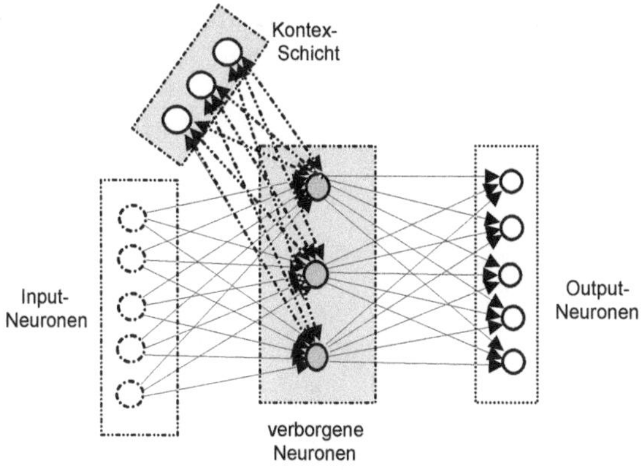

Bild 7: Elman-Netzwerk mit einer zusätzlichen Kontextschicht

Während feed-forward-Netze nur ***prototypische Objekte*** unterscheiden können, können Elman-Netze ***prototypische Vorgänge*** unterscheiden, also aufeinanderfolgende Situationen und Ereignisfolgen. Sie sind deshalb in der Lage, typische ***Verhaltensweisen*** oder ***Bewegungsabläufe*** zu erkennen, zu klassifizieren und charakteristische Verhaltensreaktionen und Bewegungsabläufe abzubilden. Kategorien werden in rekurrenten Netzen um eine ***zeitliche Dimension*** erweitert. Solche Netze können nicht nur logische Abhängigkeiten, sondern auch ***kausale zeitliche Abhängigkeiten repräsentieren.*** Sie können aber nicht nur Sequenzen klassifizieren und Ausschnitte von Bewegungssequenzen vervollständigen, sondern auch ***vorausschauende interne Sequenzen*** erzeugen und schließlich ***zukünftige Ereignisse vorhersagen***. Sie geben uns daher eine Vorstellung davon, wie ***induktives Denken*** zustande kommt. Das Analogon im menschlichen Gehirn sind die ***Spiegelneuronen*** bzw. ***Handlungsneuronen*** des handlungssteuernden prämotorischen Systems, die nicht nur konkrete ***Handlungssequenzen,*** sondern auch Wortsequenzen (Bewegungsabläufe von Mund, Zunge und Kiefer) beim Sprechen auslösen. Darüber hinaus können sie sogar noch Vorstellungen solcher Abläufe anstoßen und sie dadurch gedanklich manipulationsfähig machen.

Die ***Handlungsneuronen*** im prämotorischen Cortex initiieren ihnen zugeordnete spezifische Bewegungsprogramme. Sie werden sogar aktiv, wenn wir uns die Handlung nur vorstellen, davon reden, oder sie bei anderen Menschen beobachten. Beobachten wir bei anderen eine Handlung, die für uns neu ist, wird sie in den Bestand der handlungssteuernden Neuronen aufgenommen. Haben solche Bewegungsabläufe in unser ***Verhaltensrepertoire*** Eingang gefunden, können sie bei Bedarf wieder aktiviert werden.

2 Klärung grundlegender Begriffe

2.1 Wissen, Glauben, Meinen und deren Repräsentation

„Seit dem historischen Anfang der Philosophie in ihrer ersten Blüte bei Sokrates und Platon befassen sich Philosophen mit der Unterscheidung von Wissen, Meinen und Irren" (Peter Janich in Elepfandt/Wolters 1993, S. 48).

Dabei stoßen wir jedoch auf Begriffsdefinitionen für „Wissen", die oft sehr unscharf, unvollständig oder ausschließlich auf menschliches Wissen bezogen sind. Peter Bieri liefert beispielsweise folgende Definitionen: „Etwas zu erkennen oder etwas zu wissen bedeutet, etwas von etwas anderem unterscheiden zu können" (Bieri 1987, S. 15), oder „Etwas zu wissen heißt ... , eine wahre Meinung zu haben, die gerechtfertigt ist" (Bieri 1987, S. 39) bzw. „Was immer Wissen sonst noch sein mag - es ist mindestens wahre Meinung" (Bieri 1987, S. 78) und weiter: „Meinungen sind ... Zustände mit semantischem Informationsgehalt, die für das Verhalten eines Wesens kausal relevant sind" (Bieri 1987, S. 40).

Wenn wir von Wissen schon dann sprechen wollen, wenn ein System beliebige Muster voneinander unterscheiden kann, dann können wir diese Fähigkeit den meisten neuronalen Netzen bescheinigen und natürlich auch jedem herkömmlichen Computer. Wenn Wissen mindestens wahre Meinung ist, dann können nur solche Systeme Wissen erwerben, die sich auch Meinungen bilden können. Zusätzlich müssen sie dann allerdings auch noch deren Wahrheitsgehalt kennen. Maschinelle Wissensverarbeitung wäre dann keine Wissensverarbeitung, denn Systeme der künstlichen Intelligenz bilden sich nicht zwangsläufig Meinungen. Sie können aber sehr wohl die Widerspruchsfreiheit zwischen Prämissen und Konklusionen überprüfen und damit auch die „Wahrheit" von Konklusionen ermitteln. „Logische Wahrheiten zeichnen sich dadurch aus, dass es zu ihrer Begründung keiner Wahrnehmung bedarf. Sie sind wahr alleine aufgrund ihrer logischen Form"

(Mainzer 1997, S. 89). Da ein Computer für sich allein kein Verhalten zeigt, sondern lediglich Muster ineinander umwandelt, die allenfalls das Verhalten eines anderen Systems steuern und beeinflussen, ist zumindest die Zentraleinheit eines Computers scheinbar unfähig, sich Meinungen zu bilden.

Der Begriff „Wissen" leitet sich ab vom althochdeutschen Verb *wissan*, das von „gesehen haben" kommt und darauf verweist, dass Wissen begründet sein muss. Holm Tetens schreibt deshalb: „Durch Wahrnehmung der Welt entsteht sehr viel Wissen, allemal genug, um darüber nachzudenken" (Tetens 2004, S. 14). Und Wingert merkt an: „Dass die eigenen sinnlichen Erfahrungen die tragende Basis unserer Wissensansprüche ist, bildet, wie bekannt, den Kerngedanken des epistemologischen Fundamentalismus" (Wingert 2003, S. 221). Sinnestäuschungen zeigen allerdings, dass wir uns nicht allzu sehr auf unsere Sinneswahrnehmungen verlassen sollten. Wissen ist aber in jedem Fall mehr als bloßes Glauben, Meinen oder Behaupten. Die Logik (und auch der nach ihren Gesetzen funktionierende Computer) interessiert sich nur für die *Form* von Schlussfolgerungen und nicht für die Wahrheit der ihnen zugrundeliegenden Prämissen! Sind die Prämissen tatsächlich wahr, sind sie also ein ***wahrheitsgemäßes Abbild der Realität***, bezeichnet man sie als ***begründet***. ***Begründetsein ist daher mehr als nur formale Gültigkeit***! Nur begründete Prämissen in Verbindung mit formal richtigen Schlussfolgerungen liefern daher nicht nur wahre (im Sinne von gegenüber den Prämissen widerspruchsfreien), sondern auch begründete und damit ***aussagekräftige Aussagen*** über eine reale Welt.

Die ***Epistemologie***, die aus dem griechischen Wortstamm für Wissen (episteme) ihren Namen ableitet, ist die Lehre von der Erkenntnis. In der griechischen Philosophie impliziert ***Wissen*** Wahrheit, die durch keine Argumentation widerlegt werden kann, während eine Meinung zwar wahr sein kann, aber diskutabel ist. Für jegliches Wissen gilt:

- Wissen muss mit der wahrnehmbaren Umwelt übereinstimmen (die Natur hat immer recht)
- Die Wissensinhalte müssen sich aufeinander beziehen, nachvollziehbar und in sich stimmig sein (Kohärenz, Widerspruchsfreiheit)
- Die Wissensinhalte müssen für das wissende System bedeutungsrelevant sein und sich auf etwas beziehen (wissen wie, wissen was, wissen warum usw.).

Die Philosophie geht zudem davon aus, dass Wissen einen wachen und selbstreflektierenden Bewusstseinszustand voraussetzt. Dies gilt nicht mehr für den Bereich der künstlichen Intelligenz (KI), wo auch von Wissensbasen und Wissensverarbeitung gesprochen wird.

Immanuel Kant erkannte, dass wir die Welt nicht so sehen wie sie ist, sondern so, wie unser Erkenntnisapparat sie uns darstellt. Der Mensch erkennt also nicht die *reale* Welt, sondern nur eine *phänomenale* Welt der Dinge und zwar so, wie sie uns erscheinen. Dabei basiert unsere Erkenntnis auf ***Begriffen*** (***Kategorien***), das sind ***Verstandesformen*** (darunter die Kausalität) und gewissen ***Anschauungsformen*** (Raum und Zeit). Diese sind nicht Bestandteile der realen Welt, sondern Hilfsmittel unseres Erkenntnisapparates zur Ordnung seiner Wahrnehmungen. Alle unsere Wahrnehmungen, Vorstellungen und Handlungen basieren auf dieser Vorstellungswelt. Es sind unsere ***a priori***, womit ausgedrückt wird, dass sie für uns als gültig vorausgesetzt werden. Im Gegensatz dazu resultieren unsere ***a posteriori*** Urteile aus konkreten Erfahrungen.

Der Begriff a priori ist von der ***Evolutionären Erkenntnistheorie*** in „angeboren" uminterpretiert worden, das heißt in ***genetisch verankerte Erfahrungen der Art***, die den Individuen „als Vorauswissen" in die Wiege gelegt sind und nicht ihrer persönlichen Erfahrung entstammen. Nach Erhard Oeser ist die Evolutionäre Erkenntnistheorie das Ergebnis der Rückwirkung der biologischen Evolutionstheorie auf die Erkenntnistheorie. Mit den Worten von Franz M. Wuketits sind die dem Individuum angeborenen a priori die a posteriori der Evolution seiner Gattung. Karl R. Popper hat mehrfach betont, dass unser Wissen zu 99 Prozent, wenn nicht sogar zu 99,9 Prozent biologisch angeboren ist (Popper in Riedl/Wuketits 1987, S. 36). Alles Weitere ist Modifikation, d.h. Erfahrungs- und Vermutungswissen. Deshalb müssen wir uns dauernd in der Realität rückversichern. Erst aus dem Zusammenprall unserer Hypothesen mit der Wirklichkeit gehen die Erfahrungselemente unseres Wissens hervor. Dabei werden aber auch die Grenzen unserer a priori sichtbar, oder wie Hans Mohr sagt: „Bei unserem Urteil über die Welt der großen und der kleinen Dimensionen verheddern wir uns in epistemologische Probleme. In der Makrophysik werden Raum und Zeit, in der Mikrophysik werden Kausalität und Substantialität problematisch" (Mohr in Riedl/Wuketits 1987, S. 241). Eine andere Sicht bringt Robert Wright zum Thema Wissen und Erkenntnis in die Diskussion. Für ihn glauben wir an das, was in der Evolution zum Überleben unserer Gene beitrug. Deshalb erscheint uns alles als moralisch richtig, objektiv richtig, richtig in jeder passenden Hinsicht was im Interesse unserer Gene liegt.

Bei künstlichen Systemen könnte in Zukunft als Erkenntnisbasis in Erweiterung von Kant an die Stelle der *Denkformen* bzw. Kategorien Quantität (Einheit, Vielheit, Allheit), Qualität (Realität, Negation, Limitation) und Relation (Inhärenz, Kausalität, Gemeinschaft) die *Prädikatenlogik* treten und an die Stelle der Modalität (Wirklichkeit, Möglichkeit, Notwendigkeit) eine *Modallogik*. Kants *Anschauungsformen* (Zeit und Raum) lassen sich in künstlichen Systemen durch *Zustandsfolgen und Koordinaten* abbilden, wobei solche Systeme die Erweiterung auf n-dimensionale Koordinatensysteme eröffnen, die im Grenzfall sogar auf ein Raum-Zeit-Kontinuum im Sinne von Einsteins Allgemeiner Relativitätstheorie erweitert werden könnten.

Unseren folgenden Ausführungen stellen wir die Frage voran: ***Können künstliche Systeme etwas wissen und falls ja, was sind die notwendigen und hinreichenden Bedingungen dafür, dass wir einem beliebigen System bescheinigen, dass es über Wissen verfügt?***

Nach dem Klassifikationssystem von Michael Polanyi wird zwischen explizitem und implizitem Wissen unterschieden. Analog unterscheidet man auch zwischen einem deklarativ-expliziten und einem nicht deklarativ-impliziten Gedächtnissystem. Ersteres ermöglicht bewusste Erinnerungen, letzteres steuert das unbewusste Verhalten (LeDoux 2001, S. 293ff).

Implizites Wissen ist stilles, nicht formalisiertes *prozedurales Wissen*. Dazu gehören insbesondere Fähigkeiten, die sich nicht erklären, sondern nur zeigen lassen. Polanyi sagt: „Wir wissen mehr, als wir zu sagen vermögen". Implizites Wissen ist stets in *physikalischen Strukturen* verankert. Beispiele hierfür sind neuronale Netze, logische Schaltungen und zellulare Automaten. Lernen bedeutet beim impliziten Wissen, dass sich die Struktur oder bestimmte Parameter des lernenden Systems verändern, was sich dann in einer Verhaltensänderung auswirkt.

Implizites Wissen eines Systems zeigt sich in der Reaktion des Systems auf äußere Einflüsse, d.h. in einem „berechenbaren" Verhalten. Ein Beispiel hierfür liefert Software (eine virtuelle Maschine), die das Verhalten eines Roboters steuert. Das in ihr enthaltene Wissen (des Entwicklers) ist dem Roboter selbst nicht zugänglich, nicht bewusstseinsfähig und von ihm nicht manipulierbar. Auch Lebewesen haben keinen expliziten Zugriff auf das Wissen, das in ihrem genetischen Code und in den Strukturen ihres Gehirns fixiert ist. Implizites Wissen ist zwar nutzbar aber nicht bewusst manipulierbar, obwohl es zumindest teilweise ontogenetisch (durch Training) erworben werden kann. Es ist ein Können, also die Fähigkeit, etwas richtig zu machen und drückt sich in angemessenen Aktionen und Reaktionen aus.

Deshalb gibt es auch nur ein implizites Wissen, aber kein implizites Glauben, Hoffen oder Fürchten. Deutlich wird dies bei instinktgeleiteten Tieren. Sie reagieren nach vorgegebenen Regeln auf Reize ohne dass sie die Gründe für ihr Verhalten kennen. Sie haben auch keine Hoffnungen oder Befürchtungen, weil sie keine Vorstellung möglicher Konsequenzen aktueller Situationen haben. Sie erleben deshalb auch keine Konflikte, denn auf dieser Ebene werden Entscheidungen „automatisch" getroffen, wie bei Verzweigungen in Computerprogrammen (CASE OF ...).

Explizites Wissen ist im Gegensatz zu implizitem Wissen ein durch Zeichen (Sprache, Schrift) kommunizierbares, speicherbares und verarbeitbares Wissen über das wir also berichten können. Es ist in *physikalischen* Systemen verankert. Bei der maschinellen Wissensverarbeitung sind dies z. B. Datenbanken, Wissensbasen oder Entscheidungstabellen. Wissensspeicherung erfordert also als notwendige Bedingung die Fähigkeit, unterschiedliche diskrete Zustände bilden zu können, die sich als *koexistierende Attraktoren* interpretiert lassen.

Explizites Wissen umfasst Objektwissen, deklaratives Fakten- und Regelwissen sowie Metawissen (Bild 8, S. 78). ***Objektwissen*** ermöglicht es uns, Objekte zu klassifizieren und zu identifizieren. ***Deklaratives Faktenwissen*** bezieht sich auf die Repräsentation von etwas in der Welt oder auf bestimmte Aspekte der Welt und bekommt dadurch einen *propositionalen Gehalt.* Man unterscheidet dabei zwischen ***semantischem Wissen*** allgemeiner Art, wie wir es beispielsweise in der Schule lernen, und ***episodischem Wissen*** von konkreten Ereignissen und Erlebnissen sowie deren zeitlicher Einordnung. Es ist der Kern unseres autobiographischen Gedächtnisses (Roth 2003, S. 90). ***Deklaratives Regelwissen*** kann sich einerseits auf *logische Wahrheiten,* also auf die Erkennung von logischen Abhängigkeiten oder Widerspruchsfreiheit bei den Wissensinhalten beziehen und andererseits auf *kausale Abhängigkeiten* mit Ursache-Wirkung Charakter.

Neben dem ***expliziten Wissen*** gibt es auch noch ein explizites ***Meta-Wissen,*** d.h. ein Wissen über das, was wir wissen. Außerdem unterscheidet man zwischen ***aktivem Wissen*** und ***inaktivem Wissen.*** Das aktive Wissen steht aktuell für die Wissensverarbeitung im Kurzzeitgedächtnis (Arbeitsspeicher) zur Verfügung, das inaktive Wissen ist zwar verfügbar, jedoch erst, wenn es angesprochen, das heißt aus dem Gedächtnis (oder einer Wissensbasis) abgerufen wird.

Betrachten wir nun die einzelnen Wissenskategorien etwas näher:

- ***Objektwissen*** ist ein Wissen ***über Objekte und deren Merkmale***, anhand derer wir sie in Kategorien (z. B. Vogel) einteilen, die durch ***Prototypen*** (z. B. Amsel) repräsentiert werden. Wir können sie dann erkennen, was einerseits bedeutet ***klassifizieren*** und anderseits einzelne Entitäten ***identifizieren***.

  Können wir auf Basis von erworbenem Wissen ein Objekt (zum Beispiel einen Raben) einer bekannten Klasse von Objekten (Vögel) zuordnen, sprechen wir von ***Erkennen*** oder genauer: von ***Wiedererkennen***. Dies setzt die Fähigkeit voraus, Wahrnehmungen zu ***klassifizieren*** und einer ***Kategorie***, und damit einem Prototyp zuzuordnen. Prototypen sind spezifische Repräsentanten einer Klasse. Sie stehen als Stellvertreter für die Klasse. Für die Kategorie „Vogel“ wäre ein solcher Klassenvertreter beispielsweise eine Amsel. Wenn wir an Vögel denken, denken wir dann tatsächlich nicht an ein abstraktes Gebilde, sondern an eine Amsel und betrachten alles als Vogel, was eine gewisse Ähnlichkeit mit einer Amsel hat, was in Grenzfällen (Strauß, Pinguin) natürlich Probleme bereiten kann. Hier widersprechen wir der Behauptung von Michael Tye: „Man kann beispielsweise nur dann etwas als Kaninchen sehen, wenn man den Begriff Kaninchen hat“ (Tye 1998, S. 101). Um ein Kaninchen zu erkennen, braucht man keine abstrakte Vorstellung und keinen Begriff von einem Kaninchen, man muss lediglich in der Lage sein, gewisse Merkmale, die ein Kaninchen auszeichnen, wiederzuerkennen und einer Klasse von Entitäten zuzuordnen, die diese Merkmale haben. Mit dem Hinweis, dass Bienen den Buchstaben B in unterschiedlichen Orientierungen, Farben, Größen und Schrifttypen wieder erkennen können, zieht Tye die folgende Schlussfolgerung: „Sie können demnach offensichtlich neue Begriffe bilden, Begriffe von Gegenständen, die man in ihrer natürlichen Umgebung normalerweise nicht antrifft. Hier ist ein schlagendes Beispiel von offensichtlich intelligentem Verhalten bei Bienen“ (Tye 1998, S. 116). In unserer Terminologie bilden diese Bienen nicht neue Begriffe, sondern neue Kategorien, denen sie alles zuordnen, was bestimmte Merkmale aufweist (*man beachte, dass hier, im Gegensatz zu Kant, streng zwischen den Termini Begriff und Kategorie unterschieden wird!*). Vermutlich haben sie dabei nicht einmal eine Vorstellung von einem B also einem Gegenstand. Deutlich wird dies, wenn wir die Fähigkeit von Tauben betrachten. Diese können Cartoon-Figuren selbst bei beliebiger Anordnung von Kopf, Rumpf und Beinen wiedererkennen. Die Erkennung erfolgt also allein anhand der einzelnen Merkmale der Figuren und unabhängig von der Anordnung dieser Merkmale oder der Beziehung zwischen den Merkmalen. Tauben haben also keinen Objektbegriff, wie wir ihn in Kapitel 1.4 (S. 48) definiert haben. Das zeigt sich auch bei Gänsen und Möwen. Sie erkennen nicht ihre Eier als Eier, sondern können lediglich Rundheit, Größe, Oberflächenbeschaffenheit u.ä. identifizieren. Alles was mindestens eines der geforderten Merkmale besitzt, wird dann wie ein Ei behandelt, also z. B. auch eine Mandarine, wenn sie rund ist und die richtige Größe hat, auch wenn die Farbe nicht passt. Wenn also Lebewesen Merkmale (Rundheit, Größe, Farbe u.ä.) einer bestimmten Merkmalsklasse zuordnen können, folgt hieraus noch lange nicht, dass sie Vorstellungen von Objekten haben und solche auch klassifizieren können. Und erst recht nicht können sie ihnen dann auch schon Begriffe zuordnen! Und um einem System Intelligenz bescheinigen zu können, reicht es nicht aus, dass es Merkmale klassifizieren kann.

Fast alle Wirbeltiere und viele Wirbellose können Kategorien bilden und Wahrnehmungen etwa den Klassen „Artgenosse“, „Feind“ oder „Beute“ zuordnen. Dafür reicht aus, dass sie diese Zuordnung anhand spezifischer Merkmale treffen. Experimente zeigen, dass Papageien und Tauben Objekte solchen Kategorien zuordnen können. Dies gilt sogar für Gegenstände (etwa Autos), die bei der Evolution dieses Abstraktionsvermögens keine Rolle spielten. Tauben können beispielsweise die Bilder Picassos von denjenigen anderer Maler unterscheiden. Sie können auch Bäume, Fische oder Frauengestalten erkennen, selbst in unterschiedlicher Kleidung, in wechselnder Umgebung und aus verschiedenen Blickwinkeln und Entfernungen. Tauben können sogar verzerrte und gedehnte sowie gedrehte Muster sofort erkennen, sie müssen sie also nicht, wie Menschen, zunächst geistig in die Ausgangsstellung zurückdrehen. Auch können sie Cartoon-Figuren selbst bei beliebiger Anordnung von Kopf, Rumpf und Beinen wiedererkennen. Die Klassenzuordnung erfolgt also allein anhand der einzelnen Merkmale der Figuren und berücksichtigt nicht die für Objekte charakteristische Anordnung dieser Merkmale oder der Beziehung zwischen ihnen.

Von der Fähigkeit zur Klassifikation zu unterscheiden ist die Fähigkeit zur Identifikation. Wenn wir ein bestimmtes Objekt innerhalb einer Vielzahl von Objekten derselben Kategorie anhand spezifischer Merkmale wiedererkennen können, können wir es ***identifizieren***. Beispielsweise können Tiere stets ihre Artgenossen erkennen, aber erst ab einer bestimmten Entwicklungsstufe sind sie in der Lage, einzelne Individuen zu identifizieren und zu unterscheiden. So können etwa Tauben zwar die Welt nach Kategorien klassifizieren und beispielsweise Eichenblätter von anderen Blätterarten unterscheiden, sie können aber nicht verschiedene Eichenblätter auseinanderhalten. Sie können also zwar Kategorien bilden, nicht aber einzelne Individuen innerhalb einer Kategorie anhand spezifischer Merkmalsausprägungen identifizieren.

Erkennen im hier diskutierten Sinn ist genau genommen ein ***Wiedererkennen*** und streng zu unterscheiden von der Ableitung neuer Erkenntnisse aus bereits Bekanntem durch Schlussfolgerungen.

Arno Ros bezeichnet die Fähigkeit eines Individuums, sich in seinem Verhalten unterschiedlich auf Gegebenheiten seiner Umwelt einstellen zu können, als *Unterscheidungsfähigkeit* (Ros 2005, S. 42f). Solche Definitionen sind sehr vage und leisten relativ wenig. Die entscheidende Frage in diesem Zusammenhang ist nämlich die, ob das Individuum nur Klassen unterscheiden kann oder auch *Klassenhierarchien* bilden und Individuen innerhalb einer Klasse identifizieren kann. Die Behandlung der vielfältigen Probleme in diesem Zusammenhang (stetige oder diskrete Übergänge zwischen den einzelnen Klassen, eines oder mehrere Klassifizierungsmerkmale, diskrete Klassen oder Überschneidungen usw.) sind Gegenstand der *Clusteranalyse*. Sie zeigt auch anhand von *Dendrogrammen*, wie man sukzessive die Klassenbildung verfeinern kann. Beispielsweise gibt es keine klare Abgrenzung zwischen Menschen weißer und schwarzer Hautfarbe, denn Mischlinge zeigen, dass es hier fließende Übergänge gibt. Dies gilt aber nicht für die Unterscheidung zwischen Hunden und Katzen. Hier ist die Klassenzugehörigkeit eindeutig. Interessant wäre zu erforschen, auf welche der alternativen mathematischen Methoden Mensch und Tier (unbewusst) bei der Klassenbildung zurückgreifen. Ein Aspekt der Unterscheidungsfähigkeit ist auch der, ob ein Individuum in der Lage ist, ***abstrakte Klassen*** zu bilden, also z. B. zwischen Beamten und Angestellten oder Christen und Buddhisten zu unterscheiden, d.h. Klassen zu bilden, die nicht auf unterschiedlichen Wahrnehmungen beruhen. Ein Sonderfall hiervon sind wiederum Objekte, deren Verhalten durch gleiche Gesetze charakterisiert werden kann. Derartige Unterschiede sind dann relevant, wenn wir im Geist oder in Worten ***Begriffe*** bilden, die nicht nur reale Objekte, sondern auch deren Merkmale, Zustände und Eigenschaften sowie logische oder kausale Beziehungen zwischen ihnen bezeichnen. Abstrakte Begriffe können sich schließlich sogar auf bestimmt Ereignisse beziehen. In der höchsten Stufe können dann auch abstrakte Vorstellungen (Friede, Freundschaft, Wünsche, Absichten u.ä.) begrifflich erfasst und artikuliert werden. Wenn nun Schröder anmerkt, dass zwischen „Begriffen wie »Demokratie«, »Zinssatz« oder »Primzahl« das Postulat einer kausalen Beziehung zwischen etwas in der Welt jenseits des Gehirns und einem Zustand des Gehirns nicht plausibel" ist (Schröder, S. 151), dann ist dies zwar richtig, daraus resultiert aber nicht, dass die Repräsentation der realen Welt im Gehirn ein Mysterium ist. Vielmehr bestätigt es nur die bekannte Tatsache, dass die Repräsentationen im Gehirn eben keine bloßen Abbilder der realen Welt sind, sondern Schöpfungen des Gehirns, die vom Gehirn ergänzt und modifiziert oder sogar in Form von Vorstellungen selbst geschaffen werden. Lösungen für die Manipulation abstrakter Entitäten bietet die objektorientierte Programmierung, die solche abstrakten Klassen kennt. Abstrakte Sachverhalte beruhen auf Vorstellungen und nicht auf konkreten Wahrnehmungen. Die Fähigkeit, Vorstellungen zu generieren ist, wie wir in späteren Kapiteln zeigen und begründen werden, eine notwendige aber keine hinreichende Bedingung für spezifische Ausprägungen von Bewusstsein.

- ***Faktenwissen*** ist demgegenüber ein Wissen um Fakten, Sachverhalte und die Beziehungen zwischen diesen, über das wir berichten können. Wie bereits ausgeführt unterscheidet man dabei zwischen ***semantischem Wissen*** allgemeiner Art, wie wir es beispielsweise in der Schule lernen, und ***episodischem Wissen*** von konkreten Ereignissen und Erlebnissen sowie deren zeitlicher Einordnung.

- ***Regelwissen*** kann ***deklarativ*** sein und damit bewusst gemacht (= ***know why***) oder zumindest neuartigen Anwendungen zugänglich gemacht werden.

  Deklaratives Regelwissen umfasst die ***Logik*** (Schlussfolgerungen aus Prämissen) und die ***Kausalität*** (Induktives Erkennen von wiederholt auftretenden, zeitlichen Ursache-Wirkungs Beziehungen). Die Logik betrachtet ***wenn ... dann Abhängigkeiten*** (***propter hoc***), die Kausalität dagegen die Beziehung zwischen zeitlich aufeinanderfolgenden Zuständen, die wir als ***kausale Abhängigkeiten*** (***post hoc***) erleben. Sie ist also ablaufbezogen. Die Regeln werden dann beispielsweise durch Symbole codiert (Logik, Mathematik). Ein Musterbeispiel hierfür sind die explizit gespeicherten Regeln der künstlichen Intelligenz, die fallspezifisch zur Lösung neuartiger Probleme ausgewählt und kombiniert werden können oder die Gesetze der Physik.

  Deklaratives Regelwissen über kausale Abhängigkeiten entspringt nicht der Beobachtung von Regeln, sondern wird retrograd aus beobachteten Input-Output-Relationen, das heißt aus stets gemeinsam beobachteten Sachverhalten oder aus wiederkehrenden Ereignisfolgen extrahiert, das heißt, ***aus beobachteten Fakten erschlossen***. Dies führt zu einem ***Aha-Effekt***! Dies gilt analog auch für die Sprache. Manfred Spitzer sagt: „Ganz allgemein gesprochen geht unser Gehirn mit sprachlichem Input nicht anders um als mit anderen Inputmustern: Es werden Regelmäßigkeiten extrahiert" (Spitzer 2000, S. 255). ***Allgemeine Inferenzregeln*** charakterisieren den gesunden Menschenverstand (was jeder weiß), während sich in ***gebietsspezifischen Inferenzregeln*** unsere individuellen Erfahrungen (was nur ich weiß) niederschlagen.

  Prozedurales Regelwissen ist dagegen nicht bewusstseinsfähig. Es ist nur anwendbar „as it is". Es ist ein Können, eine Fähigkeit, wobei wir nicht wissen, wie wir es machen, wie zum Beispiel das Sprechen. Man wendet dann Regeln an, die man selbst gar nicht kennt. Autofahren, Skifahren oder Radfahren sind Musterbeispiele hierfür. Der Zugriff auf prozedurales, philogenetisch erworbenes oder antrainiertes Regelwissen wird von uns nicht als Suchvorgang erlebt. Es ist physikalisch oder biochemisch fixiert, z. B. in neuronalen Netzen oder in der physikalischen Realisierung von Regeln der Schaltalgebra. Bei Computern ist es in Programmen fixiert, die die Algorithmen festlegen, nach denen aus einem bestimmten Input der zugehörige Output abgeleitet wird. Nicht anschließen wollen wir uns hier der Meinung von Günter Figal, der mit Bezug auf Martin Heidegger und Gilbert Ryle Wissen als „ausweisbares Können" interpretiert (Figal 2006, S. 65ff), das sich im Umgehen mit den Dingen erweist. Denken wir nur an einen Roboter, der in der Lage ist, auf Basis simpler Reiz-Reaktionsmechanismen, Gegenstände einzusammeln, an Vögel die fliegen oder an Termiten, die großartige Bauten errichten können oder an das Instinktverhalten von Tieren, das sie befähigt, angemessen auf die Anforderungen ihrer Umwelt zu reagieren. Ihr Können ist, wie bereits oben ausgeführt, in festen Strukturen fixiert und ihnen selbst als Wissen (wie es gemacht wird) völlig unzugänglich. Koestler verdeutlicht dies so: „Als der Tausendfüßler gefragt wurde, in welcher genauen Reihenfolge er seine zahlreichen Beine bewege, konnte er sich plötzlich nicht mehr von der Stelle rühren und verhungerte, weil er vorher noch nie darüber nachgedacht und seine Beine sich selbst überlassen hatte" (Koestler 1990, S. 68f).

Wie kann Regelwissen erworben werden? Beim Menschen übernimmt das Frontalhirn die Aufgabe der ***Regelextraktion*** aus den unsere Wahrnehmungen repräsentierenden neuronalen Mustern im hinteren Cortex (Spitzer 2004, S. 364).

Prozedurales Regelwissen kann nur durch praktische Übung erworben werden, sofern es nicht von vornherein genetisch in die Wiege gelegt worden ist. *„Regeln sind nicht im Kopf,* sie sind lediglich brauchbar, um bestimmte geistige Leistungen im Nachhinein zu beschreiben" (Spitzer 2000, S. 29). Auch „Neuronale Netzwerke *enthalten* keine Regeln. Was sie tun lässt sich jedoch sehr wohl durch Regeln beschreiben" (Spitzer 2000, S. 29). Extrem formuliert kann man sogar sagen, dass auch die Naturgesetze ein Wissen der Natur zum Ausdruck bringen, das der Natur selbst aber nicht bewusst und nicht zugänglich ist. Man sollte daher besser sagen, dass es sich einfach nur um ein regelhaftes Verhalten handelt. Wissen entsteht so gesehen erst dann, wenn ein außenstehendes System die diesem Verhalten innewohnenden Gesetzmäßigkeiten erkennt, explizit formuliert und so deklaratives Regelwissen erwirbt.

Nach Matthias Vogel und Lutz Wingert schließt Wissen Wahrheit notwendig ein; „Kein Wissen ohne Wahrheit. Damit wird die Frage, »Wie ist Wissen möglich?« sinnlos" (Vogel/Wingert 2003, S. 11). Woher aber wissen wir, dass wir über gesichertes Wissen und damit über wahres Wissen verfügen und dies nicht nur glauben? Diese Frage ist nicht sinnlos, sondern von großer Relevanz. Die folgenden Ausführungen befassen sich mit der Frage, welche Art von Meta-Wissen uns dieses Wissen verschafft.

- Beim ***Meta-Wissen*** unterscheiden wir die folgenden Wissenskategorien:

  a) ***Wissen über die Gewinnung von Wissen (Fakten und Regeln)***
  Hier müssen primäres und sekundäres Wissen auseinandergehalten werden. ***Primäres Wissen*** resultiert aus der Erkennung von Mustern und Gesetzmäßigkeiten bei der Beobachtung der Welt. Dies erfordert die (philogenetisch erworbene) Fähigkeit zur Klassifizierung und Bildung von Kategorien und ein Wissen, ***wie man*** logische und kausale ***Gesetzmäßigkeiten aufspürt*** und diese durch Induktion in Regeln überführt, wie man also durch ***algorithmische Komprimierung*** deklaratives Regelwissen generiert. Das Gehirn, das diese Fähigkeit besitzt, wird deshalb auch als ***Regelextraktionsmaschine*** bezeichnet. Sein Wissen bezieht es nicht aus der Umwelt selbst, sondern aus deren Repräsentation in spezifischen Hirnarealen, genauer gesagt aus der ***Erkennung von logischen und kausalen Beziehungen*** zwischen Teilen der die Welt repräsentierenden Muster.

  Sekundäres Wissen entsteht durch ***Ableitung von neuem Wissen aus bekanntem Wissen durch Induktion oder Deduktion,*** also durch Schlussfolgerungen aus dem Allgemeinen auf etwas Spezifisches oder umgekehrt. Durch ***Induktion*** gewinnen wir so ***empirische Wahrheiten,*** durch ***Deduktion logische Wahrheiten.*** Dabei werden unter Nutzung von primärem Wissen, d.h. unter Rückgriff auf bekannte logische und kausale Beziehungen neue Muster abgeleitet, die wir als logische Konsequenzen oder Prognosen betrachten können. Sie werden aus Prämissen abgeleitet, die entweder willkürliche Festlegungen sind (in den formalen Wissenschaften) oder aus Beobachtungen, d.h. Repräsentationen der Welt abgeleitet werden. Können scheinbar zusammenhanglose Vorstellungen umfassend und kohärent verknüpft werden, erhält man eine Theorie. Letztlich ist aber jede ***Theorie*** nur ein ***Hypothesengebäude.*** Die mit seiner Hilfe ableitbaren Folgerungen sind empirisch überprüfbar und meist auch mehr oder weniger gut überprüft. Stimmen die Beobachtungen nicht mit den Vorhersagen überein, muss die Theorie abgeändert oder verworfen werden. Keine Theorie kann durch Experimente endgültig bestätigt werden. Bestätigungen beweisen lediglich die ***Stimmigkeit*** der Theorie in einer bestimmten Situation.

b) Wissen um die Herkunft, die Existenz und die Grenzen von Wissen

Meta-Wissen über die Herkunft des Wissens ist Grundlage für mein Wissen darüber, ob ich etwas weiß (oder eigentlich wissen müsste) oder nicht, wo also die Grenzen meines Wissens verlaufen. Meta-Wissen schließt also das Wissen darüber ein, dass ein gewisses Fakten-, Regel- und Methodenwissen (s.u.) existiert, auf das im Bedarfsfall zugegriffen werden kann. Man muss nämlich strikt trennen zwischen dem ***Inhalt und der Herkunft von Wissen.*** Meta-Wissen ist so gesehen ein Wissen über die Herkunft und damit die ***Verlässlichkeit*** (Reliability) und ***Güte*** (Validität) und damit letztlich die ***Qualität von Wissen.*** Dies schließt auch das Wissen um die ***einschränkenden Bedingungen*** des Wissens (Constraints) ein, also über die Grenzen der Gültigkeit und Anwendbarkeit dieses Wissens (gilt nur, wenn ...). Dazu gehört eine ***Prämissenkritik,*** d.h. die Überprüfung der Annahmen und Erfahrungen, auf denen mein Wissen basiert. ***Meinungen sind Hypothesen, das heißt ungesichertes beziehungsweise noch nicht gesichertes Wissen,*** oder wie Kant sagt, ein sowohl subjektiv als objektiv unzureichendes Fürwahrhalten. Im Grenzfall sind Meinungen reine Vermutungen und Spekulationen, die aus Indizien abgeleitet sind. Sieht man von formalen Wissenschaften ab, wo Wahrheit identisch ist mit Widerspruchsfreiheit, und diese durch Beweisführung nachgewiesen werden kann, wird alles Wissen über die reale Welt induktiv aus Beobachtungen abgeleitet. Da diese aber immer nur Stichproben sind, gibt es für diese Art von Wissen keine absolute Sicherheit. Wissen das sich auf die reale Welt bzw. deren Repräsentation bezieht, ist also immer nur ein ***Glauben.*** Dieser Glauben kann mehr oder weniger abgesichert sein. Fred Dreske fragt: „Ich glaube, dass heute Mittwoch ist. Woher weiß ich, dass ich das glaube?" (Dretske 1998a, S. 49). Unsere Antwort lautet: Wie sicher wir uns unseres Wissens sein können, ergibt sich aus der Herkunft des Wissens. Dabei spielen mehrere Faktoren eine Rolle.

1. Wie genau wurde das Wissen erfasst, wie groß ist also seine ***Güte*** und ***Glaubwürdigkeit*** (Messfehler? Interpre-

tationsfehler? Täuschung? Repräsentativität der Stichprobe? Quelle der Information usw.), wie ***unscharf*** ist also das Wissen und

2. Wie groß war die Stichprobe, wie groß ist also die ***Sicherheit*** und ***Verlässlichkeit*** des Wissens (statistische Signifikanz? Unzulässige Verallgemeinerung? Mehrfachbestätigung? usw.). Es geht also darum, wie ***unsicher*** das Wissen ist.
3. Wie passt das Wissen zum übrigen Wissen, wie steht es also um die ***Plausibilität*** des Wissens? Gibt es m.a.W. Inkonsistenzen und Widersprüche zwischen verschiedenen Wissensinhalten, wie ***konsistent*** ist also das Wissen. Die Plausibilität kennzeichnet somit, in welchem Grad eine Annahme unwidersprochen aufrechterhalten werden kann. Diese Thematik gewinnt vor allem dann an Relevanz, wenn die Umwelt, über die ein System Wissen besitzt, permanenten Änderungen unterliegt. In der KI geht es dabei um die Frage, wie ein (Computer-) internes Modell, das die reale Welt abbildet, mit dieser realen Welt ständig in Einklang gebracht werden kann, wenn sich diese Welt laufend ändert. Die KI spricht hier vom ***Rahmenproblem***. Zu seiner Bewältigung gibt es verschiedene Lösungsansätze. Die *„Strategie des schlafenden Hundes"* geht beispielsweise davon aus, dass sich nur das ändert, was explizit verändert wird. Das Problem sind aber die Fernwirkungen solcher Änderungen, wenn neues Wissen bei der Wissensaquisition ergänzt wird. Es muss dann stets überprüft werden, ob zusätzliches Wissen nicht zu Widersprüchen mit dem bereits bestehenden Wissen führt und wie ggf. dann darauf reagiert werden soll. Menschen sind in ihrer Umgebung „grounded", das heißt, sie wissen, was sie zu überprüfen haben.

Es gibt über die reale Welt kein Wissen, sondern immer nur ein mehr oder weniger abgesichertes Glauben (auch wenn wir hier weiterhin von Wissen sprechen). Jedes beliebige System, das nicht nur Wissen über die Welt hat, sondern zusätzlich auch über die Herkunft und damit Verlässlichkeit und Güte seines Wissens, kann dann die Sicherheit seines Wissens abschätzen. Dazu gehört auch eine ***Konklusionenkritik***. Sie fragt, „kann denn das sein?", „ist das plausibel und nachvollziehbar?" usw. Kommen Zweifel auf, wissen wir, dass unser

Wissen ungesichert bzw. fragwürdig ist. Bei KI-Systemen können deren Verhalten bzw. deren Antworten vom Anwender auf ihre Plausibilität hin beurteilt werden. Erscheinen sie unplausibel oder falsch, können Systeme wie das von Randall Davis beschriebene System TEIRESIAS aufzeigen, über welche Schlussfolgerungsmechanismen und aus welchem Faktenwissen die Antwort abgeleitet wurde. Das System kann m.a.W. seine Antwort begründen. Auch gleicht es Eingaben mit seinem Wissen ab und zeigt etwaige Inkonsistenzen auf. Ferner verfügt TEIRESIAS über eine Art von Meta-Wissen (Meta-Level-Knowledge), d.h. das Programm „knows what it knows", weil es nicht nur über nutzbares Wissen von der Welt verfügt, sondern zusätzlich auch Wissen über die interne Art der Wissensrepräsentation besitzt. Man kann sogar von einem eingeschränkten Verständnis sprechen, weil das Programm Eingaben mit internen Modellen abgleicht (*Model-Based Understanding*), und sich dann auf das plausibelste Modell bezieht. Dies ist eine Vorform eines *internen Hypothesenabgleichs.*

Unsicheres Wissen ist Glauben, und deshalb können solche Systeme nicht nur etwas Wissen, sondern auch etwas Glauben. Es bleibt dann nur noch die Frage zu klären, ob Glauben zusätzlich voraussetzt, dass die Unsicherheit des Wissens nicht nur bekannt ist, sondern auch „gefühlt", und damit als eine Spezialform von Qualia erlebt wird. Wichtig ist auch, dass beim Glauben nicht nur bekannt ist, dass das Geglaubte ein unscharfes, unsicheres oder inkonsistentes Wissen ist, sondern dass zumindest ansatzweise die Größe der Unsicherheit abgeschätzt werden kann (Skala von völlig ungesichert bis ziemlich sicher). Die Statistik liefert Methoden, die zwischen Fehlern der 1. Art (eine richtige Hypothese wird fälschlicherweise verworfen) und Fehlern der 2. Art (eine falsche Hypothese wird fälschlicherweise angenommen) unterscheiden können, und die zudem die Wahrscheinlichkeit eines Irrtums quantifizieren können. John Doyle beschrieb ein „Truth Maintenance System", das in der Lage ist, sein „Glauben" auf Regeln und Thesen zurückzuführen, die den Glauben stützen bzw. rechtfertigen. Die Fähigkeit des Menschen Unsicherheit abzuschätzen, scheint sehr begrenzt zu sein. Markus Spies schreibt: „Menschliches Wahrscheinlichkeitsurteil weicht nicht manchmal ein bisschen, sondern oft systematisch von den Gesetzen der Wahrscheinlichkeitstheorie ab" (Spies 1993, S. 58).

Meinungen und Überzeugungen drücken ein Glauben aus, dessen (Un-)sicherheit nicht bekannt ist, weil kein diesbezügliches Meta-Wissen zur Verfügung steht. Es kann also möglich, wahrscheinlich oder fast sicher sein, dass eine Meinung wahr ist. „Irrationale Glaubenssätze sind mit Emotion gesättigt; man *fühlt*, dass sie stimmen“ (Koestler 1990, S. 116). Trügerische Gefühle sind hier der Maßstab für die Sicherheit des Geglaubten. Der Neurowissenschaftler Vilaynur S. Ramachandran schreibt: „Es liegt sicherlich eine gewisse Ironie darin, dass unser Urteil über absolute Wahrheit oder Unrichtigkeit eines Gedankens offenbar nicht so sehr von dem aussagenlogischen Sprachsystem abhängt, das so viel Wert darauf legt, schlüssig und unfehlbar zu sein, sondern von sehr viel primitiveren limbischen Strukturen, die die Gedanken mit so etwas wie emotionalen Qualia ausstatten, wodurch die Gedanken ein »Aura der Wahrheit« erhalten. (Das könnte erklären, warum dogmatische Behauptungen von Priestern und Wissenschaftlern so resistent gegen alle logischen Einwände sind!)“ (Ramachandran 2002, S. 473f). Jetzt wird auch deutlich, wie problematisch Begriffsdefinitionen sind, die Wissen mit wahrer Meinung oder wahrer Überzeugung gleichsetzen. Der Philosoph Schmitz (Schmitz 2006, S. 66) unterscheidet hier sogar noch zwischen starkem Wissen (wahre Überzeugung mit triftiger Begründung) und schwachem Wissen (wahre Überzeugung ohne triftige Begründung). Wenn eine Meinung oder Überzeugung, die per Definition ungesichert ist, zufällig wahr ist, handelt es sich deswegen aber noch lange nicht um ein Wissen. Und eine mehr oder weniger triftige Begründung für einen Glauben macht diesen eben mehr oder weniger abgesichert, aber überführt ihn noch nicht in ein Wissen. Richtig ist vielmehr, um es mit den Worten von Günter Figal zu sagen: „Meinen oder glauben, das heißt: etwas annehmen und sich irren können“ (Figal 2006, S. 64). „Man schließt einen Irrtum aus, indem man das Wissen, das man für sich in Anspruch genommen hatte, nachweist oder ausweist“ (Figal 2006, S. 64). Das ist aber oft nicht möglich. Besonders deutlich wird diese Problematik etwa in den Worten von Ansgar Beckermann: „Alles was im Geist geschieht, ist in einem bestimmten Sinn *selbstenthüllend*. Der Geist ist sich dieser Auffassung zufolge jederzeit selbst *transparent*“ (Beckermann 1999, S. 370). Diese Aussage ist eine Meinung oder vielleicht auch eine Überzeugung, deren Sicherheit sich nicht abschätzen lässt, so lange wir nicht wissen, wie das Gehirn den Geist hervorbringt. Dennett ist hier etwas skeptischer. „»Stellen Sie sich vor, jemand versuchte, Sie davon zu überzeugen, dass Sie über ihre Gedanken und Gefühle falsch unterrichtet sind!«. Wir sind entweder »unfehlbar« - haben immer die Garantie, richtig zu liegen - oder zumindest »unverbesserlich«: Niemand anderer kann uns korrigieren. ... Aber vielleicht ist diese Doktrin der Unfehlbarkeit bloß ein nicht nachweisbarer Irrtum" (Dennett 1994, S. 94f). Wolfgang Prinz verweist zu Recht darauf hin, dass wir zwar akzeptieren, dass bei der Wahrnehmung der Außenwelt unbewusste Prozesse ablaufen, ehe diese als Qualia für uns wahrnehmbar und erlebbar werden. „Bei der Wahrnehmung psychischer Vorgänge bedarf es dagegen nach verbreiteter Meinung dieser Vermittlung nicht, weil dabei der Geist gleichsam bei sich selbst ist - mit der Folge, dass er die Struktur der in ihm ablaufenden psychischen Vorgänge unmittelbar zu erkennen vermag" (Prinz 1996, S. 93). Bei dieser Perspektive der ersten Person glaubt man dann, die Frage nach der Beziehung zwischen wirklichem und wahrgenommenem Sachverhalt nicht mehr stellen zu müssen, da „ein Vorgang des Innewerdens des wirklichen Sachverhalts selbst - gleichsam eine privilegierte Form der Wahrnehmung (ist), die stets vollständig und stets veridikal ist" (Prinz 1996, S. 95). Hier stoßen wir auf die philosophische Frage, ob es ein Selbstwissen überhaupt geben kann. Dabei geht es um die „Vorstellung eines ***privilegierten Zugangs***, den wir zu unseren Gedanken haben, die Idee der ***Ersten-Person-Autorität*** und die Vorstellung der ***Transparenz***" (Vogel in: Vogel/Wingert 2003, S. 132). Der ***privilegierte Zugang*** zu unseren eigenen bewussten Gedanken betrachtet unser Selbstwissen als unangreifbar, die ***Erste-Person-Autorität*** hält es darüber hinaus für infallibel, also immer wahr, und ***Transparenz*** gewährleistet schließlich, dass unser Wissen von unseren mentalen Zuständen ein vollständiges Wissen ist. Wie uns die Psychoanalyse zeigt, ist unser Wissen unserem Bewusstsein aber nicht vollständig zugänglich und Phantomschmerzen oder „Stimmen hören" und andere Halluzinationen machen deutlich, dass unser Wissen von uns selbst weder immer wahr ist, noch vollständig zu sein braucht. Wir gehen hier davon aus, dass unser Wissen stets auf Wahrnehmungsinhalten basiert und unser Denken solche Wahrnehmungen im Geiste manipuliert und so Vorstellungen, d.h. fiktive Wahrnehmungen erzeugt. Wir kommen bei der Erörterung des Denkens auf diese Frage zurück.

Wie bereits oben ausgeführt, ist es für Lebewesen wichtig, Erfahrungen und Wissen zu sammeln. Zu diesem Zweck hat die Natur in Lebewesen ein ***Explorations-*** bzw. ***Neugierverhalten*** implantiert sowie ein ***Bedürfnis nach Bestimmtheit und Kompetenz***. Bei Tieren ist dies ein natürlicher Drang, bei Systemen mit einem Meta-Wissen, die die Grenzen ihres Wissens kennen, kann die Wissensergänzung gezielt betrieben werden. Dies ist auch der Ansatz der ***Wissenschaft***. Beim Menschen kommt noch die Möglichkeit der Wissensvermittlung durch Kommunikation und Medien hinzu (sehen, hören, lesen), deren Glaubwürdigkeit ebenfalls abgeschätzt werden muss.

c) ***Wissen um die Nutzungsmöglichkeit und Manipulation von Wissen***

Hier geht es nicht darum, aus bekanntem Wissen neues Wissen abzuleiten, sondern darum, ***verfügbares Wissen sinnvoll zu nutzen***, also um die Anwendung von Wissen. Für diesen und nur für diesen Zweck benötigen Lebewesen ihr Wissen. Was dem Ziel des Überlebens und der Verbreitung der Gene nicht dient, brauchen sie auch nicht zu wissen.

Methodenwissen ist eine spezifische Art von Regelwissen. Es ist ein Wissen wie etwas zu tun ist (= ***know how***). Man kann es auch als ***Problemlösungskompetenz*** bezeichnen, das heißt als ein Erfahrungswissen darüber, wie eine bestimmte Klasse von Aufgabenstellungen und Problemen gelöst werden kann. Zu diesem Zweck klassifiziert man Probleme, d.h. man bildet Problemkategorien mit bekannten Problemlösungsstrategien. Häufig greift der Mensch dabei auf ***Faustregeln*** aus seiner Wissensbasis zurück. Probleme werden dann mit Näherungslösungen und Kochbuchrezepten angegangen. In analoger Weise arbeiten auch maschinelle ***heuristische Problemlösungsmethoden***. Bei der künstlichen Intelligenz fällt diese Aufgabe dem Regelinterpreter (auch Problemlösungskomponente genannt) zu. Bei niederen Lebewesen (Reiz-Reaktions-Maschinen) ist es in Instinktreaktionen implizit verankert und für ein Meta-Wissen daher unzugänglich.

d) Wissen um die Bedeutung/Konsequenzen von Wissen

„Dem Gehirn als einem *neuronalen System* sind nur seine eigenen Erregungen gegeben, deren Herkunft und Bedeutung es *erschließen* muss" (Roth 1997, S. 104). Verallgemeinert können wir sagen, dass die Bedeutung von Informationen oder allgemeiner von Wissensinhalten durch deren Verknüpfung mit Bezugsobjekten oder Erlebnissen aus anderen ***Wahrnehmungs-, Erinnerungs- und Vorstellungsbildern*** abgeleitet wird. Wir wissen dann beispielsweise, dass wenn wir ein Bellen hören, dies von einem Hund herrührt, können uns zudem vorstellen, wie dieser aussieht und wissen auch, dass er eventuell beißen könnte. Durch die Verknüpfung von Wissensinhalten und Vorstellungen bekommen Wahrnehmungen oder allgemeiner Wissensinhalte eine Bedeutung, weil wir dann deren Konsequenzen allgemein und für uns abschätzen können. ***Bedeutungen resultieren also aus Korrelationen zwischen verschiedenen Teilen dieser Repräsentation und damit den Konsequenzen, die wir aus Wissensinhalten und deren Güte und Zuverlässigkeit*** (mehr oder weniger zuverlässig) ***ableiten können.***

Das Wissen um die Bedeutung ist teilweise phylogenetisch erworben und lenkt unsere Aufmerksamkeit ganz automatisch auf bestimmte Wahrnehmungen (zum Beispiel Bewegungen am Rande des Gesichtsfeldes). Teilweise ist es auch ontogenetisch gelernt und lässt uns mögliche Konsequenzen entweder logisch rational oder emotional auf Basis vergangener Erfahrungen (***somatischer Marker*** in der Terminologie von Antonio Damasio) einschätzen. Es werden dann u.U. unbewusste ***Assoziationen*** zwischen Wahrnehmungen oder Wissensinhalten und deren möglichen Konsequenzen hergestellt, die aus Erfahrungen (induktiv) erschlossen oder deduktiv abgeleitet werden. ***Bedeutungen haften also nicht den Informationen an, sondern ergeben sich aus der Kenntnis von deren (möglichen) Konsequenzen***!

Die Philosophie unterscheidet zuweilen zwischen ***Beobachtungen 1. Ordnung (Art)***, das sind einfache Beobachtungen der Welt, in unserer Terminologie also Wahrnehmungen, die uns ein Faktenwissen verschaffen und ***Beobachtungen 2. Ordnung (Art)***, das sind Beobachtungen unserer selbst, beim Beobachten der Welt. Sie liefern, in unserer Terminologie, ein Metawissen.

Bild 8 fasst noch einmal die verschiedenen Arten von Wissen zusammen.

Explizites Wissen
Mit Hilfe von Zeichen kommunizierbares, speicherbares und verarbeitbares (abrufbares und manipulierbares Wissen)

reales Wissen
Objektwissen
- **klassifizieren** - **identifizieren**

deklaratives Faktenwissen
- **semantisch** - **episodisch**

deklaratives Regelwissen
- **Logik** - **Kausalität**

Meta Wissen
Wissen über die Gewinnung von Wissen
- **primäres Wissen (wie man Gesetzmäßigkeiten aufspürt)**
- **sekundäres Wissen (wie man durch Induktion und Deduktion zusätzliches Wissen und stimmige Theorien ableitet)**

Wissen um Existenz, Herkunft und Grenzen von Wissen
- **Wissen um Glaubwürdigkeit, Verlässlichkeit und Plausibilität von Wissen**
- **Explorations- und Neugierverhalten zur Erweiterung und Verbesserung von Wissen**

Wissen um Nutzungs- und Manipulationsmöglichkeit von Wissen
- **Problemlösungskompetenz, Methodenwissen**

Wissen um die möglichen Konsequenzen und die Bedeutung von Wissen bzw. von Gewusstem
- **Verknüpfung von Wissen mit Wahrnehmungen, Erinnerungen und Vorstellungen**

Implizites Wissen
Nicht formalisiertes, in physikalischen Strukturen verankertes prozedurales Regelwissen
(nutzbares, vom System selbst aber nicht manipulierbares Wissen, das phylogenetisch oder ontogenetisch durch Training erworben wird)

Können = wie man etwas macht
Reagieren = wie man auf Umwelteinflüsse angemessen antwortet

Bild 8: Übersicht über die verschiedenen Kategorien von Wissen

Als nächstes fragen wir jetzt, wie ***Wissen repräsentiert*** werden kann. Für das Gehirn lautet die Antwort: Wissen ist in neuronalen Netzen, also in Gehirnstrukturen verankert und repräsentiert. Offen ist aber die Frage, wie diese Repräsentation konkret realisiert ist, wie also die Verknüpfung der Neuronen aussieht, insbesondere, wenn ihr Wissen nicht implizit verankert ist und sich lediglich in der angemessenen Reaktion auf irgendwelche Inputs zeigt, sondern wenn es explizit gemacht und manipuliert werden kann, wenn es sich m.a.W. um ein deklaratives Wissen handelt. In der künstlichen Intelligenz KI wurden spezifische Methoden zur Repräsentation expliziten, als der Manipulation fähigen Wissens, entwickelt. Informationen über einzelne ***Objekte*** (Substantive) und deren ***Eigenschaften*** (Adjektive) und ***Zustände*** beziehungsweise Zustandsänderungen (Verben) werden in so genannten ***Frames*** (Rahmen) niedergelegt. Die einzelnen Felder (Slots) können Werte (Slot values), aber auch Prozeduren, Regeln oder Verweise auf andere Frames enthalten. Dabei können ***Objektklassen*** und damit Kategorien gebildet werden, deren Werte „vererbbar" sind, d.h. die Eigenschaften und Zustände einer Klasse gelten dann automatisch auch für die einzelnen Objekte der Klasse, wobei allerdings Ausnahmen zugelassen werden. Eine Sonderform von Klassen sind ***abstrakte Klassen,*** die im Gegensatz zu ***konkreten Klassen*** keine realen Objektklassen sind, sondern künstliche Gebilde, in denen gemeinsame Eigenschaften und Operationen ausgewählter Objekte einer Klasse zusammengefasst und einmalig definiert werden. Sie sind also Oberbegriff für eine Teilmenge einer Klasse, die sich durch bestimmte charakteristische Merkmale auszeichnet. Bei der Objektklasse >Mensch< könnten solche abstrakte Klassen zum Beispiel Christen, Muslime, Hindus und so weiter sein, weil sich diese durch spezifische Eigenschaften und Operationen von den restlichen Mitgliedern der Gruppe >Mensch< abgrenzen. Andere mögliche abstrakte Klassen könnten die Rentner, die Schüler, die Aidskranken, die Jungfrauen, die Behinderten, die leitenden Angestellten und ähnliche sein. Die Möglichkeit der Definition abstrakter Klassen ermöglicht es den Systemen der KI auch mit abstrakten Begriffen zu operieren. Es können dann also nicht nur Informationen über einzelne Fußballspieler, sondern auch Informationen über den Mannschaftsgeist verarbeitet werden, auch wenn man einen solchen nicht sinnlich wahrnehmen, sondern sich nur abstrakt vorstellen kann.

Wissen über die ***(raum-/zeitlichen) Beziehungen*** zwischen Objekten, Fakten, Sachverhalten und Situationen wird in der KI mit Hilfe von ***Semantischen Netzen*** dargestellt. Dies sind gerichtete ***Graphen,*** deren Knoten Objekte oder Eigenschaften von Objekten und deren Kanten (Pfeile) Beziehungen zwischen Objekten oder Objekten und ihren Eigenschaften beschreiben. Beispiele für in Semantischen Netzen ausdrückbare Beziehungen sind:

- Objekt kann Teilmenge einer bestimmten Klasse von Objekten sein (Teil von .., gehört zu ..)
- Zuordnung von Eigenschaften oder Tätigkeiten zu einem Objekt (besitzt .., kann .., ist ein ...)
- Räumliche Zuordnung (ist auf ..., liegt neben ..., steht vor ..)

- Zeitliche Zuordnung (folgt nach ..., gleichzeitig mit ...)
- Logische Beziehung bzw. notwendiger oder hinreichender Grund (hat Ursache .., folgt aus ..)
- Sonst. Beziehungen zwischen Objekten (ist Vater von .., ist verliebt in ..)

Man kann also sowohl ***Klassenbeziehungen*** (Generalisierung/Superklasse, Spezialisierung/Subklasse) ausdrücken als auch Aggregationen und Assoziationen. ***Aggregationen*** sind Beziehungen mit Mengenrelationen, jedoch im Sinne von „ist ein", „besteht aus", „Teil von", „enthält" und ähnliches. Hier sind die Objekte einer Klasse Bestandteile der Objekte einer anderen Klasse, wobei nur die Klasse als Gesamtheit, nicht aber ihre einzelnen Bestandteile direkt angesprochen werden können. ***Assoziationen*** ermöglichen ***Beziehungen mit Mengenrelationen,*** bei denen es keine Super- und Subklassen gibt, denn die verknüpften Klassen sind dabei gleichwertig. Sie werden deshalb nicht in Klassenhierarchien dargestellt, sondern in Klassendiagrammen.

Damit wird deutlich, dass künstliche Systeme prinzipiell in der Lage sind, auch ***propositionale Einstellungen*** (glauben, wissen, wünschen, befürchten ....) zu repräsentieren. Im weiteren sprechen wir hier von ***Erlebnistypen*** (in Anlehnung an Sprechakttypen in der Sprechakttheorie s.u.), was auch wahrnehmen dass, sich vorstellen dass usw. einschließt. Eine Proposition drückt die Beziehung eines Systems zu einem Faktum aus, und als „propositionaler Gehalt" wird der Satzinhalt bezeichnet, der in Zuschreibungen von dass-Sätzen wiedergegeben wird. Ein Subjekt (glaubt/hofft/befürchtet..) dann, dass (ein Ereignis) eintreten bzw. nicht eintreten möge und dafür gibt es Wahrheits- und Erfüllungsbedingungen. Solche Beziehungen und damit auch propositionale Einstellungen lassen sich mit semantischen Netzen repräsentieren (x glaubt dass y).

Wissen über ***typische Abläufe*** kann in ***Skripts*** (Drehbücher) niedergelegt werden. Man weiß dann, wie Alltagssituationen (Geburt, Trauung, Einkaufen, Schulalltag, Arztbesuch, Restaurantbesuch u.ä.) üblicherweise ablaufen. Dies ermöglicht Erwartungshaltungen in vergleichbaren Situationen.

Neben Faktenwissen in der hier aufgezeigten Form, kann die KI auch explizites Regelwissen repräsentieren, d.h. ***Wissen über logische wenn ... dann Abhängigkeiten zwischen Objekten, Fakten, Sachverhalten und Situationen.*** Bedingungsabhängige Beziehungen werden in ***Produktionsregeln*** formuliert, die als „wenn ... dann..." Beziehungen angegeben werden. Hier haben sie allerdings die ganz spezifische Form

» ***wenn*** Bedingung ***dann*** Aktion «, wobei Bedingungen und Aktionen auch logische Verknüpfungen beinhalten dürfen, etwa in der Form
wenn (Bedingung 1 ***und*** Bedingung 2) ***dann*** (Aktion 1 ***und*** Aktion 2 ***und*** Aktion 3).

Für diese Produktionsregeln gilt allerdings die Einschränkung, dass nur sog. ***Horn-Klauseln*** zulässig sind, das heißt, dass sowohl die Wenn- als auch die Dann-Aussagen nur aus UND-Verknüpfungen bestehen dürfen.

Abschließend sei hier noch angemerkt, dass mit den aufgezeigten Methoden nicht nur Wissen, sondern auch Meta-Wissen repräsentiert werden kann. Meta-Wissen unterscheidet sich vom originären Wissen lediglich durch die *Inhalte* des Wissens, nicht aber durch die *Art* des Wissens.

Wichtig ist auch, dass der physikalische Träger (Signale und Speichermedium) der Repräsentation keinerlei Wissen von dem hat, was er repräsentiert. Der Biologe Olaf Breidbach schreibt: „Das Gehirn denkt nicht und weiß nichts - es funktioniert" (Breidbach, S. 50). Paul M. Churchland sagt analog: „Dass neuronale Netze ein automatisches und sicheres Wissen ihrer eigenen kognitiven Aktivitäten besitzen, ... diese Behauptung ist einfach falsch. Ein neuronales Netzwerk hat kein direktes oder automatisches Wissen von irgendetwas, schon gar nicht von seinen eigenen kognitiven Aktivitäten" (Churchland 1997, S. 378). Analog schreibt Roth: „denn Neurone und Synapsen wissen nichts; was sie tun, ist neutral gegenüber der Bedeutung ihrer Aktivität" (Roth 1997, S. 256).

Auch die Repräsentation selbst weiß nicht, was sie repräsentiert, da sie nur eine spezifische aus einer Vielzahl möglicher Codierungsformen ist. Die Repräsentation ist einfach nur ein bestimmtes Muster bzw. eine bestimmte Anordnung physikalischer Entitäten. Wie wir in Kapitel 1.2 dargelegt haben, können aber solche Muster das Verhalten physikalischer Systeme (am Rande des Chaos) beeinflussen oder sogar ausschließlich bestimmen. Der Übergang von einem Muster zu einem Folgemuster entspricht dann einem Phasenübergang bzw. dem Übergang von einem Attraktor zu einem anderen. Und dieser Vorgang kann zur Informationsverarbeitung genutzt werden. Die so manipulierten Muster können dann unter bestimmten Voraussetzungen (Kapitel 1.3) Aspekte der realen Welt repräsentieren, abbilden und nachbilden (homologe Simulation). So entsteht der Informationsverarbeitung zugängliches Wissen über die Welt. Klaus Mainzer schreibt: „In der

Tat sprechen wir, wenn wir über den Geist sprechen, über Phasenübergänge, die unser Gehirn von einem Zustand in einen anderen versetzt. Das ist der Grund, weshalb uns der Geist von seinen physischen Trägern getrennt erscheint. Tatsächlich haben die Beziehungen zwischen diesen Zuständen mit der (biochemischen) Natur der Zustände nichts zu tun" (Mainzer 1995, S. 774). Es bleibt dann nur noch zu klären, wer über das repräsentierte Wissen verfügt, wer also der Wissende ist, und ob es überhaupt eines solchen Wissenden bedarf.

Neben der Frage, wie Wissen repräsentiert werden kann, stellt sich die weitere Frage, was überhaupt repräsentiert werden kann. Und da lautet die Antwort: Das ***menschliche Gehirn kann nur Muster repräsentieren und manipulieren, die unseren Wahrnehmungen entspringen bzw. entsprechen,*** wobei Sprache bzw. sprachliche Gedanken letztlich auch nur auditive Muster, und Symbole nur visuelle Muster sind. Schon Kant sagt in der Kritik der reinen Vernunft dass die Erkenntnis mit den Sinnen anhebt und von dort zum Verstande geht. Um uns anschauliche Vorstellungen von nicht wahrnehmbaren Dingen machen zu können, müssen wir diese stets in eine Darstellungsform bringen, die aus unserem Wahrnehmungsrepertoire stammt (z. B. Darstellung von Feldern durch Feldlinien, von Kräften durch Vektoren, von Regeln durch Symbole usw.). Menschen mit Wahrnehmungsdefiziten (Blindheit, Taubheit u.ä.) können sich das nicht Wahrnehmbare auch nicht vorstellen. Die Möglichkeit, eine Wahrnehmungskategorie mit Hilfe anderer Wahrnehmungskategorien ersatzweise zu beschreiben (z. B. die Farbe rot mit Lauten oder Gerüchen), ist ein hoffnungsloses Unterfangen. Genau aus diesem Grund können wir auch interne Körperzustände, die wir als Gefühle erleben, nicht oder nur unzureichend mit anderen Wahrnehmungskategorien beschreiben. Die Beschreibung mit Worten ist nur möglich, wenn wir davon ausgehen können, dass andere Menschen dieselben Gefühle erleben wie wir und ihnen dieselben Worte zuordnen. Zusammenfassend lässt sich sagen: Wir können nur Dinge wissen, die wir wahrnehmen können oder die wir stellvertretend mit Symbolen aus unserem Wahrnehmungsvermögen beschreiben können. Allein unsere Wahrnehmungen, empirische Anschauung, ermöglicht es uns, Erfahrungen zu machen. Andererseits verschafft Betrachtung und Beobachtung für sich allein noch kein Wissen, denn Wissen ist mehr als reine Abbildung bzw. Codierung. Wie bereits gesagt, resultiert primäres bzw. originäres Wissen erst aus der Erkennung von Mustern und Gesetzmäßigkeiten innerhalb der Repräsentation der Welt. Wissen setzt deshalb die Fähigkeit zur Klassifizierung und Bildung von Kategorien voraus.

Ausgehend von den bisherigen Ausführungen wollen wir jetzt auf einige typische Fragestellungen der ***philosophischen Erkenntnistheorie*** eingehen.

Frage: ***Was ist Wissen?***

Antwort: Wissen besteht aus Kategorien von Wahrnehmungen und daraus abgeleiteten abstrakten Kategorien und erkannten Regelhaftigkeiten. *Explizites Wissen* ist abrufbar und für Manipulationen verfügbar. Es umfasst deklaratives Fakten- und Regelwissen, sowie Metawissen (Bild 8, S. 78). Im Gegensatz zum expliziten Wissen drückt sich *implizites Wissen* in angemessenen Aktionen und Reaktionen, das heißt einem Können aus und ist strukturell verankert, also dem wissenden System selbst unzugänglich und von ihm nicht manipulierbar, sondern nur nutzbar. Wohl aber kann aus der Beobachtung von implizitem Wissen explizites Metawissen abgeleitet werden. Ein System kann also aus seinem Können, seinem Verhalten und aus von der Realität bestätigten Erwartungen retrograd erschließen, dass es etwas weiß beziehungsweise kann (= weiß, wie etwas zu machen ist), auch wenn dieses Wissen (wie es gemacht wird) selbst nicht bewusst gemacht werden kann.

Frage: ***Kann man Falsches wissen?***

Antwort: Abgesehen von deduktiv abgeleitetem Wissen und damit dem Wissen über die Widerspruchsfreiheit von Wissensinhalten, gibt es über die Wirklichkeit kein induktiv ableitbares gesichertes Wissen, sondern nur ein mehr oder weniger gesichertes Glauben, „denn Wissen schließt Wahrheit notwendig ein; kein Wissen ohne Wahrheit" (Vogel/Wingert, S. 11). Deshalb kann man auch nichts Falsches wissen, sondern lediglich Falsches glauben oder meinen. Man kann aber wissen, dass man etwas Falsches glaubt bzw. geglaubt hat (Meta-Wissen über die Herkunft des Wissens), indem man es falsifiziert, das heißt, indem man bei deduktiv abgeleitetem Wissen Widersprüche der Konklusionen zu den Prämissen oder die fehlerhafte Anwendung von Regeln bei der Deduktion nachweist. Bei induktiv abgeleitetem Wissen reicht ein Gegenbeispiel aus, um eine Hypothese zu falsifizieren. Die Aussage von Sokrates: „Ich weiß, dass ich nichts weiß" gilt also dann, wenn ich weiß, dass ich über bestimmte Dinge kein Wissen erworben habe und auch nicht erwerben kann, und deshalb von ihnen nichts wissen kann.

Frage: ***Was unterscheidet Wissen von wahrer Meinung?***

Antwort: Meinungen sind unsicheres Glauben und schließen die Möglichkeit des Irrtums ein. Meinungen können sich als richtig oder falsch erweisen. Solange nicht geklärt ist, ob sie richtig oder falsch sind, sind und bleiben es Meinungen bzw. Hypothesen. Lässt sich nachweisen, dass eine Meinung richtig bzw. wahr ist (z. B. durch eine mathematische Beweisführung), wird aus einer wahren Meinung ein Wissen.

Frage: ***Muss man, wenn man etwas weiß, auch wissen, dass man es weiß?***

Antwort: Dass ich etwas weiß, kann ich nur wissen, wenn dieses Wissen explizit ist und ich mir dessen bewusst bin. Dies gilt für bewusste Wahrnehmungen einerseits, die mir ein primäres Wissen über Fakten (Faktenwissen) verschaffen und für erschlossenes, sekundäres Wissen andererseits, über dessen Zustandekommen (Gesetze, Modelle, Theorien, Art der logischen Schlussfolgerung) oder Herkunft (Erinnerungsbilder) ich Bescheid weiß, das ich also nachvollziehen und erklären kann (Metawissen). Erst wenn bekannt ist, wie das Wissen gewonnen wurde, wenn also ein Metawissen über Herkunft, Existenz und Grenzen des Wissens vorliegt, kann man von (gesichertem) Wissen sprechen.

Frage: ***Können wir überhaupt etwas wissen?***

Antwort: Deduktiv abgeleitetes Wissen resultiert widerspruchsfrei aus den ihm zugrundeliegenden Prämissen. Es ist so wahr und so sicher wie die Prämissen, die ihrerseits willkürlich postuliert oder aus der Erfahrung abgeleitet sein können. Sofern sie der Erfahrung entstammen, sind sie so unsicher wie jegliches induktiv abgeleitete Wissen (besser: Glauben).

Frage: ***Was können wir wissen?***

Antwort: Unser Wissen basiert auf neuronalen Erregungszuständen des Gehirns. Unser Wissen ist also grundsätzlich beschränkt auf das, was sich durch neuronale Erregungen im Gehirn repräsentieren und sich aus diesen Repräsentationen ableiten lässt. Dies schließt die Repräsentation von Symbolen und von abstrakten Sachverhalten und Beziehungen ein.

In der Philosophie unterscheidet man auch

- *propositionales* Wissen (wissen, dass)
  es drückt ein Wissen darüber aus, wie sich etwas verhält. Es ist also ein deklaratives Fakten- oder Regelwissen
- *phänomenales Wissen* (wissen, wie etwas ist)
  es ist ein Wissen darüber, wie es ist, hungrig zu sein, verliebt zu sein oder auch eine Fledermaus zu sein. Das ist ein deklaratives Faktenwissen über den Zustand eines Systems (z. B. unseres Körpers), der in einem wissenden System (z. B. dem Gehirn) repräsentiert ist
- *praktisches Wissen* (wissen, wie)
  es bezieht sich auf Fertigkeiten, also etwa die Fähigkeit Rad zu fahren oder Geige zu spielen. Praktisches Wissen schließt nicht die Fähigkeit ein, zu wissen, wie wir das machen, was wir können. Beim praktischen Wissen wird daher auch nicht gefordert, dass wir erklären können, wie wir etwas machen. Es ist also ein prozedurales Regelwissen.

An dieser Stelle greifen wir auch noch eine Frage auf, die in der Philosophie konträr diskutiert wird. Es geht um die Frage, ob Wissen ***Begriffsbildung*** voraussetzt. Phänomenales Wissen im oben definierten Sinne ist ein begriffsloses Wissen. Andreas Kemmerling schreibt: „Begriffsloses Wissen repräsentiert seinen Gegenstand nicht; es präsentiert ihn" (Kemmerling, S. 65). Begriffsloses Wissen in dieser Definition ist identisch mit Wahrnehmungs- bzw. Empfindungsqualitäten, also mit ***Qualia***. Ein derartiges Wissen ist aus Sicht des erlebenden Subjekts immer sicher. Ich kann mir beispielsweise nicht unsicher sein, ob ich Schmerzen habe, entweder ich habe sie oder ich habe sie nicht. Ist das aber ein begriffsloses Wissen, oder muss man, wenn man Schmerzen hat über den Begriff des Schmerzes verfügen?

Für Ludwig Wittgenstein ist es unsinnig, unser Verhältnis zu jeweils aktuellen bewussten Zuständen als eine Relation des Wissens zu betrachten. „Von mir kann man überhaupt nicht sagen ..., ich wisse, dass ich Schmerzen habe. Was soll es denn heißen - außer, dass ich Schmerzen habe" (Wittgenstein 1977, Pkt. 246). Machen solche Behauptungen einen Sinn? Immerhin weiß ich, dass ich Schmerzen habe und nicht Hunger. Ich kann dieses Erlebnis also einer bestimmten Wahrnehmungskategorie zuordnen. Ich weiß auch wo und wie stark es weh tut und ich kann dies meinem Arzt auch dann noch berichten, wenn der Schmerz längst vergangen ist. Wenn ich schon wissen kann, dass ich Schmerzen hatte, auch wenn es jetzt nicht mehr weh tut, warum soll ich dann nicht wissen, dass ich Schmerzen habe, wenn es wirklich weh tut?

Bedarf es aber irgendwelcher *Begriffe*, um zu wissen, was Schmerzen sind? Reicht es für mein Wissen aus, wenn ich sie erlebe oder sie mir vorstellen kann, oder muss ich sie auch benennen können? Unsere Antwort lautet: Schmerzen werden aus der ersten Person Perspektive erlebt, d.h. wir haben einen privilegierten Zugang zu ihnen. Deshalb bedürfen wir zwar nicht des Begriffes „Schmerz" um Schmerzen erleben und *identifizieren* zu können, wohl aber um mit anderen Personen über unsere Schmerzerlebnisse *kommunizieren* zu können.

Begriffsbildung ist gleichbedeutend mit *Symbolzuordnung*. Bezogen auf Bild 3 (S. 39) bedeutet dies, dass die Aktivierung des Ausganges, der die Erkennung einer vertikalen Linie anzeigt, eine Klassifizierung ist. Diese Aktivierung kann, muss aber nicht, eine Symbolzuordnung (hier z. B. das Symbol V) bewirken. Analog kann die Identifizierung einer Vertikalen links zu einer anderen Symbolzuordnung (hier Vl) führen. Hier stellt sich die Frage, wozu es solcher Symbole eigentlich bedarf. Symbole stellen einen Bezug her zu irgendwelchen Klassen bzw. Kategorien von Objekten, Merkmalen, Ereignissen usw. bzw. exakter definiert, zu deren Repräsentation. Diese Repräsentationen sind aber Muster. So gesehen ist Begriffsbildung nichts weiter als eine *Umcodierung*. Symbole sind eine Art von Kurzschrift. Die Robotik spricht hier vom *Symbolbezugsproblem* (Kapitel 1.3). Es geht dabei um die Frage, wie man Umweltrepräsentationen in Symbolform ausdrücken bzw. in eine solche umwandeln kann, wie man also z. B. Ereignisse in Worten oder Gesetzmäßigkeiten in Formeln ausdrücken kann. Warum aber benötigt man überhaupt Symbole? Im Gegensatz zu neuronalen Netzen, die Gesetzmäßigkeiten innerhalb von Mustern erkennen können, die also hervorragend zur Kategorienbildung und Parallelverarbeitung eingesetzt werden können, sind Muster unhandlich, wenn wir mit ihnen logische Operationen ausführen wollen. Computer des von Neumann Typs sind Symbolverarbeitungsmaschinen. Die von ihnen verarbeiteten Symbole müssen gewisse Formate haben und syntaktische Regeln einhalten. Außerdem ist die Symbolverarbeitung ein sequentieller Prozess. Symbole erleichtern also das Denken, oder allgemeiner gesagt, eine spezifische Form von Informationsverarbeitung, nämlich die sequentielle. Die bloße Erregung eines bestimmten Ausgangs in Bild 3 (S. 39) ist nur bedingt manipulationsfähig. Um sie manipulieren zu können, muss zumindest angegeben werden, *welcher* Ausgang aktiv war, und dazu bedarf es einer *Symbolzuordnung*! Außerdem bieten Symbole die Möglichkeit, mit *abstrakten Klassen* zu arbeiten, also mit künstlichen Klassen, für die es keine Repräsentation von realen Wahrnehmungen gibt (z. B. Moral, Friede, Gott u.ä., aber auch mathematischen Formeln, um Gesetzmäßigkeiten auszudrücken, und ebenso der Sprache). Dies eröffnet die Möglichkeit des *abstrakten Denkens.* Auf diese Art kann sogar sekundäres, abstraktes Wissen abgeleitet werden (Relativitätstheorie, Automatentheorie, Mathematik u.ä.). Im Gehirn treffen wir auf Musteranalyse und -verarbeitung vor allem im sensorischen Cortex. Im frontalen Cortex bei Planungen u.ä. dagegen vor allem auf sequentielle Symbolverarbeitung (Sprache).

Vorstellungen von abstrakten Entitäten bzw. abstrakten Klassen lassen sich nicht konkreten Wahrnehmungen zuordnen, sondern allenfalls Vertretern (Prototypen) der entsprechenden Kategorie. Um sie im Geiste manipulieren zu können, erweisen sich Begriffe (Bezeichnungen) als hilfreich. Vielleicht ging die Entwicklung der Sprache beim Menschen deshalb Hand in Hand mit der Fähigkeit, in abstrakten Begriffen zu denken und danach auch das Handeln auszurichten.

Es gibt also ***verschiedene Stufen von Wissen,*** die aufeinander aufbauen. Als Vorstufe bzw. eine spezifische Art von Wissen betrachten wir das implizite Wissen. Es ist ein nicht bewusstseinsfähiges Wissen, ein Können. Wir können etwas, ohne dass wir wissen, wie wir es machen. Die nächste Stufe ist die der *Repräsentation* irgendwelcher Objekte, Merkmale, Ereignisse in Mustern. Dies ist eine notwendige Voraussetzung für Wissen, denn Wissen basiert auf solchen Mustern. Erstmals wenn diese Muster von einem System *interpretiert* werden, entstehen bewusste Wahrnehmungen, also *Qualia.* Dann wissen wir, *dass* wir etwas wahrnehmen. Wenn wir das Wahrgenommene einer bekannten Kategorie *zuordnen* oder in den Wahrnehmungen Gemeinsamkeiten entdecken können, die uns zur Bildung neuer Kategorien befähigen, wissen wir, *was* wir wahrnehmen. Wenn wir zusätzlich die einzelnen Entitäten innerhalb einer Klasse *auseinanderhalten und identifizieren* können, gewinnen wir zusätzliches Wissen. Wir erkennen dann beispielsweise nicht nur unsere Artgenossen, sondern können auch die einzelnen Individuen unterscheiden. Der nächste Schritt des Wissens besteht aus selbstgeschaffenem Wissen, das sind *Vorstellungen* möglicher Szenarien. Und wir wissen dabei auch, dass es sich um Vorstellungen und nicht reale Sachverhalte handelt. Zum Schluss kann das Wissen noch dadurch erweitert werden, dass wir seine Manipulation durch den Gebrauch von *Symbolen* vereinfachen, indem wir Schlussfolgerungen ziehen (Deduktion) und unser Wissen um abstrakte Vorstellungen erweitern.

Wie wichtig es ist, diese verschiedenen Wissensstufen zu unterscheiden wird deutlich, wenn wir die Signalverarbeitung beim Menschen betrachten.

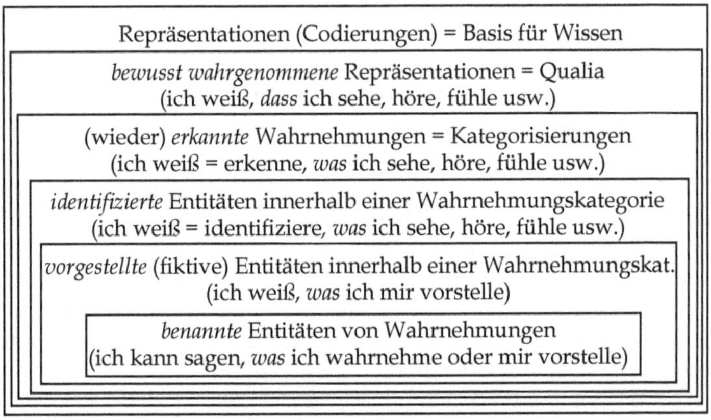

Bild 9: Wahrnehmung und explizites Wissen

Berühren wir beispielsweise einen heißen Gegenstand, ziehen wir sofort die Hand zurück, noch ehe wir den Schmerz spüren. Einfache motorische Reflexe werden direkt vom Rückenmark aus angestoßen und gesteuert. Auf der nächst höheren Stufe gelangen Informationen von unseren Sinnesorganen (insbesondere von den Augen und Ohren) zunächst in die seitlichen Kniehöcker des Thalamus. Von hier werden sie aber nicht nur an den sensorischen Cortex zur weiteren Analyse (in der Seh- und Hörrinde) weitergeleitet, sondern auch direkt zur Amygdala. Diese *thalamische Bahn* ermöglicht die direkte Verknüpfung bestimmter Reize mit Emotionen. Deshalb können wir bei Bedarf sofort auf gefährliche Situationen emotional reagieren, noch ehe eine detaillierte Analyse im Cortex erfolgen kann. Ein bestimmtes Geräusch oder eine bestimmte Farbe (rot) kann uns dann sofort in Alarmbereitschaft versetzen und eine unmittelbare Reaktion auslösen, noch ehe eine Analyse der Wahrnehmung erfolgt und diese ins Bewusstsein gelangt. Der Umweg über die detaillierte Wahrnehmungsanalyse im Cortex benötigt mehr Zeit, ermöglicht dafür aber (über seine Rückprojektion zur Amygdala) eine differenziertere und angemessenere Reaktion. Nur diese Wahrnehmungen, sofern sie ins Bewusstsein vordringen (im Gegensatz zu sog. sublimen Wahrnehmungen) werden zu Qualia. Wenn niedere Tiere, bei denen es noch nicht zu einer Wahrnehmungsanalyse wie in unserem sensorischen Cortex kommt, also auf Wahrnehmungen ihrer Sinnesorgane reagieren, folgt hieraus noch lange nicht, dass sie deshalb auch Qualia-Erlebnisse haben.

An dieser Stelle wollen wir noch zu einer weiteren philosophischen Diskussion Stellung nehmen. Es geht um die Frage, ob man von Wissen nur sprechen kann, wenn ein wissendes Subjekt sich seines Wissens bewusst ist, oder ob diese Voraussetzung nicht erforderlich ist.

Aus Sicht des ***Internalismus*** müssen einem wissenden Subjekt die Gründe bekannt sein, auf die sich sein Wissen stützt. Die These lautet also: Wer seine Meinung nicht plausibel begründen kann, hat auch kein Wissen. Für den ***Externalismus*** ist diese Prämisse dagegen keine notwendige Bedingung für Wissen. Tiere, kleine Kinder oder bestimmte Automaten können nämlich durchaus über ein bestimmtes Wissen verfügen, ohne dass sie ihr Wissen begründen können. Ihr Wissen offenbart sich dann einfach in einem problemadäquaten Verhalten. Beim Externalismus muss man unterscheiden, ob es solche Gründe für ein Wissen gar nicht gibt (wir glauben einfach etwas, was zufällig wahr ist), oder ob es zwar Gründe gibt, die einen Glauben rechtfertigen, die aber dem wissenden Subjekt nicht bewusst sind oder gar nicht bewusst werden können (z. B. weil sie verdrängt oder vergessen worden sind).

Auf Basis der oben vorgestellten und entwickelten Begriffe, wollen wir jetzt zu den Positionen des Internalismus und des Externalismus Stellung nehmen. Die Behauptung des Internalismus lautet: nur explizites Wissen ist Wissen. D.h., dem wissenden Subjekt muss bekannt sein, dass es über Wissen verfügt. Dies schließt ein, dass es weiß, dass sein Wissen gesichert ist und es sich nicht nur um einen unsicheren Glauben handelt. Ein solches System muss deshalb über ein Metawissen verfügen, anhand dessen es die Herkunft seines Wissens nachvollziehen kann. Demgegenüber ist aus Sicht des Externalismus auch implizites Wissen ein Wissen. Die Frage ist aber, wer stellt in diesem Falle fest, dass ein solches System tatsächlich über ein Wissen verfügt? Die Antwort lautet: ein externer Beobachter, der die Herkunft und Sicherheit des Wissens des Systems beurteilen kann. Zusammenfassend kann man also sagen, *aus Sicht des Internalismus muss das wissende Subjekt selbst die Herkunft und Zuverlässigkeit seines Wissens kennen, aus Sicht des Externalismus reicht es aus, wenn ein außenstehender Beobachter dieses Metawissen besitzt.* Denn ohne dieses Metawissen, kann gar nicht entschieden werden, ob ein Wissen vorliegt, oder doch nur eine Meinung bzw. ein bloßer Glaube oder einfach nur ein Können, also ein durch Training erworbenes oder genetisch ererbtes Vermögen und damit ein zielführendes, überlebenssicherndes Verhalten.

Die Datenträger in einer Bibliothek repräsentieren aus dieser Sicht ein implizites Wissen, aber sie wissen natürlich nichts davon. Das wissen nur die Nutzer und Verwalter der Bibliothek. Aus Sicht des Externalismus ist eine Bibliothek oder eine Datenbank also ein Hort des Wissens. Aus Sicht des Internalismus gilt dies nur für die Nutzer der Bibliothek. Wie wir noch sehen werden, gilt ähnliches für das Gehirn. Auch hier ist eine Fülle impliziten Wissens verankert. Die Frage ist aber, wer der Nutzer dieses Wissens ist, wer also mit anderen Worten darauf zugreift. Die nahe liegende Antwort lautet: Ich bin es, der das in meinem Gehirn verankerte Wissen nutzt. Ganz so einfach liegen die Verhältnisse aber nicht, wie wir noch sehen werden. Auf diese Thematik kommen wir in einem späteren Kapitel zurück.

Die nächste Frage ist die, ob Wahrheit und Erkenntnis aus der richtigen Interpretation von Informationen resultiert, oder daraus, dass Informationen einen Sachverhalt richtig primär repräsentieren? Ersteres liefert unseres Erachtens eine Aussage darüber, ob eine Information richtig identifiziert und interpretiert, d.h. der richtigen Hypothese zugeordnet wurde, letztere darüber, was diese Information repräsentiert. Die Antwort ergibt sich, wenn wir die Natur als eine Repräsentation der Naturgesetze interpretieren. Mit Sicherheit ist diese Repräsentation richtig. Leonardo da Vinci sagte einmal (zitiert bei LeDoux 2001, S. 112): „Mach dir nicht vor, du wolltest Irrtümer der Natur verbessern. In der Natur ist kein Irrtum, sondern der Irrtum ist in dir." Die Frage ist also die, ob Subjekte mit ihren Hypothesen über mögliche Naturgesetze, die sie aus der Beobachtung der Natur erschließen, richtig liegen. Richtige oder falsche Repräsentationen gibt es nicht, denn eine Situation kann auf unterschiedliche Art repräsentiert werden. Entscheidend ist nur, dass die Repräsentation eindeutig und widerspruchsfrei ist.

Abschließend soll noch darauf hingewiesen werden, dass wir hier allein voneinander unabhängige Wahrnehmungsentitäten betrachtet haben und nicht auf die Frage ihrer Verknüpfung eingegangen sind, das heißt darauf, ob und wie wir aus ihnen deklaratives Regelwissen ableiten. Dieser Punkt wurde bereits in Kapitel 1.3 beim Thema „Objekterkennung" vorgestellt. Objekte werden dadurch erkannt, dass einzelne (Objekt-) Merkmale miteinander logisch (i.d.R. mit UND-Beziehungen) verknüpft werden, ggf. unter Einbeziehung von Vorstellungen von solchen Merkmalen. Man muss daher unterscheiden, ob wir Wissen von einzelnen Qualia (z. B. Farben, Formen, Geräuschen, Gerüchen) besitzen, oder von Objekten, die solche Merkmale haben.

Diese Ausführungen zeigen, dass eine Auseinandersetzung mit philosophischen Grundsatzfragen klare Begriffe voraussetzt, an denen es aber meist mangelt. Solche Begriffe sind reine Definitions- bzw. Vereinbarungssache und damit willkürlich, deshalb sind sie aber trotzdem unentbehrlich. Deutlich wird die Notwendigkeit, solche fundamentalen Dinge zu klären, wenn etwa die Frage diskutiert wird, ob autonome Roboter etwas wahrnehmen, wissen und denken können.

2.2 Denken, Lernen, Verstehen, Erkennen und deren Repräsentation

Wir wollen jetzt den Begriff des Wissens in seinen Wechselbeziehungen mit den Begriffen Verstehen und Erkennen betrachten.

Die Epistemologie, die aus dem griechischen Wortstamm für Wissen (episteme) ihren Namen ableitet, ist die Lehre von der Erkenntnis. Wie bereits unter 2.1 ausgeführt, muss man beim Erkennen unterscheiden zwischen einem Wiedererkennen von Bekanntem und der Ableitung neuer Erkenntnisse (Bild 9, S. 88).

- Beim ***Wiedererkennen von Bekanntem*** muss ein Muster, das ein Objekt, ein Objektmerkmal oder einen Sachverhalt repräsentiert, mit ähnlichen Mustern verglichen werden. Man spricht deshalb auch von einem ***Hypothesenabgleich***. Wird ein bestimmter Grad von Ähnlichkeit festgestellt, kann ein aktuelles Muster einem bereits vorhandenen und damit bekannten Muster, das heißt einem Attraktor bzw. einer bestimmten Kategorie zugeordnet werden. Dies ist die Fähigkeit der ***Klassifikation***. In Bild 6 (S. 45) sind zwar sechs unterschiedliche Ausgangsmuster möglich, trotzdem können nur drei verschiedene Muster erkannt werden, weil alle möglichen Eingangsmuster in einem der drei möglichen Attraktoren (Schleifen 1, 2 oder 3) münden. Wir bewegen uns hier am Rande des Chaos (Kapitel 1.3), wo Netze bei neuen Eingaben von außen (Anfangsbelegungen) nach einigen Zyklen in spezifischen Zuständen oder Zustandsfolgen münden, die man als Ergebnisse eines ***Erkennungsvorgangs*** interpretieren kann.

  Wiedererkennen schließt aber auch, wie bereits oben angemerkt, die Fähigkeit der ***Identifikation*** einzelner Muster innerhalb einer bestimmten Kategorie ein. Diese zeigt sich bei Wirbeltieren in einer fokussierten Aufmerksamkeit, dem genauen Studieren eines Objekts oder Geschehens und einer damit einhergehenden Steigerung der Detailwahrnehmungen (Roth 2003, S. 51).

- Bei der ***Ableitung neuer Erkenntnisse*** geht es um zwei Arten von Wissen
  1. ***primäres Wissen*** erlangen wir, wenn wir ***Gesetzmäßigkeiten*** und übergeordneten Zusammenhängen zwischen verschiedenen Repräsentationen oder innerhalb einer Repräsentation erkennen. Dies erfordert die (philogenetisch erworbene) Fähigkeit zur Klassifizierung und Bildung von Kategorien. Dabei handelt es sich nicht nur um statische Muster, sondern auch um Abläufe. Und in letzter Konsequenz gehört dazu auch die Erkenntnis, dass sich in bestimmten Ereignissen bekannte Gesetzmäßigkeiten manifestieren. Auf dieser Basis wird dann, z. B. von Karl Popper behauptet (Popper in Riedl/Wuketits 1987, S. 30ff), dass Erkenntnis immer nur möglich ist vor dem Hintergrund gewisser Theorien, d.h. wir gehen stets von gewissen Hypothesen aus. Aus diesen leiten wir dann deduktiv Erwartungen ab, an denen wir unsere Erfahrungen spiegeln. Werden unsere Erwartungen durch Erfahrungen enttäuscht, schließen wir deduktiv, dass unsere Hypothesen falsch waren. Die Frage ist dann lediglich die, inwieweit unsere Erwartungen genetisch oder ontogenetisch erworben worden sind. So gelangen wir sukzessive zu einem ***Verständnis*** der Welt. Primäres Wissen setzen wir dann gleich mit Verständnis.
  2. ***sekundäres Wissen*** wird dagegen aus bekanntem, deklarativen Wissen durch Induktion oder Deduktion abgeleitet. Dazu bedarf es eines Verständnisses der Welt, also eines primären Wissens sowie eines Metawissens darüber, wie aus vorliegendem Wissen zusätzliches Wissen gewonnen werden kann, also eines ***Methodenwissens*** bzw. einer Problemlösungskompetenz.

Beim Wiedererkennen von Bekanntem und abgeleiteten neuen Erkenntnissen muss man in der Lage sein, seine Erkenntnisse zu erklären bzw. zu begründen. „Erklären bedeutet im Rahmen der Naturwissenschaften ein Zurückführen, eine Reduktion des Unbekannten auf Bekanntes, von Unverstandenem auf Verstandenes, von komplexen Strukturen auf einfache und damit fundamentale Strukturen“ (Görnitz 2005, S. 256). Wir sprechen m.a.W. einem System erst dann ***Erkenntnisse*** bzw. ***Einsichten*** zu, wenn es in der Lage ist, die Prämissen anzugeben, aus denen sich seine Erkenntnisse ableiten, sowie die logischen oder kausalen Beziehungen, mittels derer es seine Schlussfolgerungen, d.h. seine neuen Erkenntnisse daraus abgeleitet hat. Das heißt mit anderen Worten, dass Einsicht daraus resultiert, dass wir unser ***Wissen begründen bzw. beweisen,*** also auf bereits gesichertes Wissen zurückführen können. Einsicht liefert also keine neuen Erkenntnisinhalte, sondern zeigt, dass ein Wissensinhalt zwingend aus anderen Wissensinhalten folgt. Der Drang nach Erkenntnis ist also der Drang, die Konsistenz verschiedener Wissensinhalte sicherzustellen und übergeordnete Zusammenhänge zu erkennen und zu verstehen. Bieri meint: „Eine philosophische Theorie der Erkenntnis ... ist eine Antwort auf die Frage: „Was sollen wir glauben?" (Bieri 1987, S. 41). Unsere Antwort lautet, dass wir das glauben sollten, was mit der größten Wahrscheinlichkeit zutrifft. Wir wissen dann aber allenfalls, wie gesichert unser Glaube ist, das bringt uns aber nur einen geringen Erkenntnisgewinn. Erkenntnisse im eigentlichen Sinne haben wir erst, wenn wir sicher sein können, dass unser Glaube soweit abgesichert ist, dass wir über Wissen verfügen und nicht mehr auf ein bloßes Glauben angewiesen sind. Einstein sagte einmal (zitiert in Zeitschrift Life 9.1.1950): „Das große Ziel aller Wissenschaft ist es, die größte Anzahl empirischer Tatsachen durch logische Herleitung aus der kleinsten Anzahl von Hypothesen oder Axiomen zu erfassen." Dabei muss wiederum unterschieden werden, ob es sich lediglich um ***abstrakte Erkenntnisse*** handelt, die sich auf logische Abhängigkeiten zwischen irgendwelchen Mustern oder Symbolen ***innerhalb einer Repräsentation eigener Vorstellungen*** beziehen, also etwa um mathematische oder ganz allgemein um rein ***formale Erkenntnisse,*** oder um ***inhaltliche Erkenntnisse über eine systemexterne Wirklichkeit,*** die sich auf die ***Repräsentation einer realen Welt*** beziehen. In diesem Fall müssen neben logischen zusätzlich auch kausale Abhängigkeiten in der Repräsentation gesucht und analysiert werden. Dazu müssen ***Korrelationen zwischen internen Mustern oder Musterfolgen*** (selbst erzeugten Hypothesen) ***und äußeren Einflüssen*** (Abbildern der Wirklichkeit) erkannt werden. Beide, die vom System selbst „produzierten" Muster und die aus Umweltinformationen abgeleiteten Muster werden dabei gesondert repräsentiert. Letztere folgen ihren eigenen Gesetzen, die es zu erkennen gilt. Dies setzt die Fähigkeit voraus, Aspekte dieser realen Welt homolog zu simulieren und Erwartungen und Hypothesen über Objekte und Sachverhalte dieser realen Welt zu verifizieren oder zu falsifizieren (***Konklusionenkritik***) und so sukzessive Modelle über die reale Welt in einem Lernprozess zu entwickeln.

Das *fallbasierte Schließen* geht von der Annahme aus, dass es für ähnliche Probleme ähnliche Lösungen gibt. Man spricht dann auch von ***Analogieschlüssen***. Hier wird also die Anwendungsmöglichkeit des ***starken Kausalitätsgesetzes*** (Kapitel 1.2) unterstellt. Wenn wir dann ***Referenzfälle*** mit einer bewährten Lösungsstrategie kennen, können wir durch Vergleich eines aktuellen Falles mit bekannten Referenzfällen abschätzen, ob und wie ein Problem gelöst werden könnte. Im Idealfall bietet das *fallbasierte Schließen* die Möglichkeit,

- die Lösbarkeit eines Problems abzuschätzen (prinzipiell, praktisch oder im konkreten Fall anhand der Ähnlichkeit zu anderen Problemen und Problemlösungen)
- zu wissen, ob das eigene Wissen für die Problemlösung ausreicht
- ein Problem in lösbare Teilprobleme untergliedern zu können
- kritische Punkte zu lokalisieren und Sackgassen (nicht zielführende Lösungsansätze) zu erkennen und zu verlassen
- einen heuristischen Ansatz für bestimmte Arten von Aufgabenstellungen zu finden.

Beim ***rein logisch, deduktiven Schließen*** wird dagegen die Fähigkeit zum ***Formalisieren*** benötigt. Hier sind die Objekte selbst irrelevant, sie werden durch (bedeutungslose) Symbole beziehungsweise Zeichen ersetzt und es geht ausschließlich um das Operieren mit Zeichen und Symbolen. Formale Logik und Mathematik sind Beispiele für diese Art des Denkens.

An dieser Stelle sei angemerkt, dass im Gehirn zwar Faktenwissen, nicht aber prozedurales Regelwissen repräsentiert ist. Wenn Dretske also behauptet, dass „introspektives Wissen ... eine Metarepräsentation dar(stellt) - eine Repräsentation, die etwas ... als einen Gedanken über dies oder eine Erfahrung von jenem repräsentiert" (Dretske 1998a, S. 54), dann beachtet er nicht, dass Denken ein Informationsverarbeitungs*prozess* ist, der sich jeglicher Introspektion entzieht. Nicht das Denken, sondern ausschließlich das Resultat des Denkens, also das Gedachte, wird im Gehirn, wie auch im Computer repräsentiert und zwar als Repräsentation und nicht als Meta-Repräsentation. Insofern ist Dretskes Aussage „Der Gedanke, dass *k* rot ist, ist selbst nicht rot. Der Gedanke, dass *k* grün ist, ist nicht grün" (Dretske 1998a, S. 133), eine fragwürdige Behauptung. Es geht nicht um die Frage, ob ein Gedanke rot oder grün ist, sondern darum, dass Farbwahrnehmungen

Qualia-Erlebnisse sind und keine Gedanken. Denkvorgänge selbst können überhaupt nicht wahrgenommen und auch nicht intern repräsentiert werden. Christof Koch formuliert dies so: „Die Behauptung ist ... , dass man sich nur einer Repräsentation von Gedanken in sensorischen Begriffen bewusst ist. Die Gedanken selbst ... bleiben jenseits der engen Grenzen des Bewusstseins" (Koch 2005, S. 324).

Wird ein „Denkvorgang" im Computer durch eine virtuellen Maschine beschrieben, kann allenfalls der Programmcode, der diese virtuelle Maschine realisiert und repräsentiert, durch eine andere virtuelle Maschine analysiert werden. Damit wird aber ebenfalls nicht „das Denken" analysiert, sondern nur das Regelwerk, das den „Denkprozess" steuert.

Arno Ros kommentiert die Behauptung von Hirnforschern, dass die Welt im Gehirn entsteht, bzw. dass nicht das erkennende Subjekt, sondern dessen Gehirn die Gegenstände der Erkenntnis hervorbringe, mit der Aussage: „Wenn man solche Formulierungen für bare Münze nimmt, mündet sie in offenkundigen Absurditäten" (Ros 2005, S. 33). Dies versucht er anhand eines Paläontologen zu verdeutlichen, der sich darüber freut, dass er in einem Trockengebiet Kenias einen frühmenschlichen Backenzahn findet und dem man erzählt, dass dieser Zahn ein Konstrukt seines Gehirns sei. So absurd wie Ros glaubt, ist diese Aussage überhaupt nicht. Zunächst einmal bleibt festzustellen, dass unmittelbar nur ein „weißes Ding" auf dem Boden gesehen wird. Und dieses wird im Gehirn repräsentiert. Dass es sich dabei um einen Backenzahn handelt, wird dem Paläontologen erst bewusst, nachdem im Gehirn ein unbewusster Hypothesenabgleich stattgefunden hat, der in der Erkenntnis (wahrscheinlichste Hypothese) mündet, dass es sich um einen Backenzahn handelt. Was das Gesehene bedeutet, wird also durch das Gehirn eruiert und dann dem Bewusstsein als Erkenntnis präsentiert. Wie die Präsentation ausfällt, hängt vom Erfahrungshintergrund des Gehirns des Betrachters ab. Ein Laiengehirn würde wahrscheinlich nur die Hypothese generieren, dass es sich um einen weißen Stein oder allenfalls um irgendeinen Zahn handelt. Nicht der Paläontologe erkennt also den frühmenschlichen Backenzahn, sondern sein Gehirn verschafft ihm diese Erkenntnis. Und deshalb sehen verschiedene Betrachter auch etwas Unterschiedliches, selbst wenn ihnen dasselbe Objekt präsentiert wird. Noch deutlicher wird dies, wenn es um die Erkenntnis irgendeiner Gesetzmäßigkeit geht. Der Fachmann erkennt dann in den Ereignissen der Welt Gesetzmäßigkeiten, während sich der Laie nur wundert und überhaupt nichts versteht, weil sein

Gehirn auf keine passenden Hypothesen (unbewusst!) zugreifen kann. Wir haben dieses Phänomen bereits in Kapitel 1.1 diskutiert bei der Frage, ob ein Kleinkind, das noch nicht weiß, was Hunde sind, einen Pudel so sieht wie ein Erwachsener.

Aus dieser Sicht entpuppen sich auch manche Fragestellungen der Erkenntnistheorie als Scheinprobleme. Nehmen wir als Beispiel die Frage, ob die Gegenstände möglicher Erkenntnis auch unabhängig von einem erkennenden Subjekt existieren (erkenntnistheoretischer Realismus) oder nicht (erkenntnistheoretischer Idealismus). Unsere Antwort lautet: Wenn wir etwas erkennen, können wir davon ausgehen, dass sich diese Erkenntnis aus einer Repräsentation dieses „Etwas“ in unserem Gehirn ableitet. Und diese Repräsentation hat ihrerseits ebenfalls einen Ursprung bzw. eine Ursache. Es ist also davon auszugehen, dass es irgendein „Etwas“ gibt, sofern die Repräsentation nicht selbst vom Gehirn erzeugt wurde (Traum, Halluzination). Wahrnehmungsgrenzen und -täuschungen aller Art zeigen aber, dass in das, was wir wahrnehmen auch Spezifika unserer Sinnesorgane und der Verarbeitung von Sinnesreizen im Gehirn eingehen. Diese filtern und ergänzen (fill in Effekt) eingehende Informationen. Es sind also keine 1 zu 1 Abbilder der Realität, die sich unserer bewussten Wahrnehmung präsentieren. Die Gegenstände unserer Erkenntnis existieren also auch unabhängig vom erkennenden Subjekt, allerdings nicht in der Form, in der sie erkannt werden. Dabei ist zu berücksichtigen, dass bei der Erkenntnis aus Indizien (z. B. was wir konkret sehen) anhand von unbewusstem Wissen vom Gehirn Vorstellungen generiert und mit dem Wahrgenommenen verknüpft werden. Der Paläontologe nimmt beispielsweise nur etwas Weißes auf dem Boden wahr, aber er erkennt einen Backenzahn, weil sein Gehirn seine Wahrnehmung klassifiziert und mit der Klassenzugehörigkeit Vorstellungen verknüpft, die aus vergangenen Erfahrungen oder logischen Schlussfolgerungen abgeleitet werden und die nicht der ursprünglichen Wahrnehmung anhaften.

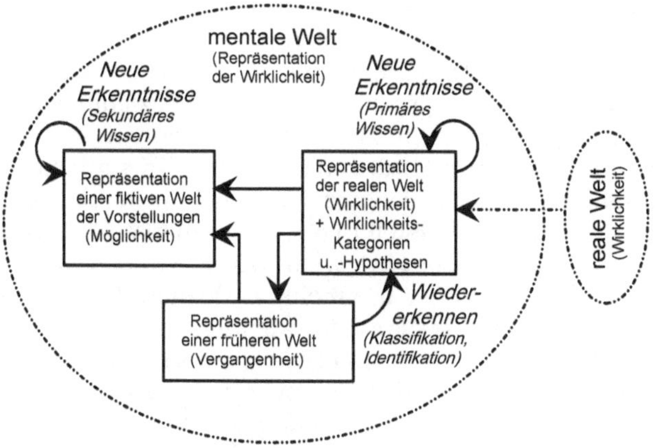

Bild 10: Ableitung von Erkenntnissen aus internen Repräsentationen einer realen Welt in einer mentalen Welt

Bild 10 verdeutlicht, dass wir in der ***mentalen Welt*** drei Arten von Repräsentationen unterscheiden müssen. Die ***Repräsentation der realen Welt*** leitet sich ab aus Informationen, die aus dieser realen Welt stammen. Bei Lebewesen werden diese Informationen von den Sinnesorganen geliefert. In einem späteren Kapitel werden wir zeigen, dass auch der Körper von Lebewesen oder Robotern als Bestandteil dieser realen Welt zu sehen ist, diesen Aspekt hier jedoch zunächst unberücksichtigt lassen. Innerhalb dieser Repräsentation kann unser Erkenntnisapparat ***Entitäten klassifizieren und identifizieren*** sowie ***Gesetzmäßigkeiten*** (Logik, Kausalität) ***erkennen*** und daraus ***primäres explizites Wissen*** generieren. Dazu muss jeweils auch auf Erfahrungen der Vergangenheit zurückgegriffen werden, in denen das bisherige Wissen repräsentiert ist. Auf dieser Ebene sprechen wir erstmals von ***Verständnis***.

Daneben existiert auch noch die ***Repräsentation einer fiktiven Welt***. Sie ist manipulierbar, eine Spielwiese für unsere Gedanken. In ihr können neue Erkenntnisse, ***sekundäres Wissen,*** durch Schlussfolgerungen aus primärem Wissen abgeleitet werden. In der fiktiven Welt spielt sich auch Kreativität ab, die aber ebenfalls primäres Wissen als Grundlage nutzt, denn sonst produziert sie nur „Hirngespinste". Der Übergang von der Repräsentation der realen zu der der fiktiven Welt ist zumindest in Teilen verbunden mit einer Umcodierung, d.h. in der fiktiven Welt hantieren wir zum Großteil mit Symbolen, also beispielsweise Zeichen, die mit visuellen Vorstellungen verknüpft sind oder mit Sprache, die auditive Vorstellungen codiert.

Auf Basis unserer bisherigen Ausführungen gehen wir jetzt auf die Frage ein, was unter Verständnis zu verstehen ist. Wie bereits gesagt, sprechen wir von ***Verständnis*** dann, wenn innerhalb einer Repräsentation Gesetzmäßigkeiten (logische oder kausale Beziehungen) erkannt werden und so primäres explizites Wissen gewonnen wird. Verständnis ist also eine spezifische Form von Erkenntnis. Dies gilt nicht nur für die Repräsentation einer realen, sondern auch für die Repräsentation einer fiktiven Welt der Vorstellungen. Auch fiktive Gedankengebäude werden erst dann verstanden, wenn wir ihre innere Konsistenz erkannt haben. Verständnis ist also mehr als Wiedererkennen, mehr als die Fähigkeit zur Klassifikation oder Identifikation von Entitäten. Es ist die Fähigkeit zur Ableitung neuer Erkenntnisse, indem Gesetzmäßigkeiten in den Beziehungen zwischen Entitäten erkannt werden, die sich in deren Repräsentationen auffinden lassen.

Dabei unterscheiden wir zusätzlich, ob es sich um Gesetzmäßigkeiten *innerhalb eines Musters* (***Syntax***) handelt (z. B.: ist unser Weltbild in sich konsistent?), oder um Gesetzmäßigkeiten, die wir beim Vergleich zweier *verschiedener Muster* erkennen, die nebeneinander stehen oder zeitlich aufeinanderfolgen (z. B.: ist unser Weltbild mit neu eingehenden Informationen konsistent? = Hypothesenabgleich). Erkennen wir logische oder kausale Beziehungen zwischen zwei verschiedenen Mustern, können wir ggf. auch erkennen, dass eines der Muster das andere beeinflusst, d.h. Beziehungen zwischen beiden Mustern bestehen (***Semantik***). Ein Muster hat dann Auswirkungen und somit eine Bedeutung für das andere Muster. Bei Lebewesen erkennt das Gehirn dann die *Bedeutung bzw. die Konsequenzen einer Wahrnehmung* nicht für sich selbst, sondern für das Lebewesen, genauer gesagt für den Körper des Lebewesens, der im Gehirn repräsentiert ist. „Aus der Sicht des Gehirns erhalten unbelebte und belebte Objekte der äußeren Welt ihre Bedeutung durch die Handlungs- und Interaktionsmöglichkeiten, die sich durch sie eröffnen" (Bauer 2005, S. 165). *Gehirne und Computer haben nicht ein Wissen an sich oder über sich selbst, sondern ein Wissen über bestimmte Sachverhalte, die in ihnen repräsentiert sind.* Und sie können auch nur die Bedeutung von Informationen für diese Sachverhalte erkennen. Einem Gehirn oder einem Computer selbst bedeuten eingehende Signale nichts.

Bedienen sich Systeme bei der Kommunikation irgendwelcher Symbole, die nicht in der realen Welt, sondern nur in ihrer Vorstellungswelt vorkommen, was z. B. für die menschliche Sprache zutrifft, dann können andere Systeme, denen der Bezug der Symbolsprache zur realen Welt nicht bekannt ist, den Bezug einer Kommunikation zu einer realen Welt nicht verstehen, es sei denn, sie können diesen Bezug aus irgendwelchen Indizien erschließen. Sie müssen dann fähig sein, gesetzmäßige Beziehungen zwischen der Repräsentation der realen Welt und derjenigen der virtuellen Welt zu erkennen. „Es gibt also strenggenommen keine Kommunikation im Sinne von *Bedeutungs*übertragung. Was zwischen Organismen übertragen wird, sind Signale, keine Bedeutungen, denn diese müssen erst im kognitiven System des Empfängers im Rahmen des jeweils vorliegenden semantischen Kontextes erzeugt werden" (Roth 1977, S. 109).

Beziehungen und Gesetzmäßigkeiten zwischen Entitäten sind in deren Repräsentationen nur implizit enthalten und werden erst ***durch Verständnis zu explizitem Wissen.*** Verständnis setzt die Fähigkeit zu ***innerlicher Simulation*** (innerliches Nachvollziehen einer Schlussfolgerung oder einer kausalen Beziehung) voraus. Diese innere Simulation ist bei informationsverarbeitenden Systemen stets eine ***homologe Simulation.*** Verständnis ist dann die Basis für die Fähigkeit, die Konsequenzen aus einer repräsentierten Wahrnehmung oder Vorstellung, und damit deren Bedeutung zu erkennen. Roth schreibt: „Das Gehirn (ist), statt weltoffen zu sein, ein kognitiv in sich abgeschlossenes System, das nach eigenentwickelten Kriterien neuronale Signale deutet und bewertet, von deren wahrer Herkunft und Bedeutung es nichts absolut Verlässliches weiß" (Roth S. 69 in Elepfandt/Wolters 1993). Ähnlich sieht das Martin Carrier: „Wenn man einem formalen System Bezugsobjekte zuordnet, dann ist dieses System kraft dieser Zuordnung imstande, Beziehungen zwischen diesen Objekten zu repräsentieren" (Carrier, S. 110 in Elepfandt/Wolters 1993).

Data-Mining ist im Bereich der Informatik ein möglicher Ansatz, um Wissen, das heißt verborgene Zusammenhänge in großen Datenbeständen aufzuspüren, etwa um ein bestimmtes Kundenverhalten einer bestimmten Kategorie von Kunden zuordnen zu können (Kunden die Kinderwägen kaufen, haben kleine Kinder und kaufen deshalb auch Babywäsche u.ä.).

Die Erkennung von Mustern innerhalb einer Repräsentation oder zwischen unterschiedlichen Repräsentationen sowie der in ihnen enthaltenen (örtlichen oder zeitlichen) Gesetzmäßigkeiten, setzt voraus, dass zunächst einmal ***die „Inseln der Ordnung im Chaos" identifiziert werden.*** Wir finden sie an der Grenze zwischen Chaos und Erstarrung. Ist eine Ordnung erkannt worden, wird im zweiten Schritt dann nach den Gesetzmäßigkeiten gesucht, die diese Ordnung beschreiben.

Mainzer schreibt: „Erkenntnis als Mustererkennung (Pattern Recognition) ist aber nur möglich, wenn aus der Vielzahl von Daten die jeweils für „relevant“ gehaltenen ausgewählt und andere unterdrückt werden. Intelligenz zeigt sich ... im Mut auf Datenverzicht“ (Mainzer in: Strombach/Tauber 1985, S. 52).

In diesem Sinne wollen wir von ***Erkennen*** bereits dann sprechen, wenn ein System innerhalb eines Zufallsprozesses (weißes Rauschen) nicht zufällige (= statistisch signifikant nicht zufällige) Entitäten (Inseln der Ordnung) erkennen kann. Wir sprechen dann von der ***Erkennung von Signifikanzen.*** Im Gegensatz dazu bedeutet ***Wiedererkennen,*** dass nicht-zufällige Entitäten bzw. Beziehungen zwischen Entitäten in Beziehung gesetzt werden können zu anderen aktuellen oder vorausgegangenen Entitäten oder Beziehungen zwischen solchen Entitäten. Wir sprechen dann von der ***Erkennung von Redundanzen,*** weil sich hier Entitäten bzw. Beziehungen zwischen solchen ableiten lassen aus zuvor erkannten Entitäten bzw. Beziehungen zwischen ihnen. Erscheinungen lassen sich dann algorithmisch komprimieren.

In diesem Fall kann man verschiedene Stufen der Erkenntnisfähigkeit unterscheiden:

1. ***invariante Muster***. Der ***Zustand einer Zelle*** oder Zellgruppe innerhalb eines Musters bleibt dabei ***zeitlich invariant*** erhalten. Es werden dann gleichbleibende Teile innerhalb von Mustern erkannt. Sie sind die Bezugspunkte für Erkenntnisse.
2. ***einfache logische und kausale Beziehungen und Abhängigkeiten zwischen räumlich oder zeitlich benachbarten Objekten und Ereignissen*** lassen sich durch wenn-dann Beziehungen ausdrücken. Dabei bleibt die ***Abhängigkeit und die Art der Abhängigkeit einer oder mehrerer Zellen von einer bestimmten anderen Zelle*** stets erhalten. Ändert die auslösende Zelle ihren Zustand, passen sich die abhängigen Zellen an. Zwischen Prämisse und Konklusion bzw. Ursache und Wirkung gibt es eine 1 zu n Beziehung.
3. ***komplexe logische und kausale Beziehungen und Abhängigkeiten zwischen räumlich oder zeitlich benachbarten Objekten und Ereignissen.*** Hier führt erst eine bestimmte Prämissenkombination zu einer Konklusion, d.h. erst das Zusammenspiel mehrerer Ursachen hat eine oder mehrere Auswirkungen. Zwischen Prämissen und Konklusionen bzw. Ursachen und Wirkungen gibt es eine m zu n Beziehung, wie etwa in Bild 6 (S. 45).

4. *funktionelle Abhängigkeit zwischen räumlich oder zeitlich benachbarten Objekten und Ereignissen.* Hier können die Zellen eines Musters verschiedene Werte oder Zustände annehmen, und es muss die Abhängigkeit zwischen unabhängigen und abhängigen Variablen erkannt werden. Beispiele hierfür sind physikalische Gesetze oder das Neuron von Bild 2, wo eine nichtlineare Funktion den Zusammenhang zwischen den Inputs und dem Output beschreibt.
5. *Wechselwirkungen mit gegenseitiger Beeinflussung.* Hier wirkt der Output auf den Input zurück, und Ursache und Wirkung lassen sich nicht mehr trennen. Dieser Fall kennzeichnet das Verhalten komplexer Systeme. Dabei kann es sich auch nur um ein vorübergehendes Verhalten handeln, bis ein solches System in einem stabilen Zielzustand (*Attraktor*) konvergiert, periodisch schwingt, oder aber auf Dauer ein chaotisches, scheinbar regelloses Verhalten zeigt. Solche System können auch Unstetigkeiten aufweisen. Die Entwicklung solcher Systeme ist mit menschlicher Erkenntnisfähigkeit analytisch nicht mehr hinreichend genau abzuschätzen. Man versucht dann, die Systeme zu strukturieren, das heißt in (weitgehend) autonome Teilsysteme zu unterteilen, und in diesen nach Abhängigkeiten der Klassen 1, 2, 3 oder 4 zu suchen.
6. *algorithmisch definierte Abhängigkeiten.* Die Abhängigkeit zwischen verschiedenen Teilen eines Musters lassen sich nicht in einfachen Gesetzen formulieren, sondern leiten sich durch einen Algorithmus ab. Der Algorithmen, der zur Ausbildung solcher Muster führt, lässt sich nicht mehr unmittelbar aus den Mustern erkennen, sondern allenfalls schrittweise analysieren anhand der Ergebnisse einer Vielzahl von Experimenten. Solche Algorithmen sind ihre eigene kürzeste Beschreibung. Sie lassen sich also nicht auf komprimierte Gesetze zurückführen. Ein Musterbeispiel hierfür ist ein Computerprogramm, das Teile eines Musters mehrfach umwandelt oder die Entwicklung eines Lebewesens nach den „Anweisungen“ des genetischen Codes.
7. *Abhängigkeiten von unbekannten Ursachen (verborgenen Variablen).* Hier bewegt man sich im Bereich von Hypothesen und *Spekulationen* über mögliche unbekannte Einflüsse. Auf derartige Annahmen wird häufig ausgewichen, wenn wir die in den Fällen 3, 4, 5 und 6 beschriebenen Abhängigkeiten

nicht erkennen und durchschauen. Zu dieser Kategorie gehört auch unser Verhalten, das durch unbewusste Einflüsse mit bestimmt wird. Außerdem gehören zu dieser Klasse alle offenen Systeme, bei denen die äußeren Einflüsse nicht selbst erkennbar sind, sondern aus deren Wirkung auf ein System erschlossen werden müssen. Im Grenzfall muss so vielleicht sogar die gesamte reale Welt erschlossen werden.

8. Man kann also insgesamt 7 ***Erkenntnisebenen zunehmender Komplexität*** unterscheiden.

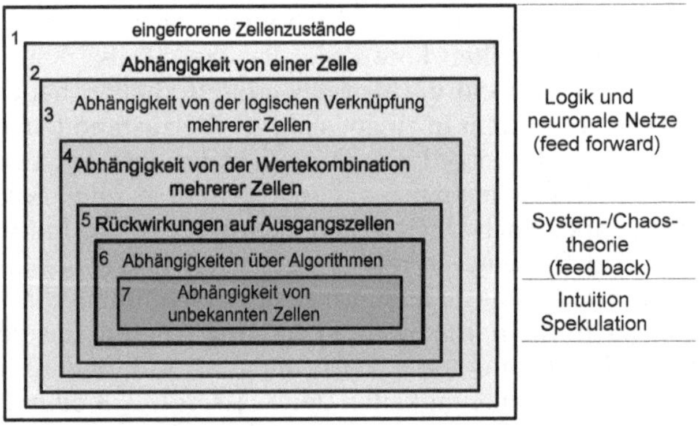

Bild 11: Ebenen möglicher Erkenntnis

Jetzt wird deutlich, dass es eine ***Erkenntnis*** an sich nicht gibt, sondern dass es vom Erkenntnisapparat abhängt, zu welcher *Art* von Erkenntnis er fähig ist. Um beispielsweise im Sinne von Kapitel 1.4 in der Lage zu sein, in der Summe visueller Wahrnehmungen konkrete Objekte zu erkennen anhand von Beziehungen zwischen verschiedenen Teilen des Musters, das die reale Welt abbildet, reichen offensichtlich die Erkenntnisebenen 1 bis 3 aus. Man muss allerdings zusätzlich fragen, ob ein System nur Korrelationen innerhalb einer Wahrnehmungskategorie erkennen kann, oder auch zwischen unterschiedlichen Wahrnehmungskategorien. Dies bietet die Möglichkeit, einem visuell als Objekt identifizierten Ding zusätzlich beispielsweise Gerüche oder Laute zuzuordnen. Die natürliche Auslese hat Lebewesen oft nur für bestimmte Kausalzusammenhänge sensibilisiert, sie können dann nur bestimmte Arten von Reizen miteinander verknüpfen. Beispielsweise können Ratten Licht oder Töne mit elektrischen Schlägen in Zusammenhang bringen und Übelkeit, d.h. krankmachendes Futter, mit Gerüchen assoziieren, aber nicht mit blinkendem Licht und auch nicht mit akustischen

Reizen. Tauben dagegen können Töne, nicht aber Farben, mit Futter in Verbindung bringen. Die Fähigkeit zur ***Assoziation*** ist hier also auf bestimmte Arten von Reizen beschränkt.

Kann ein System erst einmal Erkenntnisse über ein reales System aus dessen Repräsentation gewinnen, kann es oft auch aus unvollständigen Ausgangsinformationen fehlende Informationen ergänzen, also sekundäres Wissen ableiten. Neuronale Netze sind für solche Erkennungs- und Klassifizierungsaufgaben prädestiniert.

Jetzt wollen wir noch auf ein Missverständnis eingehen, wie es uns vor allem bei John Searle begegnet. Immer wieder betont er: „Denken ist mehr als bloß ein Manipulieren bedeutungsloser Symbole." Klaus Mainzer kommentiert dies so: „Richtig ist, dass ein Gehirn keine Symbole wie ein Maschinenprogramm manipuliert. Aber das tut ein Computer als physikalisches System auch nicht. In beiden Systemen werden, wie John von Neumann bereits richtig erkannte, elektronische Impulse als Signale verarbeitet. Diese *Signalverarbeitung* geschieht nach physikalischen und (im Nervensystem) nach biophysikalischen und biochemischen Gesetzen. Atome und Moleküle, Proteine und Zellen *‚rechnen'* zwar nicht. Darin hat Searle recht. Aber die Naturgesetze bzw. mathematischen Gleichungen, nach denen diese Systeme funktionieren, sind mehr oder weniger berechenbar. Sie können daher in Programme herkömmlicher Computer oder Algorithmen neuronaler Netze übersetzt werden, um die Dynamik des Systems zu berechnen" (Mainzer 1997, S. 207). Diese Aussage entkräftet analog auch die Behauptung von John J. Ratey: „(Computermodelle) sind zum Scheitern verurteilt, weil sie davon ausgehen, Erkenntnis sei das Resultat vorgegebener, vorprogrammierter Regeln, die frei von Bedeutung und Kontext sind" (Ratey 2003, S. 170). In Kapitel 1.1 hatten wir definiert, dass ***Symbole*** ihre ***Bedeutung*** entweder durch ***Vereinbarung*** zwischen einem Sender und einem Empfänger erhalten oder durch ***Induktion,*** wobei der Empfänger aus seinen Erfahrungen mit Symbolen deren Bedeutung ableitet. Die Bedeutung einer Information ist deshalb nicht Teil der Information selbst, sondern sie wird vom Empfänger erkannt anhand ihrer Auswirkungen. Bild 11 hat uns nun gezeigt, dass es dazu bestimmter Fähigkeiten bedarf, d.h. dass ein System hierfür in der Lage sein muss zu erkennen, dass bestimmte Symbole (diese können, müssen aber nicht Aspekte der realen Welt repräsentieren) in einer logischen oder kausalen Beziehung stehen zu anderen Symbolen. So gesehen ***repräsentieren dann bestimmte Symbole die logischen oder kausalen Konsequen-***

zen anderer Symbole und damit deren Bedeutung. Und diese lässt sich rein syntaktisch ermitteln.

Um diese Aussage zu veranschaulichen betrachten wir die sog. ***Memory Agenten Technologie***. Dabei werden nutzbare Wissensressourcen aufgebaut, in denen einzelne Sachverhalte nach bestimmten Kriterien klassifiziert werden. Das System wertet diese aus und lernt aus konkreten Beispielen. Im einfachsten Fall wird bei *fallbasierten Problemlösungen* nach einem möglichst ähnlichen historischen Fall gesucht und daraus eine Schlussfolgerung für einen neuen konkreten Fall abgeleitet (Bewährtes übernehmen). Bei *regelbasierten Problemlösungen* werden dagegen die Beziehungen zwischen den Merkmalen einzelner konkreter Fälle auf bestimmte Gemeinsamkeiten hin analysiert. Daraus werden „wenn ... dann Beziehungen" abgeleitet, die der Wissensbasis zugeführt werden. Es werden also nicht historische Einzelfälle in der Wissensbasis niedergelegt, sondern die Gesetzmäßigkeiten, die man aus der Analyse solcher Fälle ableiten kann. Es wird dabei aus Faktenwissen (konkrete Fälle = deklaratives Wissen) rein syntaktisch (!) ein Regelwissen abgeleitet. Und diesen Vorgang können wir sehr wohl als einen Denkprozess ansehen! Bei einer konkreten Aufgabenstellung wird dann (im Sinne eines Expertensystems durch Musterabgleich) nach Regeln gesucht, die für bekannte wenn-Bedingungen die zugehörigen dann-Konklusionen liefern. Auf diese Art kann der zu speichernde Wissensumfang wesentlich reduziert werden. Beispiele für ein so abgeleitetes Wissen könnten dann etwa lauten: wenn ein Kunde Einkäufe bis zu einem Betrag x tätigt, bezahlt er in der Regel bar (Einkäufe ≤ x *bedeuten* Barzahlung), oder Kunden die Sektgläser kaufen, trinken in der Regel auch Sekt (Kauf von Sektgläsern *bedeutet* Kauf von Sekt). Auf diese Weise können solche Systeme rein syntaktisch Fakten klassifizieren, ***Gesetzmäßigkeiten*** (Logik, Kausalität) ***erkennen*** und daraus ***primäres explizites Wissen*** generieren (s.o.). Auf dieser Basis können sie wiederum Prognosen erstellen bzw. Erwartungen erzeugen, also ***sekundäres Wissen*** durch Schlussfolgerungen aus primärem Wissen ableiten. So können bestimmten Fakten Bedeutungen zugeordnet und neue Erkenntnisse gewonnen werden. Dies alles spielt sich in einer rein fiktiven Welt von Symbolen bzw. Repräsentationen ab.

In Kapitel 2.1 wurde bereits dargelegt, dass unser Erkenntnisapparat seine Wahrnehmungen ordnet, indem er gewisse ***a priori*** als gültig voraussetzt, im Gegensatz zu ***a posteriori*** Urteilen, die aus konkreten Erfahrungen abgeleitet werden.

Rupert Riedl hat im Rahmen der ***Evolutionären Erkenntnistheorie*** eine Reihe ***phylogenetischer Voraussetzungen menschlicher Erkenntnis*** formuliert, „Verrechnungsweisen von Nervenstrukturen" die unbewusst ablaufen und die unsere Sicht der Welt prägen (Riedl 1985, S. 63).

- ***Hypothese vom anscheinend Wahren*** (Wahrscheinlichkeitserwartungen).
  Wir unterstellen, dass die Welt geordnet ist und sich Ereignisse wiederholen. Deshalb leiten wir aus Beobachtungen Erwartungen ab
- ***Hypothese vom Vergleichbaren*** (Struktur-Erwartungen)
  Wir klassifizieren die Welt nach Ähnlichkeitsgesichtspunkten und bilden Kategorien. Dabei unterstellen wir, dass Unregelmäßigkeiten bei ähnlichen Ereignissen vernachlässigt werden können. Dies ermöglicht Analogieschlüsse in Form von induktiven, abduktiven und deduktiven Gleichheitsschlüssen
- ***Hypothese von der Ursache bzw. Kausalität***
  Wir schließen bei sukzessiven Koinzidenzen auf Ursachen und Folgen und gehen in vergleichbaren Situationen von wenn-dann- bzw. weil-Zusammenhängen aus, obwohl unsere Sinne nur vorher-nachher-Beziehungen erkennen können
- ***Hypothese vom Zweckvollen***
  Wir unterstellen, dass unsere Handlungen und die Erscheinungen der Welt einen Zweck haben und versuchen den Sinn der Ereignisse in der Welt zu ergründen.

Menschliches Denken lässt sich auf dieser Basis wie folgt charakterisieren: Die ***Erkennung von Mustern*** in Verbindung mit der Fähigkeit zur ***Kategorienbildung*** ermöglicht die Ableitung von ***Faktenwissen***. Wenn wir wissen, dass alle Vertreter einer Klasse ein bestimmtes Merkmal bzw. eine bestimmte Merkmalkombination aufweisen, ordnen wir ein Objekt, das ebenfalls diese Merkmale besitzt, dieser Klasse zu. Man spricht dann auch von ***Abduktion***. Das wiederholte Auftreten von zeitlichen Korrelationen (vorher-nachher-Beobachtungen) ermöglicht dann die ***Ableitung von Regeln***, das heißt die Ableitung von ***Regelwissen***, im Sinne von wenn-dann-Beziehungen durch ***Induktion***. Induktionen sind Generalisierungen. Wenn sich diese Regeln im Alltag als brauchbar erweisen (wenn sie also anscheinend wahr sind), können sie zur Ableitung (***Deduktion***) von Vorhersagen herangezogen werden. Eine allgemeine Erkenntnis wird dann auf Spezialfälle angewandt. Es entsteht dann ein ***Meta-Wissen*** über die ***Anwendbarkeit von Regeln***. Bild 12 verdeutlicht diese Zusammenhänge.

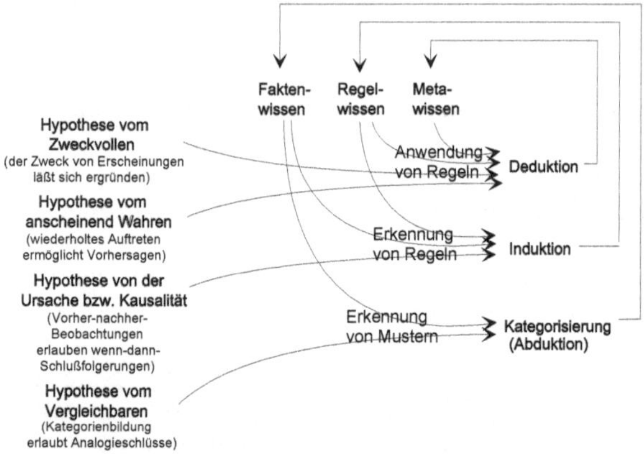

Bild 12: Zusammenhang zwischen unseren Hypothesen und der Ableitung von Erkenntnissen

Hier kommen wir auf die Frage von Kapitel 2.1 zurück, ob Qualia-Erlebnisse, wie z. B. Schmerzen haben, identisch sind mit Wissen oder zumindest als eine bestimmte Kategorie von Wissen anzusehen sind. Explizites Wissen kann als Qualia bewusst und erlebbar werden, wenn es aktiviert wird. *Aktives Wissen* steht aktuell für die weitere Verarbeitung im Kurzzeitgedächtnis (Arbeitsspeicher) zur Verfügung. *Inaktives Wissen* dagegen kann zwar verfügbar gemacht werden, jedoch nur, indem es aus dem Gedächtnis oder einer Wissensbasis abgerufen oder in geeigneter Form aufbereitet wird (die Robotik spricht hier vom Symbolbezugsproblem). Bewusstwerdung und Qualia-Erlebnisse setzen deshalb als notwendige Bedingung zur weiteren Verarbeitung aktiv verfügbare Wissensinhalte in Form von Mustern, die die Qualia codieren, voraus.

Mit Bezug auf Bild 12 können wir jetzt obige Frage wie folgt beantworten: Faktenwissen entsteht erst, wenn wir in Wahrnehmungen bekannte Muster oder irgendwelche Gesetzmäßigkeiten erkennen können. Wenn wir nur bei bewusstseinsfähigem Wissen von Wissen im eigentlichen Sinn reden, können nur solche Wahrnehmungen als Basis für Wissen akzeptieren, die ins Bewusstsein gelangen, also zu Qualia werden. Qualia in Form von unstrukturierten Geräuschen oder undefinierten, chaotischen visuellen Wahrnehmungen verschaffen jedoch kein Wissen, sondern allenfalls Verwirrung. Nur Qualia, in denen wir irgendetwas erkennen können, verschaffen oder bestätigen ein Wissen. Wissen ist mehr als reine Wahrnehmung (ohne Bezug und ohne Kontexte).

Ein weitere Frage ist die, ob innere Simulation in einer Vorstellungswelt notwendigerweise mit ***Symbolverarbeitung***, beim Menschen also mit Sprache, gleichzusetzen ist. Falls ja, wären Tiere unfähig, Zusammenhänge zu verstehen und logische Schlussfolgerungen zu ziehen. Experimente mit Tieren widerlegen diese These. Beispielsweise können manche Tiere logische Schlüsse ziehen. Spitzer nennt als Beispiel einen Hund, der eine Fährte verfolgt. An einer dreifachen Weggabelung schnüffelt er bei zwei Alternativen. Ist dies nicht erfolgreich, weiß er, dass das Tier nur die dritte Alternative gewählt haben kann und verfolgt diesen Pfad, ohne seine Hypothese zu überprüfen (Spitzer 2004, S. 88). Ratten können sogar logische Schlussfolgerungen ziehen, wie etwa „wenn A größer als B und B größer als C, dann ist auch A größer als C". Affen können erkennen, dass sie eine Banane an der Decke greifen können, wenn sie die im Käfig verteilt herumliegenden Kisten aufeinander stellen. Sie lösen das Problem nicht durch Versuch und Irrtum, sondern halten inne, denken nach, stellen sich bestimmte Situationen vor und gelangen dann zu einer Einsicht. Wie auch beim Menschen, werden dann plötzlich Zusammenhänge klar, indem auf mentale Repräsentationen in Form von Vorstellungen (Imaginationen) zurückgegriffen wird. Nach Piagets Beobachtung entwickeln Kleinkinder im Alter von 18 bis 24 Monaten die Fähigkeit, ***sich im Geiste etwas vorzustellen*** und es auch in Gedanken auszuführen. John Ratey betont: „Wir Menschen sind auch ohne die Sprache in der Lage, komplexe kognitive Operationen auszuführen und zu lernen, zu analysieren, uns zu erinnern und ein Empfinden unserer persönlichen Identität zu bewahren" (Ratey 2003, S. 346). Der amerikanische Hirnforscher Antonio Damasio sagt hierzu: „Vorstellungsbilder beruhen unmittelbar und ausschließlich auf jenen neuronalen Repräsentationen, die topographisch organisiert sind und die in frühen sensorischen Rindenfeldern stattfinden" (Damasio 1997, S. 142). Sie sind vermutlich momentane Konstruktionen, Versuche, Muster zu kopieren, die wir einst erlebt haben (Damasio 1997, S. 145). „Häufig ist gesagt worden, das Denken bestehe aus weit mehr als nur aus Bildern, auch Wörter und nichtbildliche, abstrakte Symbole würden dazugehören. ... Die meisten Wörter, die wir beim inneren Sprechen verwenden, bevor wir einen Satz sagen oder schreiben, existieren in unserem Bewusstsein als akustische oder visuelle Bilder. Würden sie nicht zu Vorstellungsbildern ..., dann wären sie nichts, was wir wissen könnten" (Damasio 1997, S. 152).

Dass Denken nicht gleichzusetzen ist mit verbaler Formulierung des Gedachten brachte Albert Einstein mehrfach zum Ausdruck, z. B. mit der Aussage: „Worte oder Sprache, wie sie geschrieben oder gesprochen werden, spielen in meinem Denkmechanismus anscheinend überhaupt keine Rolle" und mit: „Es ist mir nicht zweifelhaft, dass unser Denken zum größten Teil ohne Verwendung von Zeichen (Worten) vor sich geht, und dazu noch weitgehend unbewusst" (Einstein sagt S. 211 in: Calaprice 2001). Noch präziser formulierte er dies so: „Die psychischen Einheiten, die als Elemente beim Denken zu fungieren scheinen, sind gewisse Zeichen und mehr oder weniger klare Bilder, die »willentlich« reproduziert und kombiniert werden können .... Herkömmliche Wörter oder andere Zeichen müssen erst in einem zweiten Stadium mühsam gesucht werden, wenn das erwähnte assoziative Spiel sich hinreichend entwickelt hat und willentlich reproduziert werden kann." R. S. Woodworth meint sogar: „Oft müssen wir uns von der Sprache lösen, um klar zu denken" (zitiert bei Koestler 1990, S. 178). Auch Koestler sagt: „Sprechen bedeutet demnach die schrittweise Konkretisierung, Ausarbeitung und Artikulation von ursprünglich nicht artikulierten geistigen Inhalten" (Koestler 1990, S. 48). Manfred Spitzer schließt sich dem an: „Denken ist nicht primär sprachlich, wir können es jedoch versprachlichen, was durchaus Mühe machen kann. Daher schätzen wir Menschen ... sehr, die das, was alle denken, sprachlich auf den Punkt bringen können" (Spitzer 2004, S. 331). „(Sprache ist) ein einzigartiges System von verbundenen Begriffen und Regeln, die einen Teil der Welt und unseres Verhältnisses zu ihr abbilden" (Spitzer 2000, S. 255).

Wenn Denken nicht notwendigerweise Sprache voraussetzt, wodurch wird es dann charakterisiert? Wir orientieren uns zunächst an den von Sarah Tietz und Markus Wild aufgeführten vier Bedingungen für Gedanken:

- Gedanken haben stets einen Inhalt. Es wird also über etwas bestimmtes nachgedacht
- Nach Kant erfolgt Denken immer in Begriffen. Begriffe stehen für Kategorien von Dingen. Wenn wir in Kategorien denken, müssen wir diesen Kategorien nicht notwendigerweise verbale Begriffe zuordnen, Kategorien können alternativ dazu auch durch Prototypen vertreten werden. „*Denkprozesse* und *Begriffs-*

bildungen sind neurologisch nicht notwendig mit sprachlichen Repräsentationen verbunden" (Mainzer 1997, S. 58)

- Objektivität, d.h. Fähigkeit, das Gedachte vom Objekt des Denkens, also die gedachte Vorstellung als mentale Repräsentation von ihrem Bezugspunkt in der Wirklichkeit bzw. deren Repräsentation zu unterscheiden. Dies schließt auch die Fähigkeit ein, über abstrakte Klassen nachzudenken
- Gedanken haben bestimmte Funktionen und sind miteinander verknüpft z. B. in Form von Gedankenketten

Viele Verwirrungen rühren davon her, dass beim Denken zu unterscheiden ist, zwischen der „Produktion" von ***Vorstellungen*** einerseits und ***Überlegungen*** andererseits. Wir können uns in Gedanken gewisse Dinge vorstellen oder ausmahlen im Sinne von „was wäre wenn ..., wie wäre es wenn ...". Diese Vorstellungen erleben wir in Form von Sinneswahrnehmungen. Und wir sind auch in der Lage, von Ausnahmesituationen (z. B. Halluzinationen) abgesehen, unsere Vorstellungen als selbstgeschaffenen Konstrukte zu identifizieren. „Je *lebhafter* eine Wahrnehmung ist, desto eher bin ich geneigt, das Wahrgenommene für real zu halten. ... Umgekehrt gilt: Je blasser und undeutlicher eine Wahrnehmung, desto unwirklicher erscheint sie. ... »Reale« Wahrnehmung unterscheidet sich nicht in jedem Fall klar von Sinnestäuschung oder bloßer Vorstellung" (Roth 1997, S. 322).

Ganz anders liegen die Verhältnisse bei bewussten Überlegungen. Sie bedienen sich einer Symbolsprache, die i.d.R von auditiver Art (Sprache) oder visueller Art (Buchstaben, Zeichen, Gesten) ist. Überlegen ist hier Symbolmanipulation „im Geiste".

William Bechtel schreibt: „Schlussfolgern könnte in neuen Situationen ein Fall von Mustererkennung sein ..., die aber nicht durch einen einzigen Schritt erlangt wird, sondern durch eine Kaskade von Schritten, in der einige Muster erkannt werden und in der dann die Identifikation dieser Muster zur Basis des darauffolgenden Erkennens anderer Muster bildet. ... Damit ist gezeigt, dass eine große Menge Kognition erklärbar sein kann, ohne Sätze im Kopf zu verlangen und Operationen, die an diesen Sätzen ausgeführt werden" (Bechtel in Elepfandt/Wolters 1993, S. 137).

Deutlich machen kann man den Unterschied, wenn wir über Schmerzen nachdenken. Dies kann einerseits heißen, dass wir uns *vorzustellen* versuchen, wie stark die Schmerzen wären, wenn wir eine bestimmte Krankheit oder einen Unfall hätten. Es kann aber auch heißen, dass wir uns *überlegen*, wie man das Wort „Schmerz" schreibt, was Schmerz auf Englisch heißt oder welche Gehirnareale bei Schmerzempfindungen aktiviert werden. ***Überlegungen basieren auf Symbolmanipulation, Vorstellungen auf Wahrnehmungsmanipulation.*** Es ist eine reine Definitionsfrage, ob wir beides unter dem Begriff „Denken" subsumieren wollen, wie wir es hier tun. Damasio schreibt: „Die meisten Wörter, die wir beim inneren Sprechen verwenden, bevor wir einen Satz sagen oder schreiben, existieren in unserem Bewusstsein als akustische oder visuelle Bilder. Würden sie nicht zu Vorstellungsbildern - und wenn nur von flüchtigster Art –, dann wären sie nichts, was wir wissen könnten" (Damasio 1997, S. 152). Ohne eine klare Abgrenzung des Begriffs „Denken", sind Diskussionen darüber, was Denken oder Wissen ist, nicht zielführend. Beispielsweise behaupten Esken und Heckmann, dass das Denken, dass ich Schmerzen habe oder dass ein anderer Schmerzen hat, verschiedene Gedankenvorkommnisse sind (Esken/Heckmann 1998, S. 18). Natürlich macht es einen Unterschied, ob ich selbst Schmerzen habe und damit auch fühle, oder ob sie ein anderer hat, dessen Schmerzen ich nicht fühle. Aber das Nachdenken über Schmerzen in Form von Vorstellungen von oder verbalen Ausführungen über Schmerzen ist eben nicht mit konkret gefühlten Schmerzen verbunden. Daher macht es auch keinen Unterschied (abgesehen vom Bezugsobjekt), ob sich mein Denken auf eigene oder fremde Schmerzen bezieht. Esken und Heckmann behaupten weiterhin, dass man phänomenale Eigenschaften nur denken kann, wenn man über entsprechende Begriffe verfügt (Esken/Heckmann, 1998, S. 27). Sie verdeutlichen dies mit der Aussage, dass man ohne die Begriffe rot und Tomate nicht an eine rote Tomate denken kann. Hier wird deutlich, dass in der Philosophie zuweilen zwischen Klassen/Kategorien einerseits und Begriffen, d.h. Benennungen bzw. Bezeichnungen für diese Klassen/Kategorien bzw. deren Elemente nicht klar unterschieden wird. Außerdem wird nicht immer deutlich genug gesagt, dass man sich einerseits Vorstellungen von und andererseits Überlegungen über phänomenale Eigenschaften machen kann. Für erstere bedarf es der Fähigkeit zur Kategorisierung (wir haben normalerweise nicht die Vorstellung von einer ganz spezifischen Tomate, sondern von Tomaten ganz allgemein), für letztere der Fähigkeit zur Begriffsbildung.

Wie bereits oben ausgeführt, kann das menschliche Gehirn nur Muster repräsentieren und manipulieren, die unseren Wahrnehmungen entspringen bzw. entsprechen. Können wir uns also etwas vorstellen und in unserer Vorstellung manipulieren, was nicht taktil, geschmacksmäßig, als Geruch, auditiv, visuell oder gefühlsmäßig wahrgenommen werden kann? Kann also ein (von Geburt an) Blinder in Bildern oder ein Tauber in Lautsprache denken? Wir behaupten: Nein! Dies bedeutet, dass ***Denken gleichzusetzen ist mit der Manipulation von Wahrnehmungen*** oder allgemeiner gesagt, mit der ***Erzeugung fiktiver Wahrnehmungen beziehungsweise Vorstellungsbildern im Geiste***. Und auch jegliches ***Wissen bezieht sich auf Vorstellungsbilder.*** Immanuel Kant sagt: „Der Verstand vermag nichts anzuschauen, und die Sinne nichts zu denken. Nur daraus, dass sie sich vereinigen, kann Erkenntnis entspringen" (Kant: Logik. Akademieausgabe Band 24, Berlin u. Leipzig S. 295). Die gängigste Form des Denkens, nämlich das Denken in Worten oder Zeichen, d.h. in Symbolen, ist also nichts anderes als ein Denken in auditiven und visuellen Wahrnehmungskategorien. Besonders deutlich wird dies, wenn etwa taube Menschen denken. Sie denken nicht in „gehörten" Worten, sondern in der Taubstummensprache, indem sie sich Gesten vorstellen, mit deren Hilfe das Gedankengut beispielsweise an andere Taubstumme vermittelt wird. Sie manipulieren beim Denken also nicht auditive, sondern visuelle Vorstellungen im Geiste.

Die Sprache ermöglicht es dem Menschen, Sachverhalte kritisch zu hinterfragen. Nach John Ratey haben Neurologen festgestellt, „dass das Kleinhirn, das die körperlichen Bewegungen koordiniert, auch die Bewegung der Gedanken lenkt." Und er ergänzt: „Wir denken so, wie wir handeln würden" (Ratey 2003, S. 178). „Die Taten selbst beruhen zweifellos auf motorischen Funktionen, aber dasselbe gilt für das Denken, das ihnen vorausgeht. Selbst Emotionen sind mit den motorischen Fähigkeiten des Gehirns verwoben: schon die Wurzel des Wortes Emotion bedeutet »bewegen«" (Ratey 2003, S. 178). Die ***Beziehung zwischen Gedanken und Bewegungen*** folgt allein schon aus der Verknüpfung unseres akustischen Gedächtnisses für Wörter mit den zugehörigen motorischen Vorgängen (des Sprechens). Auch um neue Reize erkennen und auf sie reagieren zu können, reicht rein passives Betrachten nicht, man muss vielmehr in der zugehörigen Umwelt selbst aktiv werden. „Durch Gebrauch der Sprache zusammen mit Handlungen in der Welt werden Bedeutungen erlernt und landkartenförmig gespeichert" (Spitzer 2000, S. 267). Mit Ratey fassen wir zusammen: „Die Schaltkreise im Gehirn, die dazu dienen, geistiges Handeln zu veranlassen, zu ordnen und zeitlich abzustimmen, sind dieselben, die auch physisches Handeln veranlassen, ordnen und zeitlich abstimmen" (Ratey 2003, S. 179). Andreas K. Engel und Wolf Singer schreiben analog: „Neue Vorstellungen gehen ... davon aus, dass die grundlegende Form von Wissensspeicherung in natürlichen Systemen immer handlungsbezogen erfolgt und somit nicht nur sensorische, sondern auch motorische Komponenten hat" (in: Beiersdörfer 2003, S. 169), weshalb „eine Theorie der höheren Hirnfunktionen ohne Berücksichtigung der motorischen Funktionen auf Sand gebaut ist" (Ratey 2003, S. 187).

„Gedachte Handlungen" werden so möglich, ohne dass Verhalten ausgelöst wird. Wir können uns Aktionen einfach nur vorstellen und ihre möglichen Konsequenzen im Geiste durchspielen, ehe wir aktiv werden. ***Wir können***, mit anderen Worten, ***nicht das Denken (den Denkvorgang) beobachten, sondern nur das Gedachte und die Abfolge der Gedanken***. Unserem Bewusstsein ist nur den Input und der Output unserer Gedanken zugänglich, also ***Wahrnehmungs-, Erinnerungs- und Vorstellungsbilder***. Wir wissen aber nicht, wie diese konkret erzeugt werden. Der „Denkapparat" ist eine „black box" und ich weiß nicht, wie der Denkprozess abläuft, denn beim Denken greife ich auf ein implizites prozedurales Regelwissen (Bild 8, S. 78) zurück. Ich kann es einfach (das Denken), obwohl ich nicht weiß, wie ich es mache und welche Prozesse dabei in meinem Gehirn ablaufen. „Alles kohärente Denken und Handeln wird von »Spielregeln« beherrscht, obgleich wir uns gewöhnlich nicht bewusst sind, dass wir ihnen folgen" (Koestler 1990, S. 175). „Beim normalen Denken und Reden üben die Regeln ihre Kontrolle automatisch aus, unterhalb der Stufe des Bewusstsein" (Koestler 1990, S. 176). Ich kann allenfalls aus den Denkinhalten versuchen retrograd zu erschließen, wie der Denkvorgang oder analog ein Entscheidungsprozess abläuft, also aus der Beobachtung des Gedachten und der Aufeinanderfolge einzelner Vorstellungen (Denkinhalte) eine Hypothese ableiten. Ein System kann also aus seinem Können, seinem Verhalten und aus von der Realität bestätigten Erwartungen erschließen, dass es etwas weiß beziehungsweise kann (= weiß, wie es gemacht wird).

Bei der Diskussion der Frage »Was ist Wissen« (Kapitel 2.1) hatten wir bereits deutlich gemacht, dass sich implizites Wissen in angemessenen Aktionen und Reaktionen, das heißt einem Können ausdrückt und strukturell (z. B. in einem Computerprogramm, einer logischen Schaltung oder in einem neuronalen Netz) verankert und damit dem wissenden System selbst unzugänglich ist.

Denken kann

- *zielgerichtet* sein und einer Situationsanalyse, einem ***Problemverständnis oder einer Problemlösung*** dienen. Denken dient auch der Suche eines positiv zu bewertenden Weges, der ***angenehme Gefühle*** verheißt

- Denken kann aber auch ***ungerichtet*** sein, also ***explorativen Charakter*** haben, etwa wenn wir unseren Gedanken und unserer ***Phantasie*** freien Lauf lassen. Peacocke spricht hier von leer laufenden Gedanken (Peacocke, S. 497). In dieser (Vor-) Stufe des Denkens sind die ***kritischen Instanzen noch weitgehend ausgeschaltet***, die alles abwehren, was nach unserer Erfahrung nicht sein kann und nicht sein darf, weil es nicht in unser Weltbild passt
- Schließlich kann Denken ***zwanghaft*** sein und von ***Ängsten und Befürchtungen*** sowie ***Zwangsvorstellungen*** oder auch ***Wunschvorstellungen*** getrieben werden. Wir malen uns dann im Geiste alle möglichen bedrohlichen Szenarien aus oder geben uns irgendwelchen Illusionen hin und haben den Eindruck, dass wir nicht mehr „Herr unserer Gedanken" sind.
- Unsere neutralen Vorstellungen, aber auch Wünsche und Befürchtungen haben dann wiederum eine Rückwirkung, indem sie ein Problembewusstsein schaffen und uns veranlassen, nach Lösungsmöglichkeiten Ausschau zu halten. Dies setzt oft zuerst einmal ein Problemverständnis und erst dann eine Suche nach einer möglichen Problemlösung voraus.

Bild 13 fasst dies noch einmal zusammen.

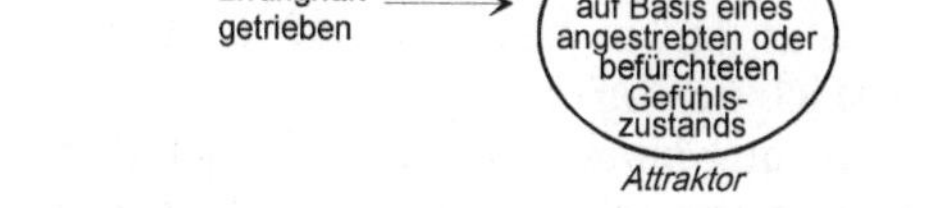

Bild 13: Mögliche Denkarten

Jetzt kommen wir noch einmal auf einen Aspekt von Wittgensteins Kritik am Konzept des Selbstwissens zurück. Wittgenstein schreibt: „Ich kann wissen, was der andere denkt, nicht was ich denke. Es ist richtig zu sagen >ich weiß was du denkst<, und falsch, >ich weiß, was ich denke<" (Wittgenstein 1977, S. 356). Der Philosoph Matthias Vogel versucht diesen Gedankengang, mangels einer Erklärung durch Wittgenstein selbst, plausibel zu begründen mit folgenden Argumenten:

1. Es ist logisch sinnlos zu sagen, man wisse, was man denke, weil man nur etwas wissen kann, das einen deskriptiven Gehalt hat bzw. wahr oder falsch sein kann. Das Vorliegen eines bewussten Gedankens ist keine Tatsache auf die man sich unabhängig vom Denken dieses Gedankens beziehen kann. „Einen Gedanken bewusst denken und wissen, dass man ihn denkt, sind *ein und dasselbe*, weil >wissen< hier ein semantisch leerer Zustand ist." 2. Es ist pragmatisch sinnlos zu sagen, man wisse was man denkt, weil Wissen nur dort vorliegen kann, wo die Möglichkeit des Zweifels besteht, und es ist 3. pragmatisch sinnlos, weil der expressive Charakter keinen Raum für epistemische Fehler zulässt (Vogel 2003, S. 138ff). Hier ist allerdings anzumerken, dass derselbe Verfasser an anderer Stelle einerseits behauptet: „Gibt es womöglich nichts über unsere Gedanken zu wissen? ... Doch, es gibt etwas zu wissen, und zwar dort, wo die Möglichkeit besteht, dass wir uns irren und korrigiert werden" (Vogel in: Vogel/Wingert 2003, S. 157) und andererseits betont: „Denn Wissen schließt Wahrheit notwendig ein; Kein Wissen ohne Wahrheit. Damit wird die Frage »Wie ist Wissen möglich?« sinnlos" (Vogel/Wingert 2003, S. 11).

Wir wollen diese Fragestellung hier aufgreifen, weil wir später auf sie zurückkommen, wenn wir fragen, ob künstliche Systeme (z. B. Systeme der künstlichen Intelligenz oder Roboter) denken und etwas wissen können, und in welcher Beziehung beides zueinander steht.

Zunächst bleibt zu klären, worauf sich beim Denken denn das Wissen des Denkenden beziehen soll, ganz abgesehen von der Frage, wer der Denkende ist. Soll also das Gehirn wissen, was bzw. dass es denkt, oder soll das Gehirn wissen, was bzw. dass ich denke, oder soll ich wissen was bzw. dass ich (unter Zuhilfenahme meines Gehirns?) denke? Diese Frage werden wir in Kapitel 4.2ff näher diskutieren. Hier unterstellen wir zunächst einfach (fälschlich), dass ich es bin, der denkt und fragen nur, ob es darum geht, dass ich weiß, *dass* ich denke, *was* ich denke oder *wie* ich denke?

Unsere Behauptung lautet, ich weiß, *dass* ich denke, z. B. weil ich versuche ein Problem zu lösen, das Denkarbeit erfordert (z. B. eine schwierige Mathematikaufgabe oder den nächsten Zug beim Schachspiel). Ich kann also das Problem nur durch Nachdenken lösen und das weiß ich auch. Ich weiß auch *wie* ich vorgehen will, weil ich weiß, in welchen Schritten ich das Problem lösen könnte (z. B. mögliche Folge von Spielzügen um den König matt zu setzen). Und ich weiß, *was* ich denke, weil ich die Problemstellung und die mögliche Lösung bzw. die möglichen Lösungsschritte als fiktive Wahrnehmung bzw. Vorstellung vor meinem geistigen Auge sehe. Ich weiß also sehr wohl, was ich denke, weil ich den deskriptiven Gehalt des Gedachten (z. B. eine bestimmte Stellung im Schachspiel) kenne bzw. mir vorstellen kann (fiktive visuelle Wahrnehmung oder auditive Wahrnehmung der Zwiesprache mit mir selbst). Außerdem ist mir bewusst, dass Denken nicht notwendigerweise Wissen erzeugt, es kann auch Hypothesen, also unsicheres Wissen (genauer einen Glauben) hervorbringen oder Fragen in mir aufwerfen (wie wird der Gegenspieler reagieren?), oder mir die Unlösbarkeit einer Aufgabe vor Augen führen, weil durch das Denken erst ein *Problembewusstsein* entsteht. Das Gedachte kann sich also sehr wohl als wahr oder falsch oder als fragwürdig erweisen. Spitzer schreibt: „Menschen machen Fehler, wann immer sie die Chance dazu haben. Sie begehen systematische Irrtümer, wenn sie um die Ecke denken, logisch schließen oder mit Wahrscheinlichkeiten umgehen müssen" (Spitzer 2004, S. 389). Die Vorstellung dass Denken notwendigerweise Wissen schafft, ist also eine unhaltbare Behauptung. Auch muss das Vorliegen eines bewussten Gedankens nicht notwendigerweise eine Tatsache, es kann auch eine (u.U. veröffentlichte) Hypothese sein, auf die man sich unabhängig vom Denken dieses Gedankens beziehen kann.

Sind aber denken und wissen, dass man denkt, nicht *ein und dasselbe*? Hier gibt es drei Möglichkeiten. 1. Wissen und Denken sind identisch, was mit dem Terminus »ein und dasselbe« ja eigentlich zum Ausdruck gebracht wird, oder 2. Denken ist eine Teilmenge des Wissens, oder 3. Wissen ist eine Teilmenge des Denkens.

Wissen und Denken sind mit Sicherheit nicht identisch, denn Denken ist ein Vorgang (Musterabgleich und -umwandlung), Wissen bezieht sich dagegen auf Objekte, Sachverhalte, Ereignisse (hier den *Vorgang* des Denkens) oder Regeln, nach denen Prozesse ablaufen (hier *wie* ich denke, wie ich also beim Denken *vorgehe*). Außerdem kann ich beispielsweise einen Wissensinhalt aus dem Gedächtnis abrufen, ohne dabei denken zu müssen, das Wissen kann sogar unbeabsichtigt plötzlich erinnert werden, ohne dass ich den „Auslöser" der Erinnerung kenne. Außerdem resultiert primäres Wissen aus der Erkennung von Mustern und Gesetzmäßigkeiten bei der Beobachtung der Welt (s.o.) und die dabei ablaufenden Prozesse sind i.d.R. unbewusst. Auch muss ich mir über das, was ich *weiß*, keine Gedanken machen, denn es ist per Definition ein „sicheres" Wissen. Ich kann allenfalls versuchen, daraus weiteres (sekundäres) Wissen gedanklich, d.h. induktiv oder deduktiv abzuleiten, oder versuchen bei „unsicherem" Wissen, also bei bloßem Glauben, durch denken die Unsicherheit meines Glaubens zu reduzieren. Und ich kann schließlich durch Denken versuchen, mein Wissen um ein Meta-Wissen (woher stammt das Wissen, welche Konsequenzen hat das Wissen? usw.) zu erweitern. Wissen und Denken sind also nicht identisch, wohl aber kann ich wissen, *dass* ich denke und *wie* ich dabei vorgehe (z. B. heuristisch oder deduktiv unter Rückgriff auf bekannte Gesetze oder induktiv durch Verallgemeinerung). Wenn ich allerdings weiß, wie ich bei einer Problemlösung (die Denken erfordert) vorgehe, heißt das noch nicht, dass ich den Denkprozess im Zeitpunkt seines Ablaufs selbst bewusst beobachten, also meinem Gehirn beim Denken zuschauen kann. Dieser Punkt ist von großer Bedeutung, wenn wir in einem späteren Kapitel diskutieren, ob wir wissen können, wie wir unsere Entscheidungen (Willensfreiheit?) treffen.

2.3 Bewertung von Erkenntnissen

Um angemessen auf Wahrnehmungen reagieren zu können, müssen diese bewertet werden. Daraus resultiert ihre Bedeutung für das wahrnehmende System. Für Lebewesen gilt: „Für eine Selbstbewertung muss ein Organismus wissen, was für ihn selbst gut oder schlecht ist, was Spaß macht oder was Unlust und Schmerzen erzeugt. Ohne die Fähigkeit zum Erleben wird das nicht gehen" (Roth in Beiersdörfer 2003, S. 214). Was gut oder weniger gut ist, muss vor allem dann erkannt werden, wenn alternative Szenarien zu bewerten sind. Dies können reale oder zu erwartende Zustände (Vorstellungen, Prognosen) sein. Wie die Bewertung ausfällt, sagen uns unsere Gefühle. „Die Neuronen der Mandelkernstruktur verfügen über Aktivitätsmuster („emotionale Karten"), die sowohl den physiologischen Körperzustand als auch das bewusste Erleben und Beurteilen von Gefühlen auslösen" (Mainzer 1997, S. 47). Und diese Beurteilungen bzw. Bewertungen sind vor allem dann erforderlich, wenn ein System selbst die Möglichkeit der Wahl besitzt, d.h. durch eigene Aktionen aktuelle oder zukünftige Situationen beeinflussen kann. Dabei ist es unerheblich, ob es sich um Lebewesen oder um künstliche Systeme handelt. Denken wir exemplarisch nur an Schachcomputer. Sie müssen alternative Szenarien bewerten und danach entscheiden, welchen Zug sie als nächstes wählen.

Hier stoßen wir auf ein verbreitetes Missverständnis, das exemplarisch in der folgenden Argumentation von Anita Lenz und Stefan Meretz zum Ausdruck kommt. Sie behaupten, dass man computertechnischen Systemen zwar in Bitmustern Symbolbedeutungen zuordnen kann, dass diese dem Computer selbst aber nichts bedeuten, so wie der Uhr die Uhrzeit nichts bedeutet (Lenz/Meretz 1995, S. 81). Unser Kommentar lautet, dass auch dem Gehirn seine neuronalen Erregungsmuster nichts bedeuten! Entscheidend ist, dass das Gehirn erkennt, dass bestimmte neuronale Muster *für den Körper*, der vom Gehirn gesteuert wird, *also für etwas vom Gehirn verschiedenes* (!), eine Bedeutung haben können. Sie können z. B. auf eine Verletzungsgefahr o.ä. hinweisen. Und analog können die Bitmuster in einem Computer dem Computer signalisieren, dass es angebracht ist, bestimmte Handlungsimpulse an einen Roboterkörper zu schicken. Ein Computer kann also durchaus die Konsequenzen eines Bitmusters für seinen (im Computer repräsentierten) Roboterkörper so erkennen, wie auch ein Gehirn die Konsequenzen eines neuronalen Erregungsmusters für seinen Körper erkennen kann!

Bei Lebewesen übernehmen Emotionen die Rolle der Bewertung. Sie „sagen" einem Lebewesen, was für den Organismus gut und was schlecht ist. Für LeDoux ist Bewertung der erste Schritt in der Einleitung einer emotionalen Episode. Bewertungen erfolgen dabei unbewusst. Sie erfolgen zwar durch das Gehirn, versetzen aber den Körper in einen spezifischen, angepassten Zustand. So gesehen schließen Emotionen Handlungstendenzen und körperliche Reaktionen ein (LeDoux 2001, S. 58), also etwa die Tendenz zum Angriff oder zur Flucht. Das Wissen, wie Wahrnehmungen zu bewerten sind, ist teils phylogenetisch erworben worden, also ererbt und in der Struktur eines Systems verankert (z. B. in Gehirnstrukturen eines Lebewesens oder im Programmcode eines Computers der einen Roboter steuert) und teils ontogenetisch vom Individuum erlernt (durch Schaden wird man klug).

Bei der Bewertung von Szenarien sind drei Alternativen zu unterscheiden:

a) es besteht eine Wahlmöglichkeit zwischen verschiedenen aktuell verfügbaren Entitäten (ich kann mich für die blonde oder die brünette Sekretärin entscheiden)
b) es besteht eine Wahlmöglichkeit zwischen Aktionen, die einen aktuellen Zustand mehr oder weniger stark verbessern oder verschlechtern werden (ich kann jetzt etwas essen oder weiter fasten).
c) es besteht eine Wahlmöglichkeit zwischen Alternativen, die unterschiedlich zu bewertende zukünftige Konsequenzen haben werden (ich kann Physik oder Philosophie studieren, dafür gibt es später unterschiedliche Jobangebote und Verdienstmöglichkeiten).

Im Fall a) kommt es nur darauf an, die Alternativen richtig zu bewerten. Es ist also eine ***digitale Entscheidung zugunsten der maximal bewerteten Alternative*** zu treffen. Das ist die Methode, die das Handeln niederer Lebewesen bestimmt, die einfach nur auf Wahrnehmungen in einer bestimmten stereotypen Weise instinktiv reagieren. Die Bewertung erfolgt dabei unbewusst. Dies gilt in vielen Fällen auch für den Menschen. LeDoux schreibt, dass wir nicht notwendigerweise wissen müssen, was etwas ist, bevor wir sagen können, ob wir es mögen oder nicht (LeDoux 2001, S. 59). Dies wird in vielen Fällen entschieden, noch ehe eine Wahrnehmung analysiert, kategorisiert und dem Bewusstsein präsentiert worden ist. Affektive Reaktionen sind deshalb auch dann möglich, wenn Reize nicht bewusst wahrgenommen werden (LeDoux 2001, S. 60).
Im Fall b) werden kurzfristige Ziele verfolgt. Was im aktuellen Moment den höchsten Lust*zuwachs* verspricht, wird gemacht. Wie wir in einem späteren Kapitel zeigen werden, dient hierbei das Dopamin als Wegweiser. Dieses Prinzip kommt auch in der Evolution zur Anwendung. Bestimmte Körper oder Verhaltensmerkmale werden dabei nicht ausgebildet ***um*** in Zukunft fliegen, schwimmen oder schnell laufen etc. ***zu können***. Vielmehr werden hier immer nur die Eigenschaften selektiert, die in einer aktuellen Situation einen kurzfristigen Vorteil verschaffen. Bei diesem Prinzip wird nur der ***Gradient des Wertzuwachses maximiert***. Bild 14 veranschaulicht den Vorgang.

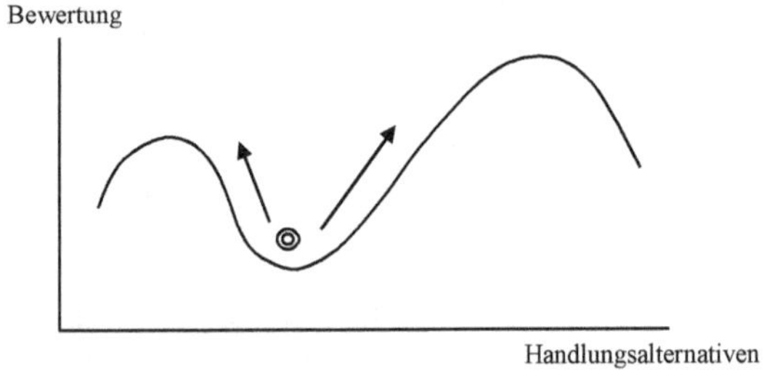

Bild 14: Gradienten alternativer Wertzuwächse

Man sieht, dass die Steigung am linken Hügel am größten ist. Das System wird sich also in dieser Richtung bewegen. Hier wird der maximale Lust*zuwachs* erreicht, auch wenn der linke Gipfel nicht der höchste ist. Der Gradient des maximalen Zuwachses gewährleistet also nicht, dass automatisch der höchste Gipfel, also der maximal mögliche Wert erreicht wird.

Im Fall c) wird daher vorab abgeschätzt, wo der am höchsten zu bewertende Gipfel liegt, ehe der Weg in dieser Richtung eingeschlagen wird. In Bild 14 ist es dann „vernünftig", den rechten Hügel mit dem maximal erreichbaren Wert anzustreben, obwohl der Gradient des maximalen momentanen Wertzuwachses zum linken Hügel zeigt. Dies führt zu einer Konfliktsituation und zu scheinbar „unvernünftigen", weil nicht durchdachten Entscheidungen. Die Philosophie neigt dazu, in solchen Fällen von eingeschränkter Willensfreiheit zu sprechen. Bei derartigen Konfliktsituationen muss zusätzlich die Wahrscheinlichkeit und der Zeitpunkt des Eintretens möglicher Konsequenzen in die Betrachtung einbezogen werden. Eine kurzfristig mit hoher Wahrscheinlichkeit zu erwartende geringe Belohnung ist dann unter Umständen höher zu bewerten als eine eher unwahrscheinliche, aber sehr viel höhere Belohnung in ferner Zukunft. ***Neben der richtigen Bewertung der Alternativen muss hier also auch noch deren Eintrittswahrscheinlichkeit sowie der zu erwartende Zeitpunkt ihres Eintretens in Betracht bezogen werden.*** Dies erfordert etwa von Lebewesen die Fähigkeit, sich zukünftige Szenarien im Geiste vorstellen zu können, und damit die Fähigkeit des Erkennens, des Verstehens und der Ableitung sekundären Wissens. Wie wir später zeigen werden, sind dies *Fähigkeiten*, die auch die Basis *für die Ausbildung von Bewusstsein* bilden, sowie für den Eindruck, sich frei entscheiden und zielorientiert handeln zu können. Eine zu erwartende ***zukünftige Belohnung wird dann als Ziel*** erlebt oder auch einfach nur als solches definiert (Beispiel Schachcomputer). Weiß ein System zusätzlich, dass es die Wahrscheinlichkeit für das Eintreten eines bestimmten Ereignisses beeinflussen kann, dann wird zielorientiertes Verhalten möglich. Die beiden folgenden Abbildungen sollen dies verdeutlichen.

In Bild 15 wird eine positive Bewertung als „Lust", eine negative als „Unlust" bezeichnet und unterschieden zwischen Ereignissen, deren Eintreffen beeinflusst werden kann (durch eigene Aktionen) oder auch nicht.

Ist das Ereignis nicht beeinflussbar, kann das davon betroffene System nur Angenehmes wünschen bzw. Unangenehmes befürchten und hoffen dass Angenehmes eintreten bzw. unangenehme Situationen nicht eintreten mögen. Kann das betroffene System den Lauf der Dinge selbst mit beeinflussen, wird es sich so verhalten, dass es angenehme Situationen durch sein Verhalten anstrebt, unangenehme dagegen zu vermeiden versucht.

Hier stoßen wir erstmals auf ***Systeme mit Intentionen***. „Intentionale Zustände haben einen *propositionalen Inhalt*; aus diesem Grunde sind sie *semantisch* bewertbar, d.h. sie haben Wahrheits- bzw. Erfüllungsbedingungen: sie sind genau dann wahr bzw. erfüllt, wenn die Proposition, die ihren Inhalt ausmacht, wahr ist" (Beckermann 1999, S. 259). Ein System, das etwas wünscht oder befürchtet, anstrebt oder vermeidet erfüllt diese Anforderungen.

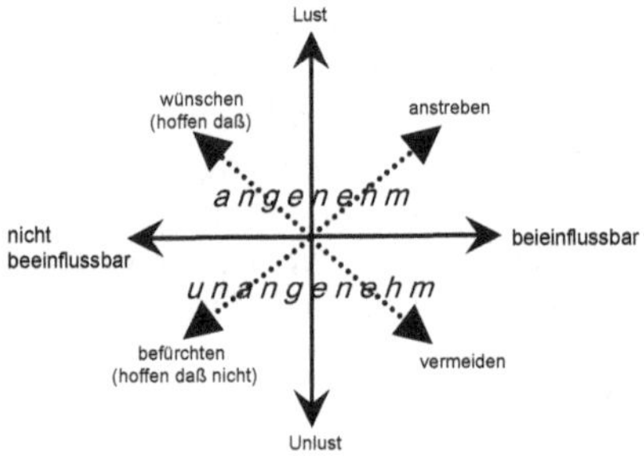

Bild 15: Eigenbefindlichkeit eines Systems in Abhängigkeit von seiner Möglichkeit, den Lauf der Dinge zu beeinflussen

Aus Sicht des ***Behaviourismus*** sind Wünsche, Befürchtungen, Bestrebungen u.ä. als ***Verhaltensdispositionen*** auffassbar. Sie beeinflussen unsere „Körperchemie" und wir „tragen sie" in vielfältiger Weise dauernd „mit uns herum". Im Sinne von Kapitel 1.2 können wir sie als Kontrollparameter interpretieren, die bei Erreichung eines ***kritischen Schwellwertes*** oder eines äußeren Reizes (Anstoßes) eine sprunghafte Verhaltensänderung auslösen können. Wir sagen dann z. B., dass wir uns entschieden haben, einem bestimmten Wunsch oder einer Bestrebung nachzugeben, oder dass uns eine Befürchtung dazu veranlasst hat, etwas Bestimmtes zu tun.

Jetzt stellt sich nur noch die in der Philosophie konträr diskutierte Frage, ob wir von intentionalen Zuständen nur dann sprechen können, wenn sich ein System dieser Zustände auch bewusst ist, oder ob wir von dieser Forderung auch absehen können. Beispielsweise verweigern Philosophen wie Stich und Evans dem impliziten Wissen den Titel „propositionale Einstellung". Noam Chomsky macht dagegen diesen Unterschied nicht, denn ein System weiß in beiden Fällen, dass etwas der Fall ist.

Nicht beeinflussbare Situationen lassen sich in Abhängigkeit von ihrer Eintreffwahrscheinlichkeit aus Sicht eines betroffenen Systems noch genauer charakterisieren und so eindeutige Kriterien für intentionale Zustände beliebiger Systeme definieren, unabhängig davon, ob sich diese dieser Zustände bewusst sind oder nicht und unabhängig davon, ob es sich um lebende Systeme handelt oder nicht. Entscheidend ist allein, dass solche Systeme alternative Zustände positiv oder negativ bewerten, zukünftige Zustände voraussehen und deren Eintreffwahrscheinlichkeit abschätzen können.

Bild 16 zeigt, dass auch künstliche Systeme propositionale Zustände annehmen können. Paul M. Churchland drückt das drastisch so aus: „Grundeinheiten tierischer und menschlicher Kognition (sind) nicht in Sätzen ausdrückbare Zustände, wie „glaubt dass", „hofft dass", fürchtet dass" und so weiter. Vielmehr sind sie Aktivitätsvektoren in großen Neuronenpopulationen" (Churchland 1997, S. 215). Obige Bilder zeigen, dass sich Wünsche, Hoffnungen, Befürchtungen, Intentionen und ähnliches in Vektorform darstellen lassen. Und wie wir bereits wissen, sind neuronale Populationscodes geeignete Mittel um n-dimensionale Vektoren zu repräsentieren. Dies heißt aber, dass sich ***propositionale Einstellungen bzw.*** (in unserer Terminologie) ***Erlebnistypen mathematisch ausdrücken*** und damit auch maschinell nachbilden lassen.

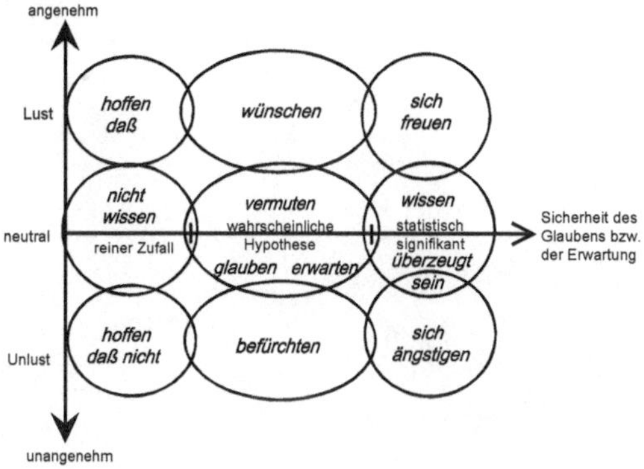

Bild 16: Herkunft von Erlebnistypen bzw. propositionalen Einstellungen

Hier widersprechen wir Behauptungen der Art: „Intentionalität kann auf physische Vorgänge oder Bedingungen zurückgeführt werden, sie kann aber nicht umgekehrt aus den physischen Elementen aufgebaut werden" (Sturma 2005, S. 92). In Kapitel 4.6 werden wir am Beispiel des Kommunikationsprotokolls KQML zeigen, wie ein solcher Aufbau erfolgen kann. An dieser Stelle sei lediglich angemerkt, dass hierbei natürlich der *propositionale Gehalt* und der ihm *zugeordnete Erlebnistyp* getrennt physikalisch repräsentiert werden müssen. Aber dies gilt analog auch für das Gehirn. Oben (Kapitel 2.1) hatten wir bereits am Beispiel der Schmerzen dargelegt, dass das Wissen um den Schmerz getrennt zu sehen ist vom Fühlen des Schmerzes (es tut weh), wie das Beispiel der Schmerzasymbolie deutlich macht. Und entsprechend werden beide Wissensinhalte (das Wissen um den Schmerz samt seiner Lokalisation und das Wissen bzw. Erleben des weh tuns) im Gehirn auch an unterschiedlichen Stellen repräsentiert.

3 Geist und Materie

3.1 Die Evolution des Geistes in der Natur und in der Maschine

Der Geist fiel nicht vom Himmel, so lautet der Titel eines Buchs von Hoimar von Ditfurth (Ditfurth 1980), in dem er die Evolution des Bewusstseins beschreibt.

Am Beginn des Lebens stehen so genannte ***autopoietische Systeme,*** die gegenüber ihrer Umwelt offen sind und von ihr selektiv Stoffe (Nahrung) aufnehmen und umgekehrt Abfälle an diese Umwelt abgegeben. Dies erfordert eine Unterscheidung zwischen nützlichen und unerwünschten Stoffen in dieser Umwelt. Diese Aufgabe übernehmen zunächst halbdurchlässige Membranen. Organismen reagieren also nicht auf die Umwelt selbst, sondern nur auf deren Einwirkung auf ihre Oberfläche. *Zellen erlangen deshalb nur ein Wissen über den Zustand ihrer Oberfläche und nicht über den Zustand der Welt*! Dieser kann aus dem Zustand der Zelloberfläche lediglich erschlossen werden. Schon einfachste Einzeller reagieren in spezifischer Weise auf chemische oder physikalische Reize, indem sie sich beispielsweise auf diese zu- oder sich von ihnen wegbewegen.

Bei den Vielzellern spezialisieren sich die Zellen und geben unterschiedliche Stoffe an eine innere Körperflüssigkeit ab und nehmen aus ihr wieder zellspezifische Stoffe auf. Damit eröffnet sich die Möglichkeit eines *Informationsaustauschs* zwischen spezialisierten Zellverbänden auf chemischem Wege. Chemische Substanzen werden so zu *Botenstoffen zwischen den Organen.* Heute begegnen sie uns in Form von *Hormonen.* Hormone werden langsam ausgeschieden, haben aber anhaltende Wirkung auf Wachstum, Stoffwechsel, Stimmung, Erregung u.a. Sie übernehmen die Funktion von Parametern.

Bei komplexeren Organismen muss die *Informationsübermittlung* schneller und gezielter an spezifische Empfänger weitergereicht werden. Die Natur entwickelte dafür die Nervenbahnen. Die Kommunikation zwischen den Nervenzellen erfolgt durch *Nervenimpulse* wechselnder Frequenz, in der die Informationen (Reizintensität) verschlüsselt sind. Die Signale werden in den Synapsen in eine chemische Form (Neurotransmitter) umgewandelt, die auf die empfangende Zelle impulshemmend oder -fördernd einwirken. Dies erklärt den *Einfluss unserer Körperchemie auf unser Befinden.*

Viele Neuronen haben neben synaptischen Verbindungen zu anderen Zellen auch Rezeptoren für bestimmte Arten von *frei zirkulierenden Neurotransmittern,* die von anderen Teilen des Nervensystems oder anderen Organen *in das Blut abgegeben* werden. Auch sie können die Reaktion von Neuronen hemmen oder verstärken.

Die Entwicklung von Neuronennetzen erfolgte in der Natur stufenweise. Bei einfachen Organismen führt ein Reiz an der Oberfläche des Organismus direkt zu einer bestimmten Erregung, also z. B. zu einer motorischen *Reaktion,* die etwa beim Pantoffeltierchen gezielte *Bewegungen* auf äußere Reize ermöglicht. Solchen automatisierten Reaktionen begegnen wir schon bei Bakterien, die im Darm leben und bei der Nahrungssuche auf Nahrungsquellen zu und von Giften weg wandern. Dieses *scheinbar intelligente Verhalten* läuft völlig automatisiert ab und vermittelt den Eindruck von *vernünftigem Verhalten,* obwohl das Bakterium nichts von Nahrung und Giften „weiß".

In der nächsten Stufe stoßen wir auf Anfänge von Nervensystemen mit *sensorischen* und *motorischen Neuronen,* wobei die sensorische Neuronen ihre Information direkt an motorische Neuronen weitergeben, die dann einen Muskel aktivieren. Dies ermöglicht Reflexreaktionen, wobei die Weiterleitung erregend oder hemmend sein kann. Solche *einfachen motorischen Reflexe* basieren auf einer genetisch fixierten Verarbeitung im Rückenmark.

Komplexere motorische Antworten auf Umweltreize erfordern zusätzlich verarbeitende Interneurone, die im Hirnstamm konzentriert sind. Sie steuern z. B. *Stellreflexe,* die den Körper in Normalstellung, sowie (statische) *Haltereflexe,* die ihn im Gleichgewicht halten. Auch sie sind phylogenetisch erworbene „Konstruktionsmerkmale".

Willkürmotorik erfordert darüber hinaus komplexe motorische Kontrollzentren in der Gehirnrinde. Sie steuert die Ausführung *gewollter Bewegungen,* wobei kleine motorische Bausteine gezielt eingesetzt und verändert werden. Zwischenschichtneuronen ermöglichen so ein schrittweise immer komplexeres *Verhalten.* Bei der Entwicklung der Willkürmotorik blieben die starren archaischen Verschaltungen erhalten und wurden lediglich durch zusätzliche übergeordnete Gehirnstrukturen ergänzt, die die archaischen Reaktionen modifizieren. So werden beispielsweise stereotype Lauf- und Greifprogramme modifiziert um ganz spezifische Einzelbewegungen zu ermöglichen.

Die *vegetativen Zentren* im Stammhirn dienen zur Regelung des *Wärmehaushalts*, des *Blutzuckergehalts* und ähnlicher elementarer lebenswichtiger Funktionen. Die dafür benötigten *Messfühler*, die *Abweichungen vom Sollzustand* registrieren, sind im Stammhirn zentral untergebracht. Diese *Messfühler* befinden sich also nicht auf der Haut, im Magen oder anderen dezentralen Stellen im Körper, wo die Information zunächst anfallen, sondern *an zentraler Stelle*. Diese *Zentralisierung* bedeutet aber, dass Abweichungen erst wahrgenommen werden, wenn sie sich bereits im Körper selbst bemerkbar machen. Der Organismus „erfährt" also in diesem Stadium noch nichts über die Umwelt selbst, sondern registriert diese nur indirekt aufgrund der *Auswirkungen, die die Außenwelt im Organismus bewirkt*, also aufgrund einer Änderung des *eigenen* Zustandes in Form einer abweichenden inneren Temperatur, Sauerstoffkonzentration oder veränderter pH-Werte im Blut. Höhere Organismen erleben solche *Ungleichgewichte* als *Hunger* und *Durst*. Abweichungen vom Sollzustand lösen automatische Gegenreaktionen im lebenden Organismus aus. Diesen Reaktionen im lebenden Organismus zur *Stabilisierung seines inneren Milieus*, entspricht in der Technik die *Regelung* mit negativer Rückkopplung. Innere Ungleichgewichte können so genetisch fixierte Verhaltensreaktionen und *Triebe* aktivieren. Diese *Reaktionen* stehen in Form von *fertigen Programmen* zur Verfügung, die durch Soll-Ist Abweichungen ausgelöst werden. Es sind *festgelegte Aktionsmuster*, die sich aus einer *Kette stereotyper Verhaltensmuster* zusammensetzen und die *durch Reize des Körpers oder der Umwelt ausgelöst* werden.

Ein weiteres Grundprinzip, das während der gesamten Evolution beibehalten wird, besteht darin, dass *Reize nicht vom Zustand sondern lediglich von Veränderungen in der Welt* ausgelöst werden. Manche Tiere können daher die Umwelt gar nicht in unserem Sinne als statisches Bild sehen, sondern lediglich Veränderungen in dieser Umwelt wahrnehmen. Ein Frosch kann z. B. eine tote Fliege, die direkt vor ihm unbeweglich liegt, überhaupt nicht wahrnehmen (vgl. auch Kapitel 1.4). Er erkennt seine Beute nur, wenn sie sich als dunkler Gegenstand durch das Gesichtsfeld bewegt. Dies löst bei jedem bewegten Gegenstand automatisch ein Herausschleudern der Zunge aus, auch wenn es sich lediglich um eine Attrappe handelt. Der Frosch lebt von Fliegen, obwohl er nichts von der Existenz von Fliegen weiß. Analog wird bei der Fliege durch ein rasch expandierendes Bild der Umgebung (was eine rasche Annäherung anzeigt), eine „Landeanflugroutine" aktiviert. Das visuelle System der Fliege ist auf diese Weise auf ihre Umwelt und ihre Bedürfnisse abgestimmt. Frösche und Fliegen sind also reine, wenn auch äußerst komplexe Reiz-Reaktions-Maschinen. Weitere Lebewesen, die nach reinen *Reiz-Reaktionsmustern* agieren sind viele *Insekten*. Sie reagieren auf Umweltreize in stereotyper Weise, ohne ein explizites Wissen über diese Umwelt zu haben.

Dieses Prinzip pflanzt sich bis zur menschlichen Wahrnehmung fort. Die Sehbahnen, die vom Auge zum Thalamus projizieren, führen von hier aus nicht nur zur Großhirnrinde, sondern auch direkt zur Amygdala. Diese so genannte *thalamische Bahn* ermöglicht die *direkte Verknüpfung bestimmter Reize mit Emotionen,* wie bereits in Kapitel 2.1 ausgeführt . Deshalb können wir bei Bedarf sofort auf gefährliche Situationen emotional reagieren, noch ehe eine detaillierte und rationale Analyse im Cortex erfolgen kann. Nach LeDoux ist es bei vielen Dingen besser, wenn wir nicht erst überlegen müssen. Die thalamische Bahn wirkt deshalb vor allem reaktionsauslösend auf Basis ganz bestimmter Umwelt*merkmale*. Ein bestimmtes (z. B. unbekanntes) Geräusch oder eine bestimmte Farbe (rot) kann uns dann sofort in Alarmbereitschaft versetzen. Damit kommt mit den Worten von Manfred Spitzer die Bewertung der Dinge oft vor den Dingen und nicht danach. Ganz anders liegen die Dinge beim Umweg über die detaillierte und *rationale* Wahrnehmungsanalyse im Cortex. Sie benötigt mehr Zeit, ermöglicht dafür aber eine differenziertere, *objektbezogene* Reaktion, die unangemessenes Verhalten verhindert.

Hier geht es aber nicht um die Frage, welche der beiden Lösungsansätze der Bessere ist, sondern welche Lösung in *welcher Situation* die Bessere ist. Das Problem bisheriger KI-Systeme war, dass sie rein rational ausgerichtet waren und reine Reiz-Reaktions-Mechanismen zu wenig berücksichtigten, die allerdings erst relevant werden, wenn etwa ein Roboter in einer realen Umwelt auf Ereignisse in dieser Umwelt schnell und angemessen reagieren muss. Jetzt unterscheidet man auch hier zwischen *formalem* und *körperlichen Handeln* (Mainzer 2007a, S. 82), wobei man aber nicht den Fehler begehen sollte, das körperliche Handeln für das intelligentere zu halten (s.u.).

Die Verschaltung der Nervenzellen und damit die Reaktion der Lebewesen auf äußere Umweltreize wurde der ***Selektion*** unterworfen, wobei gut angepasste Reaktionen dem Organismus einen Überlebensvorteil verschafften. ***Angeborene Verhaltensweisen*** helfen dann den Lebewesen, sich in einer *relativ konstanten Umwelt* erfolgreich zu behaupten, für die sie optimiert wurden. Wir nennen sie Instinkthandlungen. Sie fassen Verhaltensbausteine in Sequenzen zusammen, die sich in *geschlossenen Bewegungsabläufen* manifestieren. Sie sind von der Evolution selektiert und *in den Gehirnstrukturen fixiert* worden, ebenso wie alle anderen Körpermerkmale auch. Dadurch bekommt jedes Individuum bereits von Geburt an ein bestimmtes ***Verhaltensrepertoire*** mit auf den Weg. Dieses ermöglicht es den Lebewesen, sich situationsgerecht zu verhalten, ohne dass sie wissen, was sie tun. Die Gesamtheit der einem Lebewesen zur Verfügung stehenden Bewegungsformen nennt man deren ***Ethogramm***. Es steuert geschlossene Bewegungsabläufe. Bei Vögeln ist dies beispielsweise das „Wissen" wie man fliegt. Sie müssen es nicht lernen, es ist ***im genetischen Code festgelegt***. Die Sensorik greift hier lediglich modulierend ein. ***Appetenzverhalten***, das heißt instinktive Verhaltensmuster, werden durch angeborene, genetisch programmierte ***Schlüsselreize*** ausgelöst. Das können Gerüche, Geräusche oder visuelle Eindrücke (Form, Farbe) sein.

Instinkthandlungen stellen nicht nur ein Verhaltensrepertoire für angemessene Reaktionen in aktuellen Situationen zur Verfügung. Sie können auch zukünftigen Zielen (Fettpolster für den Winterschlaf anfressen) oder den Zielen „egoistischer Gene" (Dawkins 1994) dienen, die dem Tier selbst gar nicht zugute kommen, sondern erst seinen Nachkommen. Dies betrifft vor allem die Fortpflanzung, wie etwa die Eiablage von Meeresschildkröten, oder die Wanderung der Lachse. Auch Schlupfwespen handeln instinktiv, wenn sie Raupen lähmen und zusammen mit ihren Eiern vergraben, damit die schlüpfenden Larven sie als erste Nahrungsquelle nutzen können. Für uns sieht es dann so aus, als wüßte die Wespe, wie sie ihre Nachkommen am besten versorgen kann. Einem äußeren Beobachters erscheinen solche Instinkthandlungen mitunter als sehr *intelligent,* obwohl sie dies tatsächlich überhaupt nicht sind. Sie erfordern nur Intelligenz für ein Wesen, das die entsprechenden Leistungen nicht in seinem ererbten Verhaltensrepertoire hat und sie daher erst entwickeln und erlernen muss, was eine geeignete Lern- oder Lösungsstrategie erfordert. Der Unterschied ist derselbe wie der zwischen einem Computerprogramm mit einem (vom Entwickler als Stellvertreter für die Evolution) vorgegebenen Steuerfluss und einem KI-System, das aus einer Regelsammlung erst ein passendes, zielführendes Programm zusammenstellen muss.

Das lateinische intellegere bedeutet einsehen und einsichtig machen. Synonyme für ***Intelligenz*** sind also Einsichtsvermögen, Erkenntnisvermögen, Urteilsfähigkeit und die Fähigkeit, Zusammenhänge zu begreifen. Von intelligenten Menschen erwarten wir, dass sie komplexe Situationen durchschauen, *neuartige* Probleme lösen und vernünftig und rational handeln können. Genau dies gilt aber für Instinkthandlungen nicht! Sie sind fixe Verhaltensmuster, die, wenn erst einmal angestoßen, vollständig ausgeführt werden, wie ein starr ablaufendes herkömmliches Computerprogramm. Die Starrheit von Instinkthandlungen lässt sich in Experimenten demonstrieren, wo die entsprechende Handlung völlig ihren ursprünglichen Sinn verliert und trotzdem ausgeführt wird. *Stereotype fixe Bewegungsabläufe* können sogar künstlich ausgelöst werden, indem man bestimmte Regionen des Zwischenhirns mit elektrischen Sonden gezielt reizt. Das Lebewesen reagiert dann mit einem Teil seines natürlichen *Verhaltensrepertoires.* So kann man etwa bei Hühnern auf diese Weise ein Picken, Gackern, einen Angriff auf einen (nicht vorhandenen!) Feind und ähnliche Reaktionen künstlich auslösen und zwar auch in Situationen, in denen dieses Verhalten keinerlei Sinn macht.

Wenn solche Instinkthandlungen als intelligent bezeichnet werden, *wird Komplexität mit Intelligenz und zielführend mit zielgerichtet verwechselt*! Dies wird besonders deutlich, wenn in der Informatik/Robotik von *körperlicher Intelligenz* gesprochen wird.

Roboter mit „körperlicher Intelligenz" zu bauen, die in einem klar umrissenen Einsatzbereich sinnvoll und zielführend agieren, erfordert Intelligenz vom Entwickler, der Roboter selbst wird dadurch aber nicht intelligent, solange er nach starren Regeln operiert. Mainzer spricht hier auch von *prä-intelligenten* Fähigkeiten des Körpers (Mainzer 2007a, S. 88). Komplexe Verhaltensmuster entstehen hier, wie bei bestimmten zellularen Automaten, durch einfache Regeln, die zu einer Art von Selbstorganisation im Zusammenspiel mit der Umwelt führen. Diesen Ansatz führte erstmals Rodney Brooks (Brooks 2002) mit seinem Laufroboter Genghis ein, bei dem die Beine nicht von einer zentralen Instanz aus gesteuert wurden, sondern von jeweils spezifischen kleinen Programmen für jedes Bein, die nur zentral koordiniert wurden. Dies ermöglicht eine massive Parallelverarbeitung und die Entlastung der Zentrale von Routinearbeit.

Solange wir uns im Bereich von Reflexen und Instinkthandlungen bewegen, können die Teilsysteme auch noch durch Lernalgorithem (Lernen mit oder ohne Unterweisung) optimiert werden. „Komplexe Bewegungsmuster werden in der Natur nicht zentral gesteuert und berechnet, sondern organisieren sich dezentral mit rückgekoppelten neuronalen Netzen. Bewegungswissen wird in unbekanntem Gelände gelernt und prozedural in den Gewichten der Netze gespeichert" (Mainzer 2007a, S. 84).

Solche Systeme können in einer Umgebung, an die sie angepasst sind, sinnvoll agieren, obwohl sie kein explizites Wissen über diese Umgebung besitzen. Sie haben lediglich ein *implizites Wissen*, das in ihren Steueralgorithmen verankert ist, die in starrer Weise auf Umweltreize reagieren, nach dem Vorbild einer Folgeregelung. Beispielsweise wissen Fußballroboter (vgl. Zimmermann 2007) nichts von einem Ball. Sie können lediglich die Farbe rot (der Ball ist rot) örtlich lokalisieren, sie wissen aber nichts über die Merkmale eines Balles (ist rund, rollt usw.), auch wenn der Farbe rot anhand einer Farbtabelle das Symbol „Ball" zugeordnet wird und sich die Programmanweisungen dann auf diesen „Ball" beziehen (z. B. gehe zum Ball). Dies entspricht der Situation in Bild 3 (S. 39), wo zwar eine vertikale Linie erkannt wird, aber kein Wissen darüber entsteht, was eine vertikale Linie ist. Daraus leitet ein Programm Anweisungen ab, die sich der Programmierer ausgedacht hat, und die letztlich bestimmte Reaktionen der Robotermechanik auslösen. Deren mögliche Konsequenzen kennt nur der Entwickler, nicht aber der Roboter, auch wenn es einem äußeren Beobachter so erscheint. Der Beobachter sieht sich hier, wie auch bei instinktgeleiteten Tieren, demselben Problem gegenüber, wie wenn er die Entwicklung komplexerer Muster in einem zellularen Automaten beobachtet und daraus die (oft einfachen) Gesetzmäßigkeiten (z. B. lokale Vernetzungen) erkennen soll, die diese Muster herbeiführen. Dies sind z. B. Erkenntnisebene 3 in Bild 11 (S. 102) bei eindimensionalen zellularen Automaten, Erkenntnisebene 4 in Bild 11 beim game of life in zweidimensionalen digitalen zellularen Automaten oder bei Cellular Neural Networks CNNs mit zweidimensionalen analogen Zellen, Erkenntnisebene 5 in CNNs mit feed-back-Schaltung (zu CNNs vgl. Mainzer 2003b, S. 127ff). Für einen Außenstehenden erscheint das Verhalten komplex, auch wenn wir es (heute noch) mit reinen Reiz-Reaktionsmaschinen zu tun haben, die über keinerlei explizites und manipulationsfähiges Wissen verfügen.

Die nächste größere Entwicklungsstufe wird erreicht, wenn ein Input nicht über eine Zustandsfolge (Trajektorie) direkt in einen Output überführt wird, z. B. über mehrere Zwischenschritte beim Ablauf eines Programmes oder über mehrere Schichten bei einem neuronalen feedforward Netz, sondern dazu führt, dass das System in einem statischen Attraktor konvergiert. Ein Beispiel hierfür war Bild 6 (S. 45). Bei neuronalen Netzen bedarf es hierzu irgendwelcher Rückkopplungen. Inputs bzw. Ausgangsmuster lassen dann Trajektorien in Attraktoren münden. Sie sind Systemzustände, was Wissensbasen einschließt. In Kapitel 1.3 haben wir hier von einem ***Informations-Speicher*** gesprochen. Wenn der Zustand von Attraktoren jederzeit gespeichert oder aber neu abgeleitet und dann für Abfragen zur Verfügung steht, entsteht explizites Wissen, zunächst in *inaktiver* Form. Wird es konkret abgefragt und manipuliert (verändert), also aktiv genutzt, wird es zu ***aktivem explizitem Wissen***. Der Output eines Systems mit explizitem Wissen wird dann nicht mehr nur vom Input bestimmte (***trivialer Automat***), sondern zusätzlich auch von diesem Wissen. Wir sprechen dann von einer ***finite state Maschine***. Ihr Verhalten kann durch eine Automatentafel beschrieben werden. Jetzt muss nicht mehr unmittelbar auf einen Input reagiert werden, sondern jetzt kann die Reaktion aufgeschoben oder auch unterlassen werden.

Bei Tieren rufen dann auslösende Reize nicht mehr ein bestimmtes Verhalten zwangsweise direkt hervor. Vielmehr können sie auch nur eine Disposition für ein solches Verhalten herbeiführen, indem sie entsprechende physiologische Zustände erzeugen. Eine Aktion bedarf dann zu ihrer Auslösung zusätzlich als Input bestimmter ***Schlüsselreize***.

Von ***Geist***, jenem verschwommenen, fast nie genau definierten Begriff, wollen wir erstmals sprechen, wenn ***explizites Wissen konkrete Sachverhalte in der Welt bzw. ganz allgemein von einem anderen System repräsentiert***. Es gewinnt dadurch einen ***propositionalen Gehalt***. Zustände mit propositionalem Inhalt nennt man ***intentionale Zustände***, sie beziehen sich auf Objekte oder Situationen in der realen Welt. Jedes System, das diese Anforderung erfüllt, besitzt nach der hier vertretendne Auffassung Geist, unabhängig davon, ob es sich um ein lebendes System handelt oder nicht. Wir sprechen dann auch von ***mentalen Phänomenen*** und einer subjektiven Weltperspektive. Die Kernfrage, ob es gelingt, künstliche Systeme mit dieser Fähigkeit auszustatten, entscheidet darüber, ob wir ihnen Geist implantieren können oder nicht. "Intentionalität gilt als grundlegendes Unterscheidungsmerkmal des menschlichen Bewusstseins von maschineller Wissensrepräsentation und spielt in der KI-Debatte eine zentrale Rolle" (Mainzer 2007a, S. 81).

Philip Johnson-Laird schreibt: „Jede wissenschaftliche Theorie des Geistes hat diesen als einen Automaten zu behandeln" (Johnson-Laird in: Dennett, S. 336). Richtig! Die Frage ist aber, ob dieser Automat selbst der Geist ist, oder ob er den Geist erst hervorbringt. Und natürlich hätten wir gerne gewusst, unter welchen Bedingungen er Geist „produzieren" kann und wo der Geist im Automaten „wohnt". „Geist (englisch: *mind*) ist keine, wie der cartesische Dualismus glaubte, losgelöste Substanz, die dem Körper ... gegenübersteht und, wie die klassische KI glaubte, durch symbolische Wissensrepräsentation erfassbar ist. Die kognitiven Fähigkeiten des Menschen sind wesentlich durch seinen Organismus geprägt, der in der Evolution entstand. Man spricht daher in der Kognitionsforschung von embodied mind (»verkörperlichter Geist«)" (Mainzer 2007a, S. 84).

Nach der hier vertretenen These besitzen *triviale Automaten*, die lediglich einem Input einen Output zuordnen, keinen Geist, wohl aber ein implizites Wissen, weil sie einem bestimmten Input einen Output zuordnen „können", auch wenn sie selbst nicht wissen, wie die Zuordnung erfolgt. Dieses Wissen ist in ihrer Konstruktion bzw. dem Algorithmus verankert, der die Zuordnung trifft. *Finite state Maschinen* dagegen besitzen interne Zustände, die etwas repräsentieren können. Repräsentieren sie Sachverhalte einer realen Welt, billigen wir ihnen Geist zu (s.o.), falls sie nicht nur *Zustände* dieser Welt, sondern auch *Vorgänge* in dieser Welt repräsentieren und simulieren können.

Der Begriff ***Geist*** wird in der Literatur sehr unterschiedlich definiert und interpretiert. Für John Searle gilt: „Die Erforschung des Geistes ist die Erforschung des Bewusstseins" (Searle 1993, S. 250). Roth schränkt den Begriff Geist analog auf „individuell erlebbare Zustände" ein und setzt ihn damit de facto mit Qualia-Erlebnissen gleich (Roth 1997, S. 272). Er meint: „Es gibt nicht *den* Geist! Vielmehr erleben wir eine *Vielzahl höchst unterschiedlicher mentaler und psychischer Zustände*" (Roth 1997, S. 273). Damasio sieht das anders: „Geist ist nicht nur Bewusstsein, daher kann es auch Geist ohne Bewusstsein geben, wie Patienten zeigen, die diesen, aber nicht jenes haben" (Damasio 1999, S. 42). Ein Beispiel hierfür wäre ein Schlafwandler, in dessen Gehirn geistige Prozesse ablaufen, obwohl er keine bewussten Erlebnisse hat. So sieht das auch LeDoux: „Eine der bedeutendsten Einsichten ... besteht darin, dass sowohl die Kognition als auch die Emotion unbewusst zu operieren scheint und nur das Ergebnis der kognitiven bzw. emotionalen Verarbeitung ins Bewusstsein tritt und unseren bewussten Geist ausfüllt, und das auch nur in einigen Fällen" (LeDoux 2001, S. 23). „Auch die rätselhafteste aller Kognitionen, die geistige Vorstellung, ist das Ergebnis unbewusster Prozesse" (Le Doux 2001, S. 35). Daher gilt für Damasio: „Wenn es uns gelingt, das Rätsel des Bewusstseins zu lösen, haben wir damit noch lange nicht alle Rätsel des Geistes gelöst" (Damasio 1999, S. 42).

Hier wird also, gemäß unserer These, „die Berechnung" der internen Zustände einer finite state Maschine als ein unbewusst ablaufender Prozess gesehen, der als Ergebnis Zustandsfolgen liefert, die uns bewusst werden können, aber nicht müssen. *Prozesse* die Geist hervorbringen, können nicht, und geistige *Inhalte* müssen nicht ins Bewusstsein vordringen.

In der Philosophie des Geistes wird meist nur über Bewusstsein diskutiert, was Qualia-Erlebnisse einschließt. Geist wird dann mit Bewusstsein gleichgesetzt. Wir wollen dagegen Geist, d.h. manipulierbare Gehirnzustände nur als notwendige Bedingung für alle Arten von Bewusstseinsphänomenen ansehen und nicht mit Bewusstsein gleichsetzten. Wenn Roth schreibt: „Geist - so meine These - kann als ein physikalischer Zustand angesehen werden; er muss nicht auf neuronale Zustände reduzierbar sein und kann eigene Gesetzmäßigkeiten aufweisen" (Roth 1997, S. 331), stimmen wir insofern zu, als Geist nicht auf neuronale Repräsentationen angewiesen ist. Allerdings ist Geist sicher mehr als nur irgendein Zustand. „In der Tat sprechen wir, wenn wir über den Geist sprechen, über Phasenübergänge, die unser Gehirn von einem Zustand in einen anderen versetzen" (Mainzer 1995, S. 774).

Für Hans-Peter Dürr ist der Geist ein Abbild der Wirklichkeit, das wir entwerfen können, mit dem wir umgehen können, als wäre es Wirklichkeit, indem wir sozusagen simulieren können. Das Geistige ist ein Simulationsprogramm (Sendung in BRα).

Jetzt wollen wir noch auf die Frage eingehen, ob und ggf. wie *Geist maschinell erzeugt* werden könnte. Eine gängige Behauptung lautet dann: „der Geist verhält sich zum Gehirn wie die Software zur Hardware in einem Computer". Diese Behauptung beruht auf einem tiefen Missverständnis der Rolle von Software!

Während eine *universale Turing Maschine* im Prinzip jeden beliebigen Algorithmus ausführen kann (Churchesche These), benötigt man für die Ausführung eines spezifischen Algorithmus auch eine *spezifische* Maschine. Eine solche kann in einer universalen Turing Maschine, also auf einem Universalcomputer, durch ein Computerprogramm simuliert werden. Ein Computerprogramm ist dann eine *virtuelle* Maschine. Diese beschreibt eine reale Maschine. Deshalb kann die Funktion eines Computerprogramms auch hardwaremäßig (als spezifische Maschine) realisiert werden, ohne dass dadurch „der Geist aus der Maschine vertrieben" wird. Jeder Entwickler eines informationsverarbeitenden Systems muss sich daher entscheiden, welche Funktionen er hardwaremäßig und welche er softwaremäßig realisieren will.

Der Unterschied zwischen Hardware und Software besteht darin, dass bei der Hardware einer speziellen Maschine die einzelnen Elementarbausteine für die Ausführung von Elementarfunktionen

von vornherein „fest verdrahtet“ sind, während sie beim Ablauf eines Computerprogrammes erst zur Laufzeit durch das Steuerwerk (nach den Anweisungen des Operationscodes) nacheinander zugeordnet werden. Beim Universalcomputer handelt es sich hierbei ebenfalls um Hardwarekomponenten, die die Anweisungen des Befehlsvorrats des Computers ausführen. Sie sind im Rechenwerk zusammengefasst. Die Änderung der Funktion eines Automaten kann, wenn er nach den Anweisungen von Software (Steuerfluss) aus Elementarbausteinen zusammengebaut wird, durch Programmänderung erfolgen (Änderung des Maschinencodes im Programmspeicher). Bei Funktionsänderungen in einem vollständig hardwaremäßig realisierten Automaten muss dagegen die Hardware selbst geändert werden. Daher ist der Änderungsaufwand bei Software geringer, was aber mit einer reduzierten Effizienz erkauft wird, da die virtuelle Maschine bei der Ausführung erst „zusammengebaut“ werden muss.
Eine notwendige Voraussetzung für „die Entstehung von Geist“ ist, dass ein System Informationen verarbeiten kann, und nicht, dass das System, das die Informationen verarbeitet, erst zur Laufzeit zusammengebaut wird! Außerdem werden Informationen durch Hardwarekomponenten verarbeitet und nicht durch Software!

Unterschiedliche Funktionen, die in einem Universalcomputer durch verschiedene Programme ausgeführt werden, werden im Gehirn in unterschiedlichen Gehirnregionen bearbeitet, also in jeweils spezifischen Automaten. Das ***Gehirn ist daher keine universelle Turingmaschine***, wie man wegen seiner hohen Flexibilität vermuten könnte, und wir werden dort auch vergeblich nach Softwareprogrammen suchen! Unsere Wahrnehmungen (Körperwahrnehmungen inklusive) führen eben nicht dazu, dass „zur Laufzeit“ aus verschiedenen Gehirnarealen eine neue Maschine erzeugt wird (so wie durch ein Computerprogramm aus Elementarautomaten im Rechenwerk eine virtuelle Maschine zusammengesetzt wird), sondern dass die von den Sinnesorganen einlaufenden Informationen in jeweils spezifischen, ihnen zugeordneten Gehirnarealen einlaufen und dort weiterverarbeitet werden. Der „Datenoutput“ eines Areals bestimmt dann, in welchen Folgearealen die Weiterverarbeitung erfolgt. Man wird hier an die Informationsverarbeitung in Systemen erinnert, die nach den Prinzipien des *objektorientierten Designs* konzipiert sind. Man kann diese Aussage in dem Satz zusammenfassen: *Das Gehirn arbeitet datengetrieben* (data driven). Es werden also nicht Befehle abgearbeitet, die die erforderlichen Daten abrufen, sondern es laufen Daten ein, die die jeweils zuständigen Verarbeitungsroutinen anstoßen.

Unabhängig hiervon gilt, dass im Gegensatz zu einer Turingmaschine die Speicherzellen (Neuronen) im Gehirn nicht einzeln und unabhängig voneinnader belegt und abgefragt werden können. Vielmehr sind diese in Netzen untereinander verknüpft. „Was Neuronen tun, hängt von dem angrenzenden Neuronenkomplex ab, zu dem sie gehören" (Damasio 1997, S. 59). Aus diesem Grunde können auch nicht beliebige Programme im Gehirn gespeichert und zum Ablauf gebracht werden. Dass wir das (Meta-) Wissen über ein Programm als explizites Faktenwissen im Gehirn speichern und damit auch über die Funktion eines Programmes berichten und uns diese vorstellen können, darf nicht zu dem Fehlschluss verleiten, dass wir es auch ablaufen und als implizites Wissen zur Verhaltenssteuerung getreu seiner Anweisungen nutzen können.

Wenn wir also die Funktionsweise eines Fledermausgehirns in einem Programmcode beschreiben können, dann können wir diesen Code zwar in einem Computer, nicht aber in unserem Gehirn implementieren. Gesetzt den Fall, wir könnten den Input eines Fledermausgehirns bereitstellen, dann könnten wir sicher nicht uns bzw. unserem Gehirn das Erlebnis bescheren, „wie es ist, eine Fledermaus zu sein". Es ist aber durchaus denkbar, dass wir einem Computer zu diesem Erlebnis verhelfen könnten.

Wenn wir, etwa durch Beobachtung oder Übung, neue Bewegungsabläufe lernen, indem wir im Gehirn verfügbare „elementare Bewegungsbausteine" neu zusammensetzen (vgl. Buccino, G. et al 2004), erfolgt dies in einem Lernprozess und nicht „zur Laufzeit", d.h. bei Ausführung der beobachteten und gelernten Bewegung. Im Ausführungszeitpunkt sind die Bausteine bereits „verdrahtet". Eine offene Frage ist allerdings, wie „groß" die Bausteine sind, die das Gehirn bei neuartigen, bewussten Aktionen „in Echtzeit" neu zu sinnvollen Aktionen kombinieren kann. Hier sticht die Parallelität der Problemstellung zum „Zusammenbau" von Regelfolgen zu einer Problemlösung bei der KI durch den Inferenzmechanismus ins Auge. Die dabei kombinierten Regeln aus der Wissensbasis sind ebenfalls „mehr als" einzelne Computerbefehle (aus dem Befehlsvorrat), aber weniger als ein vollständiges Computerprogramm mit vorgegebenem Steuerfluss.

Damit stoßen wir auf die Frage, wie in der Evolution, ausgehend von „verdrahteten" Reaktionen und Instinkthandlungen, die zunehmende Flexibilität im Verhalten mit der Möglichkeit der situationsgerechten Reaktion auf Umweltereignisse implementiert wurde. „Wie lässt sich ... diese körperliche Kreativität erfassen, die sich offenbar in der Evolution entwickelt hat?" (Mainzer 2007a, S. 82).

Diese Frage wollen wir jetzt anhand der Entwicklung eines Kindes verfolgen. Die ***Entwicklungspsychologie*** nahm ihren Ausgang mit Analysen des Schweizer Entwicklungspsychologen Jean Piaget. Er unterschied vier Phasen (Piaget 1975), auf die wir uns im Folgenden beziehen:

- ***sensumotorische Periode*** (bis 2 Jahre)
  Anfangs reagiert ein Baby reflexartig mit Saugen und Greifen, also stereotypen Bewegungen, die nach wiederholter Anwendung zur Gewohnheit werden. Dann beginnt es, seine Umgebung raumzeitlich zu strukturieren und seine Bewegungen auf entfernte Objekte auszurichten, wobei Wahrnehmungen und sensomotorische Koordination die Steuerung und Kontrolle übernehmen. Schließlich bemerkt es, dass bestimmte Bewegungen angenehme Empfindungen herbeiführen und versucht, sie zu reproduzieren (operante Konditionierung). Anschließend lernt das Kind, dass Dinge auch dann existieren, wenn sie nicht mehr gesehen werden (Objektpermanenz) und beginnt nach versteckten Gegenständen zu suchen, die zunächst nur in der Vorstellung existieren. Schließlich erkennt es indirekte Zusammenhänge, wo Ursache und Wirkung nicht direkt, sondern über Zwischenstufen miteinander verknüpft sind. Dann kann es umgekehrt schlussfolgern, dass mit bestimmten Aktionen erwünschte Wirkungen (Vorstellungen) herbeigeführt werden können. Dies setzt Einsicht in die Zusammenhänge voraus und ermöglicht absichtsgesteuerte Handlungen (*sekundäre Zirkulärreaktion*) als Vorform von Intentionalität. Am Ende des ersten Lebensjahres können einzelne Aktionen gezielt kombiniert werden, um Ziele zu erreichen. Im nächsten Schritt lernt das Kind seine Handlungen systematisch zu variieren und aktiv zu experimentieren unter Einsatz von Hilfsmitteln und der Beseitigung von Hindernissen. Am Ende des zweiten Lebensjahres können sich Kinder dann im Geiste die Konsequenzen ihres Handelns vorstellen, also Probleme durch mentale Kombination lösen. Sie haben dann Vorstellungen von zu erwartenden Ereignissen. Konkretes Probieren wird dann durch geistiges Probieren ersetzt. Im nächsten Schritt folgt die Nutzung von Symbolen und Wörtern, um einen Bezug zu Objekten herzustellen. Dies ermöglicht die interne, geistige Repräsentation beabsichtigter Handlungen und deren zeitliche Aufschiebung. Bis zum dritten Lebensjahr wissen Kinder allerdings noch nicht,

woher ihr *Wissen* stammt. Sie glauben, dass sie Gelerntes immer schon wussten.

- ***präoperative Phase*** (2 bis 7 Jahre)
  Das Kind kann jetzt immer umfangreichere Handlungsfolgen im Geiste durchspielen, aber noch nicht deren Konsequenzen vollständig durchschauen. Insbesondere können sich Kinder in diesem Alter noch kaum in andere Personen und deren Sicht, Meinungen und Gefühle versetzen.
- ***Konkret operatives Denken*** (7 bis 11 Jahre)
  Das Denken bezieht sich in dieser Phase nicht mehr nur auf konkrete Objekte, sondern auf Klassen (Kategorien) von Objekten. Dies erfordert die Fähigkeit, bestimmte Eigenschaften einer Menge von Objekten zuzuordnen (alle Hunde bellen) und zwischen Teilmengen und sich ausschließenden Mengen zu unterscheiden. Jetzt entwickelt sich das *induktive Denken* und damit die Fähigkeit, aus konkreten Wahrnehmungen und Erfahrungen Verallgemeinerungen herzuleiten. Jetzt wird auch erkannt, dass gewisse Dinge aus unterschiedlicher Sicht betrachtet werden können und vorgestellte Abläufe im Geiste umgedreht werden können (welche Aktionen bewirken einen gewünschten Effekt?)
- ***Formal operatives Denken*** (ab 12 Jahren)
  Jetzt wird nicht mehr nur in Klassen von Objekten gedacht, sondern erstmals in abstrakten Symbolen und Begriffen. Dies können zum Beispiel physikalische Begriffe wie Kraft, Masse, Geschwindigkeit und ähnliche sein. Mit dem *formalen Denken* entwickelt sich die *Fähigkeit zur Deduktion.* Kinder lernen in diesem Lebensabschnitt, aus Prämissen Schlussfolgerungen im Sinne der *formalen Logik* zu ziehen. Dies ist die Basis, um vorhandenes Wissen auf neue Situationen zu übertragen.

Piagets Theorie besagt zusammenfassend, dass sich *Intelligenz* in mehreren aufeinander aufbauenden Stufen ausbildet und die Grenzen in der präoperativen Phase durch die Unfähigkeit bedingt sind, mehrere Informationen gleichzeitig zu berücksichtigen und zu kombinieren. Gegen diese Annahmen gibt es aber auch Einwände. Sie laufen vor allem darauf hinaus, dass sich die einzelnen Entwicklungsphasen für verschiedene intellektuelle Fähigkeiten überlappen, dass sich also beispielsweise die praktischen intuitiven Fähigkeiten zur Problemlösung schneller entwickeln als die theoretische Problemdurchdringung, dass Kinder anfangs von falschen Regeln ausgehen und dass sich der Entwicklungsstand von Kindern vor allem in ihrer Lernfähigkeit widerspiegelt und weniger in ihrem bereits erworbenen Können und Wissen.

Auf dieser Basis lässt sich eine allgemeine Sicht auf den Begriff der ***Intelligenz*** ableiten. „Trotz intensiver Erforschung der „Intelligenz" in den vergangenen hundert Jahren gehen die Auffassungen darüber, was unter Intelligenz zu verstehen ist, weit auseinander" (Funke/Vaterrodt-Plünnecke, S. 9). „Wir haben ... bis heute keine abschließende ***Theorie intelligenter Systeme***, sondern nur Beispiele ... von biologischen, neuronalen und kognitiven Systemen, Computern, Populationen und Gesellschaften mit mehr oder weniger intelligenten Eigenschaften" (Mainzer 2007a, S. 88).

Unsere These lautet: Intelligenz lässt sich als *Vektor in einem dreidimensionalen Koordinatensystem* auffassen und darstellen. Die Koordinaten repräsentieren in Anlehnung an Bild 12 (S. 106) die Abduktion, die Induktion und die Deduktion, womit zum Ausdruck gebracht wird, dass *Intelligenz ein Maß ist für effizientes Denken.* Intelligente Menschen sind zu Erkenntnissen fähig, wo die weniger Intelligenten einfach nur ratlos sind. Das Maß der Intelligenz ist dann gegeben durch die Länge des Vektors, während die Richtung des Vektors etwas über den Schwerpunkt der Intelligenz aussagt. Diese Sicht bringt Bild 17 zum Ausdruck. Intelligenz setzt sich bei dieser Betrachtung zusammen aus

IQ_A der ***Fähigkeit zur Klassifikation bzw. Abduktion***, also zur Mustererkennung und Kategorienbildung

IQ_I der ***Fähigkeit zur algorithmischen Komprimierung bzw. Induktion***, also zur Erkennung von Gesetzmäßigkeiten, deren Erfassung in Regeln und damit zur Hypothesenbildung und

IQ_D der ***Fähigkeit zur Extrapolation der erkannten Gesetzmäßigkeiten bzw. Deduktion***, also zur Ableitung von Schlussfolgerungen

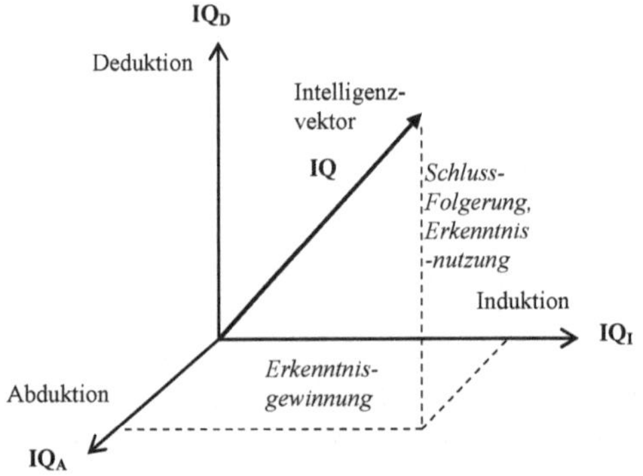

Bild 17: Darstellung von Intelligenz in Vektorform

Für die Größe des ***Intelligenzquotienten*** gilt dann

$$IQ = \sqrt{IQ_A^{\ 2} + IQ_I^{\ 2} + IQ_D^{\ 2}}$$

d.h. der Intelligenzquotient errechnet sich als Länge des Vektors IQ. Seine Richtung charakterisiert die ***Intelligenzschwerpunkte*** eines Probanden.

Angewandt auf zellulare Automaten würde also IQ_A die Fähigkeit charakterisieren, Dreiecke, Balken u.ä. in den Mustern zu erkennen, IQ_I die Fähigkeit, daraus die Gesetze abzuleiten, die diese Muster hervorbringen, und IQ_D die Fähigkeit, daraus die Weiterentwicklung des Musters vorherzusagen.

Aus dieser Sicht sind die in der Psychologie diskutierten unterschiedlichen ***Intelligenzarten*** (sprachliche Intelligenz, logisch-mathematische Intelligenz und so weiter) lediglich Spezialfälle. Unterschiedliche Leistungen bei den verschiedenen Intelligenzarten resultieren dann einfach nur daraus, dass die oben angegebenen drei Intelligenzkomponenten bei verschiedenen Intelligenzarten unterschiedlich gefordert werden und zudem Bildung und kultureller Hintergrund bei der Muster- und Regelerkennung eine Rolle spielen. Faire Tests müssten eigentlich unabhängig sein von Schulbildung und der Umgebung, in der die Probanden aufgewachsen sind. Dies erreicht man durch ***kulturneutrale Tests***, die nur mit Symbolen arbeiten und ohne Zahlen, Rechen-, Lese- und Schreibfähigkeit auskommen und die natürlich sprachneutral sein müssen. Insbesondere muss bei solchen Tests bei der Abduktion an die Stelle des ***Wiedererkennens*** (ich weiß was Primzahlen sind und erkenne deshalb, dass eine Zahlenreihe nur Primzahlen enthält; ich weiß was Fische und Säugetiere sind und weiß deshalb, dass unter den angegebenen Meerestieren der Delphin kein Fisch ist usw.) ein ***Neuentdecken von bisher Unbekanntem*** treten. Es dürfen also keine kultur- oder artenspezifische Begriffe bzw. Prototypen zur Problemlösung vorausgesetzt werden. Ein Beispiel für ein Muster das dieser Anforderung genügt, ist eine Folge von kurz/lang Signalen, die visuell, auditiv, taktil o.a „verabreicht" werden und die einer bestimmten, zu erkennenden Gesetzmäßigkeit folgen. Nur dann ist sichergestellt, dass Intelligenztests tatsächlich ***Intelligenz*** messen und nicht ***Kompetenz***, die zusätzlich ein Hintergrundwissen mit einschließt, über das künstliche Systeme und viele Tiere nicht verfügen.

Intelligenz setzt kein Bewusstsein voraus, denn auch die Fähigkeit *logische Wahrheiten* abzuleiten, die ohne Bezug zu einer externen Wirklichkeit sind (z. B. mathematische Beweise), erfordern Intelligenz.

Unser Ansatz öffnet die Tür für die Entwicklung derartiger Tests, in die neben Menschen unterschiedlichen Alters und unterschiedlicher kultureller Herkunft auch Tiere und künstliche Systeme einbezogen werden können. Dann müssen die Tests so konstruiert werden, dass die Erkennung von Mustern (Abduktion), die Erkennung von Beziehungen bzw. Regelhaftigkeiten innerhalb und zwischen Mustern (Induktion) und die Fähigkeit daraus Schlussfolgerungen z. B. für die Weiterentwicklung von Mustern abzuleiten (Deduktion) von den Spezifika einzelner Sinnesorgane entkoppelt wird, so dass es nur noch auf die Komplexität der Muster und der Regelhaftigkeiten in den Mustern ankommt und nicht mehr auf die Art ihrer Repräsentation (visuell, auditiv, taktil u.ä.).

Die dahinter stehende, hier aber nicht im Detail weiter verfolgte Idee ist, dass sich für Abduktion, Induktion und Deduktion jeweils Maßzahlen angeben bzw. ableiten lassen, die aus der Theorie komplexer Systeme stammen. „Rechenaufwand und Rechenzeit ... sind Maßstäbe für die Komplexität von Problemen. In der Komplexitätstheorie können daher Probleme nach Graden der Berechenbarkeit und Entscheidbarkeit klassifiziert werden" (Mainzer 2003b, S. 9). „Komplexitätsklassen von Problemen werden nach Komplexitätsgraden unterschieden, mit denen die Rechenzeit (oder die Anzahl elementarer Rechenschritte) von Algorithmen (oder Maschinenprogrammen) in Abhängigkeit von der Länge ihres Inputs bestimmt wird. Die Länge des Inputs kann durch die Anzahl ihrer dezimalen (oder binären) Einheiten gemessen werden" (Mainzer 2003b, S. 40). Die quantitative Ermittlung von Komplexitätsgraden für konkrete Aufgaben mag sich zwar in der Praxis als schwierig erweisen, aber der umgekehrte Ansatz, Klassifizierungsaufgaben, Aufgaben zur Erkennung von logisch/kausalen Gesetzmäßigkeiten und zur Ableitung von Schlussfolgerungen so zu konstruieren, dass sie ein bestimmtes Maß an Komplexität aufweisen, erscheint erfolgversprechender. Die in Zusammenhang mit Bild 11 (S. 102) diskutierten Erkenntnisebenen bieten einen ersten Ansatz hierfür. Bei diesem Ansatz kann die Komplexität von der Art der Sinneswahrnehmung und von begrifflichen Vorkenntnissen entkoppelt werden. Außerdem bietet dieser Ansatz die Möglichkeit, ein Intelligenzmaß rein formal abzuleiten und auf statistische Erhebungen (beim derzeitigen Intelligenzquotient) zu verzichten, was übergreifende Vergleiche ermöglicht.

Die Intelligenz eines Probanden leitet sich dann nur noch daraus ab, ob (und ggf. in wie vielen Schritten bzw. in welcher Zeit) er neuartige Probleme unterschiedlicher Komplexität zu lösen vermag, und ob der Intelligezschwerpunkt im Bereich der Abduktion, Induktion oder Deduktion liegt.

Intelligente Problemlösung (z. B. auch bei der Lösung von Aufgaben in einem Intelligenztest) läuft stets in drei Stufen ab (was auch bereits Bild 12 (S. 106) zum Ausdruck brachte):

1. Merkmalsanalyse und Bildung von Kategorien (Abduktion)
2. Erkennung von Gesetzmäßigkeiten durch Induktion und Assoziation
3. Ableitung von Schlussfolgerungen durch Deduktion d.h. Neukombination der erkannten Regeln

Jetzt wird deutlich, dass die geistige Entwicklung der Lebewesen und auch des Menschen (s.o.) genau in dieser Reihenfolge abläuft. „So geht dem „Entdecken“ allgemeiner Gesetze häufig das Erkennen von Mustern und regulären Eigenschaften in endlich vielen vorgegebenen Daten voraus“ (Mainzer in Strombach/Tauber 1985, S. 47).

Hier ist erwähnenswert, dass Personen, die bei Intelligenztests gute Leistungen erbringen, für den 1. und 2. Schritt prozentual mehr Zeit aufwenden als andere Personen. Dafür können sie dann aber auch schnellere und bessere Schlussfolgerungen ziehen (3. Schritt). Sie verwenden also mehr Zeit, um das Problem vollständig zu erfassen und treffen erst dann, dafür aber schneller, ihre Entscheidung. D.h. sie erstellen (i.d.R. intuitiv) Hypothesen, die sie dann systematisch zu verifizieren bzw. zu falsifizieren versuchen). Probanden mit geringem IQ springen dagegen zwischen verschiedenen Hypothesen und zwischen der Kreation und Überprüfung von Hypothesen unsystematisch hin und her (vgl. z. B. Dörner 1992). Menschen mit einem hohen IQ grenzen im Gegensatz dazu Hypothesen systematisch ein und aus. Sie verfügen m.a.W. über ein besonders gutes Methoden-Wissen, was analog auch für KI-Systeme gilt. *Problemlösen ist* also *ein iterativer Prozess* mit Rückkopplungen.

In der Informatik lief die Entwicklung genau in der umgekehrten Richtung. Die Intelligenz von KI-Systemen ist beispielsweise sehr „deduktivlastig". Der Musterabgleich (Pattern-Match) ist nur eine Mustererkennung ohne Fähigkeit zur Klassifikation. Auch die Fähigkeit zur Induktion finden wir nur in ersten Ansätzen. Gängige KI-Systeme erwerben ihr Wissen nicht selbst, es wird vielmehr bei Experten eines Fachgebiets abgefragt und damit dann die Wissensbasis „gefüttert".

Was Mensch und Tiere scheinbar mühelos beherrschen, das Erkennen spezifischer Muster (zunächst nur Merkmale, am Ende der Entwicklung Objekte mit bestimmten Merkmalen) innerhalb ihrer Wahrnehmungen, stellt die Informatik vor neue Herausforderungen.

Die Ableitung von sekundärem Wissen aus primärem Wissen nach vorgegebenen Regeln, und damit das menschliche Denken (sofern es logisch abläuft), ist relativ einfach nachvollziehbar, wenn die Ableitung in einzelnen Schritten erfolgt und die Regeln bekannt sind. Umgekehrt kann es, wie bereits oben ausgeführt, schwierig sein, instinktives Verhalten bei Tieren zu erklären. Während also, etwa in der Terminologie von Piaget, künstliche Systeme das *formal operative Denken* schon weitgehend beherrschen, sind sie noch weit davon entfernt, die Fähigkeiten nachzuvollziehen, die Kinder am Ende der *sensumotorischen Periode* (mit 2 Jahren) mühelos bewältigen, und zwar noch vor der Ausbildung des Selbstbewusstseins. Dies verleitet Philosophen mitunter dazu, den heutigen künstlichen Systemen eine gewisse, angeblich nicht zu behebende „Minderwertigkeit" zuzuschreiben.

Man kann die ***Fähigkeit zur Abduktion und Induktion*** auch als ***Fähigkeit zum Wissenserwerb*** über externe Sachverhalte (primäres Wissen) bezeichnen, während die ***Fähigkeit zur Deduktion*** die ***Fähigkeit zur Nutzung dieses primäre Wissen*** charakterisiert. Die Nutzung kann der *Ableitung von sekundärem Wissen durch Schlussfolgern* (Wissensmanipulation) oder der *Ableitung geeigneter Aktionen in einer wahrgenommenen Umwelt* (Umweltmanipulation) dienen, man kann auch sagen, zur *Handlung in einer Vorstellungswelt oder in der realen Welt*. Eine Verbesserung des Wissens über die Welt ermöglicht dann auch zunehmend angemessenere Aktionen in dieser Welt, wie die Evolution der Lebewesen zeigt.

Diese Zusammenhänge wurden in der Informatik erst deutlich bei der Entwicklung von Robotern, die mit ihrer Umwelt interagieren. Jetzt zeigte es sich, dass die Wissensabfrage von Experten als Basis nicht ausreicht für die Entwicklung von Weltmodellen, die es den Systemen ermöglichen, eigenständig sinnvoll zu agieren, u.a. weil die Experten nicht wissen, was sie alles wissen und auch nur unzureichend über die Herkunft ihres Wissens Auskunft geben und es auch nur begrenzt begründen können. Unabhängig davon handelt es sich dabei auch meist um unscharfes Wissen, bei dem nicht angegeben werden kann, unter welchen Bedingungen es zutrifft und wann nicht. Wichtig ist auch, dass solche Systeme mit Expertenwissen „gefüttert" werden müssen, man aber Systeme wünscht, die ihr Wissen selbst „aquirieren" können. Sie müssen dazu von sich aus aktiv werden können und benötigen deshalb einen Körper, der mit der Umwelt interagiert und so Erfahrungen sammelt. Die Erfahrungen sammelt zunächst der Körper in Form von implizitem Wissen, das sich in angemessenen Reaktionen auf Umweltreize zeigt, in einer späteren Stufe das Gehirn in Form von explizitem Wissen über die Interaktion des Körpers mit seiner Umwelt.

Dies ist die Geburtsstunde des ***Soft Computing***. „Hard Computing eignet sich besonders zur Programmierung von Rechenverfahren und der Simulation logischen Denkens, Planens und Entscheidens. Demgegenüber strebt Soft Computing die Simulation des flexiblen und fehlertoleranten Reagierens, Bewegens und Wahrnehmens an, das vor allem mit motorischen und sensorischen Leistungen des Gehirns verbunden ist und als »präintelligent« bezeichnet wird" (Mainzer 2007a, S. 84).

Bei Wahrnehmungen, d.h. bei der Abduktion und der Induktion geht es vor allem um die Erkennung von Mustern und um Verallgemeinerungen. Denen werden dann Begriffe oder Symbole zugeordnet, oder auch nur Prototypen, die als Stellvertreter für eine Klasse von Objekten oder Ereignissen dienen. Für erkannte Muster und Zusammenhänge können ***Chunks***, das sind ***Superzeichen***, gebildet und diesen neue Begriffe zugeordnet werden. Dadurch können Wahrnehmungen bekannten Objekten, Erlebnissen und Gesetzmäßigkeiten zugeordnet und mit diesen assoziiert werden. Chunks sind die funktionale Verarbeitungseinheit des aktivierten Gedächtnisses. „Nehmen wir den Chunk als Untersuchungseinheit, dann zeigt sich übereinstimmend, dass fünf bis sieben Chunks dem Umfang des aktivierten Gedächtnisses entsprechen" (Kail/Pellegrino 1989, S. 78). Auf einer höheren Ebene können wir für erkannte Muster, Zusammenhänge und Gesetze auch neue ***Chunks*** bilden und diesen neue Begriffe zuordnen. Beispiele hierfür sind Begriffe wie Multiplikation, Addition, Information, Energie, Treue, Klassik, Impressionismus und ähnliche. Solche aus erkannten Mustern selbst abgeleiteten ***abstrakten Klassen***, die wir auch beim objektorientierten Systemdesign kennen, können als ***selbst geschaffene Hypothesen*** im Gehirn verankert werden und ermöglichen dann die Zuordnung bestimmter Wahrnehmungen zu entsprechenden ***Vorstellungskategorien***. Auf diese Weise entsteht die für Laien unverständliche ***Fachterminologie*** der Experten.

Intelligente Menschen und Experten verfügen über ein großes Repertoire an Chunks und können daher auch noch in solchen Wahrnehmungen Bekanntes wiedererkennen, die für andere Menschen unverständlich bleiben. Ray Kurzweil meint: Der Schlüssel zur Intelligenz ist das Wissen um das, was nicht berechnet werden muss. Der Erfolgreiche ist nicht notwendigerweise der bessere Problemlöser: Vielmehr sagt ihm seine gut trainierte Mustererkennung, welche Probleme zu lösen sich lohnt.

Diesen Gedankengang veranschaulicht Bild 18. Wir sehen eine Ansammlung von Regeln, nicht aber deren Verknüpfung.

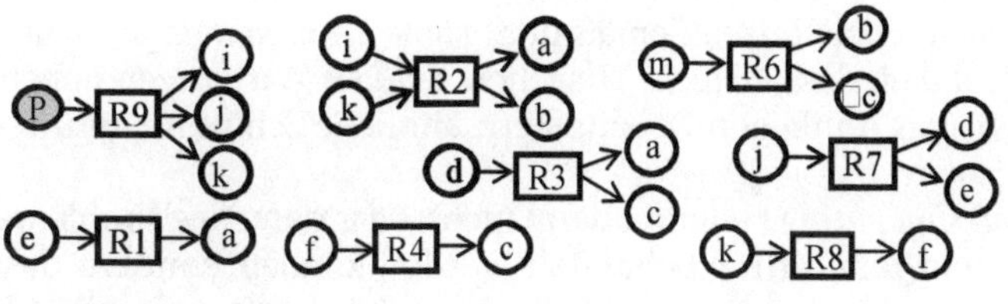

Bild 18: Erfahrungsschatz in Form einer Ansammlung von Regeln Ri

Gefragt ist, welche Konsequenzen sich aus der Prämisse P ergeben. Ein Laie wird versuchen, durch unsystematisches „Probieren" aus den einzelnen logischen Abhängigkeiten einen Gesamtzusammenhang abzuleiten. Ein Spezialist, dem Problemstellung und Lösung bekannt sind, weiß unmittelbar (aus Erfahrung), dass a, b und c aus P folgen (Bild 19). Er hat diesen Zusammenhang in seinem Wissen als ***Superzeichen*** (***Chunk bzw. Skript***) abgelegt.

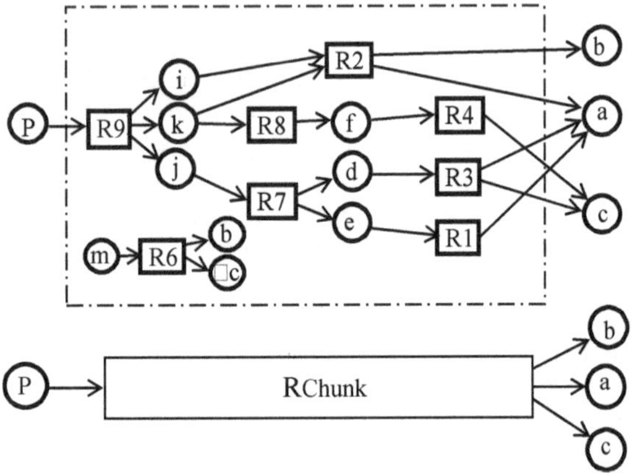

Bild 19: Komprimierung logischer Schlussfolgerungsketten in Chunks

Normalerweise leiten wir Konsequenzen nicht aus einer einzigen Prämisse oder nur einem Reiz ab, sondern aus einer bestimmten Kombination solcher Reize. Gemäß dem *starken Kausalitätsgesetz* unterstellen wir dabei, dass *ähnliche* Ursachen *ähnliche* Wirkungen haben, bzw. dass wir aus ähnlichen Reizmustern ähnliche Schlussfolgerungen ziehen können.

Soft Computing bedeutet dann nicht, dass derartige Probleme nicht mit Regeln rein formal behandelt werden können, sondern dass eine Wahrnehmung durch Abduktion einem bestimmten Symbol, Begriff oder Prototyp zugeordnet werden muss, und dies mit einer gewissen Fehlertoleranz verbunden ist (Denken in Begriffen und Gruppenvertretern und nicht in Individuen). Die Ungenauigkeit, Unschärfe oder Fehlertoleranz steckt also nicht in der (unscharfen) Verarbeitung, sondern darin, dass unscharf voneinander abgegrenzten Inputmustern eindeutige und manipulierbare Symbole zugeordnet werden müssen, die stellvertretend für eine ganze Klasse von untereinander ähnlichen Entitäten stehen. Beispielsweise ist *Fuzzy Logik* eben nicht durch unscharfe Regeln gekennzeichnet, sondern durch exakte Regeln für den Umgang mit unscharf voneinander abgegrenzten Klassen! Im Gehirn werden solche unscharfen, in sich unstimmigen Wahrnehmungen mit internen Hypothesen abgeglichen und erst dann das in sich stimmig gemachte Resultat dem Vorderhirn zur „Weiterbearbeitung" präsentiert. Neglect-Phänomene zeigen, wie stark Wahrnehmungen dabei u.U. „normalisiert" werden. Bezogen auf Bild 17, S. 138 heißt das, dass die Erkenntnisgewinnung die Entscheidung für eine Hypothese bei

„unscharfem" Input beinhaltet und diese Hypothese dann der Erkenntnisnutzung zur Verfügung stellt. Daher ist Erkenntnisgewinnungsfähigkeit (das ist mehr als reine Merkmalerkennung) ein Kriterium für Intelligenz, setzt aber kein Bewusstsein voraus.

Die Methode der Bildung von Chunks wird besonders deutlich bei Schachgroßmeistern. Sie haben zig-Tausende von Stellungen analysiert und sich nur die relevanten alternativen Aktionen bei bestimmten Stellungen gemerkt. Sie vergleichen dann in einem Prozess der Mustererkennung eine konkrete Stellung mit ähnlichen, ihnen bekannten Stellungen und wissen sofort, worauf sie zu achten haben. Während für den Schachneuling ein Chunk einer Einzelfigur entspricht, fasst ein erfahrener Spieler in einem Chunk eine ganze Figurenkonstellation zusammen (Kail/Pellegrino 1989, S. 78). Daraus fogt aber nicht, entgegen einer weit verbreiteten Meinung, dass Schachgroßmeister anders vorgehen, bzw. genauer gesagt, dass sie bei der Sammlung ihres Erfahrungsschatzes anders vorgingen, als ein Neuling oder ein Schachcomputer. Beim Schachgroßmeister ist lediglich das explizite Wissen in ein implizites Wissen überführt worden! Was für das Erlernen körperlicher Fähigkeiten (Automatisierung durch Übung) zutrifft, gilt analog auch für das Lernen geistiger Fähigkeiten. Die Bildung von Chunks überführt also explizites in implizites Wissen. Zudem verlagert sie Problemlösung von der Deduktion, d.h. dem logischen Schlussfolgern, weg in Richtung Abduktion, d.h. in Richtung Wiedererkennung von Mustern bzw. Bekanntem, basierend auf Riedls Hypothese vom Vergleichbaren. Und diesen Übergang charakterisiert auch die Schwerpunktverlagerung der Informatik vom Hard Computing zum Soft Computing.

Jetzt wird auch deutlich, dass die Vorstellung, menschliches Denken sei grundsätzlich nicht maschinell abbildbar, falsch ist. Richtig ist, dass die Methode der Effizienzsteigerung durch Chunk-Bildung in der Informatik bisher noch nicht (ausreichend) genutzt wurde.

Das bisher Gesagte lässt sich weiter verallgemeinern, wenn man die Ausbildung von Chunks als einen Prozess betrachtet, der in mehreren Stufen abläuft und der sich nicht auf körperliche Fähigkeiten beschränkt, sondern auch Gedanken und sogar (sekundäre) Gefühle (in der Terminologie von Damasio) einschließt. Der Vorgang läuft stets in drei Stufen ab.

1. Detailliertes, aktives explizites Wissen: ich weiß, Schritt für Schritt, wie ich es mache, d.h. wie ich vorgehe bzw. welches die auslösenden Faktoren für meine Gefühle sind und warum
2. Globales, inaktives explizites Wissen: ich weiß, dass ich meine Fähigkeiten und Kenntnisse Schritt für Schritt durch Übung,

Schlussfolgern bzw. konkrete Erfahrungen erworben habe bzw. dass meine Gefühle (z. B. Ängste) aus konkreten Erfahrungen resultieren

3. Automatisiertes, implizites Wissen (in Chunks): ich weiß, dass ich es kann, dass ich es weiß, dass es bestimmte Gefühle auslösen wird, ohne die Gründe dafür im Einzelnen angeben zu können. Wir sagen: das kann man doch, das weiß man doch, das spürt man doch, das ist selbstverständlich, ohne dass wir noch wissen warum.
4. Man darf hier nicht vorschnell folgern, dass es sich bei den Stufen 2. und 3. um ein Wissen oder Können handelt, das nicht regelhaft und damit auch nicht maschinell abbildbar ist. Richtig ist, dass es *nicht regelgeleitet, sondern nur regelhaft* ist. D.h. es entsteht nicht durch gezielte Anwendung von Regeln, sondern nur durch heuristische Wenn (Muster x) - Dann (Aktion y) Zuordnungen, die im Einzelnen nicht begründet werden können. Wir versuchen also Probleme mit *anschaulichen Vorstellungen* einer Situation zu verknüpfen, die möglichst einem Bezug zu einer ähnlichen bekannten Situation hat, um sie auf dieser Basis zu lösen. Die dahinter stehende Regelhaftigkeit, d.h. die Gesetze, mit denen sich eine Erklärung ableiten lässt, müssen retrograd erschlossen werden.

Das Wissen von Experten ist oft dadurch charakterisiert, dass diese die Zwischenschritte zwischen den Ausgangsbedingungen und ihren Folgerungen nicht mehr kennen. Sie haben ein großes ***Erfahrungswissen***, wissen aber nicht mehr, woher ihre Erfahrungen stammen. Daher ist es meist auch schwer, ihr Wissen, oder besser gesagt, die Grundlagen ihres Wissens, „abzuzapfen“ und in eine Wissensbasis zu überführen. Die Vorstellung, Expertenwissen folge keinen Regeln, bzw. lasse sich nicht auf konkrete Erfahrungen zurückführen, ist also falsch. Die Regeln sind lediglich verinnerlicht, das heißt vergessen worden. Rein äußerlich haben die Experten einen großen Schatz an einzelnen Erfahrungen, dessen interne Querbeziehungen aber schwer aufzudecken sind. Dies gilt analog für das Erfahrungswissen aller Menschen. Und oft werden dann Dinge „aus Erfahrung“ für wahr und richtig gehalten, die sich leicht als Vor- oder Fehlurteile entlarven ließen, wenn es nur möglich wäre, ihr Zustandekommen nachzuvollziehen und ins Bewusstsein zurückzuholen.

Vereinfacht ausgedrückt gehen wir beim Problemlösen also wie folgt vor: man bildet sich ein ***mentales Modell*** der gesamten Situation, ausgehend von den Prämissen, versucht also sich die Situation vorzustellen, und prüft dann, ob die Schlussfolgerung falsch sein könnte. Findet man keinen Widerspruch zu den Prämissen (in Form von Gegenbeispielen), dann hält man die Schlussfolgerung für richtig. Der Mensch wendet also bei der ***Problemlösung*** nicht formale Regeln an, sondern versucht das Problem mit ***anschaulichen Vorstellungen*** der entsprechenden Situation, die möglichst einem Bezug zu einer ähnlichen bekannten Situation hat, zu verknüpfen, und auf dieser Basis zu lösen. ***Dieser Ansatz ist charakteristisch für das nichtsprachliche Denken***. An die Stelle des Denkens und Handelns nach Regeln tritt dann das ***inhaltliches Schließen***. Dieses setzt wiederum ein ***Abstrahieren*** voraus, das heißt die Fähigkeit, wesentliche Merkmale zu extrahieren und sich nur auf diese zu beschränken. Auf dieser Basis wird dann eine aktuelle Situation mit bereits bekannten Situationen (Prototypen) verglichen und bei ausreichender Übereinstimmung deren Übertragbarkeit auf einen konkreten Fall akzeptiert und vorgenommen. ***Denken ist also zwar regelhaft ist, aber nicht regelgeleitet*** (s.o.).

Bei einer Analyse der Entscheidungsprozesse in Bürokratien stieß Herbert Simon auf das Prinzip der ***„Eingeschränkten Rationalität“*** (Newell; Simon 1972). Er stellte fest, dass:

- (aus Aufwandsgründen) nicht alle Alternativen aufgespürt und bewertet werden, sondern nur eine begrenzte Anzahl betrachtet wird,
- bereits im Voraus festgelegt wird, welches die Annahmekriterien für eine brauchbare Lösung sind, und dann die erstbeste Lösung, die diese Kriterien erfüllt, ausgewählt wird,
- Probleme vor allem mit Näherungslösungen und Kochbuchrezepten angegangen werden.

Generell arbeitet der Mensch häufig nach Faustregeln. Daraus wurden auch für maschinelle Problemlösungen so genannte ***heuristische Vorgehensweisen*** entwickelt, die diese Methode nachahmen. Gerd Gigerenzer und seine Kollegen haben beobachtet, dass Menschen ihre Entscheidungen häufig nach simplen Heuristiken reffen, die wir von unseren Vorfahren, den afrikanischen Steppenbewohnern, unbewusst geerbt haben und auf heutige Situationen übertragen. An die Stelle logischer Überlegungen treten dann ***„Erkennungs- und Imitationsheuristiken“*** wie: nimm oder iss nur Dinge, die Du kennst; vertraue nur Artgenossen, mit denen Du positive Erfahrungen gesammelt hast; verhalte Dich so, wie die Mehrheit Deiner Bekannten; Gehe nur in Restaurants, die gut besetzt sind und ähnliche.

Wir entscheiden in solchen Situationen „aus dem Bauch heraus" bzw. nach Gefühl. Wenn es sich dabei, wie bei niederen Tieren, um reine emotionale Reaktionen auf einen spezifischen Reiz handelt (Erkenntnisebene 1 in Bild 11, S. 102), treffen wir auf die unterste Stufe *emotionaler Intelligenz*, wenn ein Lebewesen in der Lage ist, bestimmte Zusammenhänge durch *operante Konditionierung* zu lernen. Handelt es sich nur um phylogenetisch verankerte Reiz-Reaktionsprozesse, sollte man nicht von emotionaler Intelligenz sprechen. In ihrer höchsten Ausprägung zeigt sie sich in der Fähigkeit, aus komplexen Situationen (= Mustern) emotional sofort die möglichen Konsequenzen auf Basis eines impliziten (in Chunks hinterlegten) Wissens ableiten und darauf angemessen zu reagieren (z. B. Angriff oder Flucht). Führen solche Muster nicht direkt zu einer Reaktion, sondern erhöhen lediglich die Disposition für eine Reaktion (z. B. erhöhter Adrenalinspiegel), wird diese Disposition zu einem *erlebten Gefühl*. Wir können dann gefühlsmäßig eine Situation einschätzen, noch ehe wir reagieren. Dies ermöglicht die gefühlsmäßige Bewertung von bewusst erlebten Handlungsalternativen.

In kurzfristig zu lösenden Konfliktsituationen haben sich die genannten Verhaltensweisen in der Evolution bewährt und unser Überleben sichergestellt. Sie tragen dem Faktum Rechnung, dass wir maximal sieben (± zwei) Gedächtniseinheiten auf einmal aktivieren können. Eine größere Anzahl haben wir nicht gleichzeitig (als aktives explizites Wissen) verfügbar, das heißt, wir müssen bei einer schnellen Problemlösung mit den verfügbaren Gedächtniseinheiten (Ressourcen) auskommen, wenn nicht genügend Zeit zur Verfügung steht, um nach weiterem Wissen im Gedächtnis zu suchen.

Bei den so genannte *Savants* stößt man oft auf ein obskures Faktenwissen. Ein solches „Gedächtniswunder" ist Kim Peek aus Salt Lake City. Mit 4 ½ Jahren konnte er bereits die ersten acht Bände einer Lexikareihe auswendig. Er hat zwischenzeitlich 12000 Bücher gelesen und kein Wort davon vergessen. Er liest jeweils zwei Seiten parallel in acht Sekunden. Er kennt alle Vorwahlnummern und Highways der USA und die Wochentage zu allen Kalendertagen eines Zeitraums von 2000 Jahren. Aber er kann sich nicht selbst anziehen und sein Vater muss ihm die Zähne putzen. Bei Savants werden Wahrnehmungen und Wissensinhalte nicht zu Chunks verdichtet und mit internen Hypothesen abgeglichen, die bei normalen Menschen bestimmen, was sie wahrnehmen, vergessen und woran sie sich erinnern. Savants sehen die Welt wie sie ist, als eine Ansammlung von Details, die immer wieder neu sind und sich nicht wiederholen.

3.2 Geist, Physik und physikalisch verankerte Repräsentationen

Eine der Kernfragen der Philosophie des Geistes lautet: können mentale Eigenschaften auf physische zurückgeführt werden, oder gibt es auch nichtphysische immaterielle Entitäten?

Der ***Physikalismus*** behauptet, dass alle Tatsachen physikalische Tatsachen sind. Allerdings meint Beckermann „Im Augenblick fehlen uns die begrifflichen Mittel, um zu verstehen, wie der Physikalismus wahr sein kann" (Beckermann 1999, S. 376). „Der Einsicht, dass mentale Phänomene physische Phänomene sein *müssen*, steht der Eindruck entgegen, dass wir nicht verstehen, wie sie es sein können" (Bieri 1987, S. 51), denn Bewusstseinszustände werden von uns radikal anders erlebt als Dinge und Vorgänge in der materiellen Welt.

Diese Aussage ist problematisch, da wir ja nicht unser Bewusstsein erleben, sondern die Dinge und Vorgänge in der Welt (auch die in unserem eigenen Körper) mithilfe unseres Bewusstseins. Bewusstseinszustände haben stets einen propositionalen Gehalt, und dieser bezieht sich auf die Dinge und Vorgänge der Welt. Mit Hilfe meiner Bewusstseinszustände erlebe ich die Zustände und Vorgänge in meinem Körper und in der Welt. Bewusstseinszustände sind deshalb Hilfsmittel zur Repräsentation der Welt. ***Bewusstseinszustände werden nicht als solche erlebt, sondern als das was sie repräsentieren.*** Die Frage ist dann, wie wir den Unterschied zwischen der realen Welt und deren Repräsentation erkennen können. Die Antwort lautet: dadurch, dass wir die Repräsentation im Geiste manipulieren können, die reale Welt dagegen nur mit Hilfe unseres Körpers, und sie setzt seiner Einwirkung einen gewissen Widerstand entgegen (actio/reactio). Zu dieser Unterscheidung sind nur Lebewesen fähig, die über explizites Wissen verfügen, nicht aber „Reiz-Reaktionsmaschinen". Unsere These lautet daher, dass Lebewesen zum ersten Mal erkennen, dass ihre Wahrnehmungen sich nicht nur auf irgendein erkanntes Muster beziehen (wie etwa bei herkömmlichen Expertensystemen der KI), sondern dass diese Muster etwas „Externes" repräsentieren, d.h. einen propositionalen Gehalt besitzen, wenn diese Muster eine *Bedeutung* erlangen, d.h., wenn sie Konsequenzen nach sich ziehen bzw. ziehen können, die sich nicht allein aus dem Muster ableiten, sondern aus einem externen Einfluss auf dieses Muster. Nach außen hin erkennbar wird dieser Übergang bei Lebewesen, wenn sie *konditionierbar* werden. Sie lernen dann, mit bestimmten Reizen *Erwartungen* zu verknüpfen und darauf vorbeugend zu reagieren. Die Erkennung logischer (räumlicher) Abhängigkeiten wird dann um die Erkennung kausaler (zeitlicher) Anhängigkeiten ergänzt.

Beckermanns Aussage: "Wir haben gesehen, dass der Versuch, mentale Ausdrücke in physikalischer Sprache zu definieren, scheitert und scheitern muss" (Beckermann 1999, S. 98), können wir jetzt wie folgt kommentieren:

1. mentale Ausdrücke entsprechen den Zeichen in Kapitel 1.1, die zugehörige physikalische Sprache bezieht sich dagegen auf den physikalischen Träger, die Signale. Und hier gilt, dass Zeichen mit unterschiedlichen physikalischen Trägern auf unterschiedliche Art codiert werden können. Mentales lässt sich daher prinzipiell nicht auf ganz spezifische physikalische Phänomene zurückführen.
2. Was sollen Bewusstseinszustände anders sein als Erlebnisse der physikalischen Dinge und Vorgänge in der materiellen Welt. Die Dinge in der Welt sind nicht farbig, schwer, hart und rund, sondern sie werden von uns so wahrgenommen und erlebt. Und analog werden bestimmte Körperzustände von uns als Hunger oder Schmerz erlebt. Wenn wir dasselbe Phänomen einmal mit physikalischen oder chemischen Mitteln und einmal als mentales Erlebnis beschreiben, beschreiben wir es tatsächlich in beiden Fällen als etwas Mentales. Denn wenn wir beispielsweise Temperatur einmal als Gefühl und einmal als Bewegung von Molekülen beschreiben, dann ist die Vorstellung von bewegten Molekülen ebenfalls eine visuelle Vorstellung, und zwar die von etwas Rundem, Bewegten usw. (Laiensicht). Die eigentliche Frage ist also die, wie die eine Wahrnehmungsform vom Gehirn in die andere transferiert, d.h. umcodiert und nicht, wie Physikalisches in Mentales überführt wird. Wir erleben zwar beides unterschiedlich, aber darin drückt sich ja gerade aus, dass es sich in beiden Fällen um *Erlebnisse* handelt! Der Unterschied ist nicht anders, als wenn wir Musik einmal in Form von Tönen auditiv wahrnehmen, ein anderes Mal in Form von Luftschwingungen visualisieren und schließlich noch die Schwingungen einer Lautsprechermembran taktil erleben. In allen Fällen handelt es sich um unterschiedliche Wahrnehmungsmodalitäten desselben Phänomens. Und sicherlich hat die Evolution deshalb unterschiedliche Wahrnehmungsmodalitäten für die Phänomene der Welt gewählt, weil wir auf sie auch un-

terschiedlich zu reagieren haben. Dies liefert z. B. die Erklärung dafür, dass wir bestimmte Frequenzen elektromagnetischer Wellen als Licht, andere dagegen als Wärme erleben.

Aus Sicht der ***Identitätstheorie*** sind mentale Zustände mit physischen Gehirnzuständen identisch. Die Philosophie meint allerdings, dass neurobiologische Erkenntnisse die Entstehung mentaler Phänomen nicht beantworten können. Diese These ist von Joseph Levine als ***Erklärungslücke*** deklariert worden.

Michael Pauen beschreibt das Erklärungslückenphänomen wie folgt: „Ausgangspunkt ist dabei die Intuition, dass auch ein vollständiges Wissen über die neuronalen Prozesse im Gehirn nicht erklären würde, warum Bewusstsein entsteht, insbesondere scheint dabei offen zu bleiben, warum Zustände des so genannten phänomenalen Bewusstseins wie Schmerzen, Farbempfindungen oder Furchtzustände so erfahren werden, wie das nun einmal der Fall ist" (Pauen 2001, S. 94). David J. Chalmers schreibt analog: „Offensichtlich geht subjektives Erleben aus einem psychochemischen Prozess hervor - aber wir haben keine Ahnung, wie oder warum" (Chalmers 1996, S. 42). Hier wird also ganz richtig Wert darauf gelegt, dass mentale Zustände eben nicht mit physischen identisch sind, sondern von diesen hervorgebracht werden. Manche Philosophen (Dennett, McGinn, Nagel) glauben, dass es für diese Erklärungslücke grundsätzlich keine Erklärungsmöglichkeit gibt. „Das Problem am Materialismus ist, dass er versucht, den Geist aus Eigenschaften zu konstruieren, die ungeeignet sind sich zu Geistigkeit kombinieren zu lassen" (McGinn 2001, S. 42).

Für den ***eliminativen Materialismus*** lösen sich die Probleme durch die Behauptung, dass es gar keine mentalen Zustände gibt (P.M. Churchland). Bewusstseinszustände sind dann einfach nur ein Artefakt der Alltagspsychologie (vgl. z. B. Pauen, M. 2001, S. 97). Für den ***funktionalen Materialismus*** dagegen sind mentale Zustände beobachtbare funktionale Zustände im Gehirn (vgl. z. B. Pauen, M. 2001, S. 128). Diese sind nach H. Putnam und J. Fodor über ihre kausale Rolle definiert und können auf unterschiedliche Weise physikalisch, also auch mit funktional definierten Computern, realisiert werden (Beckermann, A. 1999, S. 141ff).

An dieser Stelle sei kurz angemerkt, dass allein schon der Begriff „funktionaler Zustand" ein Widerspruch in sich selbst ist. Funktionen wandeln Zustände ineinander um, und dürfen deshalb nicht mit Zuständen gleichgesetzt werden. Es stellt sich dann die Frage, ob mentale Zustände aus physikalischen Zuständen selbst oder aus der *Umwandlung* von bestimmten physikalischen Zuständen in andere physikalische Zustände hervorgehen. Damit verknüpft ist die Frage, um welche Art von Zuständen es sich dabei handeln soll, denn offensichtlich führt nicht jede Überführung eines physikalischen Zustandes in einen anderen auch zu mental erlebbaren Zuständen. Insbesondere können kausale Wirkungen physikalischer, funktional beschreibbarer Prozesse, für sich allein Mentales nicht erklären, also nicht erklären, wie Mentales das Verhalten von Lebewesen steuern kann.

Hier kommen Überlegungen des ***Repräsentationalismus*** zum Tragen (Beckermann, A. 1999, S. 404ff). Sensorische Repräsentationen sind nach Michael Tye phänomenale Zustände. Er nennt sie PANIC-Zustände (PANIC = verfügbarer {poised}, abstrakter {abstract}, nichtbegrifflicher {nonconceptual}, intentionaler {intentional} Gehalt {content}). Sie werden aus den von den Sinnesorganen kommenden Signalen erzeugt und sind Input für das kognitive System, das aus ihnen die Erlebnisqualitäten phänomenaler Zustände erzeugt. Dies ist aus Sicht der Hirnforschung keine neue Erkenntnis. Nach dem sog. ***Supervenienzprinzip*** (Davidson, Searle, Flanagan) resultieren Geisteszustände vollständig aus neurophysiologischen Zuständen (vgl. z. B. Pauen, M. 2001, S. 125). Wie auch hier bereits ausgeführt (Kapitel 1.3), können mit physikalischen Mustern Aspekte der realen Welt repräsentiert und diese Repräsentationen manipuliert werden. So wird Wissen über die reale Welt gewonnen. Die offene (unten gesondert diskutierte) Frage bleibt aber nach wie vor, wie daraus bewusstes Erlebens hervorgeht.

Die Philosophie unterscheidet zwei Arten von mentalen Zuständen, und zwar ***gefühlte körperliche Zustände*** wie Schmerzen, Farben, Gerüche, Geschmack ... und ***intentionale*** (gerichtete) ***Zustände*** wie Überzeugungen, Wünsche, Hoffnungen, Befürchtungen, u.ä.

Dabei ist zu beachten, dass sich unser Wissen, Fühlen, Erleben usw. immer *auf irgendetwas* bezieht. Es ist also ein Wissen über den Zustand unseres Körpers und seiner Umwelt. Daraus folgt, dass unser Körper und seine Umwelt notwendigerweise in unserem Gehirn repräsentiert sein müssen. Die Fähigkeit eines Systems ein anderes System, oder zumindest bestimmte Aspekte dieses anderen Systems zu repräsentieren, ist deshalb eine notwendige (aber keine hinreichende) Voraussetzung für Mentales. Solange also ein physikalisches System nicht ein anderes System abbilden und simulieren kann, kann es mit Sicherheit auch keine mentalen Erlebnisse (die dieses andere System betreffen) hervorbringen. Dies gilt auch für körperliche Empfindungen und intentionale Zustände. ***Körperliche Empfindungen*** sind Repräsentationen *realer* körperlicher Zustände mit phänomenalem Charakter, ***intentionale Zustände*** sind Repräsentationen *möglicher*, meist bewerteter (erwünschter oder befürchteter) Zustände des eigenen Körpers oder seiner Umwelt. Intentionale Zustände unterscheiden sich also von gefühlten körperlichen Zuständen nur dadurch, dass es sich nicht um *reale Wahrnehmungen* von Zuständen der Welt handelt, sondern um *Vorstellungen möglicher Zustände der Welt, die als angenehm oder unangenehm* (Bild 15, S. 120) *und mehr oder weniger wahrscheinlich bzw. gesichert* (Bild 16, S. 121) *erlebt werden*. Als gemeinsamen Oberbegriff für körperliche Empfindungen und Wahrnehmungen einerseits und intentionale Zustände und allgemein Vorstellungen haben wir oben den Begriff ***Erlebnistyp*** eingeführt. Die bei Philosophen vielfach anzutreffende Meinung, dass intentionale Zustände prinzipiell nicht materiell repräsentiert werden können, ist unzutreffend.

Naturwissenschaftliche Untersuchungen haben gezeigt, dass sich dem menschlichen Bewusstsein nur Wahrgenommenes, Erinnertes, Gedachtes oder getroffene Entscheidungen, also *mentale Zustände* präsentieren (vgl. z. B. Nisbett/Wilson 1977, Velmans 1991). ***Der Vorgang des Wahrnehmens, Erinnerns, Denkens oder Entscheidens entzieht sich der bewussten Beobachtung. Was dabei im Gehirn (oder im Geist) vorgeht, ist Gegenstand von Hypothesen, aber nicht von Selbst-Beobachtung und damit auch nicht von Qualia-Erlebnissen!*** Deshalb gibt es zwar Funktionen, die beschreiben, wie neuronale Zustände ineinander überführt werden, sogenannte Zustandsfolgen, aber eben keine „funktionalen Zustände“.

Kommen wir zu einem weiteren Punkt. Für Beckermann sind mentale Zustände Eigenschaften, bei Gehirnprozessen handelt es sich dagegen um Ereignisse. Deshalb führt ein Vergleich beider seiner Meinung nach zu einem Kategorienfehler (Beckermann 1999, S. 100). Dass Gehirn*prozesse* Ereignisse sind, liegt auf der Hand. *Zustände* dagegen sind etwas anderes als Eigenschaften. Die Eigenschaften des Gehirns ermöglichen es diesem lediglich bestimmte Zustände bzw. Zustandsfolgen einzunehmen, die Merkmale der realen Welt (z. B. Farben) repräsentieren können. Gehirneigenschaften sind durch die Verschaltung und die aktuelle Parametereinstellung der Gehirnneuronen definiert und diese ändern sich nicht bei jedem mentalen Zustandswechsel. Gehirneigenschaften sind vielmehr die Basis, auf der sich das Geschehen im Gehirn abspielt bzw. die die spezifischen Abläufe im Gehirn (und analog in einem Computer) bestimmen. Auch darf aus der Tatsache, dass wir mentale Zustände erleben nicht gefolgert werden, dass sich dann notwendigerweise auch das Gehirn in einem *Zustand* (der Inaktivität?) befinden müsse! Vielmehr ist es so, dass bestimmte *Aktivitäten des Gehirns* jeweils spezifische *mentale Zustände* hervorbringen. Der Kategorienfehler liegt also nicht dort, wo er angesiedelt wird. Diese Feststellung ist wichtig, wenn wir später auf die Frage eingehen, ob der Geist bzw. Qualia-Erlebnisse „berechenbar" bzw. das Ergebnis von Rechenprozessen sind.

Für die Beantwortung der Frage, ob sich mentale Prozesse auf neuronale Aktivitäten zurückführen lassen und ggf. wie, werden die sog. ***Brückenprinzipien*** gesucht, die erklären, warum wir etwa „beim Feuern von C-Fasern" Schmerzen empfinden (Levine).

Für den ***Epiphänomenalismus*** ist nur das materielle Geschehen kausal wirksam, und bewusste Erlebnisse sind lediglich ein wirkungsloses Beiprodukt. Damit wird zwar das Dualismusproblem umgangen, nämlich die Frauge, wie der Geist auf den Körper einwirkt. Dafür handelt man sich aber die neue Frage ein, warum sich in der Evolution überhaupt Bewusstsein ausgebildet hat, wenn es keinerlei Einfluss hat.

Die vom Verfasser vertretene These lautet, dass bewusste Erlebnisse Epiphänomene sind. Die Evolution kann sich diesen „Luxus" leisten, weil er keiner zusätzlichen Energie bedarf, ebenso wie die Interpretation von Signalmustern als Zeichen oder die Beschreibung von Naturereignissen in Form von Gesetzen keiner zusätzlichen Energie bedürfen. Wohl aber sind sie geeignet, um das Verhalten von Systemen der Informationsverarbeitung verständlich zu machen und musterspezifische Reaktionen auszulösen.

Kommen wir abschließend und zusammenfassend noch einmal auf unsere Ausführungen in den Kapiteln 1.1 bis 1.4 zurück. Die Kernaussagen waren:

- Signale sind physikalische Träger von Zeichen
- Signalverarbeitung, also physikalische Prozesse, sind Voraussetzungen für Informationsverarbeitung
- Nur die Gesetze der Informationsverarbeitung und nicht die der physikalischen Signalverarbeitung machen mentale Phänomene verständlich
- Signale erhalten ihre Bedeutung durch Vereinbarung oder Induktion und zwar für irgendetwas bzw. irgendjemanden (einen Zeichenempfänger)

- Das (phylogenetisch oder ontogenetisch erworbene) Vorwissen des Empfängers bestimmt, welche Bedeutung er Signalen zumisst
- Die Bedeutung erschließt sich aus der Fähigkeiten, die logischen oder kausalen Konsequenzen von Signalen vorherzusehen. Dies setzt die Fähigkeit voraus, logische und kausale Abhängigkeiten zwischen verschiedenen Signalen zu erkennen, d.h. diese zu dechiffrieren
- Gesetzmäßigkeiten, denen ein System gehorcht, sind umso schwerer zu erkennen, je größer die Zahl der Freiheitsgrade des Systems und je komplexer (insbesondere nichtlinearer) sein Verhalten ist (Ursachen haben dann nichtlokale Fernwirkungen). Solche Systeme gehorchen nicht dem starken Kausalitätsgesetz, wonach ähnliche Ursachen ähnliche Wirkungen haben
- Ein System, das ein anderes System anhand der von diesem erhaltenen Signale repräsentieren kann, repräsentiert dieses andere System, nicht aber sich selbst. Ein System erwirbt daher durch Informations- bzw. Signalverarbeitung kein Wissen über sich selbst. Eine Repräsentation bildet nur bestimmte Aspekte eines anderen Systems ab, ohne eine physikalische Ähnlichkeit zu bzw. mit diesem zu haben
- Mein Wissen von mir selbst ist ein Wissen meines Gehirns (eines informationsverarbeitenden Systems) über meinen Körper, also ein System „außerhalb" des Gehirns (einen Informationslieferanten an das Gehirn), nicht aber ein Wissen meines Gehirns über sich selbst. Wenn mein Gehirn ein Wissen über seine eigenen Zustände besitzt, dann nur insofern, als diese Zustände Aspekte der Welt außerhalb des Gehirns repräsentieren. Daher werden Gehirnzustände vom Gehirn selbst nicht als eigene Zustände, sondern als Zustände der Welt außerhalb des Gehirns erlebt
- Repräsentationen können nur Gesetzmäßigkeiten innerhalb der repräsentierten Sachverhalte abbilden und gleiche Gesetzmäßigkeiten können mit unterschiedlichen physikalischen Trägern repräsentiert bzw, codiert werden. Beispielsweise werden bei Musikstücken nur Frequenzen von Luftschwingungen repräsentiert, nicht aber die Luft selbst. Und die Repräsentation kann unterschiedlich codiert sein und sich verschiedener physikalischer Träger (Schallplatte, Tonband, CD) bedienen. Aus diesem Grund kann die „Rechnertheorie des Geistes" allenfalls mentale *Operationen*, nicht aber *mentale Inhalte und Zustände* erklären. Diese Aussage scheint zunächst im Widerspruch zu stehen zu

Gerhard Roths Aussage: „Man kann nicht nur feststellen, wann jemand still zu sich spricht, sich unhörbar Musik vorspielt oder im Kopf rechnet, sondern auch, ob er addiert oder subtrahiert. Dasselbe gilt für das Erleben von emotionalen Zuständen wie Schmerz, Furcht und Erwartung. Es gelingt, Unterschiede in der Hirnaktivität festzustellen, wenn jemand tatsächlich Schmerzen hat oder sich Schmerzen nur einbildet ..., oder wenn jemand felsenfest überzeugt davon ist, etwas schon gesehen zu haben, oder unsicher ist" (Roth 2003, S. 133). Analog schreibt Spitzer: „Heute kann man sehen, ... ob sich ein Mensch gerade etwas Großes oder Kleines vorstellt, oder gar, wie sich jemand demnächst entscheiden wird" (Spitzer 2004, S. 16). Wenn also Dretske behauptet: „Das Gehirn eines Lebewesens ist nicht so ordentlich beschriftet. Darum lässt sich mit einem Blick auf (oder in) das Gehirn eines Lebewesens auch nicht ermitteln, welche Erfahrungen es gerade hat" (Dretske 1998a, S. 48), liegt er nicht ganz richtig. Offensichtlich können wichtige Aussagen über unsere mentalen Erlebnisse doch aus Gehirnaktivitäten abgeleitet werden. Dies trifft aber nur deshalb zu, weil Versuchspersonen zunächst berichten, was sie bei bestimmten Gehirnaktivitäten erleben. Daraus wird später dann induktiv geschlossen, dass gemessene Gehirnaktivitäten mit bestimmten Erlebnissen verknüpft sind

- Repräsentationen sind Codierungen von Sachverhalten. Ist die Art der Codierung nicht bekannt, können Repräsentationen nicht mehr decodiert werden. Deshalb können die Hirnforscher auch nicht allein aus neuronalen Erregungen die in ihnen codierten Sachverhalte erschließen, die diese Erregungen auslösten
- Repräsentationen entstehen durch Selbstorganisationsprozesse bei denen die eingehenden Signale die Rolle von Kontrollparametern übernehmen, die ein System über eine Zustandsfolge (Trajektorie) in einem von vielen möglichen koexistierenden Attraktoren konvergieren lassen (vgl. Bild 6, S. 45). Unterschiedliche Ausgangsmuster können dabei im selben Attraktor konvergieren. Sie können dann vom System nicht mehr unterschieden werden
- Kann ein System nicht nur die Gesetzmäßigkeiten erkennen, denen ein anderes System unterliegt, sondern anhand dieser Gesetze auch dessen Verhalten simulieren, dann kann es auch Vorhersagen über das Verhalten des simulierten Systems machen. Werden diese Prognosen bzw. Erwartungen bestätigt, gelangt

ein System zu einem Verständnis eines anderen Systems. Dieses hat im Gehirn oder im Computer die Form einer virtuellen Maschine. Informationsverarbeitende Systeme bedienen sich dazu stets der homologen Simulation, die als Verallgemeinerung einer Berechnung verstanden werden kann. Sie bildet die Basis, um nach dem feed forward Prinzip aus konkreten Wahrnehmungen Erwartungen ableiten zu können, d.h. die Bedeutung des Wahrgenommenen zu erschließen. Ein Beispiel hierfür sind vom Gehirn erlernte Handlungssequenzen, die durch Spiegelneurone initiiert werden, und die einen Großteil unseres Verhaltensrepertoires ausmachen
- Für die viel gestellte Frage, warum die Repräsentationen in unserem Gehirn die Welt so gut abbilden, lautet die Antwort: das Gehirn hat diese Fähigkeit durch phylogenetisches und ontogenetisches Lernen erworben. Bei autonomen Robotern stammen die internen Weltmodelle, d.h. ihr phylogenetisches Wissen, von den Entwicklern

Betrachtet man die aktuelle Diskussion und Argumentation zur Frage, wie mentale Phänomene aus physikalischen ableitbar sein sollen, wird deutlich, dass die hier aufgeführten Aspekte nicht oder nur in Teilen und am Rande beachtet werden. Wie hier gezeigt, lassen sich aber aus den Gesetzen der Physik allein mentale Phänomene nicht verstehen. Die Kernaussage ist nämlich, dass es auf die Art des physikalischen Trägers gar nicht ankommt, sondern auf dessen Fähigkeit, die Gesetze der realen Welt statisch/logisch und dynamisch/kausal abzubilden. Der Ansatz des Repräsentationalismus ist daher richtig, auch wenn die Aussagen seiner Vertreter nicht schlüssig und überzeugend sind. Beispielsweise behauptet Dretske: „jedes repräsentationale System (hat), wenn es die Welt repräsentiert, alle Informationen ..., die es braucht, um zu wissen, wie es die Welt repräsentiert" (Dretske 1998a, S. 63). Unser Kommentar: repräsentationale Systeme selbst wissen weder, dass sie die Welt repräsentieren, noch wie sie die Welt repräsentieren. Gehirn und Computer können nur die in ihnen repräsentierten Abbilder der Welt analysieren. Wie diese Repräsentationen erzeugt werden, entzieht sich aber ihrer Selbstbeobachtungsmöglichkeit, weil es sich hier um unbewusst ablaufende Prozesse handelt. Selbsterkenntnis ist eben nicht ein Vorgang, „in dessen Verlauf ein System Informationen über sich selbst erhält" (Dretske 1998a, S. 63), sondern ein Vorgang bei dem das System (Gehirn oder Computer) anhand von Repräsentationen eines ihm zugeordneten eigenen Körpers etwas über dessen Zustand erfährt. Auch die Behauptung von Dretske: „Introspektion (ist) ein Vorgang ..., in dessen Verlauf man bei der Repräsentation (Wahrnehmung) *externer* Gegenstände Informationen über *interne* Sachverhalte erhält" (Dretske 1998a, S. 64), ist unsinnig, weil, wie bereits ausgeführt, das Gehirn über gehirninterne Vorgänge und Sachverhalte nichts weiß und auch nichts erfährt.

In der Philosophie des Geistes begegnet man immer wieder unklaren Aussagen, wenn es darum geht, zwischen dem Medium, das etwas repräsentiert und dem Repräsentierten selbst zu unterscheiden. Beispielsweise behauptet Holm Tetens: „Mentale Bewusstseinszustände sind direkte und besondere Wahrnehmungen von Gehirnaktivitäten: Wer alltagspsychologisch beschreibt, was er denkt, wahrnimmt, will, sich vorstellt etc. berichtet über sein Gehirn" (Tetens in Elepfandt/ Wolters 1993, S. 66). Unser Kommentar lautet, dass niemand über sein Gehirn berichten kann, weil niemand sein Gehirn beobachten kann, ja wir können durch Introspektion nicht einmal erkennen, dass wir überhaupt ein Gehirn haben. Was wir, genauer bestimmte Bereiche des Gehirns, beobachten, sind die Repräsentationen oder auch Modelle unseres Körpers und unserer Umwelt in unserem Gehirn. Und diese Repräsentationen spiegeln für uns nicht nur die Welt wider, sondern sie werden von uns als konkrete Welt erlebt.

Auf einen wichtigen Punkt wollen wir jetzt noch eingehen, der in der Philosophie u.E. nicht genügend beachtet wird, der aber bei der Diskussion, ob es ***psychische Phänomene*** gibt, eine entscheidende Rolle spielt. Es geht um den Zusammenhang zwischen Unterscheidungsfähigkeit und Begriffsbildung. Die Frage ob wir bestimmte unterscheidbare Wahrnehmungen mit Begriffen versehen, ist abhängig davon, ob sie für uns von Bedeutung sind. Beispielsweise haben manche Eskimos unterschiedliche Begriffe für verschieden Arten von weiß, weil diese für sie von Bedeutung sind. Sind Farbabstufungen aber ohne Bedeutung, werden sie von uns nicht mit eigenen Begriffen versehen (auch wenn wir sie ebenfalls erkennen können). In Anlehnung an Kapitel 2.1 erinnern wir noch einmal daran, dass wir zwischen ***abstrakten Klassen*** wie Beamten und Angestellten unterscheiden, weil es für sie unterschiedliche Regelungen für die Altersvorsorge, den Kündigungsschutz u.a. gibt. Für einen Amazonasindianer sind solche Unterschiede irrelevant, weshalb er auch nicht Menschen nach solchen Kategorien unterscheidet und mit eigenen Begriffen versieht. Noch deutlicher wird dieser Aspekt wenn wir fragen, ob es faire Fußballspiele gibt. Man könnte sagen, es gibt nur Fußballspieler, die auf dem Rasen hinter einem Ball herlaufen und versuchen, ihn ins Tor zu schießen. Ein faires Fußballspiel ist dagegen ein Ereignis, das durch bestimmte Merkmale gekennzeichnet ist, also z. B. dadurch, dass der Schiedsrichter den Spielern keine gelben oder roten Karten zeigt, dass es keine Verletzungen gibt usw. Wenn wir ein Spiel mit solchen Charakteristika spezifisch bezeichnen wollen, schaffen wir dafür einen Begriff, eben den des fairen Spiels. Wir bilden dann eine ***abstrakte Klasse*** für Objekte oder Ereignisse, die sich durch bestimmte Gemeinsamkeiten von anderen unterscheiden, und die Frage, ob es ***psychische Phänomene*** gibt, entspricht dann der Frage, ob es faire Fußballspiele gibt. Wenn Ros meint, dass es sich als unrichtig erwiesen hat, dass Begriffe für psychische Phänomene durch solche für bestimmte Konstellationen von materiellen Phänomenen definiert werden könnten (Ros 2005, S. 643), stimmt das dann, wenn Konstellationen von materiellen Phänomenen als konkrete Zustände materieller Systeme verstanden werden. Es stimmt aber nicht mehr, wenn wir Ereignisse betrachten, in denen materielle Substanzen und Energien wechselwirken.

Wenn wir den Unterschied zwischen psychischen Phänomenen und anderen Phänomenen angeben können, dürfen wir für sie auch einen eigenen Begriff schaffen und dann existieren sie für uns auch dann, wenn sie nicht materieller Natur sind. Und das Problem, Psychisches aus Materiellem abzuleiten, entspricht dem Problem, ein faires Fußballspiel aus Spielern abzuleiten, die auf dem grünen Rasen hinter einem Ball herlaufen. Wie entsteht ein faires Spiel aus dem was die Fußballspieler auf dem Fußballfeld machen? Hier zeigt sich, dass es eben nicht ausreicht, nur physikalisch-chemische *Substanzen* zum Gegenstand der Erkenntnis zu machen. Psychische Phänomene (Schmerzen oder Überzeugungen haben, Absichten verfolgen) sind deshalb mehr als nur komplexe Konstellationen materieller Phänomene. Wer die Gesetze eines Fußballspiels nicht kennt, kann die Charakteristika eines Fußballspiels (aggressiv, defensiv, Manndeckung usw.) nicht erkennen. Analoges gilt für spezielle Interpretationen eines Musikstückes. Man braucht eine Theorie um spezifische Gesetzmäßigkeiten erkennen zu können. Dies wird deutlich, wenn wir fragen, wie aus den Bitmustern auf einer CD eine Beethovensymphonie in der Interpretation durch den Dirigenten Karajan wird. Dazu müssen wir spezifische Aspekte der Bitmuster selektiv betrachten, vom Rest abstrahieren, und nur das betrachten, was uns interessiert, wobei wir allerdings wissen müssen, wonach wir zu suchen haben. Solange wir dies nicht wissen, und die Bitmuster in uns nichts bewirken, sind sie, ebenso wie die neuronalen Erregungsmuster in unserem Gehirn, an sich bedeutungslos.

Wenn John Searle also behauptet: „Keine mögliche Theorie des neuronalen Geschehens würde erklären, warum wir bei solchem Geschehen etwa gerade Schmerzen haben *müssen*" (Searle 1993, S. 120), lautet unser Kommentar: wir *müssen* keine Schmerzen haben. Vielmehr erkennt das Gehirn eine bestimmte Art von neuronaler Erregung, die für den Organismus von Bedeutung ist, da er auf sie angemessen reagieren sollte, ebenso wie es aus den Frequenzen, die uns aus dem Lautsprecher entgegenschallen, ableitet, dass wir eine Beethovensymphonie hören. Und über die Fähigkeit, in Mustern bestimmte Gesetzmäßigkeiten zu erkennen und diese zu klassifizieren, verfügen heute auch schon maschinelle Systeme. Und sie können sogar in Abhängigkeit vom erkannten Muster reagieren, und nicht nur reagieren, sondern sogar zweckmäßig reagieren. Betrachten wir zur Veranschaulichung einen programmgesteuerten Digitalcomputer. Die Programmbefehle bestehen im Wesentlichen aus dem Operationscode und den Operanden. Das gesamte Programm ist nur ein Bitmuster im Arbeitsspeicher, auf das das Rechen- und Steuerwerk spezifisch reagieren. Der Operationscode bestimmt, *was* geschieht, die Operanden *womit* etwas geschieht. Sinngemäß könnte man beim Gehirn sagen, dass bestimmte neuronale Muster darüber entscheiden, was wir tun oder denken, und andere neuronale Muster auf welche repräsentationalen Inhalte dabei zugegriffen wird. Schmerzen wären dann die repräsentationalen Inhalte (dass und wo es weh tut) und der ***Erlebnistyp*** bzw. die propositionale Einstellung dazu der Operationscode, der unsere Reaktionen auf die Schmerzen steuert. Trotzdem handelt es sich in beiden Fällen einfach nur um neuronale Erregungsmuster. Und woher erlangen sie ihre Bedeutung und wie werden sie zu mentalen Ursachen für irgendwelche Wirkungen? Die Antwort lautet, dass diese neuronalen Muster durch die neuronale Vernetzung im Gehirn Folgereaktionen auslösen, die bei Lebewesen ggf. Gedanken oder Gliedmaßen bewegen ebenso wie die Programmbefehle das Rechen- und Steuerwerk dazu veranlassen, neue Muster zu erzeugen, die irgendwann einen Drucker oder die Gliedmaßen eines Roboters aktivieren.

Was also etwa Arno Ros als Besonderheit von Lebewesen einstuft, nämlich dass sie Aktivitäten vollziehen, die »zweckmäßig« sind, und dass sie »auf Reize reagieren« (Ros 2005, S. 309ff), ist gar nicht spezifisch für Lebewesen. Es kann genau so für künstliche physikalische Systeme gelten, wie etwa für bestimmte Roboter (vgl. z. B. Zimmermann 2007). Wenn wir Reize einfach nur als Zeichen auffassen, die sich irgendwelcher physikalischer Signale als Informationsträger bedienen, können sie auch für künstliche Systeme etwas bedeuten, so wie (Sinnes-) Reize für Lebewesen. Und sie können auch Verhalten und Aktionen auslösen ohne dass dabei materielle Gegenstände im Sinne der Physik oder Chemie direkt einwirken (die Wirkung wird durch die Signal-*Muster* festgelegt). Und schließlich können die Signalempfänger zu den empfangenen Zeichen auch eine Haltung einnehmen, d.h. sie können sich auf sie einstellen, wenn sie erkennen, dass die Zeichen für sie von Bedeutung sind, weil aus ihnen mögliche Konsequenzen abgeleitet werden können. Und wenn sich diese Konsequenzen auch noch bewerten lassen (Bild 16, S. 121), und ein System die Möglichkeit hat, auf sie zu reagieren, dann kann es bestimmte Situationen nicht nur wünschen oder befürchten, sondern sie sogar anstreben oder zu vermeiden versuchen (Bild 15, S. 120). Die genannten, von Ros ausschließlich Lebewesen zugesprochenen Fähigkeiten (Ros 2005, S. 315f) entpuppen sich jetzt als Fähigkeiten, die durchaus auch anderen Systemen zugänglich sind, wenn wir erst einmal die Grundlagen verstanden haben, auf die sie sich zurückführen lassen. Wie sagte Detlef B. Linke doch so schön: „Was das Problem war, zeigt sich oft erst, wenn es gelöst ist, wobei die Lösung eben auch in dem Extremfall bestehen kann, dass herauskommt, dass gar kein Problem vorlag" (Linke 2006, S. 229).

3.3 Geist, Wissen und Qualia

In Kapitel 2.1 haben wir unterschieden zwischen ***impliziten Wissen*** und ***explizitem Wissen.*** Wenn beim expliziten Wissen die Wissensinhalte etwas repräsentieren, dann bekommen sie einen ***propositionalen Gehalt,*** der sich auf das Repräsentierte bezieht. Dadurch entsteht Wissen über das Repräsentierte, i.d.R. über die Welt oder zumindest bestimmte Aspekte der realen Welt. Das Muster selbst verkörpert dann den ***Wissensinhalt,*** das Gewusste, während der Prozess, der auf das Gewusste zugreift und daraus Schlüsse ziehen bzw. neues Wissen ableiten kann, der also ganz allgemein gesagt, die Wissensinhalte nutzt, der über das Wissen verfügende ***Wissende*** ist. Bei maschineller Wissensverarbeitung stecken die Wissensinhalte in Wissensbasen, während Computer, die nach Programmanweisungen dieses Wissen verarbeiten, über das Wissen verfügen, ohne etwas über sich selbst zu wissen!

Der Bezug von Symbolen und ganz allgemein von Mustern in Wissensbasen zu dem, was sie repräsentieren, wird durch ***Vereinbarung*** festgelegt oder durch ***Induktion*** erschlossen von der Instanz, die über das Wissen verfügt (vgl. Kapitel 1.1). Explizites Wissen kann erst *etwas* *bewirken* und damit eine *Bedeutung erlangen*, wenn es *für jemand* (den Wissenden) als aktiv verfügbares, explizites Wissen zur Nutzung verfügbar ist, z. B. zur Ableitung weiteren (sekundären) Wissens oder zur Auslösung und Steuerung irgendwelcher Aktionen.

Auf eine der *Kernfragen der Philosophie des Geistes*, wie nämlich Inhalte von Wahrnehmungen, Gedanken und Absichten mit physischen Eigenschaften des Gehirns identisch sein können, lautet unsere Antwort, dass neuronale Erregungsmuster, also physikalische Zustände nicht an sich mentale Inhalte sind, ebenso wie die Bitmuster auf einer CD keine Beethovensymphonie sind, sondern erst durch einen Verarbeitungsmechanismus zu solchen werden. Und dieser steckt im menschlichen Gehirn im frontalen Bereich des Cortex, in dem die Informationen aus der hinteren Gehirnhälfte „verarbeitet" werden.

Die Bedeutung dieser Sicht wird klar, wenn wir sie an einer Aussage von Dretske spiegeln. Er schreibt: „Das Wissen, welche Erfahrungen Fledermäuse, Fische und Mitmenschen haben, unterscheidet sich im Prinzip nicht von dem Wissen, wie etwas einem Messinstrument „erscheint". In beiden Fällen handelt es sich darum, festzustellen, wie ein System die Welt repräsentiert" (Dretske 1998a, S. 89). Richtig bei dieser Aussage ist, dass sowohl Messinstrumente als auch die Gehirne von Lebewesen Aspekte der Welt repräsentieren. Messinstrumente und instinktgeleitete Tieren haben aber nur ein implizites, konstruktiv bzw. genetisch verankertes Wissen von der Welt, das für sie nicht Aspekte der Welt repräsentiert, sondern eine bestimmte Reaktion auf Einflüsse aus dieser Welt auslöst. Sie sind m.a.W. triviale (wenn u.U. auch hochkomplexe) Automaten. Höhere Lebewesen und insbesondere der Mensch verfügen dagegen über ein explizites, abrufbares Wissen, das zumindest gewisse Aspekte der realen Welt repräsentiert. Sie sind m.a.W. finite state Maschinen, die über ein internes Weltbild verfügen, an dem einlaufende Informationen gespiegelt und anhand derer sie identifiziert, d.h. einer Hypothese zugeordnet werden können. Deshalb können sie aus der Reaktion bzw. dem Zustand eines Messgerätes Rückschlüsse auf die Zustände der Welt ziehen, was für das Messgerät selbst nicht gilt.

In Kapitel 3.1 haben wir ***Geist*** als eine spezielle Form von Wissen definiert, und zwar von ***explizitem Wissen über konkrete Sachverhalte der Welt bzw. über andere Systeme***. Wissen gewinnt dadurch einen ***propositionalen Gehalt***. Jedes System, das diese Anforderung erfüllt, besitzt Geist, unabhängig davon, ob es sich um ein lebendes System handelt oder nicht.

Als nächstes stellt sich uns die Frage, wie Geist bzw. die in ihm repräsentierten Wissensinhalte zu ***Qualia-Erlebnissen*** werden. Dafür definieren wir die folgenden notwendigen Bedingungen:

- ***Aktives, d.h. aktuell verfügbares explizites Wissen***
- Wissen mit einem ***propositionalen Gehalt,*** d.h. Wissen das Sachverhalte eines anderen Systemes (i.d.R. Sachverhalte der realen Welt) repräsentiert, und dies ist dem wissenden System auch bekannt bzw. bewusst
- dies schließt die Fähigkeit ein, ***auch das dynamische Verhalten des repräsentierten Systems abzubilden*** (homologe Simulation). „Indem er (ein Beobachter) das, was er beobachtet, unbewusst als inneres Simulationsprogramm erlebt, versteht er, und zwar spontan und ohne nachzudenken, was der andere tut" (Bauer 2005, S. 27)
- das ***Wissen über die reale Welt*** liegt vor in Form von
  - ***unterschiedlichen Modalitäten*** (Wahrnehmung und Repräsentation mit verschiedenen Sinnen - visuell, auditiv, sensorisch usw.)
  - ***unterschiedlichen Qualitäten* je Modalität** (z. B. unterschiedliche Farben bei visuellen Wahrnehmungen)
  - ***unterschiedlichen Intensitäten* bei den einzelnen Qualitäten**
  - ***globalen oder lokal zuordenbaren Wissensinhalten.***
- das ***Wissen ist (willentlich) manipulierbar*** und ermöglicht die Ableitung von ***Vorstellungen*** über alternative, mögliche zukünftige Zustände des repräsentierten Systems = (nicht verbales) ***Denken***
- Eingehende Informationen werden unter dem Aspekt ihrer ***Bedeutung,*** d.h. ihrer möglichen Konsequenzen ***für Sachverhalte innerhalb der Repräsentationen*** betrachtet.

In Kapitel 4.1 werden wir näher auf die philosophische Diskussion um das Phänomen der Qualia eingehen.

Die darüber hinaus entscheidende Frage des Qualia-Problems lautet: ***wie werden aus Wahrnehmungen Empfindungen,*** wie kommt es also, dass wir unsere Wahrnehmungen erleben, also z. B. Farbwahrnehmungen mit Erlebnisqualitäten verbinden, beantworten wir wie folgt: Eine Wahrnehmungsmodalität (Sehen) wird mit einer körpereigenen Reaktion auf das Seherlebnis verknüpft (sekundäres Gefühl), die uns auf eine Reaktion vorbereitet bzw. die (Reaktions) alternativen bewertet. Damasio formuliert dies so: „Unsere visuelle Wahrnehmung kann man durchaus als »Empfindung des Körpers, während wir sehen« beschreiben" (Damasio 1999, S. 309). Dies verschafft das Gefühl: „Ich sehe". „Das Gehirn kartiert also die Welt als eine Sammlung von Handlungs- und Interaktionsoptionen. Die Welt ist, was wir mit ihr machen und wie wir mit ihr interagieren können" (Bauer, S. 165).

Sensorische Repräsentationen werden aus den von den Sinnesorganen eingehenden Signalen abgeleitet und dienen als Input für das kognitive Systems. Michael Tye hat für sie den Begtriff PANIC Zustände geschaffen, was eine Abkürzung von ‚Poised Abstract Nonconceptual Intentional Content' ist (vgl. Kapitel 3.2). Sie sind für Tye phänomenale Zustände. Die Erlebnisqualitäten phänomenaler Zustände, also die Qualia, sind dann nichts anderes als die Inhalte sensorischer Repräsentationen. Tye meint z. B.: „Mithin sind Fische Subjekte mit PANIC-Zuständen; sie haben phänomenales Bewusstsein" und „In diesem Sinne scheint mir, ... die Annahme sehr plausibel zu sein, dass Fische auf der Grundlage unmittelbarer sensorischer Repräsentationen ihrer Umgebungen einfache Meinungen formen" (Tye 1998, S. 113). Nach unserer Definition kann man auf dieser Stufe noch nicht von Qualia und auch nicht von Meinungen sprechen, zumindest solange ein System nicht erkennen kann, ob eine Meinung richtig oder falsch ist.

Ob und ggf. wie ein System Qualia-Erleb*nisse* hat, lässt sich prinzipiell nicht beweisen bzw. widerlegen. Kann es das, was wir als Qualia erleben (Farben, Formen, Töne, Schmerzen u.ä.) identifizieren, kann es solche Merkmale der realen Welt also als spezifische Muster repräsentieren und erkennen, kann es darüber auch berichten (z. B. ich sehe rot). Ob damit aber ein „Erlebnis" verknüpft ist, und von welcher Art dieses Erlebnis ist, bleibt einem außenstehenden Beobachter verschlossen (sog. *inverted Qualia Problem*).

Reine *Symbolverarbeitung* ist bei der maschinellen Wissensverarbeitung *nicht mit Qualia-Erlebnissen verknüpft und hat auch nichts Geistiges an sich.* Dies hat folgenden Grund: Symbole sind keine Abbilder und damit auch keine Repräsentationen einer realen Welt, sondern Verweise auf eine solche Welt bzw. Benennungen für Merkmale und Objekte einer solchen Welt. Wenn wir in unserer Sprache Wörter, d.h. Symbole benutzen, denken wir tatsächlich nicht in Worten, sondern in Vorstellungen von Sachverhalten der Welt, die wir mit diesen Worten verbinden. Können wir solche Verknüpfungen nicht herstellen, z. B. bei einer uns unbekannten Fremdsprache, können uns deren Worte zwar bedeutungsleere auditive Qualia-Erlebnisse, nicht aber verwertbare Informationen liefern.

Normalerweise leiten sich Symbole nicht aus einer Vorstellungswelt ab, die in Form von Qualia repräsentiert ist (abgesehen von den visuellen oder auditiven Repräsentationen der Symbole selbst). Dies wird deutlich bei Berechnungen, die rein formal und ohne Bezug zum Berechneten ablaufen. Wie bereits in Kapitel 1.1 ausgeführt, werden Symbole mit dem Bezeichneten durch eine willkürliche Vereinbarung verknüpft. Bei Systemen, die in bestimmten Mustern Qualiamodalitäten, -qualitäten und -intensitäten codieren, sind diese Muster das Bezeichnete. Um solchen Mustern Symbole zuordnen zu können, müssen diese Muster bzw. das was sie repräsentieren, klassifiziert werden. Diesen Klassen bzw. Kategorien werden dann Symbole zugeordnet, damit die Symbolvielfalt begrenzt werden kann. *Die Symbole sind dann Stellvertreter für eine Klasse von ähnlichen Mustern. Diese Symbole sind zwar einfacher algorithmisch manipulierbar als die Muster selbst, stellen aber nur noch einen Bezug zum Muster und damit den Merkmalen des Repräsentierten her, ohne diese Merkmale selbst zu repräsentieren.* Wird die Symbolzuordnung von einem externen System, etwa dem Menschen bei der Wissensverarbeitung mit KI-Systemen, hergestellt, dann kann auch nur dieses externe System retrograd einen Bezug zum Repräsentierten herstellen. Nur der Mensch kann dann die Verarbeitungsergebnisse des KI-Systems interpretieren und auf reale Sachverhalte beziehen. Anders sieht es aus, wenn künstliche Systeme, wie Roboter, den Transfer von Repräsentationen zu Symbolen und umgekehrt von Symbolen zu Verhalten selbst bewerkstelligen können.

Beim *Soft Computing* versucht man, im Gegensatz zur Symbolverarbeitung, die Muster selbst zu verarbeiten, d.h. aus Mustern bzw. Repräsentationen neue Muster/Repräsentationen nach vorgegebenen Regeln abzuleiten.

Die gängigste Form ***menschlichen Denkens***, das Denken in Worten oder Zeichen, d.h. in Symbolen, ist beim Menschen nichts anderes als ein *Denken in auditiven und visuellen Wahrnehmungskategorien*. Diese liefern ihrerseits Verweise auf weitere Modalitäten, Qualitäten und Intensitäten dessen, über das nachgedacht wird, also auf den präpositionalen Gehalt, d.h. auf den Inhalt des Gedachten. Was wir sagen oder schreiben, existiert zuvor bereits in unseren Gedanken in Form von akustischen oder visuellen Bildern, wie in Kapitel 2.2 ausgeführt. Jegliches Denken basiert beim Menschen also auf Vorstellungen, die nichts anderes als vorgestellte Ereignisse bzw. Erlebnisse in Form von Qualia sind und die den semantischen Gehalt der Gedanken liefern. Dies wird besonders deutlich beim fallbasierten Schließen, das auf Analogieschlüssen beruht. So lange die Wissensinhalte von KI-Systemen nicht die Kriterien für Qualia erfüllen, sollte man bei ihnen von Wissensverarbeitung und nicht von Denken sprechen.

Zudem ist menschliches Schlussfolgern stets mit einer *Prämissen- und Konklusionenkritik* verknüpft, die die Plausibilität der abgeleiteten Schlüsse kritisch hinterfragt bzw. an einem internen Weltmodell spiegelt. Sie bezieht sich auf den Inhalt der Gedanken und nicht auf die Worte bzw. Symbole, in denen der Gedanke gedacht wird und auch nicht auf die richtige Anwendung der Gesetze der Logik. Nehmen wir als Beispiel die folgende Schlussfolgerung: »alle Engel haben Flügel, Frauen haben keine Flügel, also sind Frauen keine Engel«. Die Schlussfolgerung ist zwar formal richtig, wenn wir sie aber trotzdem anzweifeln, dann beziehen wir uns auf den Inhalt der Aussage, d.h. auf die bildhaften Vorstellungen, die wir mit ihr verknüpfen.

Auf dieser Basis können wir jetzt philosophische Vorstellungen analysieren, wie sie stellvertretend von John Searle formuliert werden. Searle behauptet z. B.: „Kein Computerprogramm kann jemals ein Geist sein, und zwar aus dem einfachen Grunde, weil ein Computerprogramm bloß syntaktisch und der Geist mehr als bloß syntaktisch ist" (Searle 1986, S. 30). Da ein Computerprogramm letztlich nichts anderes ist, als die Konstruktionsvorschrift einer virtuellen Maschine, hat es natürlich nichts Geistiges, denn es ist nichts weiter als ein bestimmter Zustand des Arbeitsspeichers in einem Computer, der die Computerhardware zu bestimmten Aktionen veranlasst. Das Programm enthält also ein *implizites* Wissen darüber, wie bestimmte Aufgaben auszuführen sind. Dabei ist es irrelevant, woher dieses Wissen stammt, ob es also von einem Entwickler entworfen, durch Mutation und Selektion im Rahmen eines evolutionären Prozesses oder sonst wie entstanden ist. Ein Computerprogramm tut selbst überhaupt nichts, es kann, muss aber nicht die Gesetzmäßigkeiten eines anderen Systems statisch und dynamisch repräsentieren. Aktionen erfolgen stets durch die Computerhardware nach den Vorgaben des Programms. Die Frage ist also allenfalls, unter welchen Voraussetzungen ein Computer (und nicht eine Software) Geist hervorbringen kann. Dazu muss der Computer natürlich nach irgendwelchen Vorgaben agieren und diese sind syntaktisch formuliert! Die Frage ist daher nicht, ob der Geist syntaktisch ist, sondern wie die Syntax eines Systems aussehen muss (wie also ein Computer oder allgemeiner ein informationsverarbeitendes System konstruiert sein muss), damit Geist entsteht. Dafür haben wir bereits oben einen Anforderungskatalog formuliert.

Wenn Geist Sachverhalte der realen Welt repräsentieren soll, setzt dies voraus, dass ein System mit geistigen Erlebnissen zumindest Kontakt zu einer Welt außerhalb seiner selbst hat und durch diesen Kontakt (bei Lebewesen über Sinneswahrnehmungen) sein internes Modell (die Repräsentation) der Welt permanent aktualisiert. Bei Robotern spricht man dann von ***Situiertheit***, d.h. sie müssen sich in einer Welt befinden mit der sie interagieren können. Dazu müssen sie eine ***eigene Identität*** besitzen, also in der Terminologie der Robotik über eine ***Körperlichkeit*** verfügen. Sie erleben dann die Wechselbeziehungen zwischen ihrem eigenen Körper und der Umwelt, in der dieser agiert. ***Geistiges Erleben*** beinhaltet dann ein explizites Wissen des Roboters (genauer: des Computers, der ihn steuert) über diese Wechselbeziehung.

An dieser Stelle argumentiert Searle: „Die kausale Interaktion zwischen dem Roboter und der Welt ist unerheblich, so lange sie nicht in dem einen oder anderen Geist repräsentiert ist. Doch das geht nicht, falls der so genannte Geist aus rein formalen, syntaktischen Operationen besteht" (Searle 1986, S. 34). Der ersten Behauptung wollen wir uns hier anschließen. Richtig ist: es bedarf einer Repräsentation. Dabei ist aber die reale Welt nicht in einem Geist repräsentiert, sondern in einem materiellen Träger! Und wie der Computer, der den Roboter steuert, zu konzipieren ist, muss syntaktisch, d.h. in Regeln definiert werden, wie denn sonst? Dies heißt aber nicht, dass der Geist aus formalen Operationen *besteht*, sondern dass solche Operationen die Gesetzmäßigkeiten angeben, die geistige Erlebnisse entstehen lassen, die also angeben, wie Geist „erzeugt" wird. Und nach welchen Gesetzmäßigkeiten unser Gehirn den Geist hervorbringt, versuchen Hirnforscher zu klären.

Hier beginnt allerdings Searle seine Aussage zu relativieren bzw. zu präzisieren. Er sagt: „In einem gewissen Sinne sind wir natürlich alle Maschinen. Den Inhalt unseres Hirns können wir als eine Maschine aus Fleisch auffassen. Und natürlich können wir alle denken. ... Mithin gibt es trivialerweise Maschinen, die denken können. Aber das war nicht die Frage, die uns geplagt hat. ... Die Frage lautet nicht: »kann eine Maschine denken?« oder kann ein Artefakt denken? Die Frage lautet: »kann ein digitaler Computer denken?« ... Unsere Hirne sind natürlich digitale Computer, denn sie führen ja jede Menge Computerprogramme aus. Und natürlich können unsere Hirne denken. ... Doch das war ja gar nicht die Frage, die wir eigentlich stellen wollten. Was wir wissen wollen, ist: »Kann ein digitaler Computer - so wie digitale Computer definiert sind - denken?« und das heißt: »Ist die Realisierung der Ausführung des richtigen Computerprogramms mit den richtigen Inputs und Outputs hinreichend oder konstitutiv für Denken?« Und auf diese Frage anders als auf die früheren Fragen – lautet die Antwort offensichtlich »Nein«, und zwar aus dem erläuterten Grund: Das Computerprogramm ist rein syntaktisch definiert. Aber Denken ist mehr als bloß ein Manipulieren bedeutungsloser Symbole ..." (Searle 1986, S. 34).

Zunächst einmal wollen wir feststellen, dass nicht der Inhalt unseres Gehirns eine Maschine aus Fleisch ist, sondern allenfalls das Gehirn selbst. Sein Inhalt ist dann als ein bestimmter Zustand definiert, in dem sich diese Maschine befindet. Außerdem sind Gehirne keine Digitalcomputer, denn sie funktionieren mit Sicherheit anders. Auch führen Gehirne keine Computerprogramme aus, so wie sich Searle (und Dennett) das vorstellen (wo sollen denn diese Programme gespeichert sein und wann und wie gelangen sie bei der Entwicklung des Fötus dorthin?). Gehirne arbeiten allenfalls nach bestimmten Regeln, die „hardwaremäßig verdrahtet", wenn auch plastisch veränderlich sind (Parameteranpassung in neuronalen Netzen). Ob die Gesetzmäßigkeiten der Informationsverarbeitung im Gehirn in Form von Programmanweisungen, Entscheidungstabellen o.ä. formulierbar sind, ist hier irrelevant, so lange wir akzeptieren, dass die Informationsverarbeitung im Gehirn überhaupt irgendwelchen Gesetzen (die es noch zu finden gilt) unterliegt (was wäre die Alternative?).

Bleibt die Frage, ob nur unser Gehirn als eine Maschine aus Fleisch denken kann, oder ob auch ein digitaler Computer denken kann, wenn er nur das richtige Computerprogramm ausführt. Da ein Digitalcomputer oder allgemeiner ein Netz kooperierender Digitalcomputer im Prinzip jede beliebige andere, durch ein Programm beschreibbare Maschine (virtuell) simulieren kann, kann er auch die Funktionen eines Gehirns ausführen, wenn sich diese in Programmen (z. B. in objektoriertiertem Design mit Parallelverarbeitung) beschreiben lassen. Unsere Antwort lautet daher: Wenn die durch das Programm beschriebene virtuelle Maschine das Verhalten der realen Welt simulieren kann, und dies setzt eine Repräsentation dieser Welt im Computer voraus, die dem Zugriff des Computers explizit zugänglich ist, dann ist eine notwendige Bedingung für (Nach-) Denken (über diese reale Welt) erfüllt, d.h. für die gedankliche bzw. geistige Manipulation der Welt. Wenn wir genauer fragen, was die hinreichenden Bedingungen für Denken sind, muss der Begriff des Denkens eingegrenzt werden. Wir erinnern hier an Bild 13 (S. 113). Die Ausführungen zu dieser Abbildung verdeutlichen, dass es für die spezifischen Denkarten offensichtlich spezifischer Programme bedarf, weil dafür jeweils spezifischer Fähigkeiten erforderlich sind. Außerdem müssen wir hierbei zwischen der gedanklichen Hervorbringung von Vorstellungen (Simulationen der realen Welt) und „gedachten Handlungen" u.U. in Verbindung mit Symbolmanipulation unterscheiden. Im letzteren Fall muss das sog. ***Symbolbezugsproblem*** vorab gelöst werden, d.h. die Fähigkeit, Repräsentationen der Welt in eine manipulationsfähige Symbolform zu überführen, sie also umzucodieren.

Allerdings stellte Searle 1993 fest: „ ... Unter denjenigen, die auf dem Gebiet der Kognitionswissenschaft tätig sind, (besteht) wenig theoretische Übereinstimmung bei absolut grundlegenden Fragen wie den folgenden ...: Was genau ist ein digitaler Computer? Was genau ist ein Symbol? Was genau ist ein Algorithmus? Was genau ist ein computationaler Vorgang? Unter welchen physikalischen Umständen genau implementieren zwei Systeme dasselbe Programm?" (Searle 1993, S. 226). Dass er mit dieser Aussage recht hat, demonstrieren seine eigenen Ausführungen.

Zum Abschluss dieses Kapitels wollen wir einer brisanten Frage nachgehen. Sie lautet: ist der Geist berechenbar? „Falls der menschliche Geist, so argumentiert Turing, berechenbar ist, dann kann er nach der Churchschen These durch ein Programm repräsentiert werden" (Mainzer 2007a, S. 81). Diese Aussage Turings ist in diesem Wortlaut mit Sicherheit falsch. Wie in Kapitel 3.1 ausgeführt, setzt Geist einen propositionalen Gehalt voraus, d.h. er muss ein reales System (i.d.R. die Welt) repräsentieren (in einem sog. Weltmodell) und aus dieser Repräsentation Folgerungen (sekundäres Wissen oder konkrete Aktionen) ableiten können. Ein Programm oder irgend eine spezifische Maschine repräsentiert selbst aber nichts, sondern kann allenfalls ein Muster erzeugen, das etwas repräsentiert! Ein Programm kann also vielleicht eines Tages ein Gehirn oder die entscheidenden Aspekte eines Gehirns nachbilden, nicht aber einen Geist! Wohl aber könnte es eines Tages möglich sein, dass ein konkreter spezifischer oder ein virtueller Automat, d.h. ein Computerprogramm „Geist produziert" und mentale Phänomene hervorbringt. Da Qualia geistiges Erleben voraussetzen, wollen wir die Frage erweitern und fragen: *sind Qualia-Erlebnisse berechenbar und damit maschinell erzeugbar*? Die übliche Antwort lautet: nein. Übereinstimmend wird (heute noch) davon ausgegangen, dass Qualia-Erlebnisse künstlichen Systemen unzugänglich sind. Eine genauere Betrachtung zeigt allerdings, dass die Dinge so einfach nicht liegen.

Wie bereits ausgeführt resultieren Qualia aus einer bestimmten Repräsentationsform der Merkmale der realen Welt, und zwar nach den Kriterien Modalität, Qualität, Intensität und Globalität (es ist hell) oder Lokalität (dieses Licht ist hell). Weiter hin können mit technischen Systemen diese Umweltmerkmale sowohl erfasst, als auch auseinandergehalten werden, da ihnen physikalische Äquivalente gegenüberstehen. Damit besteht aber auch die grundsätzliche Möglichkeit, diese Kriterien in irgendwelchen Mustern bzw. Codes zu verschlüsseln und damit Codes „zu berechnen", die Qualia verschlüsseln. Wir erinnern hier noch einmal an die in Kapitel 1.3 zitierte Aussage von Gerhard Roth, dass Bewegungen, Farben, Formen und der uns umgebende Raum ... das Produkt von Berechnungen in neuronalen Netzwerken sind. Mainzer schreibt analog: „So werden Emotionen neurobiologisch zunächst innerhalb komplexer Netzwerke generiert und prozessiert. ... Bewusst wahrgenommen werden sie erst, wenn zusätzlich präfrontal kortikale Areale mit eingeschaltet werden" (Mainzer 2007a, S. 83f). Und wir wiederholen auch noch einmal unsere Aussage von Kapitel 1.4, dass im Gehirn, wie in einem Computer, nicht im üblichen Sprachgebrauch bewusst und aktiv gerechnet wird, sondern dass sich die Abläufe in Gehirn und Computer lediglich als physikalische Realisierungen bzw. Repräsentationen von Rechenvorgängen interpretieren lassen. Könnte es aber vielleicht doch eine Grenze für die Berechenbarkeit von Qualia geben? „Aus der mathematischen Theorie zellulärer Automaten wissen wir ... , dass ... komplexe Musterbildungen unberechenbar und unentscheidbar werden können. In solchen Fällen müssen wir buchstäblich abwarten, wie sich das System entwickelt, ob es stoppt oder sich weiterentwickelt. Als ***Turings Stopp Problem*** ist dieses Phänomen aus der Theorie der Berechenbarkeit wohl bekannt" (Mainzer 2007a, S. 86).

Hier muss also zunächst einmal definiert werden, was berechnet werden soll. Betrachten wir als Beispiel die Berechnung von (Pseudo-) Zufallszahlen für Monte Carlo Simulationen stochastischer Prozesse in Computern.

Da man hier in der Lage sein möchte, eine unendliche Anzahl von Zufallszahlen zu berechnen, sind solche Prozesse so ausgelegt, dass sie nie zum Stillstand kommen. Es können dann zwar einzelne Zufallszahlen berechnet werden, nicht aber die gesamte Zahlenfolge, da diese unendlich ist. Dies gilt analog für zellulare Automaten, bei denen zwar der jeweils nächste Zustand jeder Zelle und damit die jeweils nächste Zustandsfolge berechnet werden kann, nicht aber ein gesamtes Muster, falls der Rechenprozess zu keinem Stop kommt. Und dies gilt analog für die Zustände in unserem Gehirn. Auch das Gehirn kommt bis zum Tode nie zum Stillstand, trotzdem lassen sich im Prinzip einzelne Zustandsfolgen neuronaler Erregungen berechnen, sofern die Gesetzmäßigkeiten zu ihrer Erzeugung aufgeklärt sind.

Nehmen wir als praktisches Beispiel einen Entscheidungsfindungsprozess. Das Abwägen der pro und contra sind interne Zustandsfolgen und somit Bestandteil von geistigen Erlebnissen auch dann, wenn sie kein Ergebnis liefern, also zu keiner Entscheidung führen. Unsere Gedanken können in einer Entscheidung (Rechenergebnis) münden, sie können sich „im Kreise drehen" oder wir können uns verzetteln. Trotzdem findet ein geistiger Prozess statt und wir wissen, was wir uns überlegen. Man kann analog unterscheiden zwischen Zahlenfolgen, die in einem Punktattraktor (z. B. einer Entscheidung) konvergieren, solchen die in zyklischen oder quasiperiodischen Attraktoren (kreisende Gedanken) münden und einem Wechsel zwischen verschiedenen koexistierenden Attraktoren (wir schwanken hin und her). Auch sog. seltsame Attraktoren mit fraktalen, nichtganzzahligen Strukturen können vorkommen (unkontrollierte Gedanken). Solche Verläufe lassen sich ebenfalls berechnen, obwohl die Rechnung nicht zwangsweise zu einem Halt führen muss. Im Sinne der vorliegenden Betrachtung resultiert Geist nicht nur aus dem *Ergebnis* einer Berechnung, sondern auch und vor allem aus den berechenbaren *Zustandsfolgen*, die beim Rechenprozess durchlaufen werden. In der Automatentheorie wird das Verhalten eines Automaten in Zustands- und Ausgabefunktionen beschrieben. *Zustandsfunktionen* geben an, wie sich ein aktueller Zustand aus einem vorausgegangenen Zustand und einer Eingabe (Input) ableitet, *Ausgabefunktionen* zeigen analog, wie sich eine Ausgabe (Output) aus diesen Werten ergibt. Nach unserer Definition werden geistige Prozesse dann in Zustandsfunktionen beschrieben.

Wichtig ist auch hier die in Kapitel 1.1 zitierte Aussage von Peirce, dass es absolut keinen Unterschied zwischen einem harten Ding und einem weichen Ding gibt, solang sie nicht auf die Probe gestellt werden. Deshalb sind die Codes, die Qualia verschlüsseln, zunächst nur bedeutungslose Muster, sowohl im Gehirn wie auf einer CD oder DVD oder im Speicher eines Computers. Ihre Bedeutung erlangen sie erst, wenn sie den Input liefern für eine qualiaspezifische Informationsverarbeitung, wenn also auf unterschiedliche Qualiamodalitäten, -qualitäten oder -intensitäten unterschiedlich reagiert werden muss. Diese Anforderung ist es ja gerade gewesen, die die Triebfeder für die evolutionäre Entwicklung von Qualia abgegeben hat. Dies erfordert wiederum, dass ein solcher Verarbeitungsmechanismus zwischen Modalitäten, Qualitäten und Intensitäten unterscheiden können muss. Die Frage ist dann, wie er diese Unterschiede „erlebt". Eine notwendige Bedingung für *Erleben* ist, wie bereits oben ausgeführt, dass das Erlebte in aktives, explizites Wissen überführbar sein muss, einen propositionalen Gehalt benötigt und als Bezugsbasis für Manipulationen geeignet sein muss, denn wenn wir uns etwas vorstellen, stellen wir es uns stets in Form von Qualia vor. Reine Symbolverarbeitung ist nicht erlebbar, es sei denn, die Symbole werden in einer spezifischen Qualiamodalität erlebt (Worte: auditiv; Schrift, Bilder und Gebärden: visuell).

Das Problem des menschlichen Betrachters ist, dass er die Repräsentation verschiedener Qualiamodalitäten, -qualitäten und -intensitäten auf irgendwelchen physikalischen Trägern oder erregten Neuronen, nur in Form unterschiedlicher Muster *derselben* Modalität wahrnimmt. Daher können wir uns nicht anschaulich vorstellen, wie daraus unterschiedliche Modalitäten, Qualitäten und Intensitäten entstehen sollen. Schon in Kapitel 2.1 wurde ausgeführt, dass die Möglichkeit, eine Wahrnehmungskategorie mit Hilfe anderer Wahrnehmungskategorien ersatzweise zu beschreiben ein hoffnungsloses Unterfangen ist. Beispielsweise kann aus der Betrachtung irgendwelcher Bitmuster nicht erschlossen werden, wie sich ein darin codiertes Musikstück anhören, oder ein darin codiertes Farbbild darstellen wird.

Tatsächlich ist dies aber nur eine Frage der geeigneten (inhaltsneutralen) Umcodierung. Unser Fernseher liefert ein Beispiel dafür, wie vom Code einheitlicher physikalischer Signale unterschiedliche Gerätekomponenten angesprochen werden können, die dann sowohl Bilder unterschiedlicher Farbe als auch Töne erzeugen.

Unsere Ausgangsfrage (ist der Geist berechenbar) können wir daher jetzt wie folgt beantworten:

1. Unterschiedliche Qualiamodalitäten, -qualitäten und -intensitäten lassen sich mithilfe geeigneter Codes verschlüsseln
2. diese Verschlüsselung ist eine Berechnung
3. wenn sich Qualiamodalitäten, -qualitäten und -intensitäten getrennt verschlüsseln lassen, lassen sie sich auch spezifisch verarbeiten, d.h. aus ihnen lassen sich wiederum modalitäts-, qualitäts- und intensitätsspezifische Reaktionen rein formal ableiten und damit berechnen.

Die Erzeugung und Manipulation von Qualia sowie qualiaspezifische Reaktionen lassen sich also prinzipiell maschinell nachbilden. *Die offene Frage ist dabei nur, wie das System, das seine Aktionen aus Repräsentationen von Qualia ableitet, diese Repräsentationen selbst erlebt. Eine mögliche Antwort könnte für die Maschine und das menschliche Gehirn lauten: als das was sie sind, als Repräsentationen, allerdings ohne zu wissen, dass es sich nur um Repräsentationen handelt und nicht um das Repräsentierte.*

Bei all dem gilt, dass bei herkömmlicher Symbolverarbeitung i.d.R. in den Symbolen nur verschlüsselt ist, was sie repräsentieren, aber nicht was dieses Etwas ist (s.o.). Das weiß dann nur der Programmierer, zumindest solange darüber keine Informationen in einer Wissensbasis niedergelegt sind. In Bild 3 (S. 39) wurde der Unterschied verdeutlicht.

3.4 Geist als Repräsentation von Perzeption und Propriozeption

Bisher haben wir die Fähigkeit von Systemen, andere Systeme und deren Verhalten zu repräsentieren, in allgemeiner Form diskutiert. Jetzt wollen wir sie konkret auf Lebewesen und zum Vergleich auch auf Roboter beziehen.

An den Beginn unserer Betrachtung stellen wir eine Aussage von Dretske. „Wenn alles richtig läuft, verhalten sich Schmerzen, Kitzel- und Juckgefühle zu physikalischen Körperzuständen (sie sind Erfahrungen dieser physikalischen Zustände) so wie olfaktorische, visuelle und auditive Erfahrungen sich zu physikalischen Zuständen der Umwelt verhalten. In allen Fällen handelt es sich um bewusste Erfahrungen, richtig, aber nicht deshalb, weil wir uns ihrer bewusst sind, sondern weil sie uns die relevanten Zustände unseres Körpers zu Bewusstsein bringen. Wenn wir Schmerzen (Hunger, Durst usw.) verspüren, sind wir uns nicht interner Repräsentationen von Körperzuständen (der Schmerzen) bewusst, sondern der Körperzustände, die durch diese Repräsentationen (Schmerzen) repräsentiert werden. Obwohl wir gewahr sein können und es meistens auch sind, dass wir Schmerzen haben, handelt es sich doch bei Schmerzen nicht um Gegenstände, deren wir gewahr sind, sondern um das Gewahrsein von Gegenständen" (Dretske 1998a, S. 109).

Sagen wir es einfacher. Im Gehirn wird sowohl der Zustand unseres Körpers repräsentiert, als auch der Zustand seiner Umwelt. Durch ***Perzeption*** wird der Zustand der Außenwelt, durch ***Propriozeption*** der der Innenwelt erfasst. Informationen über Körperzustände können auf unterschiedlichen Wegen zum Gehirn gelangen. Über die Nervenfasern des Rückenmarks werden Informationen über den Zustand des Bewegungsapparates übermittelt. Diese werden erfasst durch Propriorezeptoren in den Skelettmuskeln, Sehnen und Gelenken. Sie registrieren Verformung, Reibung und Druck und informieren so über deren Stellung, Anspannung und Bewegung. Sie sagen dem Gehirn, ob der Körper steht, sitzt oder liegt und ermöglichen eine präzise Steuerung der Bewegungen selbst mit geschlossenen Augen. Dazu kommen noch Meldungen von Schmerzrezeptoren, die über eigene Nervenbahnen zum Gehirn gelangen und dort als Verletzungen, Entzündungen u.ä. repräsentiert werden. Zudem gelangen auch noch Informationen aus der Blutbahn, die über Thermorezeptoren und chemische Rezeptoren erfasst werden, zum Zentralnervensystem in Höhe des Hirnstammes und repräsentieren im Gehirn den Zustand des inneren Milieus, also das Befinden des Organismus. Bei einer weiteren Entwicklungsstufe, nämlich der Bewusstwerdung, werden diese Repräsentationen im Gehirn dann als Spüren des Körpers, als Schmerzen oder als Hunger, Durst, Frieren u.ä. erlebt.

Auch unsere Empfindungen sind also nichts anderes als eine bestimmte Wahrnehmungsmodalität. Antonio Damasio sieht in Gefühlen eine spezifische Art von Wahrnehmung, mit deren Hilfe das Gehirn ständig den Zustand unseres Organismus beobachtet. LeDoux präzisiert: „Ich behaupte, dass Gefühle zustande kommen, wenn die Aktivität spezialisierter Emotionssysteme in dem System repräsentiert wird, das dem Bewusstsein zugrunde liegt, und ich benutze das Arbeitsgedächtnis als eine weithin anerkannte Erklärung dafür, wie das Bewusstsein zustande kommen könnte" (LeDoux 2001, S. 304). Auch er unterscheidet also, wie Damasio, zwischen Emotionen, die Körperzustände repräsentieren, und Gefühlen, die diese Emotionen bewusst und erlebbar machen. Wichtig ist dabei für ihn aber der Hinweis: „Emotionsforscher haben nur zu klären, wie es kommt, dass emotionale Information im Arbeitsgedächtnis repräsentiert wird. Der Rest des Problems, nämlich herauszubekommen, wie die Inhalte des Arbeitsgedächtnisses subjektiv erlebt werden und wie diese subjektiven Phänomene aus dem Gehirn hervorgehen, bleibt allen Geistforschern aufgegeben" (LeDoux 2001, S. 303). Damasio sieht das ähnlich: „Natürlich wünschte ich, ich könnte sagen, dass wir mit Gewissheit wissen, wie das Gehirn es anstellt, den Geist hervorzubringen, aber das kann ich nicht – und ich fürchte, niemand kann es" (Damasio 1997, S. 340).

Arno Ros meint: „Wahrnehmungen kann es aus begrifflichen Gründen nur dort geben, wo es zum Einsatz von *Wahrnehmungsorganen* kommt, ganz anders hingegen die leiblichen und motivationalen Empfindungen" (Ros 2005, S. 515). „Und so ist es denn auch durchaus berechtigt zu sagen, das auf kinästhetischen Empfindungen beruhende Wissen von eigenen körperlichen Aktivitäten beruhe nicht auf Selbstwahrnehmungen" (Ros 2005, S. 515). Unser Kommentar lautet: Selbstwahrnehmung basiert auf Repräsentationen von Körperzuständen im Gehirn. Ob sie sich aus Erregungszuständen von Sinnesorganen ableiten oder von irgendwelchen sonstigen Rezeptoren im Körper abgeleitet werden, ist hierbei völlig irrelevant. Außerdem hat das Gehirn überhaupt keinen direkten Zugang zur Außenwelt. Wenn es sein Wissen über die Umwelt von den Sinnesorganen bezieht, genauer gesagt aus den Erregungsmustern von deren Rezeptoren, dann sind dies ebenfalls nichts anderes als Körperzustände. Das Gehirn erhält genau genommen also überhaupt nur Informationen über Körperzustände, die dann im Gehirn repräsentiert werden. Daraus leitet sich die in Kapitel 4.3 zu diskutierende Frage ab, wie das Gehirn dann überhaupt zwischen dem eigenen Körper und seiner Umwelt unterscheiden kann.

Wir dürfen also streng genommen unsere Sinneswahrnehmungen nicht auf die bekannten fünf Sinne beschränken, die uns Informationen über unsere Umwelt liefern, sondern müssen die Wahrnehmungen des eigenen Körperzustandes durch das Gehirn ebenfalls als spezifische Wahrnehmungsmodalitäten auffassen.

Erst wenn Repräsentationen im Gehirn bewusst erlebt werden, haben wir Qualia-Erlebnisse. Und diese Bewusstwerdung bedarf besonderer Mechanismen. Dabei landen wir bei der Homunkulus Debatte, ein Thema, auf das wir später gesondert eingehen werden. Repräsentationen im Gehirn oder in einem anderen System werden also nicht notwendigerweise auch bewusst. Dies gilt auch für Computer, die einen Roboter steuern. Auch in solchen Computern werden Modelle des Roboterkörpers und seiner Umwelt geführt, die den Roboterzustand und den seiner Umgebung repräsentieren. Solche *Repräsentationen sind für sich allein gesehen zwar notwendige, aber noch keine hinreichenden Bedingungen für Qualia-Erlebnisse und Bewusstsein.*

LeDoux formuliert dies so: „Diese Theorien erklären, wie der menschliche Geist im allgemeinen arbeitet, aber sie bieten keine Erklärung für ein bestimmtes Erlebnis in einem bestimmten Geist" (LeDoux 2001, S. 303). Um diesen Unterschied zu verdeutlichen, unterscheiden wir zwischen Emotionen und Gefühlen (s.o.). *Emotionen* sind Repräsentationen von Körperzuständen, die, sobald diese bewusst erlebt werden, zu *Gefühlen* werden. Auch (unbewusste!) Emotionen können das Verhalten von Lebewesen steuern, ebenso wie abstrakte Klassen bei der objektorientierten Programmierung den Programmablauf steuern oder zumindest beeinflussen können. Allerdings können Emotionen keine bewussten Aktionen steuern, sondern nur Reaktionen und Instinkthandlungen anstoßen und ggf. modulierend beeinflussen. Und was bringt es, wenn sie zu bewusst erlebten Gefühlen werden? Was ist der evolutionäre Nutzen der Gefühle? Unsere Antwort lautet: Als Gefühle können sie auch Gedanken (Vorstellungen und Denkoperationen) steuern, indem sie es uns ermöglichen, alternative gedachte Szenarien als angenehm oder unangenehm zu bewerten und so unsere bewussten Entscheidungen und Handlungen beeinflussen.

Qualia müssen sowohl die Art, d.h. die ***Modalität,*** als auch die ***Lokalität*** von Objekten und Ereignissen repräsentieren und auch zwischen ***globalen und lokalen Phänomenen*** unterscheiden können. Schmerzen fühlen, etwas sehen oder hören, Druck empfinden oder etwas schmecken oder riechen sind unterschiedliche Modalitäten. Erkennen, wo sich Tonquellen, farbige Objekte befinden oder wo im Körper es weh tut, erfordert eine örtliche Lokalisierung. Und schließlich gibt es neben lokalisierbaren auch globale

Wahrnehmungen, wie z. B. Hunger oder Müdigkeit als Körperzustände einerseits und Umweltzuständen wie Helligkeit, Ruhe, Lärm, Gestank u.ä. andererseits.

3.5 Wahrnehmungen, Erinnerungen und Vorstellungen

Wahrnehmungen resultieren aus Repräsentationen der realen Welt. Dagegen müssen Erinnerungen aus Repräsentationen eines früheren Zustandes der Welt rekonstruiert werden. Unsere Vorstellungen schließlich sind Eigenkreationen eines informationsverarbeitenden Systems und dürfen nicht irgendwelche beliebigen Konstrukte sein, sondern müssen eine fiktive Welt repräsentieren, der wir eine Bedeutung zuordnen können.

Bei ***Erinnerungen*** können Ereignisse entweder, wie ein Film, Bild für Bild (oder wie auf einem Tonträger Ton für Ton) abgespeichert und bei Bedarf wieder abgerufen werden, oder sie können ausgehend von bestimmten Informationen vervollständigt und ergänzt, also aus Basisdaten rekonstruiert werden. Im ersten Fall handelt es sich um ein abrufbares Faktenwissen über vergangene Ereignisse, im zweiten Fall um einen Basispool von Faktenwissen, der fallspezifisch (durch implizites Wissen) wieder ergänzt und vervollständigt wird. In beiden Fällen bedarf es irgendwelcher Ausgangsinformationen (Indizes), von denen aus auf die zu erinnernden Informationen zugegriffen werden kann.

Forscherteams (um Kalanit Grill-Spector vom Weizman-Institut in Rehovot/Israel und um Nancy Kanwisher von der Harvard University in Massachusetts) haben nachgewiesen, dass eine spezifische hinten seitlich gelegene Region der Hirnrinde aktiviert wird, wenn wir Objekte erkennen (Delacour 2004, S. 19). In Anlehnung an frühere, zwischenzeitlich überholte Vorstellungen, dass unsere Großmutter, wie auch andere Objekte, in jeweils spezifischen Neuronen repräsentiert würden, nennt man diese Zellgruppen ***Großmutterzellen***. Das sind Neuronengruppen die dann feuern, wenn bestimmte Objekte erkannt wurden. Ausgehend von ihrer Aktivierung durch konkrete Wahrnehmungen können dann alle weiteren bekannten Informationen zu diesen Objekten angesprochen werden. Erstmals wurden solche Großmutter- bzw. Gesichtszellen (die nicht die Großmutter repräsentieren, sondern sie lediglich identifizieren) bei der Wiedererkennung von Gesichtern im Affengehirn von Ed Rolls, Charlie Gross und David Perrett nachgewiesen (Ramachandran 2002, S. 140). Eine analoge Funktion übernehmen bei der Wiedererkennung von Abläufen die sog. ***Spiegelneuronen***. Sie stehen am Beginn von Handlungs- und Ablaufsequenzen, und schließen Wortsequenzen (Bewegungsabläufe von Mund, Zunge und Kiefer) beim Sprechen ein. *Durch Großmutterzellen können also Objekte, durch Spiegelneuronen Ereignisse rekonstruiert werden*. Jetzt bedarf es erstmals einer konkreten und *aktiven* Informationsverarbeitung zur Rekonstruktion vergangener Sachverhalte. Deren Repräsentation ist nicht mehr nur eine spezifische Art von Abbildung der Realität durch Codierung. Jetzt wird vielmehr eine vergangene Realität durch Informationsverarbeitung aus Indizien neu erzeugt bzw. rekonstruiert. Diese Indizien sind Attraktoren. Das System verbleibt aber nicht in diesem Zustand, vielmehr bildet dieser den Ausgangszustand für weitere Zustandsfolgen (Trajektorien). Diese wiederum können bei Lebewesen Glieder bewegen, bei höheren Entwicklungsstufen aber auch nur Gedanken. Können Szenarien aus verschiedenen Zeitpunkten der Vergangenheit einander gegenübergestellt werden, lassen sich ***zeitliche Abläufe erkennen*** und ***Hypothesen für kausale Abhängigkeiten erstellen***. Jetzt gibt es erstmals einen expliziten Zugriff auf eine Wissensbasis bzw. -bibliothek. Bewusste, explizite Erinnerungen werden im Gehirn im Hippocampus abgespeichert. Dadurch kann aus ***primärem Wissen sekundäres Wissen*** abgeleitet, also neues Wissen *selbst erzeugt* werden. Dieses Wissen ist nicht mehr bloß die Repräsentation einer realen Welt, sondern die Repräsentation einer durch Informationsverarbeitung induktiv oder deduktiv „erzeugten" Welt.

Nach demselben Prinzip können im nächsten Schritt hypothetische Szenarien erzeugt werden, die wir als ***Vorstellungen möglicher Zukunftsszenarien*** (oder auch Vergangenheitsszenarien - was wäre gewesen, wenn ...) erleben. Ihre Hervorbringung, sei es in Worten (Gedanken) oder Bildern (Vorstellungen), bezeichnen wir als ***Denken***.

Dies ist die Basis für den nächsten Entwicklungsschritt, die Entdeckung der Zeit, d.h. die Entwicklung eines ***Zeitbegriffs*** in Verbindung mit der Fähigkeit, zwischen Gegenwart, Vergangenheit und Zukunft zu unterscheiden.

An dieser Stelle muss betont werden, dass es sich hier um allgemeine Überlegungen zur Entstehung bestimmter mentaler Phänomene handelt, die sich nicht notwendigerweise auf Lebewesen oder gar nur den Menschen beziehen müssen. Vielmehr lässt sich rein logisch, und damit im Rahmen einer philosophischen Betrachtung, erkennen, welche notwendigen Bedingungen erfüllt sein müssen, um das Phänomen des Bewusstseins entstehen zu lassen. Aufgabe der Wissenschaft ist es, in der Evolution des Lebens nach Spuren zu suchen, die die hier aufgestellten Thesen untermauern oder ggf. auch falsifizieren. Und natürlich gilt das hier Gesagte auch für künstliche Systeme. Es zeigt, über welche Fähigkeiten beispielsweise Roboter (mindestens) verfügen müssen (notwendige Bedingung), damit wir bei ihnen mentale Erlebnisse postulieren können.

„Typisch ist dabei die ***Selbstwahrnehmung*** (self awareness) körperlicher, emotionaler und kognitiver Zustände. Das Gehirn kartographiert und repräsentiert nicht nur die Außenwelt durch Wahrnehmung und die topographische Körperoberfläche durch Selbstwahrnehmung (somatosensorische Karten), sondern auch die neurobiologischen Korrelate mentaler Prozesse" (Mainzer 2007a, S. 83). Was sind neurobiologische Korrelate mentaler Prozesse, die uns emotionale und körperliche Zustände als solche erleben lassen? Nach der hier vertretenen Definition sind ***emotionale Zustände*** nichts weiter als spezifische Körperzustände, die, wenn sie bewusst werden, in der Wahrnehmungsmodalität „Gefühl" erlebt werden. ***Mentale Prozesse*** dagegen erzeugen, manipulieren und bewerten ***kognitive Zustände*** (mit propositionalem Gehalt), also Vorstellungen (z. B. von einem Gewitter), die uns Angst, Freude (somatische Marker) u.ä. einflößen. Und als solche sind sie handlungsbeeinflussend (Unterschlupf suchen, wenn es blitzt).

Die Notwendigkeit, sich mit den hier diskutierten Fragen auseinanderzusetzen, und insbesondere für klare Begriffe zu sorgen, zeigt sich in philosophischen Behauptungen, wie sie exemplarisch von Habermas aufgestellt wurden, für den in einer neurologischen Beschreibung die Rolle eines „mentalen Verursachers" gar nicht vorkommt. „Denn handlungsmotivierende Gründe lassen sich ebenso wenig auf kausal wirksame Ereignisse reduzieren wie die entsprechenden Vokabulare, denen diese Begriffe jeweils gehören" (Habermas 2006, S. 683). Aus der von uns unterbreiteten Sicht sind ***handlungsmotivierende Gründe*** nichts weiter als Repräsentationen einer realen oder von einem informationsverarbeitenden System selbst geschaffenen Welt bzw. Vorstellungswelt. Wird diese bewertet, kann sie im Sinne von Bild 15 (S. 120) als wünschenswert bzw. erstrebenswert oder aber als zu befürchten und damit zu vermeiden eingestuft werden. Ein derart bewerteter Zustand kann dann im Sinne der Logik als eine Bedingung aufgefasst werden, aus der ein System erforderliche Konsequenzen ableiten und ggf. auch umsetzen kann. Wie dies bei einem Computer abläuft, ist bekannt. Die Schaltalgebra demonstriert uns, wie logische Operationen „materialisiert" werden können, d.h. wie sich logische Operationen durch bestimmte Anordnungen von Schaltern repräsentieren lassen. Damit ist gezeigt, wie sich Gründe (in Form von Bedingungen, die erfüllt oder nicht erfüllt sind) in kausal wirksamen elektronischen Schaltungen abbilden lassen. Dieses Prinzip gilt allgemein, für Schachcomputer wie auch für Roboter, und ist nicht auf Lebewesen oder gar auf Lebewesen mit Bewusstsein beschränkt. Unter welchen Voraussetzungen handlungsmotivierende Gründe bewusst werden, und nicht nur Instinktreaktionen auslösen, wird später diskutiert.

Jetzt wollen wir noch zu einer weiteren philosophischen Behauptung Stellung nehmen. Habermas schreibt: „Es ist nämlich überflüssig, die Existenz einer besonderen Art von Eigenschaften zu postulieren, wenn diese in einem materialistisch begriffenen Universum, in dem nur Ereignisse aufeinander einwirken können, ‚keine kausale Arbeit leisten'" (Habermas 2006, S. 690). Dies ist das Problem des ***Epiphänomenalismus***, der danach fragt, wozu es geistiger Erlebnisse überhaupt bedarf, wenn diese nichts bewirken. Hier wird einfach unterstellt, dass in einer materialistischen Welt nur Ereignisse etwas bewirken können. Das jedermann geläufige Beispiel des genetischen Codes zeigt aber bereits, dass nicht nur Ereignisse, sondern auch bestimmte Muster und Formen Wirkungen nach sich ziehen können und zwar ohne ursächlich zu wirken. Man denke nur daran, dass unser Handy nur dann klingelt, wenn die permanent darauf einströmenden elektronischen Signale ein bestimmtes Muster (meine Telefonnummer) aufweisen. Und solche Muster sind die hier diskutierten Repräsentationen. Wie in meinem Handy reagiert auch das Gehirn nicht auf die Erregung von Neuronen an sich, sondern nur auf bestimmte Erregungs*muster* und dann in einer ganz spezifischen Weise. Zudem gilt, dass die Existenz von Eigenschaften nicht notwendigerweise voraussetzt, dass diese auch etwas kausal bewirken müssen. Beispielsweise gab es schon lange bevor sich die Augen der Lebewesen entwickelten elektromagnetische Strahlung unterschiedlicher Wellenlänge. Diese entstand nicht, um etwas zu bewirken, z. B. um Sehen zu ermöglichen, sondern die Existenz dieses „Angebots der Natur" wurde in der Evolution genutzt, um mit Hilfe der Augen den Lebewesen die Überlebenschancen zu verbessern. Ganz generell gilt, dass es in der Natur keine zielgerichteten Phänomene (um .. zu) gibt, vielmehr baut die Evolution auf dem jeweils Vorhandenen auf und entwickelt dieses weiter. Analog bauen auch die einzelnen Entwicklungsstufen des Gehirns aufeinander auf. Das „Angebot", das die einzelnen Entwicklungsstufen lieferten, wurde in der jeweils nächsten Entwicklungsstufe u.U. völlig „zweckentfremdet" genutzt, weil es Möglichkeiten eröffnete, die ursprünglich gar „nicht vorgesehen waren". Evolutionsbiologen sprechen hier von einem *Funktionswandel.*

Wenn Ereignisse im Sinne von Zustandsfolgen etwas repräsentieren, leisten sie zwar keine kausale Arbeit, sie können aber herangezogen werden, um kausal bedingte Wirkungen zu *erklären.* Und dies ist die Voraussetzung, um Prognosen ableiten und zukünftiges Verhalten daran ausrichten zu können. Das zukünftige Verhalten seinerseits wird dann aber wiederum nicht durch Erklärungen, Gründe oder Prognosen kausal verursacht, sondern durch physikalische Vorgänge, die wir erklären können.

3.6 Wahrnehmung von Merkmalen, Objekten und Ereignissen

Die bisherigen Ausführungen haben die Notwendigkeit der Unterscheidung von Merkmalen, Objekten und Ereignissen verdeutlicht.

Merkmale sind Wahrnehmungen, die in unterschiedlichen Modalitäten (sehen, hören, riechen, fühlen ...), Qualitäten (rot, grün, stechend, ...), Intensitäten (stark, schwach, hell, dunkel, laut, leise, ...) und Lokalitäten (global oder örtlich zuordenbar) repräsentiert werden müssen. Dadurch werden sie unterscheidbar.

Objekte sind charakterisiert durch mehrere Merkmale, die gemeinsam auftreten, also logisch gesehen durch UND-Operationen verknüpft sind. Außerdem lassen sich Objekte stets lokalisieren.

Ereignisse haben darüber hinaus eine zeitliche Komponente und beziehen sich stets auf Objekte und deren Wechselbeziehungen.

Daraus folgt, dass die Anforderungen steigen, wenn nicht nur Merkmale, sondern zusätzlich Objekte und Ereignisse repräsentiert werden müssen. In den Kapiteln 1.3 und 1.4 wurden Beispiele vorgestellt, die die Repräsentation von Merkmalen, Objekten und Abläufen ermöglichen. In Kapitel 1.4 haben wir zudem Kriterien aufgeführt, durch die Objekte charakterisiert sind. Dies bedeutet, dass auch in der Evolution die Entwicklungsstufen von der Erkennung von Merkmalen über die Erkennung von Objekten bis zur Repräsentation ganzer Ereignisse nachvollziehbar sein müssten.

Betrachten wir hierzu zunächst die Grundanforderungen für derartige Fähigkeiten anhand von neuronalen Netzen.

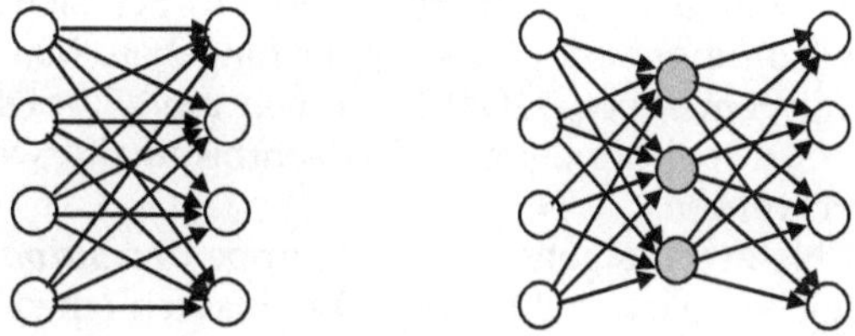

Bild 20: Feed-forward Netze ohne und mit einer verborgenen ZwischenSchicht

Im einfachsten Fall werden die Inputneuronen mit den Outputneuronen direkt verknüpft. Erregungen der Inputneuronen aktivieren dann direkt die Outputneuronen. Wie bereits in Kapitel 1.3 ausgeführt, ermöglicht die nächste Entwicklungsstufe, die Ergänzung von Neuronen in einer Zwischenschicht, die Repräsentation von bestimmten Inputmustern, d.h. (Prototypen von) Merkmalen bzw. Bedeutungen. Aus deren Aktivierung, d.h. der zugehörigen Merkmalkombination, leitet sich dann die fallspezifische Erregung der Outputneuronen und damit eine spezifische Reaktion ab. Der amerikanische Hirnforscher Christof Koch spricht von einer ***kargen Darstellung***, wenn nur eine Minderheit von Neuronen (der Zwischenschicht) gleichzeitig aktiviert ist, wenn also in unserem Falle einige wenige Neuronen der Zwischenschicht bestimmte Aspekte der Umwelt repräsentieren.

In Bild 21 sehen wir den nächsten Entwicklungsschritt. Er ist dadurch gekennzeichnet, dass die Neuronen eines Netzes alle untereinander verknüpft sind. Dadurch entsteht ein sog. ***Hopfield-Netz***.

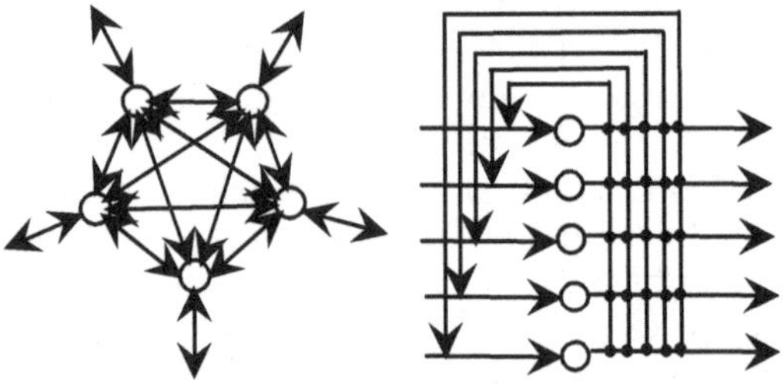

Bild 21: Alternative Darstellungen eines Hopfield Netzes mit fünf Knoten

Hopfield Netze sind homogene neuronale Netze, eine Spezialform von feedback Netzen, also Netzen mit Rückkopplung. Man kann Hopfield Netze als einschichtige Netze darstellen. Sie eigenen sich zur Rekonstruktion unvollständiger oder fehlerhafter Eingaben. Man benötigt jedoch erfahrungsgemäß etwa 1000 Neuronen um 25 vollständige Gedächtnisinhalte zu speichern oder 50 Gedächtnisinhalte, wenn gewisse Fehler toleriert werden.

Hopfield Netzwerke gehören zur Gruppe der ***autoassoziativen Netze***. Sie erreichen nach mehrfachen Durchläufen einen stabilen Zustand. Erinnert sei hier noch einmal an die Ausführungen zu den Bildern 5 und 6. Man kann diesen Prozess auch als ***Symmetriebrechung*** auffassen, die dazu führt, dass das System einem von mehreren möglichen ***Attraktoren*** zustrebt, die alle irgendwelche Referenzmuster repräsentieren. Solche Attraktoren kann man als ***Gedächtnisspur*** oder ***Informations-Speicher*** betrachten. Diese Informationen lassen sich wieder abrufen, wenn ein Ausschnitt der gespeicherten Information angeboten wird. Die Verbindungen im Netz sorgen dann für eine Vervollständigung des Musters. Das Netz generalisiert also selbständig eine Reihe ähnlicher Muster zu dem Muster, das als Repräsentation fungiert, das heißt, es konvergiert in einem bestimmten Repräsentationsmuster. Auf diese Art kann es auch unvollständige, fehlerhafte oder verrauschte Muster identifizieren und selbständig ergänzen. ***Mustererkennung*** ist dann ein Prozess, der analog abläuft wie ***Musterentstehung***, wo im Sinne der ***Synergetik*** verschiedene ***Ordnungsparameter*** in Wettstreit zueinander treten, bis sich schließlich einer durchsetzt. Hopfield-Netze erkennen nicht nur Merkmale, sondern auch Beziehungen zwischen verschiedenen Merkmalen.

Werden Input-Neuronen in Form eines Hopfield-Netzes verknüpft, erhalten wir ein neuronales Netz, das von Hermann Haken als *Synergetischer Computer* bezeichnet wurde.

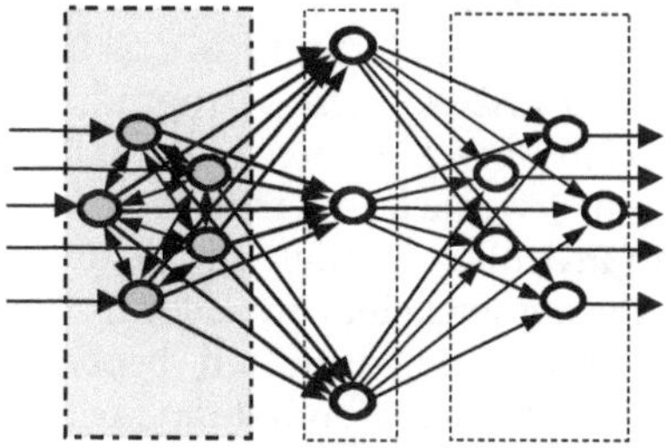

Bild 22: neuronales Netz nach dem Prinzip des Synergetischen Computers

Beim ***Synergetischen Computer*** konvergiert das Eingangsnetzwerk in einem Attraktor und aktiviert dann die verborgenen Neuronen der Zwischenschicht. Im Training werden die Parameter so festgelegt, dass für jedes der alternativen Muster (Attraktoren) jeweils ein bestimmtes Neuron der verborgenen Schicht maximal erregt wird. Es findet hier also eine Art von Selektion und Auslese statt, In der Zwischenschicht wird dann nur eines der Neurone endgültig aktiviert, das man sinngemäß mit einer ***Großmutter-Zelle*** vergleichen kann. Koch spricht hier von einer ***sehr kargen Repräsentation***, bei der nur noch einzelne Zellen oder Zellensembles (z. B. cortikale Säulen in der Großhirnrinde) ein Objekt repräsentieren, wobei die Attraktoren jedoch nur die Funktion eines Index übernehmen, der spezifische Handlungen initiiert.

Jedes der verborgenen Neuronen ist mit Output-Neuronen verbunden, die dasjenige erkannte Bild repräsentieren, das dem unscharfen Eingangsmuster zugeordnet wird. Ein solches Netz kann also nicht nur ein unscharfes und unvollständiges Eingangsmuster einem bestimmten Muster (Attraktor) zuordnen, sondern zusätzlich auch noch das zugeordnete Muster „in Reinform" nach außen präsentieren. Es produziert also „Vorstellungen" von Merkmalen, die im Input nicht enthalten waren.

Für dieses Prinzip der Mustererkennung gibt es bereits praktische Anwendungen etwa zur Identifikation von Personen bei der Zugangskontrolle zu Sicherheitsbereichen. Dabei werden verschiedene Datenquellen zur Identifikation herangezogen, die Akustik der Stimme, die Motorik der Lippenbewegung und das Abbild des Gesichts, jedoch jeweils nur ausgewählte Erkennungsmerkmale, um den Einfluss von Bart, Frisur oder Brille zu vermeiden. Bei elektronischen ***Body Checks*** werden darüber hinaus auch Analysen der Netzhaut, der Fingerabdrücke oder der Handschrift benutzt.

Diese hier grob skizzierten Grundprinzipien zeigen, dass die sukzessive Ergänzung von insbesondere retrograden Verknüpfungen in neuronalen Netzen (Hirnforscher sprechen von Rückprojektionen) deren Möglichkeiten schrittweise ausweiten.

Dies lässt sich tatsächlich bei der Entwicklung des Lebens nachweisen. Schon bei den einfachsten Einzellern, also noch ehe spezifische Nerven- oder Sinneszellen auftreten, beobachten wir antizipative Mechanismen. Die Zellen reagieren dann spezifisch auf chemische oder physikalische Reize. In dieser Entwicklungsstufe werden schon angemessene Reaktionen „gelernt". Dies kann man als erste Vorstufe eines ***Weltbilds der Organismen*** interpretieren. Auf der nächsten Stufe begegnen wir den reinen Reflexbewegungen, wo sensorische Nerven direkt motorische Nerven erregen. Dabei sind die Interneurone der Zwischenschicht im Rückenmark bzw. im Hirnstamm angesiedelt und unterliegen nicht der Willkürmotorik.

Den nächsten Entwicklungsschritt kennzeichnet die „Beuteobjekterkennung" der Kröte, wie sie Roth mit Bezug auf Experimente von J.-P. Ewert beschreibt. Eines der Ergebnisse dieser Versuche zeigt, „dass Erdkröten in ihrem Beutefangverhalten »wurmförmige« vor kompakten und insbesondere vor »antiwurmförmigen« Attrappen bevorzugen" (Roth 1997, S. 135). Allein diese Aussage zeigt schon, dass die Kröten eben nicht über die Fähigkeit der Objekterkennung verfügen, denn sonst würden sie ja erkennen, dass es sich um eine Attrappe handelt. Auf dieser Entwicklungsstufe werden nur Merkmale erkannt. Die Kröte verfügt überhaupt noch nicht über einen Objektbegriff. Sie reagiert auf die Erkennung bestimmter Merkmale in spezifischer Weise. Dies gilt analog auch noch bei Truthennen. Wenn wir ihnen die Ohren zukleben, picken sie ihre piepsenden Küken tot, um die sie sich zuvor noch sorgsam gekümmert haben. Dies zeigt, dass sie unfähig sind, aus der visuellen Erscheinung der Küken auf das nicht gehörte Piepsen zu schließen und beides zu einem Objekt zu verbinden. Sie reagieren lediglich mit einem starren Automatismus auf stimulierende Piepslaute (Instinktive Reaktion auf reizauslösende Signale) und verfügen über keinen Begriff und keine Vorstellung von einem Küken-Objekt, da sie

Objekte überhaupt nicht kennen. Dies gilt analog für Gänse, die nicht nur ihre Eier, sondern auch andere runde Gegenstände in ihr Nest rollen. Sie sind genetisch darauf geprägt, „Rundheit" und nicht Eier in ihr Nest aufzunehmen. Neben Rundheit werden bei bodenbrütenden Vögeln auch weitere Kriterien wie Größe, Farbe oder Sprenkelung in die Entscheidung einbezogen und zwar als voneinander unabhängige Merkmale und nicht als Eigenschaften eines Objekts Ei, wie Niko Tinbergen mit seinen Studenten herausgefunden hat.

Auf der nächsten Stufe begegnen wir Lebewesen, die nicht mehr nur einzelne Merkmale unterscheiden können, sondern auch Merkmalkombinationen und schließlich ganze Objekte. Sie können dann logische Beziehungen zwischen Objektmerkmalen und schließlich ganzen Objekten herstellen. Für Ramachandran gilt, „dass die Wahrnehmungsmechanismen in erster Linie damit beschäftigt sind, der Welt statistische Korrelationen zu entnehmen, mit deren Hilfe sie ein Modell von zeitweiligem Nutzen konstruieren" (Ramachandran 2002, S. 116). Um auf diese Weise eine Vorstellung von einem Objekt auszubilden, muss ein Objekt mit verschiedenen Sinnesorganen gleichzeitig wahrgenommen werden, so dass Korrelationen zwischen dem Gesehenen, Gehörten und Ertasteten erkannt werden können. Durch Betrachtung von verschiedenen Seiten entsteht dann zusätzlich eine räumliche Vorstellung von einem Objekt. Bloßes passives Betrachten, z. B. im Fernsehen, vermittelt für sich allein keine Vorstellung von den Objekten der Welt. Manfred Spitzer drückte das (in Bühler Begegnungen 2006) so aus: „Ich kann aus der Pixelsoße nicht das Objekt Tisch machen."

Mainzer schreibt analog: „Ein Kleinkind, das noch keine Sprache beherrscht, lernt, Objekte zu kategorisieren ..., indem es Dinge berührt, ergreift, manipuliert, fühlt, schmeckt, belauscht - und nicht durch symbolische Beschreibungen. Kategorien ... hängen von den gelernten Prototypen ab" (Mainzer 2007a, S. 84). Um also die Vorstellung von einem Objekt entwickeln zu können, muss dieses gleichzeitig mit verschiedenen Sinnesorganen wahrgenommen werden, so dass aus der Korrelation verschiedener Sinneswahrnehmungen deren Zusammengehörigkeit erschlossen und zu einem Objekt mit diesen wahrgenommenen Merkmalen integriert werden kann. Dazu gehört auch das Betrachten von verschiedenen Seiten, also im wahrsten Sinn des Wortes das Er*fahren* und Be*greifen*. Deshalb bedürfen auch künstliche Systeme eines Körpers, der die Welt mit unterschiedlichen Sinnen gleichzeitig wahrnimmt, damit sie eigenständig „Vorstellungen" von einer Welt mit manipulierbaren Objekten überhaupt entwickeln können. Solche

Systeme können dann anhand konkreter Erfahrungen eigenständige Weltmodelle ableiten.

Sind die genannten Bedingungen erfüllt, können nicht mehr nur Merkmale, sondern Objekte und Ereignisse klassifiziert und identifiziert werden. Auf Basis dieser Fähigkeit können „wenn ... dann - Beziehungen" zwischen Merkmalen, zwischen Objekten und schließlich zwischen ganzen Ereignissen hergestellt und damit assoziiert werden. Aus bestimmten Merkmalen und Objekten können so Vorstellungen von weiteren (Objekt-) Merkmalen erschlossen und damit vorgestellt, d.h. assoziiert werden. Lebewesen mit dieser Fähigkeit leben zunächst nur im hier und jetzt und können sich nicht explizit an Vergangenes erinnern und sich nicht mögliche Zukunftsszenarien vorstellen, wohl aber sich nicht wahrnehmbare Objektmerkmale vorstellen (ich sehe einen Hund und weiß, dass er bellt und beißt). Deshalb leben sie auch nicht in einer Welt von Ereignissen, sondern erleben allenfalls konkrete aktuelle Situationen, die sie bewerten und auf die sie dann instinktiv reagieren. Trotzdem ist die Fähigkeit, Vorstellungen auszubilden, eine notwendige Voraussetzung zur Entwicklung von Erinnerungen und Vorstellungen möglicher Zukunftsszenarien.

Beim Menschen lassen sich diese unterschiedlichen Entwicklungsstufen nachweisen. Beginnen wir mit der sog. ***Blindsicht***. Auf dieses Phänomen stieß man bei Personen, die auf Objekte zeigen oder diese mit ihren Augen verfolgen konnten, obwohl sie angaben, sie nicht zu sehen. Bei solchen Menschen arbeiten zwar noch die Augen und die stammesgeschichtlich älteste Sehbahn, es ist aber die Großhirnrinde geschädigt, so dass eine bewusste Wahrnehmung nicht mehr möglich ist. Der nächste Verarbeitungsschritt erfolgt im Thalamus, wohin die Nerven von den Augen zunächst projizieren. Wie bereits ausgeführt, projiziert der Thalamus nicht nur zum sensorischen Cortex, sondern auch direkt zur Amygdala. Dies ermöglicht eine unmittelbare emotionale Reaktion auf bestimmte Reize, noch ehe diese im Cortex analysiert und irgendwelchen Hypothesen zugeordnet und damit bewusst identifiziert und erkannt werden können. Und schließlich ist auch bekannt, dass unser Verhalten nicht nur durch unsere bewussten Wahrnehmungen, sondern auch durch unbewusste, sog. ***sublime Wahrnehmungen*** mit beeinflusst wird. Dies zeigt, dass Wahrnehmung nicht in jedem Fall mit bewusster Wahrnehmung oder gar bewusster Erkennung des Wahrgenommenen gleichgesetzt werden darf. Qualia sind also mehr als nur aufgenommene Sinnesreize, welcher Art auch immer.

Man muss also nicht nur zwischen bewussten und unbewussten Wahrnehmungen unterscheiden, sondern auch zwischen der Repräsentation von Merkmalen, Objekten und Ereignissen. In der Philosophie des Geistes werden diese Aspekte nicht ausreichend beachtet. Unklare Begriffsabgrenzungen führen dann zu mitunter schwer nachvollziehbaren Behauptungen. Nehmen wir ein Beispiel. Dretske bahauptet: „Dass man etwas Blaues erfährt, weiß man nicht daher, dass man die Erfahrung von etwas Blauem erfährt, sondern durch die Erfahrung eines demgegenüber versetzten Gegenstandes. Dieser versetzte Gegenstand ist ... der blaue Gegenstand, den man sieht" (Dretske 1998a, S. 54). Hier wird also behauptet, dass man nicht etwas Blaues sieht, sondern einen blauen Gegenstand. Ohne die Vorstellung von einem Gegenstand könnte man dann also gar nichts Blaues wahrnehmen, eine These, die wir oben bereits widerlegt haben. Wir kommen auf dieses Thema unter einem anderen Aspekt später noch einmal zurück. Eine andere Aussage von Dretske lautet: „Tiere ... haben wahrscheinlich Bewusstsein. .. Sie haben jedoch häufig kein Bewusstsein davon, was dasjenige ist, von dem sie Bewusstsein haben, und selten (wenn überhaupt) sind sie sich dessen bewusst, dass sie davon Bewusstsein haben" (Dretske 1998b, S. 77). Was ist mit dieser Aussage gemeint? Sagen wir es mit anderen Worten, d.h. in der hier unterbreiteten Terminologie. Tiere können etwas wahrnehmen und haben dann wahrscheinlich Qualia-Erlebnisse. Sie wissen aber häufig nicht, was sie wahrnehmen, d.h. sie können es nicht identifizieren oder klassifizieren und daher auch nicht mit einer konkreten Erfahrung verknüpfen. Solchen Wahrnehmungen können sie dann auch keine Bedeutung zuordnen. Und selten sind sie sich dessen bewusst, dass sie ein Subjekt sind, das diese Wahrnehmungen hat. Falls Dretske es so gemeint hat, wollen wir uns seiner Ansicht anschließen.

In jedem Falle aber stimmen wir der folgenden Aussage von Dretske zu: „Da die vorrangige Aufgabe des Geistes darin besteht, Repräsentationen zu verwenden und zu manipulieren, führt ein tieferes Verständnis von Repräsentationen, ihrer Eigenart und ihrer naturalistischen Grundlage, zwangsläufig zu einem tieferen Verständnis des Geistes" (Dretske 1998a, S. 10). Allerdings bedarf es dazu, wie hier verdeutlicht, klarer Begriffe und gewisser Grundlagenkenntnisse.

4 Bewusstsein, entzaubertes Mysterium

4.1 Qualia sind manipulierbare Repräsentationen

Aus Sicht der Philosophie sind Qualia Kennzeichen von Bewusstsein. Nicht klar herausgearbeitet wird aber, ob Qualia eine notwendige oder eine hinreichende Bedingung für Bewusstsein sind, ob sie also nur einen Aspekt von Bewusstsein widerspiegeln oder das Bewusstsein an sich ausmachen.

Dretske schreibt beispielsweise: „Wir haben nicht nur Bewusstsein ... , wir haben Bewusstsein von etwas - von Gegenständen ... , Ereignissen ... , Eigenschaften ... und Tatsachen" (Dretske 1998a, S. 104). Werden diese Gegenstände, Ereignisse, Eigenschaften und Tatsachen als Qualia erlebt, dann werden sie zu bewussten Wahrnehmungen, zu Bewusstsein von etwas. Wie bereits gezeigt gibt es darüber hinaus aber auch noch Wahrnehmungen, die nicht ins Bewusstsein gelangen. Was also lässt Wahrnehmungen bewusst werden? Manche Aussagen zu diesem Thema erscheinen mitunter rätselhaft, wie das folgende Beispiel zeigt: „Wenn wir nichts - keinen *Gegenstand* - wahrnehmen, kann es sich um dieselbe Erfahrung handeln, wie wenn wir etwas wahrnehmen. Ist also die Erfahrung bewusst, wenn wir Bewusstsein haben, dann ist sie auch bewusst, wenn wir keines haben" (Dretske 1998a, S. 107).

Habermas behauptet: „Gewiss, Erlebnisse stellen eine merkwürdige Sorte von nur subjektiv zugänglichen Tatsachen dar. Die Qualität „wie es sich anfühlt", in einem solchen Zustand zu sein, lässt sich grundsätzlich nicht in einer physikalischen, auf Gegenstände in der Welt zugeschnittenen Sprache ausdrücken" (Habermas 2006, S. 682). Wie bereits gezeigt, werden im Gehirn Modalität, Qualität, Intensität und Lokalität von Wahrnehmungen mit physikalischen Mitteln repräsentiert. Wie bereits unter 3.1 ausgeführt, meinen die meisten Philosophen, dass neurobiologische Erkenntnisse die Entstehung mentaler

Phänomen nicht beantworten können. Eine These, die von Joseph Levine als ***Erklärungslücke*** deklariert worden ist. Nach dieser Ansicht lässt sich mit physikalischen Mitteln nicht erklären, wie neuronale Prozesse zu bewussten Erlebnissen werden (vgl. auch Kapitel 3.2). Selbst Hirnforscher sprechen hier von einer fundamentale Erklärungslücke, weil Bewusstseinszustände von uns radikal anders erlebt werden als Dinge und Vorgänge in der materiellen Welt. Das Wesen des Bewusstseins liegt im Erleben und wird einer neurobiologischen Erklärung für immer verschlossen bleiben (Roth 2003, S. 135). „Im Grunde bleibt unverständlich, warum überhaupt irgendein objektiver materieller Prozess mit einer subjektiven Empfindung einhergeht (sogar naturgesetzlicherweise einhergehen muss)" (Esken/Heckmann 1998, S. 45). „Beim einfachen Konstruktionsmodell wird übersehen, dass neuronale Mikromechanismen zwar Voraussetzungen von Wahrnehmungen sind, aber nicht über einen semantischen Gehalt verfügen. ... Neuronale Vorgänge auf der einen Seite und das Sehen von Farben oder das Hören einer Melodie auf der anderen Seite lassen sich nicht unmittelbar in Beziehung setzen. ... Neuronale Vorgänge erleben für sich nichts und sind auch nicht in der Lage, ein Weltmodell aus sich heraus zu erschaffen" (Sturma 2005, S. 114). Wie also, das ist die Frage, entstehen aus neuronalen Erregungen Qualia-Erlebnisse? Dies entspricht der Frage, wie aus Signalen Zeichen entstehen und diese Zeichen eine Bedeutung erlangen können. In Kapitel 1.1 lautete die Antwort: Die Zuordnung von Zeichen zu Signalen, d.h. deren gegenseitige Beziehung, ist eine willkürlich (hier von der Evolution) festgelegte. Der semantische Gehalt bezieht sich nicht auf die Signale, sondern auf die ihnen zugeordneten Zeichen bzw. das was sie repräsentieren. Und wie in den Ausführungen zu den Bildern 10 (S. 97) und 11 (S. 102) dargelegt, bezieht er sich auf Abhängigkeiten zwischen diesen Repräsentationen und damit auf physikalischer Ebene zwischen verschiedenen neuronalen Erregungsmustern. Und wie solche Abhängigkeiten erschlossen werden können, demonstrieren geeignet konzipierte Computerprogramme. Bleibt noch die Frage, wie aus neuronalen Erregungsmustern Weltmodelle entstehen können, d.h. Modelle die die Welt simulieren? Kapitel 1.4 hat die Antwort geliefert.

„Aber was, um alles in der Welt, ist das Bewusstsein selbst? Wie können lebende physische Körper in der physischen Welt, solche Phänomene erzeugen? Das ist das Geheimnis" (Dennett 1994, S. 43). Diese Aussage von Dennet zeigt, dass mitunter einfach unterstellt wird, dass nur Lebewesen bewusste Erfahrungen haben können. Allerdings können hierfür keine konkreten Argumente angeführt werden. Es handelt sich hier um eine bloße Behauptung, die einfach darauf beruht, dass wir uns etwas anderes nur schwer vorstellen können. Wenn wir tot sind, erlischt das Bewusstsein, also kann tote Materie kein Bewusstsein haben. „Normalerweise gehen wir ja nicht davon aus, dass die Instanz, die etwas empfindet, Überzeugungen hegt, oder Wünsche entwickelt, ein bloßer materieller Gegenstand ist" (Ros 2005, S. 641f). So oder so ähnlich lauten dann die stillschweigenden Prämissen der Philosophie des Geistes, wobei übersehen wird, dass es neben „bloßen materiellen Gegenständen" auch komplexe materielle *Systeme* gibt, die ein gänzlich anderes, spezifisches Verhalten zeigen, interne Zustandsfolgen durchlaufen und die bei Erreichen eines bestimmten Punktes (einer Diskontinuität) auch „von sich aus" aktiv werden können (unter Rückgriff auf eine Energiequelle, die Bestandteil des Systems ist).

Sicherlich liefern physikalische Begriffe und Gesetze zum Verständnis des Bewusstseinsphänomens keine geeignete Basis. Daraus, dass sich kein materielles Äquivalent zu Qualia-Erlebnissen dingfest machen lässt, darf aber nicht gefolgert werden, dass sich das Bewusstsein „über die Gesetze der Physik hinwegsetzt". Man denke nur daran, dass sich die Funktionsweise eines programmgesteuerten Computers zwar physikalisch beschreiben lässt, die physikalischen Vorgänge im Computer aber für sich allein sein Verhalten nur schwer nachvollziehbar machen. Die Physik allein liefert also wenig Einsicht in die Funktion einer solchen Maschine. Kann Bewusstsein also nur „funktional" verstanden werden oder ist bewusstes Erleben mehr als irgendeine Funktionalität? Mit dieser Frage setzen sich die weiteren Ausführungen auseinander. Dabei gehen wir davon aus, dass von uns weder die reale Welt noch die physikalischen Vorgänge im Gehirn erlebt werden. Wie bereits ausgeführt, ist uns weder bewusst, dass wir ein Gehirn besitzen, noch wo dieses lokalisiert ist, noch wie es arbeitet. Bewusst werden lediglich Repräsentationen der realen Welt (Umwelt und eigener Körper) und das auch nur, wenn sie dem Bewusstsein explizit zugänglich sind. Roth bringt es auf den Punkt mit der Aussage: „Es sind keine theoretischen Modelle vorhanden, die dieses Geschehen (des bewussten Erlebens) begreiflich machen könnten. Solche Modelle sind aber nötig, denn anschaulich vorstellen kann man sich das Entstehen von Bewusstsein aus dem neuronalen Geschehen überhaupt nicht" (Roth 2003, S. 135).

Chalmers schreibt: „Nichts ist uns vertrauter als unser bewusstes Erleben, aber nichts ist auch schwerer zu erklären" (Chalmers 1998, S. 221).

Für ihn lassen sich bestimmte Phänomene durchaus computational oder neuronal erklären. Dazu gehören

- die Fähigkeit, auf Umweltstimuli zu reagieren, sie zu diskriminieren und zu kategorisieren
- die Integration von Information durch ein kognitives System
- die Fähigkeit, von mentalen Zuständen berichten können
- auf eigene interne Zustände zugreifen können
- der Fokus der Aufmerksamkeit
- die willkürliche (intentionale) Kontrolle von Verhalten
- der Unterschied zw. Schlaf und Wachsein.

Die entscheidende Frage lautet aber: „Warum *geht die Ausübung dieser Funktionen mit bewusstem Erleben einher?* Eine bloße Erklärung der Funktion lässt diese Frage offen." „... die Schlüsselfrage des Bewusstseinsproblems (lautet). Warum findet all diese Informationsverarbeitung nicht „im Dunkeln" statt, ohne innere Empfindung?" (Chalmers 1998, S. 222f). Die rein funktionale Nachbildung kognitiver Prozesse etwa in einem Roboter darf uns also nicht dazu verleiten, einem solchen Artefakt automatisch ein Bewusstsein zuzugestehen. Denn „es gibt keine kognitive Funktion, von der wir im vorhinein sagen könnten, dass die Erklärung dieser Funktion *automatisch* zu einer Erklärung des Erlebens führt" (Chalmers 1998, S. 227). „Die leichten Probleme sind genau deshalb leicht, weil es bei ihnen um die Erklärung kognitiver *Fähigkeiten* und *Funktionen* geht. Um eine kognitive Funktion zu erklären, brauchen wir bloß einen Mechanismus angeben, der diese Funktion ausüben kann." „Im Gegensatz dazu ist das schwierige Problem eben deshalb schwierig, weil es kein Problem der Ausübung von Funktionen ist" (Chalmers 1998, S. 225). Daher „geht es beim ... Verhältnis von Erlebnissen und Ereignissen um grundsätzliche Fragestellungen, die nicht auf dem Weg neurowissenschaftlicher Entdeckungen ausgeräumt werden können" (Sturma 2005, S. 22). Das wirkliche Problem des Bewusstseins ist das Problem des Erlebens, oder wie Thomas Nagel sagt, dass es sich irgendwie „anfühlt", etwas zu erleben. Chalmers resümiert: „Die meisten der existierenden Theorien des Bewusstseins leugnen entweder das Phänomen, erklären etwas anderes oder erheben das Problem zu einem ewigen Rätsel" (Chalmers 1998, S. 251).

Gilbert Ryle spricht hier vom Dogma des Gespenstes in der Maschine: Seine Kennzeichen sind:

- Der Geist unterliegt nicht den Gesetzen der Mechanik (Physik)

- Der Geist ist nicht räumlich, dennoch befindet er sich innerhalb des Körpers
- Der Geist ist nicht fassbar, dennoch ist er durch Introspektion wahrnehmbar.

Aus den genannten Gründen bezeichnet Ryle den Geist als Gespenst in der Maschine, das den Gesetzen einer geheimnisvollen Paramechanik unterliegt.

Lenzen stellt die Frage: „Ist ein Wesen, das mit Hilfe gewisser Wahrnehmungsorgane Töne oder Gerüche oder Geschmackseindrücke zu einer Stelle in seinem Inneren leitet, wo sie alsdann identifiziert, kategorisiert und interpretiert werden, ist ein solches Wesen wirklich möglich, wenn man zugleich darauf besteht, dass in seinem „Geist" bzw. in seinem Inneren keinerlei Spur von Bewusstsein, Empfinden und Erleben stattfindet?" (Lenzen 1998, S. 270). Unsere Antwort lautet: Ja (vgl. Kapitel 3.1 und 4.5). Beispiele hierfür gibt es in Fülle. Dazu rechnen wir alle Tiere, die auf Umweltreize rein stereotyp und instinktiv reagieren und ebenso Roboter mit analogen Fähigkeiten. Kurz gesagt, alle Systeme, in denen die reale Welt nur implizit repräsentiert ist. Und diese Repräsentation muss nicht auf visuelle Wahrnehmungen beschränkt sein!

Roth schreibt: „Kognition bezieht sich auf komplexe, für den Organismus bedeutungsvolle, d.h. für Leben und Überleben ... relevante und deshalb meist erfahrungsabhängige Wahrnehmungs- und Erkenntnisleistungen. Diese arbeiten in der Regel mit Repräsentationen im Sinne einer »Stellvertretung« sowie mit rein internen »Modellen« der Welt und der Handlungsplanung, *gleichgültig ob diese bewusst oder unbewusst sind*" (Roth 1997, S. 31). Aus dieser Sicht darf also ***Kognition*** nicht mit Bewusstsein gleichgesetzt werden, vielmehr ist Bewusstsein eine spezifische Art von Kognition. Dies ist eine willkürliche Festlegung (reine Definitionssache) für den Begriff Kognition, der wir uns hier anschließen.

Dretske sagt: „(Tiere) mögen zwar Erfahrungen haben (z. B. Schmerzen), doch die Erfahrung kann nicht bewusst sein, weil Tiere nicht über den Begriff der Erfahrung (oder des Schmerzes) verfügen und deshalb auch nicht über den Gedanken höherer Ordnung, dass sie solche Erfahrungen haben" (Dretske 1998a, S. 113). Setzen Qualia also Begriffsbildung und ein Wissen voraus? Oder sind sie nicht vielleicht bloß eine spezifische Form von Wissen? Um das Phänomen der Qualia besser zu verstehen, betrachten wir zunächst das Farbensehen. Dazu schreibt

Dretske: „Um rot zu sehen, brauche ich nicht den Begriff ROT. Ich brauche ihn aber, um des *Quales* Rot gewahr zu werden. Deshalb bleiben Qualia … ‚verborgen', unzugänglich, solange man nicht die begrifflichen Mittel erworben hat, um ihrer gewahr zu werden" (Dretske 1998a, S. 144). Hier wird also unterstellt, dass Qualia-Erlebnisse die Fähigkeit zur Begriffsbildung voraussetzen. In Kapitel 2.1 wurde aber bereits ausgeführt, dass Begriffsbildung nicht die Voraussetzung für Wahrnehmung und Klassifizierung von Wahrnehmungen ist, sondern für die Fähigkeit, ***in Begriffen zu denken***, also das Wahrgenommene (oder Vorstellungen davon) im Geiste zu manipulieren und insbesondere in ***abstrakten Begriffen*** zu denken. Qualia sind also eine notwendige Bedingung für Begriffsbildung und nicht umgekehrt. Beim Menschen schließt das die Fähigkeit ein, ***abstrakte Klassen*** (vgl. Kapitel 2.1) zu bilden. Dies ist vor allem wichtig, wenn wir im Geist oder in Worten ***Begriffe*** bilden, die nicht nur reale Objekte, sondern auch deren Merkmale, Zustände und Eigenschaften sowie logische oder kausale Beziehungen zwischen ihnen bezeichnen.

Dass wir Farben auch dann bewusst wahrnehmen, wenn wir ihnen keine Begriffe zuordnen können, haben Untersuchungen von Brent Berlin und Paul Kay gezeigt. Sie haben festgestellt, dass Menschen weltweit von 320 gezeigten Farben stets dieselbe Farbe als „bestes Blau" oder „bestes Rot" einstuften und zwar unabhängig von der Bezeichnung der Farben. Das Farbenspektrum wird also nicht individuell und willkürlich eingeteilt, vielmehr ist seine Abstufung durch die Sehzellen und den Aufbau unseres Gehirns vorgegeben. Dies gilt analog auch für andere Kategorien, die sich kulturunabhängig ausbilden. Wenn eine Gesellschaft zwei verschiedene Begriffe für Farben besitzt, werden stets schwarz und weiß unterschieden. Kommt ein dritter Begriff hinzu, wird er der Farbe rot zugeordnet. Bei vier verschiedenen Farbbegriffen wird noch die Farbe grün oder alternativ gelb hinzugefügt, bei fünf Begriffen grün *und* gelb und bei sechs Begriffen additiv noch blau. Wenn Kulturen Farben unterschiedlich detailliert klassifizieren, bedeutet dies also nicht, dass sie verschiedene Qualia-Erlebnisse haben, sondern lediglich, dass sie es nicht für nötig erachten, die Unterschiede als solche auch zu benennen. Beispielsweise kann es für Eskimos sehr wohl relevant sein, spezifische Arten von weiß (und damit Schneezuständen) verbalbegrifflich zu unterscheiden. Diese Unterscheidung kann für einen Südsee-Insulaner völlig irrelevant sein, auch wenn er sie genauso wahrnimmt wie ein Eskimo. Die so genannte „Sapir-Whorf" Hypothese, auch als „linguistische Determination" bekannt, besagt jedoch, dass unsere Begriffe unsere Wahrnehmungen und unser Denken mit beeinflussen.

Bei der *Farbanomie* können Farben sogar überhaupt nicht mehr benannt werden, obwohl keine Farbblindheit vorliegt. Bei der *Achromatosie* geht zudem die Fähigkeit verloren, sich farbige Gegenstände vorzustellen oder sich an die Farbe von Objekten zu erinnern. Das Phänomen der ***Farbkonstanz*** sorgt dafür, dass wir bestimmte Farben stets unabhängig von der jeweiligen Beleuchtung erkennen. Das Gehirn interpretiert dazu bei unterschiedlichen Lichtverhältnissen die jeweils kürzeste Wellenlänge als blauviolett, die längste dagegen als rot und zwar unabhängig von der tatsächlichen Wellenlänge. Qualia-Erlebnisse von Farben sind also keine simplen Abbildungen, sondern Konstruktionen des Gehirns. Sie werden vom Gehirn erschlossen, d.h. aus der Erregung ganzer Zellverbände „errechnet".

Dass Qualia Produkte des Gehirns sind, demonstriert besonders deutlich der sog. „fill-in Effekt". Dabei ergänzt das Gehirn selbständig nicht Wahrnehmbares durch Hypothesenbildung, d.h. durch Erwartungen. Das Prinzip ist uns bereits oben begegnet, bei der Fähigkeit des Gehirns, aus Indizien Objekte mitsamt ihrer aktuell nicht wahrnehmbaren Merkmale zu erschließen. Beispiele hierfür sind die „Ausfüllung" des blinden Fleckes in unserem Gesichtsfeld dort, wo die Nerven das Auge verlassen und keine Sehzellen vorhanden sind, oder die Ergänzung von nicht Gehörtem beim Telefonieren, weil beim Telefonieren nur eine begrenzte Frequenzbandbreite übertragen wird. Der Rest wird vom Gehirn erschlossen, ohne dass wir dies bemerken. Erst die Übermittlung sinnloser Silben macht deutlich, wie wenig wir tatsächlich identifizieren können. Roth sagt hierzu: „Das Allermeiste, was wir von der Umwelt zu erfassen glauben, kommt gar nicht aus der Umwelt, sondern aus unserem Gedächtnis" (Roth in BR2 Radiowissen 2/2005 - Wie kommt die Welt in den Kopf). „Überspitzt ließe sich sagen, dass wir ständig halluzinieren und dass wir das, was wir Wahrnehmung nennen, herstellen, indem wir einfach bestimmen, welche Halluzination sich am ehesten mit dem aktuellen sensorischen Input deckt" (Ramachandran 2002, S. 190).

Gegen repräsentationalistische Auffassungen von Sinnesqualitäten wurden vor allem zwei Aspekte ins Feld geführt. In einem Gedankenexperiment geht Ned Block in Bezug auf das sog. Inverted-Qualia Problem davon aus, dass sich die Verankerung einer Farbempfindung langsam verändern lässt, ohne dass dies bemerkt wird, dass also bei einer real (physikalisch) veränderten Farbe (Wellenlänge) der repräsentationale Inhalt, d.h. die erlebte Farbempfindung gleich bleiben könne.

Solche Aussagen sind bloße Behauptungen, denn sie würden bedeuten, dass die Art der Codierung einer Farbe im Gehirn verändert wird. Eine andere Farbe müsste dann so codiert werden, wie die ursprüngliche Farbe codiert war. Nun ist aber die Codierung in den Gehirnstrukturen verankert und somit ontogenetisch nicht änderbar (wir können nicht lernen, blau als rot zu sehen). Aus diesem Grund sind derartige Gedankenexperimente nicht zielführend.

Das zweite Argument lautet wie folgt: Es gibt keine physikalische Eigenschaft die bestimmt, was von uns als eine bestimmte Farbqualität wahrgenommen wird, es bedarf vielmehr immer der sog. Beobachterperspektive. Daraus folgert z. B. Schröder: „Solange wir aber keinen befriedigenden Vorschlag der Identifikation einer objektiven Farbe mit einer physikalischen Eigenschaft von Körpern haben, hängt die repräsentationale Theorie der Farbsinnesqualitäten in der Luft. ... Wenn es uns gelänge, dieses Problem zu lösen, nämlich zu sagen, welche physischen Eigenschaften der Umgebung und des eigenen Körpers von den Sinnesempfindungen repräsentiert werden, wäre die repräsentationale Theorie aufgrund ihrer anderen Vorzüge die beste Theorie über den Inhalt von Empfindungen" (Schröder 2004, S. 265f). Unsere oberen Ausführungen haben gezeigt, dass es keine 1 zu 1 Beziehung zwischen der physikalischen Wellenlänge des Lichts und unseren Sinneswahrnehmungen gibt, da unsere Farberlebnisse Hypothesen des Gehirns sind. Sie bestimmen letztlich die Beobachterperspektive.

Noch deutlicher wird dieser Aspekt, wenn amputierte Gliedmaßen gespürt (Phantomglieder), die sichtbare Lähmung von Gliedmaßen abgeleugnet (Neglect-Phänomen), ein blinder Bereich durch visuelle Halluzinationen ausgefüllt (Charles-Bonnet-Syndrom) oder Blindheit überhaupt abgeleugnet (Antonsches Syndrom) wird. Ein Beispiel für dieses Phänomen schildert der Neurowissenschaftler Vilaynur S. Ramachandran anhand einer Frau (Mrs. Dodds), deren linker Arm gelähmt war, die aber unfähig war, dies aufgrund einer Konfabulation zu erkennen. Auf die Aufforderung hin, die Nase Ramachandrans mit ihrer linken (gelähmten) Hand zu berühren, behauptete sie nicht nur, dieser Aufforderung nachzukommen, sondern darüber hinaus sogar, dass sie sehe, wie ihre Hand die Nase berühre, obwohl die Hand gelähmt vor ihr auf der Bettdecke lag (Ramachandran 2002, S. 214). Hier bewirkte das irrtümliche Gefühl (die dominante Wahrnehmung) einer Handbewegung ein völlig verfälschtes visuelles Qualia-Erlebnis.

Der Übergangscortex bildet das Bindeglied zwischen dem Neocortex und dem Hippocampus. Er ist verknüpft mit den höchsten neocortikalen Verarbeitungsstufen der wichtigen Sinnesmodalitäten. Hier werden diese Sinnesmodalitäten einander zugeordnet und daraus eine geschlossene Repräsentation der Welt gebildet, die visuelle, akustische und olfaktorische Anteile beinhalten. Hier also entstehen die Objekte unserer Wahrnehmung. Auf diese Art kann der Hippocampus dann auch verschiedene Dinge zueinander in Beziehung setzen und Informationen assoziativ miteinander verknüpfen. Der Hippocampus bringt so die Inhalte der Großhirnrinde zusammen und vernetzt nicht nur Merkmale zu Objekten, sondern auch Objekte zu Ereignissen und schließlich einzelne Ereignisse zu ganzen Geschichten. Über den Hippocampus erlangen wir dann auch wieder Zugriff auf diese Objekte, Ereignisse und Geschichten, wobei der Hippocampus die Funktion einer „invertierten Datei" übernimmt.

Kann das Gehirn erstmals „virtuelle Wahrnehmungen" selbst produzieren, kann es auch konkrete Wahrnehmungen als Indizien nutzen, um sie mit Vorstellungen zu komplettieren oder mit internen Hypothesen abzugleichen. Diese können vom Individuum ontogenetisch erworben oder als philogenetisch verankerte Hypothesen (Kants a priori) in unserem Gehirn verankert sein. In der Sprache der Chaostheorie wirken Erwartungen bzw. Hypothesen als Attraktoren. Sie verkörpern ein Vorabwissen, an dem neu einlaufende Wahrnehmungen gespiegelt werden. So entstehen Vorstellungen von Objekten mit bestimmten Eigenschaften, auch wenn wir in einer konkreten Situation nur einzelne Objektmerkmale erkennen.

Wie wichtig es ist, zwischen bloßen Merkmalen einerseits und Objekten andererseits zu unterscheiden, wird deutlich, wenn wir den aktuellen Stand der Roboterentwicklung betrachten. Roboter suchen heute noch, wie niedere Tiere, ihre Umgebung nach bestimmten Merkmalen (z. B. Farben oder Formen) ab und reagieren dann in vorgegebener Weise auf erkannte Merkmale. Eine ganz andere Anforderung ist die, ein vordefiniertes Objekt vor einem Hintergrund zu identifizieren, d.h. Merkmale als Indizien zu nutzen, um Objekte zu identifizieren, das Identifizierte mit zusätzlichem Hintergrundwissen auszustatten und auf dieser Basis die Bedeutung und möglichen Konsequenzen aus der Wahrnehmung abzuleiten. Zur Abgrenzung unterscheidet man daher zuweilen zwischen ***sensorischen Repräsentationen***, d.h. den Eigenschaften der wahrgenommenen Dinge und ***kognitiven Repräsentationen***. Dies sind begrifflich fassbare Repräsentationen von Gegenständen mit bestimmten Eigenschaften in ihrer Umgebung, also Repräsentationen, die *im Geiste manipulierbar* sind. Visuelle Wahrnehmungen werden auch mit unseren Bewegungen in einem neuronalen Netz gekoppelt. Bewegungsbefehle führen dann zu einer dazu passenden Veränderung der zu erwartenden Wahrnehmung. Auf diese Weise lernen wir, mentale Bilder zu derhen und so können wir Vorstellungen von dreidimensionalen Objekten und deren Ansicht von verschiedenen Seiten entwickeln (Grush 1998, S. 176).

Dretske schreibt: „Die alltägliche Wahrnehmung ist im allgemeinen eine Mischung aus Objekt-, Eigenschafts- und Tatsachenbewusstsein. Normalerweise werden wir uns bestimmter Tatsachen dadurch bewusst, dass wir uns der Objekte und Eigenschaften bewusst werden, die diese Tatsachen konstituieren" (Dretske 1998c, S. 544). Was dann passiert, wenn die Fähigkeit zur Objektbildung und zur Integration einzelner Objekte in Ereignissen verloren geht, zeigt exemplarisch die *optische Agnosie*. Davon Betroffene sehen nur einzelne Merkmale, die sie aber nicht zu Objekten integrieren können. Sie erkennen also beispielsweise keine Brille, sondern sehen lediglich zwei Kreise, einen Querbalken und zwei Stöcke. Bei der *Akinetopsie* können sie bewegte Objekte nicht sehen oder deren Bewegung nicht erkennen und sich diese auch nicht vorstellen. Sie sehen nur eine Aufeinanderfolge von statischen Schnappschüssen, ohne diese zu einer kontinuierlichen Bewegung integrieren zu können. Beim genetisch verursachten *Williams-Syndrom* können die Betroffenen die räumlichen Beziehungen zwischen den Bestandteilen etwa eines Körpers, also Kopf, Rumpf, Arme und Beine beim Malen nicht richtig anordnen oder zusammensetzen.

Im Gehirn erfolgt die *räumliche Verknüpfung von Objektmerkmalen zu Objekten* und damit die Fähigkeit zum Formensehen, zur Objekterkennung, zur Objektkategorisierung im *temporalen Pfad* des Gehirns, der über den Schläfenlappen zum präfrontalen Cortex führt. Die *Objektlokalisierung in Raum und Zeit* erfolgt dagegen parallel dazu im *parietalen Pfad* (in der rechten Gehirnhemisphäre die räumliche, in der linken die zeitliche Analyse) der über den Scheitellappen zum präfrontalen Cortex führt (vgl. z. B. Ramachandran 2002, S. 135, Abb.4.5). In ihm manifestieren sich also die a priori Anschauungsformen von Raum und Zeit in der Terminologie von Kant. Sie sind somit das Ergebnis eines Evolutionsprozesses oder anders gesagt, die a posteriori der Art in der Terminologie der Evolutionären Erkenntnistheorie. Kants a priori lassen sich somit bestimmten Gehirnregionen zuordnen und als Ergebnis eines evolutionären Prozesses verstehen.

Unsere Qualia-Erlebnisse sind vom Gehirn produzierte Hypothesen, abgeleitet aus Indizien von Wahrnehmungen. Nach welchen Kriterien erfolgt aber die Hypothesenbildung? Betrachten wir dazu das doppeldeutige Bild von Frederic Bartlett. Man kann darin alternativ das Bild einer jungen oder einer alten Frau erkennen. Was wir tatsächlich wahrnehmen, hängt von unserer inneren Einstellung ab. Dem Bewusstsein wird also etwas präsentiert, das vorab einen unbewussten Analyse- und Auswahlprozess durchlaufen hat, oder anders gesagt, einen Abgleich mit unbewussten Hypothesen, Wissensinhalten beziehungsweise Erwartungen.

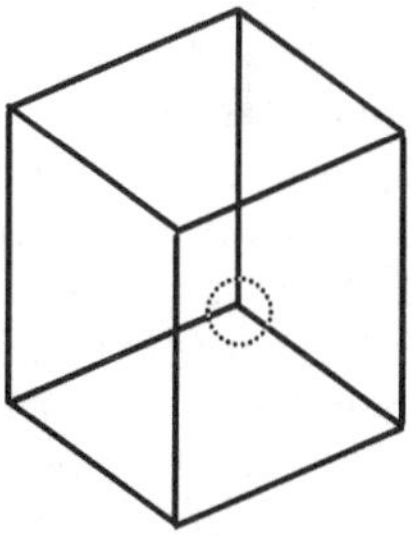

Bild 23: Frauenbildnis nach Bartlett und Necker-Würfel

In der Terminologie der Chaostheorie gibt es hier zwei koexistierende Attraktoren und der Erkennungsprozess konvergiert in einem der beiden Attraktoren. Beim Necker-Würfel gibt es ebenfalls zwei unterschiedliche Interpretationsmöglichkeiten (gekennzeichneter Punkt vorn oder hinten). Diese sind aber gleichberechtigt, weshalb wir abwechselnd die eine und die andere Interpretationsmöglichkeit wahrnehmen. Die koexistierenden Attraktoren gewinnen dabei abwechselnd die Oberhand, bedingt durch Gewöhnungseffekte. Einen ähnlichen Effekt kann man mit Hilfe der sog. binokularen Rivalität erzeugen. Dabei werden den beiden Augen unterschiedliche Bilder gezeigt, die sich nicht zu einem sinnvollen Ganzen zusammenfügen lassen. Bei solchen nichtfusionierbaren Objekten nehmen wir ebenfalls abwechselnd mal das eine, mal das andere Bild in unregelmäßigen Abständen von einigen Sekunden wahr. Die visuelle Aufmerksamkeit ändert sich also permanent. Obwohl die Wahrnehmungen beider Augen die Sehrinde erreichen und aktivieren, gelangen sie nur abwechselnd ins Bewusstsein, ohne dass dabei eine Neuronengruppe die andere unterdrückt. Während also ein Teil der Hirnzellen auf unterschiedliche aber gleichzeitig wahrgenommene Bilder konstant reagiert, wechseln andere Gehirnzellen ihren Erregungszustand in dem Maße, in dem Versuchspersonen angeben, was sie gerade sehen, das heißt was in ihr Bewusstsein vordringt. Bewusst gewordene Qualia sind also nicht identisch mit den Aktivitätsmustern in der primären Sehrinde. Christof Koch weist beispielsweise darauf hin, dass in unseren Träumen die Aktivität der primären Sehrinde unterdrückt wird und nur die hierarchisch höheren Regionen aktiv sind. Auch haben Patienten, bei denen der primäre visuelle Cortex seine Funktion, durch einen Schlaganfall bedingt, eingebüßt hat, trotzdem noch visuelle Träume (Koch 205, S. 119). Qualia sind also kein Abbild aller im Gehirn an einer bestimmten Sinnesmodalität beteiligter Repräsentationen. Vielmehr wird dem Bewusstsein nur das *Ergebnis der Analyse* der verschiedenen Sinnesreize präsentiert. Kann man also sagen, dass Qualia dadurch entstehen, dass verifizierte Repräsentationen einer Metainstanz zur Weiterbehandlung zur Verfügung gestellt werden? Esken und Heckmann schreiben: „Die unbewusste Perzeption ist ein neurophysischer Vorgang in unserem Kopf, die Metarezeption ist ein anderer neurophysischer Vorgang, der den ersteren erfasst („scannt", liest, abtastet, überwacht etc.)" (Esken/Heckmann 1998, S. 34). Und weiter: „Die Metaperzeption hat Zugriff auf die Perzeption qua Repräsentations*vehikel,* aber nicht qua Repräsentations*gehalt*" (Esken/Heckmann 1998, S. 34).

Wichtig hierbei ist aber, dass die Metaperzeption eben nicht nur auf die Perzeption zugreift. Im Zwischenhirn werden Sinneswahrnehmungen nämlich zusätzlich durch das Gedächtnis und das limbische System vorab bewertet. Außerdem bestimmen unsere Erwartungen und unsere aktuelle Aufmerksamkeit mit, was ins Bewusstsein durchdringt. Signale die als interessant und bedeutsam eingestuft werden, aktivieren dann verstärkt spezifische Neuronenverbände, synchronisieren diese und erlangen so die „Durchschlagskraft", um ins Bewusstsein vordringen zu können (sog. Crick-Koch-Hypothese). Dort werden sie zu Qualia-Erlebnissen.

Wenn Esken und Heckmann fragen, warum die ursprüngliche Repräsentation nicht ausreicht, warum es also überhaupt einer zusätzlichen Metarepräsentation bedarf (Esken/Heckmann 1998, S. 35), lautet die Antwort: Am Beispiel des Sehens erkennt man, dass sich die Repräsentation der Umwelt auf der Netzhaut von der in der primären Sehrinde unterscheidet. Beim Sehen wird das Betrachtete auf der Netzhaut in mehr als 100 Millionen Sehzellen neuronal abgebildet. Diese sind untereinander so verschaltet, dass es zu einer Informationskompression auf 1 Million Ganglienzellen kommt, die ihre Informationen an die primäre Sehrinde weiterleiten. Die Repräsentation dort unterscheidet sich wiederum von derjenigen in der sekundären und in der tertiären Sehrinde, wo die eingehenden Informationen jeweils getrennt nach einzelnen Kriterien (Farbe, Form usw.) analysiert werden. Die Repräsentationsformen ändern sich also mehrfach, u.a. um gezielt die Gesetzmäßigkeiten innerhalb der Wahrnehmungsinhalte herauszuselektieren (vgl. z. B. Bild 3, S. 39). Dazu kommt, wie oben ausgeführt, dass die hier als Metarepräsentation bezeichnete Repräsentation eben nicht nur eine andere Repräsentationsform durch Umcodierung ist, sondern eine Hypothesenverifizierung. Diese ist erforderlich, um in sich widerspruchsfreie, mit bekannten Wissensinhalten ergänzte und mit vorhandenen Erfahrungen abgeglichene Qualia hervorzubringen. Nur so kann den Wahrnehmungen überhaupt eine Bedeutung zugeordnet werden, d.h. nur so können Wahrnehmungen mit Erfahrungen verknüpft werden, die mit ähnlichen Wahrnehmungen von der Art und vom einzelnen Individuum bisher gemacht wurden. Einer simplen Vorstufe dieses Prinzips begegnen wir in der elektronischen Übertragungstechnik etwa bei der automatischen Korrektur von Übertragungsfehlern, die unter Nutzung von Redundanzen (also nicht durch Hypothesenabgleich) erkannt und korrigiert werden können.

„Es sind nicht die Objekte ... die man sieht - und dabei die Qualia, die man erfährt -, auf die es im Überlebenskampf ankommt. Wichtig (ist) vielmehr ... , was man über das, was man sieht, weiß" (Dretske 1998a, S. 86). Mit Bedeutungen versehene Qualia sind durch Denken manipulierbar. Diese Manipulationsfähigkeit setzt eine bestimmte, explizite Repräsentationsform voraus. Grush drückt das mit anderen Worten so aus: „Der räumliche Charakter der Wahrnehmungserfahrung ist nicht in der Sinnesempfindung zu finden ..., sondern vielmehr ein Produkt jenes Verarbeitungsvorgangs, der aus der Sinnesempfindung Wahrnehmung macht" (Grush 1998, S. 188).

Die Unterstellung einer Metaperzeption mündet sehr schnell in die Frage, ob hier nicht durch die Hintertür ein Homunkulus eingeführt wird, der die Repräsentationen im Gehirn „betrachtet". Damit landet man beim bekannten infiniten Regress, d.h. der Frage, wer denn dann die Repräsentationen im Homunkulus „beobachtet" usw. Aus Sicht von Christof Koch dürfen wir den Homunkulus nicht im Gehirn suchen, denn das Gehirn selbst ist der Homunkulus. Diese Aussage lässt sich mit seinen Worten noch präzisieren: „Man kann sich das Verhalten der Großhirnrinde insgesamt so vorstellen, als ob der vordere Teil des Cortex den hinteren ansieht" und „Die Aufgabe des Bewusstseins besteht darin, den aktuellen Zustand der Welt in einer kompakten Repräsentation zusammenzufassen und dieses »Abstract« den Planungsstadien zugänglich zu machen. ... Der Inhalt dieser Zusammenfassung ist das Bewusstsein" (Koch 2005, S. 335). Wir präzisieren: der Inhalt dieser Zusammenfassung ist das *phänomenale* Bewusstsein. Der Homunkulus ist also das Stirnhirn, das die Qualia „im Geiste" manipuliert. Die „Aufbereitung" dieser Qualia erfolgt in den Arealen, die die eingehenden Informationen in komprimierter Form dem Vorderhirn präsentieren. Und was dieses Vorderhirn wahrnimmt und worauf es reagiert, sind Erregungen von Neuronenverbänden, die nicht Aspekte des Gehirns, sondern die Welt repräsentieren. Für Christof Koch wählt „Ihr Geist aus dem riesigen Datenstrom, der von der sensorischen Peripherie einströmt, implizit oder explizit die wenigen Goldstücke an Information aus, die gerade relevant sind" (Koch 2005, S. 167). Qualia sind dann „ .. potente symbolische Repräsentationen des gewaltigen Vorrats an simultaner Information" (Koch 2005, S. 269). LeDoux schreibt: „Der Bewusstseinsprozessor arbeitet auf der symbolischen Ebene, die introspektiv zugängliche Inhalte bereitstellt, doch die parallelen Prozessoren arbeiten subsymbolisch und ihre Operationen sind dem Bewusstsein nicht zugänglich." Und er ergänzt: „Als Arbeitsgedächtnis verstanden, kann man das Bewusstsein als ein Berechnungssystem behandeln, ein System, das durch Berechnungen, durch Verarbeitung von Informationen, Repräsentationen erzeugt" (LeDoux 2001, S. 302). Wir ergänzen: Diese Berechnungen müssen sich nicht notwendigerweise im Bereich des Bewusstseins abspielen.

Nach unserer Definition in Kapitel 3.1 verknüpfen wir mit dem Begriff Geist nicht nur das *Ergebnis* von Gehirnprozessen in Form von Qualia-Erlebnissen, sondern auch die *Zustandsfolgen*, die in einem Attraktor, dem Qualia-Erlebnis münden. Und auch die einzelnen Zustände dieser Zustandsfolgen sind das Ergebnis von Berechnungen. Sie können, müssen aber nicht ins Bewusstsein gelangen. Münden die Zustandsfolgen nicht in einem Attraktor, sondern wechseln sie zwischen koexistierenden Attraktoren (z. B. Necker-Würfel), dann kommt die Berechnung zu keinem Haltepunkt. Trotzdem wollen wir aber (gemäß unserer Definition in Kapitel 3.1) von Berechnungen sprechen, da bei diesem Prozess geistige Vorgänge ablaufen.

Die dem Arbeitsgedächtnis und damit der Verarbeitung zur Verfügung gestellten Wissensinhalte werden zu Qualia. Sie sind vom „Berechnungssystem" im Frontalgehirn manipulierbare aktive, explizite Wissensinhalte. Diese Manipulation ist das, was wir als ***Denken*** bezeichnen. Die ***Qualia*** selbst sind spezifische, manipulierbare neuronale Erregungsmuster, die in einem vorausgegangenen unbewussten Prozess des Hypothesenabgleichs zu in sich stimmigen, verarbeitungsfähigen Mustern wurden. Der Vorstellung, dass es sich beim Denken notwendigerweise um eine Symbolverarbeitung handeln müsse, wollen wir uns nicht anschließen. Die Argumente hierfür wurden in Kapitel 2.2 unterbreitet, wo gezeigt wurde, dass auch Tiere ohne Sprachvermögen Vorstellungen bilden und auf dieser Basis in Gedanken Probleme lösen können.

Auf unteren Entwicklungsstufen haben wir es noch mit Lebewesen zu tun, die auf bestimmte auslösende Reize mit starren Reaktionsmustern antworten. Dazu bedarf es keiner Qualia. Anders liegen die Verhältnisse, wenn Wahrnehmungen nicht Gliedmaßen, sondern nur Gedanken „bewegen". Dann wird die Reaktion auf eine Wahrnehmung unterdrückt oder zeitlich aufgeschoben und die möglichen Konsequenzen werden im Geiste analysiert und vorweggenommen. Bei diesem Vorgang werden erstmalig vom Gehirn Vorstellungen selbst erzeugt, die aus Erinnerungen oder aus konkreten Wahrnehmungen abgeleitet werden. Und die neuronalen Aktivitätsmuster dieser Vorstellungen unterscheiden sich kaum von denjenigen konkreter Wahrnehmungen. Auch sie sind aktives, explizites Wissen und werden als Qualia erlebt. Spätestens jetzt muss das Gehirn zwischen aktuellen Wahrnehmungen, Erinnerungen und Vorstellungen unterscheiden können. Dies setzt voraus, dass sie bewusst erlebt und gezielt vom Gehirn erzeugt werden können. Und dazu müssen sie manipulationsfähig sein. Jetzt treffen wir also auf eine neue Entwicklungsstufe in der Evolution.

Zwar bestimmen alle unsere Wahrnehmungen in irgendeiner Weise (auch unbewusst) unseren Zustand und unser Verhalten, obwohl beileibe nicht alle Sinneswahrnehmungen zu bewussten Wahrnehmungen, also zu Qualia werden. Um ins Bewusstsein durchzudringen, müssen sie eine bestimmte Intensität und damit unsere Aufmerksamkeit erreichen. Oder sie müssen unsere Erwartungen bestätigen oder widerlegen und dadurch ein Aha- oder ein Vorsicht-Erlebnis auslösen. Was passiert, wenn keine Information in den Bereich der bewussten Wahrnehmung gelangt, erkennen wir, wenn wir etwa Schlafwandler oder Menschen mit sog. ***Absence Automatismen*** beobachten. Sie verlieren plötzlich, etwa bei epileptischen Anfällen, für eine gewisse Zeit das Bewusstsein. Da die restlichen Gehirnbereiche aber voll funktionsfähig bleiben, verfallen sie in einen Automatismus, der ihr gesamtes Verhalten steuert. Sie zeigen in diesem Zustand noch ein sinnvolles und zielgerichtetes Verhalten, können umhergehen und sogar Treppen auf- und absteigen, obwohl sie nicht wissen, was sie tun und wo sie sind. Außerdem zeigen sie keinerlei Emotionen. Sie agieren mit anderen Worten als Zombies. Hier wird der Nutzen von Qualia erkennbar. Tauchen nämlich in Absence Phasen Situationen auf, in denen Entscheidungen zu treffen und Alternativen zu bewerten sind, kommt es zu völlig unvernünftigen, unkontrollierten und unter Umständen sogar gefährlichen Reaktionen. Flexible Anpassungen an Veränderungen in der Umwelt, die konkrete Entscheidungen verlangen, sind in solchen Phasen nicht möglich. Qualia-Erlebnisse liefern also Informationen für Entscheidungssituationen, die mit angeborenem Instinktverhalten nicht angemessen zu bewältigen sind. Dies trifft immer dann zu, wenn Lebewesen auf eine sich rasch ändernde Umwelt treffen, an die sich instinktgeleitete Verhaltensprogramme evolutionär nicht rasch genug anpassen können und die in ihrer Komplexität mit reinen Instinktreaktionen nicht angemessen zu bewältigen sind.

Vernünftige Entscheidungen können aber nur aus in sich stimmigen Ausgangsinformationen abgeleitet werden. Deshalb müssen sie zunächst unbewusst mit unseren Hypothesen darüber abgeglichen werden, was sein kann und was sein darf. Dieser Verarbeitungsschritt unterbleibt, wenn wir träumen. Wir können dann im Traume fliegen und ähnliches, weil im Traum die Fähigkeit zur Selbstbeobachtung und Einsicht verloren geht. Auch bei Halluzinationen fällt dieser Verifizierungsvorgang aus, so dass die Betroffenen nicht existierende und unwirkliche Szenen als real wahrnehmen.

Als Ergebnis können wir festhalten, dass Qualia mehr sind, als nur Repräsentationen einer realen Welt. Esken und Heckmann schreiben: „die besagten Ereignisse und Zustände sind nicht deshalb bewusst, weil sie ursprüngliche Repräsentationen sind, sondern *weil sie selbst repräsentational erfasst werden*" (Esken/Heckmann 1998, S. 30). Bleibt zu fragen, was wir unter einer repräsentationalen Erfassung zu verstehen haben. Unsere These lautet (in Ergänzung zu den Ausführungen in Kapitel 3.3): ***Qualia sind explizit verfügbare, vom Gehirn erzeugte, in sich stimmig gemachte Hypothesen über das Wahrgenommene auf Basis phylogenetisch und ontogenetisch erworbener Erfahrungen der Art bzw. des Individuums. Nur so können sie als Ausgangsbasis für die gedankliche Manipulationen dienen. Sie sind also explizite zugriffs- und manipulationsfähige, vom Gehirn aus Indizien abgeleitete Repräsentationen.*** Unterstellen wir, wie bereits früher ausgeführt, dass dem Bewusstsein nur von Sinnesorganen erfassbare Inhalte zugänglich sind, können wir zusammenfassen, dass *Qualia-Erlebnisse entstehen, wenn inaktives, explizites Wissen mit einem propositionalen Gehalt zu aktivem, explizit verfügbarem Wissen wird, das sich uns in Form von verschiedenen Wahrnehmungsmodalitäten, -qualitäten und -intensitäten präsentiert.* Nur dann kann es als Basis zur Erzeugung von Vorstellungen herangezogen werden, die ihrerseits mit konkreten Aktionen und deren möglichen Folgen verknüpft werden können. ***Qualia sind also eine spezifische (nicht notwendigerweise symbolhafte) Repräsentationsform von explizitem Wissen mit einem propositionalen Gehalt. Qualia werden so zu notwendigen Bedingungen für vorausschauendes Verhalten.*** Chalmers sagte zum Thema Qualia: „Da keine der alten Methoden funktioniert, muss die Lösung in *irgend etwas* Neuem liegen" (Chalmers 1998, S. 233). Worin die neue Sicht besteht, wurde hier dargelegt.

Es bleiben aber noch einige offene Fragen zu klären. Eine der wichtigsten davon ist die, warum wir Qualia gerade so erleben, wie wir sie erleben. Warum unterscheiden sich also Seherlebnisse von Hörerlebnissen oder Geschmackserlebnissen oder Gerüchen, und wie erlangen sie ihre jeweilige *Erlebnisform* bzw. *Erlebnismodalität*? Die Philosophie fragt, wie sich diese Erlebnisform physikalisch verstehen lässt, ob und ggf. wie sie sich aus neuronalen Erregungen ableiten und erklären lässt. Zu dieser Frage verweisen wir auf die Anmerkungen am Ende von Kapitel 3.3.

Und was konkret heißt „Erleben"? Erleben heißt Erkennen der Bedeutung einer Wahrnehmung für das Objekt ICH, d.h. abschätzen und *fühlen* können, welche Konsequenzen sie eventuell hat. Dazu dienen in der Terminologie von Damasio die *somatischen Marker*. Sie verleihen den einzelnen Farben ihre spezifische Note (rot wirkt aggressiv, grün beruhigend) lassen uns Geräusche oder Gerüche, aber auch Körperzustände als angenehm oder unangenehm erleben. Sie sagen uns m.a.W. „wie es sich anfühlt", diese Qualia zu haben. Chalmers sagt allerdings, dass wir nicht nur wissen wollen, welche Prozesse Erleben verursachen, wir brauchen auch eine Erklärung des warum und wie. (Chalmers 1998, S. 232). „Das Erleben *entsteht* vielleicht aus dem Physischen, aber es *folgt* nicht daraus" (Chalmers 1998, S. 235).

Da die Repräsentationen der verschiedenen Sinnesmodalitäten im Gehirn in einheitlicher Weise erfolgt, und auch die *zeitlichen* Codemuster auf den einzelnen Nervenleitungen von den verschiedenen Sinnesorganen keine Spezifika aufweisen, aus der sich die Sinnesmodalitäten ableiten lassen, man spricht hier von der ***Neutralität des neuronalen Codes***, können Qualiamodalitäten letztlich nur aus der jeweiligen Informationsquelle (welche Neuronen feuern bzw. welche Areale sind erregt = *räumliches* Inputmuster) und den im Input verschlüsselten spezifischen Gesetzmäßigkeiten der einzelnen Sinnesmodalitäten vom vorderen Teil des Cortex erschlossen werden. Beachtet man, dass etwa von den Augen 60 mal mehr Nervenfasern ausgehen als von den Ohren, dann wird plausibel, dass dies auch unterschiedliche Eingangsmuster in den empfangenden Gehirnarealen bedingt und damit eine sinnesspezifische Musteranalyse, Verarbeitung und interne Repräsentation in den aufnehmenden Arealen.

Der Verfasser wagt deshalb die Hypothese, dass ***Qualia Repräsentationen algorithmischer Komprimierungen der Gesetzmäßigkeiten innerhalb der Repräsentationen unserer Sinneswahrnehmungen in den hinteren Cortexarealen*** sind, die mit internen Hypothesen abgeglichen sind. Die verschiedenen Informationsquellen (verschiedene projizierende Gehirnareale mit unterschiedlichen Aktionsmustern) ermöglichen dann die Unterscheidung zwischen verschiedenen *Qualiamodalitäten*. Der frontale Cortex extrahiert aus den Inputs von den Arealen im hinteren Cortex die innere Regelhaftigkeiten der neuronalen Aktivitäten dieser einfacheren Areale und bildet sie noch einmal in einer anderen (verarbeitungsfähigen) Form ab (vgl. Spitzer 2004, S. 364). Dazu müssen die spezifischen Gesetzmäßigkeiten innerhalb der Repräsentation unserer Sinneswahrnehmungen in der hinteren Hirnrinde erkannt werden, sie bilden dann die *Qualiaqualitäten*, auch wenn diese Repräsentation selbst nach einem einheitlichen Schema erfolgt (topographische Karten mit cortikalen Säulen in sechs Schichten s.o.). Aus dieser Sicht würden unterschiedliche Qualia-Erlebnisse also einfach nur aus unterschiedlichen Gesetzmäßigkeiten, das heißt Erregungsmustern, der räumlichen Repräsentationen der verschiedenen Sinnesmodalitäten resultieren. ***Die spezifischen Muster und nicht die physikalischen Träger dieser Muster bilden dann die Basis unterschiedlicher Qualia-Erlebnisse.*** Daher lassen sich Qualia auch nicht rein physikalisch erklären. Visuelle Wahrnehmungen werden dann einfach deshalb anders erlebt als auditive, weil sie einer anderen Quelle (einem anderen Gehirnareal) entstammen und in ihnen andere Gesetzmäßigkeiten stecken. Qualia*modalitäten* unterscheiden sich dann so voneinander, wie sich Fußballspiele von Handballspielen und Eishockeyspielen unterscheiden. Und Qualia*qualitäten* unterscheiden sich so voneinander, wie sich offensive von defensiven Fußballspielen unterscheiden. Dass in allen Spielen letztlich Menschen aus Fleisch und Blut die Akteure sind, die die physikalische Substanz des Geschehens liefern, ist dabei irrelevant. Für unser Überleben kommt es nur darauf an, dass wir die einzelnen Modalitäten und Qualitäten *unterscheiden* können, denn auf visuelle Reize muss normalerweise anders reagiert werden als auf auditive. Warum die einzelnen Qualiamodalitäten gerade so erlebt werden, wie dies der Fall ist, und nicht anders (Problem der inverted Qualia), läuft dann auf die Frage hinaus, warum die Evolution für die spezifischen Gesetzmäßigkeiten, die in den verschiedenen Qualiamodalitäten stecken, gerade die Repräsentations- bzw. Codierungsform gewählt hat, auf die wir heute treffen, und nicht eine andere. Mutation und Selektion liefern dann die Erklärung.

Die Gehirnforscher berichten uns, dass Sinnesmodalitäten in unterschiedlichen Gehirnbereichen entstehen. Daraus folgerte schon der Mitbegründer der Elektrophysiologie, Emil du Bois-Reymond, dass wir, durch Vertauschen der Hörnerven mit den Sehnerven den Blitz hören und den Donner sehen könnten. Diese Annahme lässt sich belegen. Experimente mit Frettchen haben z. B. gezeigt, dass deren für das Hören zuständiger Gehirnbereich durch „Neuverdrahtung" Sehfunktionen übernehmen kann (Simon Conway Morris: Sehen ohne Augen in: Spiegel spezial 2003, S. 38). D.h. die entsprechende Gehirnregion ist in der Lage, durch interne Umstrukturierung auch die spezifischen Gesetzmäßigkeiten innerhalb visueller Reize abzubilden. Einen weiteren Beleg für diese These liefern Synästhetiker, das sind Menschen, die bei Reizen der Sinnesorgane artfremde Empfindungen wie reale Sinneseindrücke wahrnehmen. Sie können beispielsweise Farben „schmecken" oder Töne „sehen". Einen ähnlichen Effekt beobachtete man bei dem mit 13 Jahren erblindeten Erik Weihenmayer. Als man auf seiner Stirn eine Videokamera anbrachte, die Impulse an eine Platine in Briefmarkengröße sandte, die mit 144 Elektroden auf seiner Zunge angebracht war, spürte er zunächst nur „Brausepulver" auf der Zunge. Als sein Gehirn jedoch gelernt hatte, die den aufgenommenen Reizen innewohnenden Gesetzmäßigkeiten zu identifizieren, vermittelten ihm die Reize allmählich Eindrücke von Gestalten und räumlicher Tiefe (Phillip 2005, S. 66-69). Was wir wahrnehmen, wird also im Wesentlichen durch die den Sinnesreizen innewohnenden Gesetzmäßigkeiten bestimmt! Ein analoges Experiment mit einem Erwachsenen, der von Geburt an blind war, zeigte, dass die von der Zunge übermittelten taktilen Informationen im visuellen Cortex verarbeitet wurden. Eine blinde Versuchsperson, die mit Hilfe einer solchen Vorrichtung in einem Raum umherlief, berichtete: „Ich konnte sehen, ob links oder rechts von der Kiste genügend Platz war, um daran vorbeizukommen. Und mit Hilfe des Neigungswinkels meines Kopfes konnte ich die Distanz einschätzen. Ich habe gesehen, dass ich noch weit entfernt war, ungefähr zwei Meter ..." (Fernsehsendung ARTE Faszination Bewusstsein vom 21.11. 2008). Hier stellt sich die Frage, welches Qualia-Erlebnis ein Blinder mit der Aussage „Ich konnte sehen ..." verknüpft, wenn ihm dieselben Gehirnareale dieses Erlebnis verschaffen, wie bei einem Menschen, der mit den Augen sieht. In einem Experiment an der Harvard Universität unter Leitung von Maurice Ptito wurde nachgewiesen, dass bei einem Blinden, der mit den Fingerspitzen eine Blindenschrift liest, dieselben Gehirnbereiche aktiviert werden, wie bei Menschen die mit den Augen lesen. Auch bei Blinden kann also der visuelle Cortex aktiviert werden, obwohl sie nur über einen Tast- und einen Hörsinn verfügen. Dies scheint unsere obige These zu bestätigen, dass es für bestimmte Arten von Gesetzmäßigkeiten spezifische Gehirnareale gibt, die besonders gut geeignet sind, diese zu analysieren, und zwar unabhängig davon, über welche Sinnesorgane die Reize aufgenommen werden. Allerdings setzt dies einen Lernvorgang voraus, bei dem die dafür erforderlichen neuronalen Verknüpfungen erst aufgebaut werden müssen. Außerdem deuten diese Experimente darauf hin, dass Qualia-Erlebnisse eng mit einer spezifischen Form von Mustererkennung zu tun haben und eventuell sogar als ein explizites Wissen über erkannte Muster interpretiert werden können.

Gehen wir jetzt noch auf ein in der Philosophie viel diskutiertes Problem ein. Joseph Levine glaubt beispielsweise, dass sich Wärme aus der Bewegung der Moleküle ableitet, aber er versteht nicht, wie sich Schmerzen aus dem Feuern von Neuronen ableiten. Unser Kommentar hierzu lautet, dass sich Wärme nicht aus der Bewegung der Moleküle ableitet, sondern ebenfalls aus dem Feuern von Neuronen. Diese registrieren die Bewegungsenergie der Moleküle und signalisieren dem Gehirn, wann es besser wäre, den Finger zurückzuziehen. Die Frage, ob sich Schmerzen zum Feuern von Neuronen so verhalten wie die Bewegung der Moleküle eines Gases zu dessen Temperatur, ob es sich hier also um ein emergentes Phänomen handelt, beantworten wir jetzt mit nein, denn ein Thermometer misst nicht Wärme, sondern die Bewegungsenergie der Moleküle. Die Bewegungsenergie von Molekülen erzeugt keine Wärme, sondern erregt Neuronen so, dass sie uns ein Wärmeerlebnis vermitteln! Und analog „erzeugt" eine bestimmte Wellenlänge des Lichts nicht die Farbe Rot, sondern sie erregt bestimmte Neuronen so, dass daraus für uns ein Rot-Erlebnis resultiert. Die Natur außerhalb des Gehirns kennt weder Farben noch Temperaturen und natürlich auch keine Schmerzen! Und deshalb können Farben, Wärme und Kälte wie auch *Schmerzen keine emergenten Phänomene* sein.

In Zusammenhang mit Schmerzerlebnissen stellen sich nach Hilary Putnam für die Philosophie des Geistes drei wesentliche Fragen: (1) Woher wissen wir, dass andere Personen Schmerzen haben? (2)

Sind Schmerzen Gehirnzustände? (3) Was ist die Analyse des Begriffs Schmerz?"

Solche Frage können wir auf Basis unserer bisherigen Ausführungen jetzt klar beantworten.

Zu (1.): Dass andere Personen Schmerzen haben, können wir erschließen aus der Beobachtung ihrer Mimik, weil wir uns auch Schmerzen *vorstellen* können, ohne dass wir solche unmittelbar spüren, so wie wir uns auch eine bestimmte Farbe oder einen Ton vorstellen können. Maler, Komponisten und die eigene Erfahrung bestätigen dies. Es ist ein abstraktes Wissen, eben eine bloße Vorstellung. Die Hirnforschung bestätigt uns, dass bei Vorstellungen, Träumen, Halluzinationen u.ä. genau dieselben Hirnareale aktiviert werden, wie bei realen Erlebnissen, d.h., dass auch Vorstellungen entsprechender Repräsentationen bedürfen. Solche Vorstellungen, etwa von Schmerzen, können aktiviert werden, wenn wir aus der Gestik und Mimik anderer Lebewesen erschließen können, dass sie Schmerzen erleiden. Wir können dann mit ihnen fühlen. Spiegelneurone spielen dabei im Gehirn eine wichtige Rolle (s.u.). Ganz anders sieht es aus, wenn es sich um wesensverschiedenen Lebewesen handelt. Wir können *nicht wissen*, wie es ist, eine Fledermaus zu sein, weil wir deren Erlebnisse in unserem Gehirn nicht repräsentieren können, und selbst wenn wir es könnten, könnten wir diese Repräsentationen nicht dechiffrieren, weil wir ihnen keine Fledermausspezifische Bedeutung zuordnen könnten.

Zu (2.): Schmerzen resultieren im Gehirn aus der Repräsentieren eines bestimmten Körperzustand, also etwa eine Verletzung, Entzündung o.ä.. Nur deshalb wissen wir, wo es weh tut. Als *Repräsentationen* von Körperzuständen codieren sie solche Zustände. In Bild 3 (S. 39) ist das originäre Muster (A11 ... A33) beispielsweise eine solche Repräsentation. Auf dieser Ebene sind Repräsentationen aber noch bedeutungsneutral, also z. B. noch keine Schmerzerlebnisse. Erst wenn Repräsentationen einem System (z. B. dem Vorderhirn oder irgendeiner Form von Musteranalyse oder -verarbeitung) als Input *präsentiert* werden, werden sie zu Schmerzen, falls es dieser Repräsentation bzw. diesem Code diese Bedeutung zuordnet. Hirnforscher wie Damasio, LeDoux u.a. unterscheiden deshalb zwischen Emotionen und Gefühlen. Emotionen sind Repräsentationen von Körperzuständen im Gehirn und veranlassen den Körper zu bestimmten (Instinkt-) Reaktionen. Erst wenn Emotionen ins Bewusstsein gelangen, werden sie zu Gefühlen.

Zu (3.): Schmerzgefühle dienen als vorausschauender Schutz vor Verletzungen. Sie veranlassen uns zu spezifischen Reaktionen. Das ist ihre Bedeutung! Für den außenstehenden Hirnforscher ist dieselbe

Repräsentation nur ein bedeutungsloses Erregungsmuster von Neuronen, zumindest solange er dessen Konsequenzen nicht kennt. Er kann den neuronalen Code nicht als Schmerz *dechiffrieren*. Kann ein Empfänger einer Repräsentation die Bedeutung „Schmerz" zuordnen, dann nimmt er eine Klassifikation vor, d.h. er ordnet die Repräsentation einer bekannten *Kategorie* von Repräsentationen, hier der Kategorie Schmerzerlebnisse, zu. Die Fähigkeit zur Kategorienbildung ist mehr als reine Wahrnehmung. Sie verschafft ein *Wissen*, das Wissen um die richtige Kategorie, also das Wissen, dass es sich um einen Schmerz handelt. In Bild 3 (S. 39) entspricht dies beispielsweise der Erkennung einer vertikalen Linie (V) im originären Muster.

Hier stoßen wir auf eine der weit verbreiteten falschen Prämissen philosophischer Argumentation. Andreas Kemmerling schreibt: „Ja, wie ist es denn, Schmerzen zu haben? Eine brave Antwort auf diese Frage lautet: »Es tut weh«. .. Denn wer nicht anerkennt, dass es weh tut, Schmerzen zu haben, redet gar nicht über Schmerzen, selbst wenn er das Wort verwendet" (Kemmerling 1998, S. 70). Patienten mit Schmerzasymbolie führen uns vor, dass man sehr wohl über Schmerzen reden kann, ohne dass es weh tut. Bei dieser neurologischen Störung (der *Schmerzasymbolie*) empfinden die Betroffenen keinen Schmerz. Sie sagen dann: „Ich kann den Schmerz fühlen, aber er tut nicht weh." Sie können also das Erlebnis der Kategorie „Schmerz" zuordnen, ohne Schmerzen zu spüren! Sie wissen dann zwar wo es weh tut, aber nicht wie sehr es weh tut, oder anders gesagt, sie können die Wahrnehmungsmodalität erkennen, nicht aber deren Intensität. Roth schreibt deshalb: „Es gibt also (anders als manche Philosophen behaupten), durchaus Schmerz, der nicht weh tut" (Roth 2005, S. 696f). Um zu wissen, dass man Schmerzen hat, muss man also nicht notwendigerweise ein „es tut weh"-Erlebnis haben. Daraus leitet sich die Frage ab, ob Menschen mit einer Schmerzasymbolie überhaupt ein Qualia-Erlebnis von Schmerzen haben, oder nur ein explizites Wissen über den Schmerz. Woher wissen sie dann aber, dass sie Schmerzen haben, wenn es nicht weh tut? Die Schmerzasymbolie deutet darauf hin, dass Schmerzen und Qualia-Erlebnisse nichts weiter sind, als eine spezifische Art von explizitem Wissen. Und bei der Schmerzasymbolie ist dieses Wissen unvollständig, weil die Intensität des Schmerzes nicht bekannt ist. Analog führen Ausfälle z. B. in der sekundären Sehrinde dazu, dass die Betroffenen nur noch Farben, Strukturen und Anordnungen, nicht aber mehr die Form und Größe von Gegenständen erkennen können. Auch hier können also aus Wahrnehmungen nur noch unvollständige Qualia und damit unvollständige explizite Wissensinhalte abgeleitet werden. Diese Überlegungen stützen die bereits unterbreitete *Hypothese, dass Qualia lediglich eine spezifische (Darstellungs-) Form von aktivem, explizitem Wissen mit einem propositionalen Gehalt sind.* Wir erinnern an unsere Aussage, dass wir uns nur Dinge (einschließlich abstrakter Klassen) vorstellen und diese in Gedanken manipulieren können, die wir auch sinnlich erfassen und als Qualia bewusst erleben können. Qualiamodalitäten und -qualitäten sind dann das Resultat eines Prozesses der Mustererkennung und einzelne neuronale Erregungs*muster* repräsentieren einzelne Qualia.

Wenn wir nicht nur wissen, dass wir Schmerzen haben, sondern diese Schmerzen auch lokalisieren können, können wir sie einer bestimmten Modalität und Intensität zuordnen. Wir können einen spezifischen Schmerz (der linke Zeh juckt, der Zahn rechts oben hinten tut weh usw.) dann *identifizieren*. Bezogen auf Bild 3 (S. 39) bedeutet dies, dass nicht nur eine vertikale Linie (V) erkannt werden kann, sondern sogar spezifiziert werden kann, dass es sich um eine Vertikale am linken Rand (Vl) handelt. Wir wissen, dass im Gehirn der sensorische Cortex signalisiert, *wo* es weh tut, er identifiziert den Ort des Schmerzes. Im anterioren Gyrus cinguli dagegen zeigt eine Erregung an, *wie stark* der Schmerz ist. Hier ist also die Intensität des Schmerzes codiert. Auf die jetzt von Philosophen nachgeschobene Frage: »warum fühlt sich das Feuern von Neuronen schmerzhaft an?«, antworten wir: dies resultiert aus der Festlegung dieser Codierungsform durch die Natur im Rahmen der Evolution! Für Ramachandran ist der Schmerz eine Illusion, eine Konstruktion unseres Gehirns, so wie jede andere Sinneserfahrung auch. Phantomschmerzen untermauern diese These. Auch Roth bestätigt, dass „Schmerzempfindungen hochgradig erwartungs- und erfahrungsabhängig sind" (Roth 2005, S. 697). Schmerzen sind eine bestimmte Wahrnehmungsmodalität und können deshalb auch „gelernt", erinnert und vorgestellt werden, wie andere Qualia auch. Selbst geringe Auslöser können heftige Schmerzen auslösen, wenn in den Zellen eine entsprechende Gedächtnisspur verankert worden ist. Dies verursacht eine Absenkung der Schmerzschwelle und einer Sensitivierung. Im Grenzfall haben Patienten dann „Schmerzen ohne Befund", das heißt erlebte Schmerzvorstellungen ohne sichtbare Verletzungen.

Kleinkinder können Gefühle anfangs nur erleben, nicht aber als die eigenen identifizieren, weil sie sie (noch) nicht einem Ich zuordnen können. Sie müssen erst lernen, wo die Grenze zwischen dem Ich und den Nicht-Ichs verläuft. Für Paul Churchland ist „Selbstbewusstsein

... nicht geheimnisvoller (und nicht weniger geheimnisvoll) als Wahrnehmung im allgemeinen. Es ist lediglich nach innen statt nach außen gerichtet" (Churchland 1997, S. 411 in: Metzinger 2005). Dieser Behauptung können wir uns nicht anschließen, da das bloße Fühlen des eigenen Körpers allein eben noch nicht ausreicht für ein Selbstbewusstsein. Sicherlich fühlen nämlich viele Tiere ihren Körper genauso wie Babys ganz bewusst, haben aber deshalb trotzdem von sich Selbst kein Wissen und Selbstverständnis wie der erwachsene Mensch. Phänomenales Bewusstsein ist allenfalls eine notwendige, keinesfalls aber hinreichende Bedingung für Selbst-Bewusstsein. Die Vorstellung, dass Tiere, die noch kein Ich-Gefühl entwickelt haben, auch keine bewussten Wahrnehmungen, und damit keine Qualia erleben, ist aus dieser Sicht eine nicht haltbare Hypothese.

Unsere nächste Frage lautet: Warum verknüpft das Gehirn unsere Umweltwahrnehmungen mit angenehmen oder unangenehmen Gefühlen (Bilder 15, S. 120 und 16, S. 121)? Wir wollen hier nicht die Antwort auf diese Frage von Seiten der Hirnforscher im Detail wiedergeben, sondern auf unsere Aussage verweisen, dass das Gehirn ausgehend von bestimmten Informationen weitere Informationen vervollständigen und ergänzen kann. Wir können dann aus bestimmten Objektmerkmalen, die als Indizien dienen, weitere (aktuell nicht beobachtbare) Objektmerkmale erschließen und daraus in unserer Vorstellung Objekte erzeugen, die die Basis abgeben für unsere Überlegungen über zweckmäßige Reaktionen oder Aktionen. Die Frage, wie es das Gehirn schafft, verschiedene Objektmerkmale wie Farbe, Form und Oberflächenbeschaffenheit aufeinander zu beziehen und zu einem Objekt zusammenzuführen, bezeichnet man als ***Bindungsproblem***. In Kapitel 3.5 haben wir bereits dargelegt, dass eine spezifische Region der Hirnrinde aktiviert wird, wenn wir Objekte erkennen. Wir haben sie ***Großmutterzellen*** genannt, sie übernehmen die Aufgabe von Indizes. Objekte präsentieren sich dann der bewussten Wahrnehmung als unveränderliche Realität, unabhängig davon, in welchem Zustand und in welcher Entfernung sie sich befinden. Man wird hier an die Funktion der verborgenen Neuronen beim synergetischen Computer (Bild 19, S. 144) erinnert.

Auf diese Weise werden dann auch *gefühlsmäßige* Erfahrungen, die wir mit bestimmten Objekten gemacht haben, zu Eigenschaften dieser Objekte. Der amerikanische Neurologe Antonio Damasio spricht hier von ***somatischen Markern***. Dies können lustvolle und schmerzhafte Erfahrungen sein. Ernst Pöppel schreibt: „Jedes Er-Lebnis ist von vornherein immer auch angenehm oder unangenehm, schön oder hässlich, lustvoll oder schmerzhaft, und im äußersten Fall berauschend oder ekelhaft (Pöppel 1995, S. 9)." Diese Folgerungen können gezogen werden, wenn das Gehirn im ersten Schritt erkennt, dass gewisse Umweltwahrnehmungen mit der Wahrnehmung bestimmter körpereigener Zustände korrelieren, und diese „Erkenntnis" dann für zukünftige Vorhersagen in analogen Situationen nutzt. Der Schmerzforscher R. Melzack konnte in Experimenten mit Hunden zeigen, dass das Gehirn nicht automatisch weiß, dass die Umwelt Schmerzen verursachen kann. Schmerzfrei aufgezogene Hunde können deshalb „schmerzblind" werden, d.h., sie können zwar Schmerzen empfinden, nicht aber lernen, durch welche Umwelteinflüsse diese Schmerzen verursacht werden. Sie können dann beispielsweise nicht lernen, dass Feuer Schmerzen verursacht und verbrennen sich immer wieder die Schnauze. Das Gehirn lernt aus konkreten Erfahrungen, Sinneswahrnehmungen mit Gefühlen und damit auch mit Schmerzen zu verknüpfen. Dies dient dem Eigenschutz und zielt darauf ab, Schmerzen zu vermeiden. Menschen, die (als Folge einer Erbkrankheit) von Geburt an unempfindlich für Schmerzen sind, fügen sich ungewollt körperliche Schäden zu, verbrennen sich, beißen sich auf die Zunge und ähnliches. Für Damasio sind „Schmerz und Lust ... die Druckmittel, die der Organismus braucht, um seine instinktiven und erworbenen Strategien effektiv einzusetzen" (Damasio 1997, S. 345).

Können auch künstliche Systeme die Qualiamodalität Schmerz erleben? Müssen wir vielleicht sogar, wie Metzinger, befürchten, dass „künstliche .. Systeme, die global verfügbare, transparente Selbstmodelle besitzen, schon am Anfang eine zentrale Fähigkeit mit uns teilen würden: die Fähigkeit zu *leiden*"? (Metzinger 2003, S. 192). Muss jedes System, das über Selbstbewusstsein verfügt, notwendigerweise auch Schmerzen haben? Können wir solche Aussagen kritiklos akzeptieren? Es gibt u.E. keine plausible Argumentation dafür, dass jedes System mit Selbstbewusstsein irgendeine *spezifische* Form von Qualia haben *muss*! Die Evolution hat bei Lebewesen sicher nur solche Qualiamodalitäten implantiert, die für die Art einen Überlebensvorteil mit sich bringen. Und dies gilt analog für künstliche Systeme, bei denen der Entwickler Evolution spielt. Künstliche Systeme, die sich ihrer eigenen Existenz bewusst sind, müssen also nicht notwendigerweise deshalb auch schon Schmerzerlebnisse haben. Wohl aber setzt „sinnvolles" Agieren voraus, dass Aktionsalternativen bewertet werden. Erfolgt die Bewertung nicht implizit und unbewusst, sondern explizit und damit bewusst, kann man die damit verbundenen Qualia-Erlebnisse natürlich als Gefühle bezeichnen, wobei unklar ist, wie sie von solchen Systemen konkret erlebt werden würden.

Das Naturprinzip »versuche alles Leiden zu vermeiden«, dient der Verbreitung egoistischer Gene, oder wie Dawkins sagt: „Wir werden das Individuum weiterhin als eine eigennützige Maschine auffassen, die programmiert ist, alles zu tun, was für ihre Gene als Gesamtheit von Vorteil ist" (Dawkins 1994, S. 121). Leiden könnten natürlich auch lernfähige künstliche Systeme davon abhalten „Dummheiten zu begehen", dennoch gibt es keinen zwingenden Grund, zu versuchen, es „naturgetreu" in künstlichen Systemen nachzubilden.

Offen bleibt jetzt noch eine entscheidende Frage. Warum werden Qualia nicht nur erlebt, sondern als die eigenen erlebt? Wie schafft es das Gehirn, uns die von ihm registrierten, bewusst gewordenen Wahrnehmungen unserer Umwelt und unseres Körpers als die unseren, also die eines Ichs zu präsentieren? Mit dieser Fragestellung befassen sich die folgenden Kapitel.

4.2 Erschließung von Gesetzmäßigkeiten

Manfred Spitzer schreibt: „Immer dann, wenn im Input bestimmte Regeln stecken, werden sie extrahiert und die Inputmuster ihnen zufolge kartiert" (Spitzer 2000, S. 256). Dies gilt nicht nur für unsere Sinneswahrnehmungen und die Wahrnehmungen unseres eigenen Körpers. „Ganz allgemein gesprochen geht unser Gehirn mit sprachlichem Input nicht anders um als mit anderen Inputmustern: Es werden Regelmäßigkeiten extrahiert" (Spitzer 2000, S. 255). Unser Gehirn versucht stets vorherzusehen beziehungsweise vorwegzunehmen, was im nächsten Augenblick geschehen wird. Bestätigte Prognosen werden nicht weiter beachtet, Unerwartetes lenkt dagegen die Aufmerksamkeit auf sich. Das Frontalhirn hat deshalb die ***Fähigkeit zur Regelextraktion*** ausgebildet, das heißt zur Erkennung von raum-zeitlichen Regelmäßigkeiten in den neuronalen Erregungsmustern, die unsere Wahrnehmungen repräsentieren. Der präfrontale Cortex analysiert dabei Vergangenheitserfahrungen auf raum-zeitliche Gesetzmäßigkeiten.

In Kapitel 2.1 haben wir beim Regelwissen unterschieden zwischen ***Logik*** (situationsbezogene Schlussfolgerungen aus Prämissen) und die ***Kausalität*** (Induktives Erkennen von wiederholt auftretenden, zeitlichen Ursache-Wirkungs Beziehungen). Letztere ist ablaufbezogen.

Deklaratives Regelwissen kann bewusst gemacht und z. B. mit Symbolen formuliert bzw. codiert oder zu Analogien (Beispielen) in Beziehung gesetzt werden. Es ist in Wissensbasen niedergelegt, aus denen es abgerufen werden kann. Es wird retrograd aus beobachteten Input-Output-Relationen, aus stets gemeinsam beobachteten Sachverhalten oder aus wiederkehrenden Ereignisfolgen erschlossen. Wenn wir Regeln kennen, können wir auch die *aus Prämissen folgenden Konklusionen bzw. aus Ursachen folgende Wirkungen begründen*. Dies setzt allerdings voraus, dass wir uns parallel zueinander der Ursachen bzw. Prämissen als auch der daraus abgeleiteten Konklusionen bzw. Wirkungen bewusst sind und die Schlussfolgerungskette sowohl vorwärts als auch rückwärts nachvollziehen können. Dies wiederum ist nur möglich, wenn wir über ***explizites, im Geiste manipulierbares Wissen*** und damit über ***Qualia*** verfügen. Dies ermöglicht es, komplexe Schlussfolgerungen zu ziehen und mit „durchdachtem" Verhalten auf Umweltwahrnehmungen zu reagieren.

Prozedurales Regelwissen ist nicht bewusstseinsfähig. Es ist ein Können, eine Fähigkeit bei der wir nicht wissen, wie wir es machen, also ein ***implizites Wissen***. Es ist bei Tieren in Gehirnstrukturen verankert und bei Robotern in neuronalen Netzen oder im Programmcode bzw. ganz allgemein gesagt in den Konstruktionsprinzipien eines Systems. Deshalb ist es auch nicht manipulationsfähig. D.h. ein System mit nur prozeduralem Wissen reagiert auf einen vorgegebenen Input direkt in vorgegebener Weise. Es wendet dann Regeln an, die es nicht kennt. Dies schließt die Fähigkeit ein, auf Wahrnehmungen sinnvoll zu reagieren, ohne dass die Gründe für die Reaktion benannt werden können. Das Instinktverhalten der Tiere ist ein Musterbeispiel hierfür, ebenso das Verhalten von Robotern beim derzeitigen Entwicklungsstand. Solche Verhaltensweisen können nur durch praktische Übung erworben werden, sofern sie nicht genetisch verankert bzw. bei Robotern „einprogrammiert" sind.

In Kapitel 2.2 wurde bereits dargelegt, dass beim ***Wiedererkennen von Bekanntem*** ein Muster mit anderen Mustern verglichen werden muss. Man spricht dann von einem ***Hypothesenabgleich***. Eine Hypothese wird dann bestätigt, wenn ein aktuelles Muster einem bekannten Muster zugeordnet werden kann. So erlangen wir ***primäres Wissen***, indem wir Zusammenhänge und ***Gesetzmäßigkeiten*** zwischen verschiedenen Repräsentationen oder innerhalb von Repräsentationen erkennen. Dies schließt neben statischen Mustern auch Muster in Abläufen ein. In einem zweiten Schritt kann dann aus primärem Wissen ein ***sekundäres Wissen*** durch Induktion oder Deduktion abgeleitet werden.

Erkenntnisse und ***Einsichten*** resultieren dann daraus, dass angegeben werden kann, aus welchen Prämissen und wie sie abgeleitet wurden. Wir können dann unser ***Wissen begründen bzw. beweisen.*** Dabei unterscheiden wir zwischen fallbasiertem Schließen und logisch deduktivem Schließen.

Hier ist auch noch einmal darauf hinzuweisen, dass Gesetzmäßigkeiten erst ***durch Verständnis zu explizitem Wissen*** werden. Dazu müssen sie innerlich im Geiste durch gedankliche Simulation nachvollzogen werden können. Nur so kann die räumliche oder zeitliche Korrelation zwischen Mustern, d.h. Repräsentationen der realen Welt erkannt werden. Daraus leiten sich dann wiederum die Konsequenzen ab, die eine Repräsentation voraussichtlich hat und damit ihre Bedeutung. Bild 11 (S. 102) hat die verschiedenen Stufen von Erkenntnis aufgezeigt.

4.3 Erschließung der Unterschiede zwischen Selbst und Umwelt

Die gängige, meist unausgesprochene Prämisse unserer Weltsicht, und auch die der Philosophen, ist die, dass wir uns als Subjekte in einer Welt befinden, die wir bewusst wahrnehmen können, in der wir uns lokalisieren können, die auf uns einwirkt und auf die wir umgekehrt ebenfalls wiederum einwirken können. Wir erleben uns also so, wie in Bild 24 dargestellt.

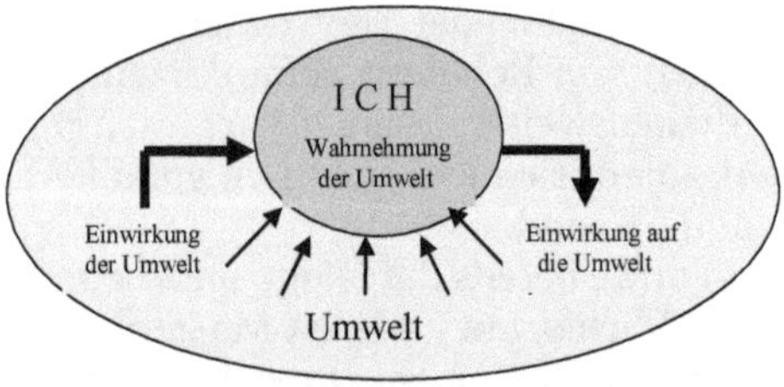

Bild 24: Das Ich nimmt seine Umwelt mittels seiner Sinnesorgane wahr

Aus Sicht des Gehirns stellt sich die Situation jedoch völlig anders dar. Das Gehirn selbst erhält alle seine Informationen nur aus dem Körper, wenn man akzeptiert, dass auch unsere Sinnesorgane letztlich nur Körperzustände repräsentieren, die allerdings durch die Umwelt beeinflusst bzw. hervorgerufen werden. Dies bringt Bild 25 zum Ausdruck.

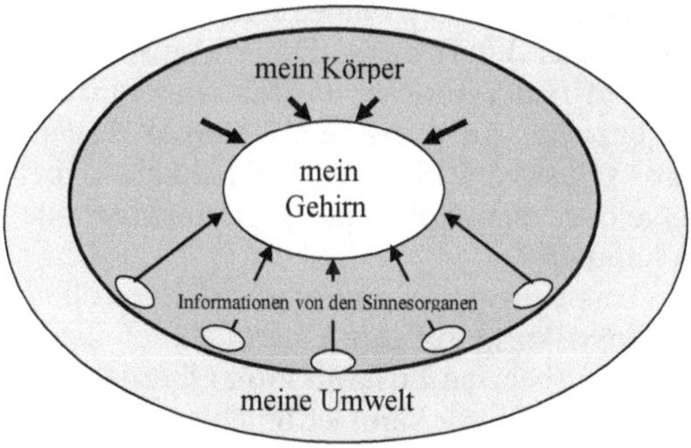

Bild 25: Wahrnehmung der Welt aus Sicht des Gehirns

Betrachtet man unsere Wahrnehmung aus Sicht des Gehirns, wird deutlich, dass das Gehirn über Nervenverbindungen ausschließlich Informationen aus dem Körper erhält. Körperzustände spiegeln zwar die Umwelt wieder, aber sie sind letztlich nur Reaktionen des Körpers auf Umwelteinflüsse. „Am Anfang gab es Repräsentationen des Körpers im engeren Sinn, erst später kamen Repräsentationen der Außenwelt hinzu" (Damasio 1997, S. 305). „Das Gehirn braucht die Außenwelt, sonst gäbe es kein Denken und keine Seele. Geist und Psyche entstehen im Gehirn nur dann, wenn das Gehirn und sein Organismus in bestimmter Weise mit seiner Umwelt interagieren und das Gehirn diese Interaktion bewertet" (Roth in BR2 Radiowissen 11/2000 - Was ist die Seele?). Diese Aussage macht deutlich, dass ein Computer für sich keinen Geist hervorbringen kann, solange er nicht in einen (Roboter-) Körper eingebettet ist, der mit seiner Umwelt interagiert. In den Bereichen der Künstliche Intelligenz, Robotik und Kognitionswissenschaften wird daher zunehmend die Bedeutung des ***embodiment***, der ***Körperlichkeit*** oder auch ***Körperhaftigkeit***, betont, das heißt der Idee, dass Bewusstsein einen Körper benötigt und nicht nur auf der Ebene von Algorithmen verstanden werden kann. Nach der Definition des Roboterexperten Rodney Brooks ist ein Wesen oder Roboter »verkörpert«, wenn es „einen Körper hat und die Welt zumindest teilweise direkt durch deren Einflüsse auf seinen Körper erfährt. Eine spezialisiertere Verkörperung liegt vor, wenn das gesamte künstliche Wesen in diesem Körper enthalten ist." ***Bewusstsein resultiert dann aus dem***

Wissen des Gehirns (oder eines Computers) über seinen Körper, dessen aktuellen Zustand und dessen Interaktionen mit seiner Umwelt.

Der Geist muss sich also stets auf etwas beziehen (vgl. Kapitel 3.3). Er muss mit anderen Worten gerichtet sein. Wir glauben, wissen, hoffen dann, »dass etwas der Fall ist«. Die Philosophie hat hierfür, seit Brentano, den Begriff der ***Intentionalität*** eingeführt. Bei intentionalen Zuständen beziehen sich unsere erlebten Wahrnehmungen stets auf eine von uns selbst verschiedene Wirklichkeit. Dabei kann es sich um reale Objekte der Außenwelt, aber auch um abstrakte Begriffe und Vorstellungen handeln.

Alle Organismen reagieren nicht auf die Umwelt selbst, sondern nur auf deren Einwirkung auf ihre Oberfläche. Zellen gewinnen deshalb nur ein Wissen über den Zustand ihrer Oberfläche und nicht über den Zustand der Welt! Dieser kann lediglich aus dem Zustand der Zelloberfläche erschlossen werden. Zudem bewirkt die Neutralität des neuronalen Codes, das heißt die Tatsache, dass im Code der durch die Nerven übertragenen Informationen keinerlei Sinnesmodalitäten verschlüsselt sind, dass das Gehirn sein gesamtes Wissen über den Zustand unseres Körpers und unserer Umwelt aus den Informationen ableiten muss, die ihm aus dem Körper zugehen, also aus Indizien erschließen muss. Die Signale in den einzelnen Nervenfasern weisen keine Spezifika auf, die Rückschlüsse auf ihre Herkunft, das heißt das Sinnesorgan, von dem sie ausgehen, zulassen. Diese stecken vielmehr in der räumlichen Aufteilung der Signale auf die einzelnen, von den Sinnesorganen ausgehenden Nervenfasern. Dies gilt analog auch für Informationen aus dem Körperinneren, die der Eigenwahrnehmung dienen und die über spezifische Rezeptoren erfasst werden.

Hier sei auch noch einmal daran erinnert, dass wir unser Wissen über die Welt nicht aus der Wirklichkeit selbst beziehen, sondern aus Modellen über diese Wirklichkeit, die in den neuronalen Netzen unseres Gehirns repräsentiert sind. Stephen Hawking schreibt hierzu: „Es hat keinen Zweck, sich auf die Wirklichkeit zu berufen, weil wir kein modellunabhängiges Konzept der Wirklichkeit besitzen" (Hawking 1993, S. 59). Unsere Wahrnehmungen, Vorstellungen und Gedanken, und damit alle Qualia-Erlebnisse, beziehen sich also auf Modelle der Wirklichkeit, die im Gehirn repräsentiert sind und dort homolog simuliert werden.

Wir erinnern jetzt noch einmal an unsere Aussage in Kapitel 3.4, dass im Gehirn sowohl der Zustand unseres Körpers, als auch der Zustand seiner Umwelt repräsentiert werden. Durch ***Perzeption*** wird der Zustand der Umwelt (Außenwelt), durch ***Proprizeption*** (bzw. Propriozeption) der der Innenwelt erfasst und an das Gehirn übermittelt. Wenn Arno Ros der Meinung ist, dass Empfindungen und Wahrnehmungen keineswegs dasselbe sind (Ros 2005, S. 514), stimmt das insofern, also unser Körper vom Gehirn natürlich anders wahrgenommen wird, als unsere Umwelt. Dabei handelt es sich aber nur um verschiedene Wahrnehmungsmodalitäten. Keinesfalls darf daraus aber im Sinne von Ros gefolgert werden, „dass das Wissen ..., das Sie von sich selbst und ihrem eigenen Tun haben, zumindest in Teilen notwendigerweise ein nicht auf Wahrnehmungen ihrer selbst angewiesenes, und damit also ein unmittelbares Wissen ist" (Ros 2005, S. 513).

Gerhard Roth schreibt: „Aufgrund von Selbstbeobachtung, Experimenten mit Versuchspersonen und des Studiums der Folgen von Verletzungen und Erkrankungen des Gehirns kommen wir zu der Erkenntnis, dass es *das* Bewusstsein überhaupt nicht gibt. Bewusstsein ist vielmehr ein Bündel inhaltlich sehr verschiedener Zustände, die gemeinsam haben, dass sie erstens *bewusst erlebt* werden, dass zweitens dieses Erleben *unmittelbar* ist, d.h. ohne irgendeine Instanz dazwischen, und dass sie drittens im Prinzip *sprachlich berichtet* werden können" (Roth 2003, S. 126/127). Ganz offensichtlich versteht Roth in dieser Aussage unter Bewusstsein das phänomenale Bewusstsein und das Bündel bewusster Zustände ist das Bündel der von uns erlebten Qualia-Modalitäten. Wie wir noch zeigen werden, ist das Bewusstsein des Menschen aber mehr als nur bewusste Wahrnehmung.

Die entscheidende Frage ist deshalb: Wie erzeugt das Gehirn aus den ihm aus dem Körper zugehenden Informationen das Weltbild, das unser Bewusstsein von einem Ich prägt, das in seiner Umwelt agiert? Warum also erleben wir beispielsweise überhaupt eine Umwelt, wo sämtliche unserem Gehirn verfügbaren Informationen doch nur aus unserem Körper stammen und nichts weiter als Körperzustände repräsentieren? Daraus leitet sich die alte philosophische Frage ab, ob eine solche Umwelt real überhaupt existiert, oder ob sie nur ein Konstrukt unseres Gehirns ist.

Dazu bleibt zunächst festzuhalten, dass die Informationen von den verschiedenen Sinnesorganen sowie die Informationen über unsere sonstigen Körperzustände jeweils in bestimmten Gehirnregionen einlaufen und dort spezifische Erregungsmuster hervorrufen. Unser genetisches Erbe legt also fest, wo und wie die Umwelt und unser Körper in unserem Gehirn repräsentiert werden. Welche Qualiamodalitäten wir erleben und warum wir sie so erleben, wie wir sie erleben, ist damit genetisch vorgegeben. Bei künstlichen Systemen muss dies entsprechend vom Entwickler festgelegt werden.

Die entscheidenden Fragen lauten dann:

- wie erzeugt das Gehirn aus den wahrgenommenen Qualia Objekte und lässt uns die Qualia selbst als Eigenschaften dieser Objekte erleben?
- wie erkennt das Gehirn, dass unser Körper ein ganz spezifisches Objekt ist?
- Wie wird aus dem Erleben unseres Körpers vom Gehirn ein Ich mit Erlebnissen und Intentionen geschaffen?

Unsere These lautet: Diese Erkenntnisse können nur aus den spezifischen Gesetzmäßigkeiten abgeleitet werden, die zwischen den verschiedenen Qualia-Erlebnissen bestehen.

In Kapitel 1.4 wurden bereits Kriterien vorgestellt, anhand derer Merkmale zu Objekten integriert werden können. Diese waren: Kontinuität, örtliche Nähe, Ähnlichkeit, gemeinsames Schicksal, Geschlossenheit und Stabilität, Sinnvolle Fortsetzung, Sinnvolle Ergänzung, Symmetrie, Übereinstimmung mit früheren Erfahrungen und Abhebung vom Hintergrund. Man erkennt, dass ***Objekte*** also nicht einfach nur als solche existieren, sondern dass sie Konstrukte des Gehirns sind und anhand der ihnen innewohnenden Gesetzmäßigkeiten erkannt bzw. konstruiert werden. Wozu bedarf es dann aber überhaupt solcher künstlicher Konstrukte? Unsere Hypothese lautet: logische Gesetze und kausale Beziehungen existieren vor allem zwischen Objekten. Objekte erleichtern deshalb das Verständnis der Welt. Deutlich wird dies in der Physik, wo vornehmlich die Wechselbeziehungen zwischen Objekten analysiert werden. Und wie bereits ausgeführt, ist das menschliche Gehirn eine ***Regelextraktionsmaschine*** und seine Informationen leitet es ausschließlich aus den Repräsentationen der Welt, bzw. genauer seiner Körperzustände und die der Sinnesorgane, ab.

Der Hirnforscher Gerhard Roth schreibt: „Dasjenige Gehirn, das mich hervorbringt, ist mir selbst unzugänglich, genauso wie der reale Körper, in dem es steckt, und die reale Welt, in welcher der Körper lebt. Daraus folgt zugleich: nicht nur die von mir wahrgenommenen Dinge sind Konstrukte in der Wirklichkeit, *ich selbst bin ein Konstrukt*. Ich komme unabweisbar in dieser Wirklichkeit vor. Dies bedeutet, dass das reale Gehirn eine Wirklichkeit hervorbringt, in der ein Ich existiert, das sich als *Subjekt* seiner mentalen Akte, Wahrnehmungen und Handlungen erlebt, einen Körper besitzt und einer Außenwelt gegenübersteht." (Roth 1997, S. 329). Ramachandran drückt dies noch drastischer aus: „*Ihr eigener Körper* ist ein Phantom, ein Phantom, das Ihr Gehirn aus rein praktischen Gründen vorübergehend konstruiert hat" (Ramachandran 2002, S. 114).

Die hier vertretenen Thesen lauten:

1. Unser Körper wird vom Gehirn als ein Objekt mit ganz spezifischen Eigenschaften erkannt und anhand dieser Merkmale von den anderen Objekten in der Umwelt unterschieden. Außerdem unterscheidet er sich von anderen Objekten dadurch, dass er eigenen Gesetzmäßigkeiten unterliegt.
2. Aus Sicht des Gehirns ist unser Ich mit unserem Körper identisch, weil das Gehirn sich selbst nicht erkennen kann. Das Ich ist also Objekt der Wahrnehmung durch das Gehirn. ***Das Ich ist mit anderen Worten nicht Subjekt, sondern Objekt der Erkenntnis*** durch das Gehirn. Das erkennende Subjekt ist also nicht mein Ich, sondern mein Gehirn.
3. Mein Befinden leitet sich aus dem in meinem Gehirn repräsentierten Zustand meines Körpers ab. ***„Der sechste Sinn", meine Eigenwahrnehmung, registriert den Zustand meines Körpers und lässt mich diesen fühlen. Meine Gefühle sind so gesehen nichts anderes als Repräsentationen der Merkmale, die den aktuellen Zustand meines Körpers abbilden. Die Summe der an das Gehirn übermittelten Einzelwahrnehmungen aus meinem Körper wird im Gehirn durch Bindung zu einem einzigen Objekt, dem Ich, vereint.*** Das bewusste Ich-Gefühl resultiert daraus, dass ***die einzelnen Gefühle*** nicht als isoliert und nebeneinander stehend erlebt werden, sondern zu einer ***Ganzheit integriert***, das heißt ***als Zustände einer Einheit, des Ich, wahrgenommen*** werden.
4. Daraus folgt: Selbstbewusstsein setzt explizites Fakten- und Regelwissen und die Fähigkeit zur Objektbildung notwendigerweise voraus. ***Mein Wissen über mich (genauer: über meinen Körper) und meine (genauer: seine) Beziehung zu meiner (genauer: seiner) Umwelt ist nichts anderes als mein Selbstbewusstsein.***
5. ***Das Ich hat, wie alle bewusst erlebten Objekte der Welt, eine Historie.*** Beim Ich nennen wir sie ***Autobiographie.***

Jetzt wollen wir näher auf die Frage eingehen, wie das Gehirn diesen Anforderungen gerecht wird. Dazu stellen wir die Verhältnisse noch aus einer anderen Sicht dar.

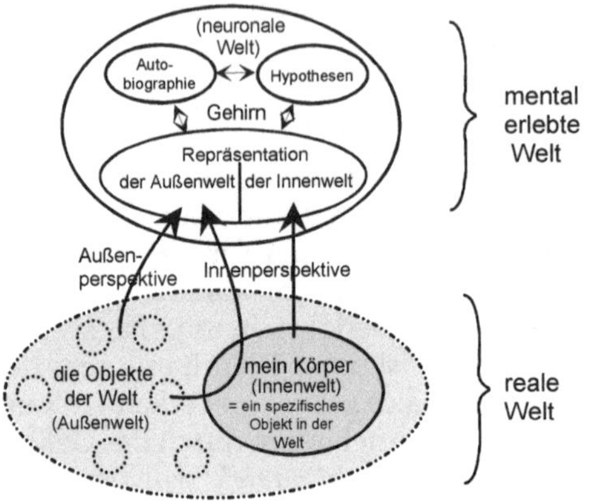

Bild 26: Wahrnehmung des eigenen Körpers (Innenwelt) und seiner Umwelt (Außenwelt) aus Sicht des Gehirns

Aus dem bisher gesagten leitet sich nunmehr unsere Definition für Selbstbwusstsein ab, also für unser Wissen von uns selbst. Sie lautet:

Selbstbewusstsein ist die Summe dessen, was mein Gehirn über meinen Körper weiß. Es resultiert aus der Repräsentation der durch die Sensoren und Rezeptoren meines Körpers erfassten und in meinem Gehirn repräsentierten Informationen über die wahrnehmbare Welt in Verbindung mit der Fähigkeit des Gehirns, unter Rückgriff auf diese Repräsentationen

- ***zwischen meinem Körper und dem Rest der Welt zu unterscheiden,***
- ***und meinen Körper als ein spezifisches Objekt der Welt in Raum und Zeit zu erleben.***

Die Besonderheit meines Körpers erkennt das Gehirn dadurch, dass

- ***mein Körper anders wahrgenommen wird als der Rest der Welt (er wird gefühlt), und***
- ***für seine Interaktion mit dem Rest der Welt spezifische Gesetze gelten (Intentionen werden als Ursachen von Wirkungen erlebt und Gefühle als Folgewirkung des Einflusses innerer und äußerer Ursachen).***

Das Wissen über und um das Selbst ist nichts anderes als das Wissen meines Gehirns über das reale, das vergangene und das mögliche zukünftige Befinden meines im Gehirn repräsentierten Körpers und seiner Beziehung zur Umwelt.

Damasio schreibt: „In einer ersten Annäherung können wir also festhalten, dass das Gehirn grundsätzlich die Aufgabe hat, gut informiert zu sein über das, was im Körper … vorgeht, und über die Umwelt, die den Organismus umgibt, so dass geeignete, dem Überleben dienliche Anpassungsprozesse zwischen Organismus und Umwelt vorgenommen werden können. Aus evolutionärer Sicht ist es anders nicht denkbar“ (Damasio 1997, S. 132).

„Die kognitiven Fähigkeiten des Menschen sind wesentlich durch seinen Organismus geprägt, der in der Evolution entstand. Man spricht daher in der Kognitionsforschung von embodied mind (»verkörperlichter Geist«)“ (Mainzer 2007a, S. 84).

Einen Überblick über die Wechselbeziehungen zwischen dem Körper (Innenwelt) und den Objekten der Umwelt (Außenwelt) gibt Bild 27.

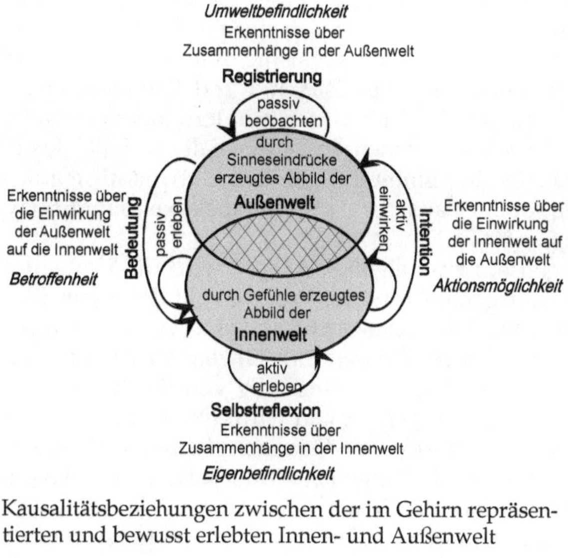

Bild 27: Kausalitätsbeziehungen zwischen der im Gehirn repräsentierten und bewusst erlebten Innen- und Außenwelt

Anhand von Bild 27 soll jetzt gezeigt werden, wie das Gehirn die Vorstellung von einem Ich aus den bei ihm einlaufenden Informationen erschließen kann. Und analoge Fähigkeiten muss auch das Gehirn eines jeden sonstigen Lebewesens oder das Gehirnäquivalent (Computer) eines künstlichen Systems besitzen, damit wir ihm Bewusstsein zugestehen, d.h. ein explizites Wissen von seiner eigenen Existenz (genauer: der Existenz seines Körpers) in einer bestimmten Umwelt.

Hier sei noch einmal ausdrücklich darauf hingewiesen, dass das explizite Wissen eines Gehirns oder Computers über Merkmale der Welt bzw. Merkmale von Objekten der Welt Kennzeichen für *Qualia*-Erfahrungen ist. Erst die Fähigkeit, anhand von Indizien zu erschließen, dass der eigene Körper ein ganz spezifisches Objekt ist, für das eigene Merkmale gelten, kennzeichnet das *Selbstbewusstsein*. Diese Kenntnisse über den eigenen Körper sind *Kenntnisse der ersten Person*, weil das entprechende Gehirn bzw. der Computer auf diese Informationen der „Innenperspektive" einen exklusiven Zugang hat. Dass das so ist, muss das Kleinkind erst lernen, dieses Wissen ist also nicht angeboren. Das heißt aber nicht, dass das Gehirn bzw. der Computer, die über dieses explizite und exklusive Wissen verfügen, notwendigerweise in diesem Körper selbst angesiedelt sein müssen. Beispielsweise kann dieses Wissen auch in den Computern eines Großrechenzentrums, ggf. sogar in einem Rechnernetz existieren, das per Datenfernübertragung einen Roboter steuert. Es kann sogar mehrere Roboter steuern und seine Informationen über deren Zustand und Befinden nicht „aus den Sinnesorganen" der Roboterkörper, sondern aus einer außerhalb angebrachten Sensorik beziehen. In diesem Fall „zerfällt" das Ich in mehrere Objekte, die ihre Einbindung in ihre Umwelt nicht aus der Innenperspektive sondern aus der Außenperspektive (out of body) erleben (Zimmermann 2007).

Im Gegensatz zum eigenen Körper wird die Umwelt durch die fünf Sinne wahrgenommen. Die Welt besteht dann (aus Sicht des Gehirns) aus Merkmalen visueller und auditiver Art, sowie aus Gerüchen, Geschmäckern und ertastbaren Substanzen. Durch sie unterscheidet sich die Außenwelt klar und eindeutig von der Innenwelt, vom Ich, das über Gefühle wahrgenommen wird. Der Körper kann also allein schon durch seine spezifischen Qualiamodalitäten erkannt werden.

Zudem müssen die eingehenden Informationen klassifiziert und strukturiert werden, damit wir überhaupt in der Außenwelt Objekten mit spezifischen Merkmalen erkennen und unterscheiden können. Dies erfordert die Fähigkeit zur ***Objektkategorisierung und -differenzierung, zur Bildung abstrakter Klassen und zur Aufrechterhaltung von Objektkonstanz***. Das Gehirn muss also aus der Vorstellung heraus nicht wahrnehmbare Merkmale „im Geiste" ergänzen und sich sogar nicht wahrnehmbare Objekte in ihrer Gesamtheit vorstellen können. Die Fähigkeit zur Kategorienbildung führt zu einer Hierarchiebildung aller Wahrnehmungen und schließlich zu einer Außenwelt in ihrer Gesamtheit als oberster Kategorie im Gegensatz zum eigenen Körper. Um Selbstbewusstsein erzeugen zu können, muss das Gehirn Objekte nicht nur klassifizieren, sondern auch identifizieren können, zumindest aber den eigenen Körper als ein ganz spezifisches Objekt identifizieren können. Im Gegensatz zum eigenen Körper wird der Rest der Welt durch die fünf Sinne wahrgenommen. Die Welt besteht dann aus visuellen, auditiven, Geruchs-, Geschmacks- und Tastwahrnehmungen. Diese werden passiv beobachtet und registriert. Die Außenwelt ist klar und eindeutig von der Innenwelt, vom Ich, unterscheidbar, weil der eigene Körper durch „Fühlen" wahrgenommen wird. Es gibt allerdings einen Grenzbereich, wo sich Körper und Umwelt überschneiden, wenn wir uns nämlich selbst mit unseren Sinnen wahrnehmen (sehen, hören, riechen, schmecken, ertasten) oder mit anderen Lebwesen Mitgefühl empfinden, weil wir uns in ihre Lage versetzen können.

Die Fähigkeit, nicht Wahrgenommenes eigenständig ergänzen zu können bis hin zur Aufrechterhaltung von ***Objektkonstanz*** bzw. ***Objektbeständigkeit*** ist ebenfalls eine notwendige Voraussetzung für Selbstbewusstsein. Nur so wissen wir jederzeit, wer wir sind, d.h. durch welche Merkmale unser Körper charakterisiert ist, auch wenn wir diesen gerade nicht fühlen (z. B. bei örtlicher Betäubung). Und nur durch Objektkonstanz kann das Gehirn unseren Körper als ein kontinuierlich in Raum und Zeit existierendes Objekt identifizieren.

Ist die Außenwelt nach Kategorien geordnet, versucht das Gehirn logische und kausale Beziehungen zwischen Objekten zu erkennen und zu verstehen. „Vorläufer kausaler Kategorien sind Konditionierungen, die ohne Bewusstsein bereits von einfachen Organismen gelernt werden können" (Mainzer 1997, S. 58). Ein Verständnis der (Außen-) Welt entsteht dann, wenn das Gehirn die Prämissen und die daraus folgenden Konklusionen bzw. Ursachen und Wirkungen auseinander halten und (durch geistige Manipulation bzw. Simulation) erkannte Gesetzmäßigkeiten auch auf neue Situationen übertragen kann. Diese Fähigkeit basiert auf phylogenetisch verankerten Hypothesen über die Welt (Bild 12, S. 106). Durch Abgleich aktueller Wahrnehmungs- und Erinnerungsbilder mit diesen und zusätzlich ontogenetisch ergänzten Hypothesen, konstruiert das Gehirn dann ein in sich geschlossenes Bild der Außenwelt. Dabei müssen drei Arten von Ereignissen unterscheidbar sein:

- ***Notwendige Ereignisse***, die streng determiniert, berechenbar und deshalb vorhersehbar sind
- ***Zufällige Ereignisse***, die nicht vorhersagbar sind, weil die (unterstellten) Gesetze, unbekannt sind, nicht verstanden werden,

unbekannte Einflüsse (verborgene Variable) wirken, oder komplexe, nicht lineare Abhängigkeiten existieren
- ***Wahrscheinliche Ereignisse,*** die zumindest mit einer gewissen Wahrscheinlichkeit vorausgesagt werden können.

Anhand dieser Kriterien kann das Gehirn beispielsweise unbelebte Objekte von Lebewesen mit spezifischen Verhaltensmerkmalen unterscheiden. Und, wie wir später noch ausführen und begründen werden, auch die Gründe für das eigene Verhalten erschließen. Roth sagt: „Das Gehirn lernt auf sehr komplizierte Weise beim Kleinkind, beim Kind, beim Jugendlichen und später beim Erwachsenen auf ganz systematische Weise und völlig unbewusst, diese Elementarereignisse zu gesetzmäßigem Geschehen zusammenzusetzen“ (Roth in BR2 Radiowissen 2/2005 - Wie kommt die Welt in den Kopf). „Häufige Interaktionen mit der Umwelt produzieren ein System von Repräsentationen der Umwelt innerhalb des Netzes, das dann den internen Prozessen eine Ordnung gibt, die der, die in der Außenwelt herrscht, entspricht“ (Hans Flohr in Roth/Prinz 1996, S. 439). Dabei *können Koinzidenzendetektoren Regularitäten entdecken* und so Repräsentationen der Welt homolog simulieren (vgl. Kapitel 1.4).

Bei der Wahrnehmung der Außenwelt, also den ***Sinneswahrnehmungen,*** kann man zwischen allgemeinen Wahrnehmungen und spezifischen Wahrnehmungen, d.h. zwischen Global- und Spezialzuständen unterscheiden.

- ***Allgemeine Wahrnehmungen*** beziehen sich nicht auf spezifische Objekte sondern haben eine generelle Natur. Es handelt sich dabei um Wahrnehmungen der Art >es ist hell oder dunkel<, wir sehen >scharf oder unscharf<, es ist >leise oder laut<, es ist >schön oder hässlich< und so weiter.
- ***Spezifische Wahrnehmungen*** beziehen sich demgegenüber auf konkrete Objekte, Melodien, Gerüche und so weiter. Sie sind zeitlich und örtlich irgendwelchen Gegenständen oder Ereignissen zuordenbar.

Hier wird deutlich, dass die Vorstellung, man könne psychische Phänomene durch das Fehlen räumlicher Dimensionen dingfest machen, wie sie von Descartes und Brentano vertreten wurde, wenig zielführend ist. Für Brentano wird das Psychische daher erst durch die Intentionalität vom Physischen abgegrenzt, da sich *intentionales Bewusstsein* immer auf etwas bezieht. Wie bereits in Kapitel 1.3 gilt dies aber auch für jedes physikalische Phänomen, das ein Objekt oder einen Sachverhalt oder etwas Abstraktes repräsentiert, vorausgesetzt eine Dritte Person oder ein physikalisches System kennt den Zusammenhang und kann daraus Schlussfolgerungen ableiten. Für die analytische Philosophie kann daher Intentionalität nur als Propositionalität verstanden werden, d.h. als eine Relation, die die Einstellung einer Person zu Sachverhalten zum Ausdruck bringt, etwa in der Form *S(hofft, glaubt, wünscht ..) dass p*. Anhand von Bild 16 (S. 121) haben wir jedoch gezeigt, dass auch Propositionalität keine Besonderheit von Personen zu sein braucht. Kapitel 4.6 wird uns darüber hinaus zeigen, dass sich unter bestimmten Voraussetzungen auch künstlichen Systemen Propositionalität zuschreiben lässt, wenn diese mit Hilfe von Kommunikationsprotokollen wie KQML, die auf der Sprechakttheorie basieren, Informationen austauschen.

Allen Wahrnehmungsarten gemeinsam ist, dass die ***Objekte der Außenwelt lediglich registriert und darauf hin analysiert werden, ob sie von Bedeutung für das Ich sein könnten***. Um dies beurteilen zu können, muss das Gehirn versuchen, die Außenwelt zu verstehen und ihr Verhalten vorherzusehen, also berechenbar zu machen. Joachim Bauer schreibt: „Aus der Sicht des Gehirns erhalten unbelebte und belebte Objekte der äußeren Welt ihre Bedeutung durch die Handlungs- und Interaktionsmöglichkeiten, die sich durch sie eröffnen. Die Vorstellungen von diesen Möglichkeiten, die ein Objekt in unserem Gehirn wachruft, basieren auf den Handlungs- und Interaktionserfahrungen, die das Individuum bisher mit ihm gemacht hat. .. Das Gehirn kartiert also die Welt als eine Sammlung von Handlungs- und Interaktionsoptionen. Die Welt ist, was wir mit ihr machen und wie wir mit ihr interagieren können" (Bauer 2005, S. 165).

Wie bereits in Kapitel 3.6 ausgeführt, bedürfen deshalb auch künstliche Systeme eines Körpers, der die Welt mit verschiedenen Sinnen gleichzeitig wahrnimmt, damit sie eigenständig „Vorstellungen" von einer Welt mit manipulierbaren Objekten überhaupt entwickeln können. Solche Systeme können dann anhand konkreter Erfahrungen Weltmodelle kreieren und ihre Aktionsmöglichkeiten in dieser Welt und ihre Betroffenheit von den Ereignissen in dieser Welt ableiten, und damit auch ein Wissen um die Bedeutung, die diese Ereignisse für ihren Körper haben. Ansätze für diesen Gedanken finden wir bereits bei Steinbuch (Steinbuch, S. 196 Bild 97). Werden diese Erfahrungen als aktives und explizites Wissen von der Welt einer Informationsverarbeitung zugänglich gemacht, können sie also im Geiste verbal oder nonverbal manipuliert und für ein geistiges „Probehandeln" genutzt werden, können wir von bewusstem Denken sprechen und zwar unabhängig davon, ob das denkende Subjekt ein Mensch, ein Tier oder ein künstliches Artefakt ist.

Als nächstes betrachten wir jetzt die ***im Gehirn repräsentierte Innenwelt***. Bewusst erlebt wird diese rational durch aktive Selbstbeobachtung (was tut der Körper in diesem Moment), oder aber durch Gefühle, das sind bewusste Empfindungen, die von sich aus die Aufmerksamkeit des Gehirns auf sich ziehen. Sie liefern dem Gehirn Informationen über die jeweils aktuelle ***Stellung*** und ***Befindlichkeit*** des Körpers und seiner Organe und Gliedmaßen. Betrachten wir zunächst die menschlichen ***Gefühle***, als wichtigen Aspekt der Eigenwahrnehmung des Körpers durch das Gehirn.

Unser Allgemeinempfinden bezieht sich auf das, was Antonio R. Damasio als ***Hintergrundempfindung*** bezeichnet. Sie kennzeichnet die aktuelle Körperlandschaft, also das ***Körperbild***. Dieses bleibt als fixer Bezugspunkt für alle Körpergefühle und Wahrnehmungen stets erhalten und ist das Zentrum der Selbsterfahrung, das ***Wissen des Gehirns über unseren Körper***. Es geht erst verloren, wenn wir in Bewusstlosigkeit verfallen. Vor diesem Hintergrund unterscheiden wir zwischen

- einem ***allgemeinen Körpergefühl*** im Sinne eines Allgemeinbefindens (Hunger, Durst, Müdigkeit)
- ***spezifischen (primären) Gefühlen***, die einem konkreten Ort unseres Körpers (der Innenwelt) zugeordnet werden können (Schmerzen, Temperatur, Druck, taktile Empfindungen)
- und ***sekundären Gefühlen***, die der ***gefühlsmäßigen Bewertung von Sinneswahrnehmungen*** (der Außenwelt) (Gefühl der Angst, Freude u.ä.) dienen.

Unbewusste Emotionen können automatische Körperreaktionen auslösen. Werden sie als ***spezifische Gefühle bewusst erlebt***, veranlassen sie das Gehirn etwas zu unternehmen, um angenehme Gefühle zu verstärken und unangenehme Gefühle, insbesondere Schmerzen zu vermeiden. Sie sind somit ***Orientierungsleitlinien für Verhalten***. Als ***primäre Gefühle*** informieren sie über den Zustand einzelner Körperregionen, als ***sekundäre Gefühle*** über drohende Gefahren (Angst) oder zu erwartende Ereignisse mit positiven Erfahrungen (Freude). ***Gefühle verleihen jedem Körperzustand eine Bedeutung***. Die Bewertungskriterien resultieren aus dem Zusammenspiel von inneren Körperzuständen und äußeren Gegebenheiten, die von unbewussten Instanzen nach zu erwartenden Lust- und Unlustgefühlen taxiert werden.

Interessant sind aus Sicht des Gehirns die Wechselbeziehungen zwischen dem Ich, d.h. meinem Körper und den Objekten der Umwelt. Diese Beziehungen unterscheiden sich grundsätzlich von denen, die zwischen den Objekten der Außenwelt bestehen (Bild 27, S. 223).

- Die Einwirkung der Objekte der Umwelt auf meinen Körper wird gespürt. Das Ich ist deshalb unmittelbar von ihnen betroffen. So erlangen sie für mich eine jeweils spezifische Bedeutung.
- Umgekehrt können die von meinem Gehirn erlebten Wünsche und Absichten zwar meinen Körper bewegen, nicht aber die sonstigen Objekte der Welt. Dass Menschen rein durch den Geist materielle Objekte der Außenwelt beeinflussen können, die sog. Psychokinese oder auch Bewusstseins-Materie-Interaktion ist und bleibt ein Wunschbild.

Für den erwachsenen Menschen sind dies alles Selbstverständlichkeiten. Tatsächlich sind sie dies aber nicht. Dass das Gehirn diese Spezifika des eigenen Körpers und seiner Wechselbeziehungen zu seiner Umwelt erst erlernen, also aus konkreten Erfahrungen erschließen muss, hat die Wissenschaft schon seit längerem erkannt. Wolf Singer schreibt z. B.: „Am Anfang trennen die Kleinen nicht zwischen sich und draußen. Für sie ist der Wille der Mutter ihr eigenes Anliegen. Sie empfinden sich nicht als Individuum und schon gar nicht als eines, das frei entscheiden kann. ... Weil sich in dieser Zeit noch kein episodisches Gedächtnis entwickelt hat, erinnern wir uns nicht mehr, wie wir zu der Annahme gekommen sind, wir seien frei" (Singer in: Spiegel spezial 4/2003, S. 23). An anderer Stelle schreibt er: „Erst durch diesen Dialog zwischen Gehirnen, bei dem jedes dem anderen seine Sicht der Welt vermittelt, erfährt der Organismus, dass er Individualität besitzt, ein mit Absichten ausgestattetes Wesen ist, jemand der zu subjektiven Empfindungen fähig ist, entscheiden kann, Bewusstsein hat." (Singer 1997, S. 69). Gerhard Roth sagte in einer Fernsehsendung, dass der Säugling in der frühen Kindheit lernt, dass es um den Körper etwas gibt, das nicht Körper ist, und er muss auf sehr komplizierte, zum Teil schmerzhafte Weise herauskriegen, wo die Grenze liegt zwischen Körper und Nicht-Körper. Das ist zum Teil nicht angeboren, das muss erlernt werden. Umgekehrt kann auch ein Teil der Umwelt letztlich zum Körper werden. Wenn ein Blinder mit einem Blindenstock hinreichend gut sich in der Welt zurecht finden kann, wird der Blindenstock nachweislich zum Teil des Körpers. A.a.O. präzisiert er, dass der Körper erlebnismäßig vor allem das ist, was ich willentlich bewegen kann, worüber ich Kontrolle habe; alles andere gehört zur Welt (Roth

2003). „Die Geschehnisse der Außenwelt sind anders im Gehirn repräsentiert als die des Körpers, und zwar in den visuellen, auditorischen, gustatorischen u.a. Zentren. Gleichzeitig unterliegen sie nicht motorischen »Kommandos« und senden auch keine entsprechenden sensorischen Meldungen zurück, wie dies für Körperteile typisch ist. Entsprechend wurde von Philosophen und Sinnesphysiologen ... dasjenige als »Außenwelt« definiert, was *nicht* meinen »Willensimpulsen« unterliegt und was mir »Widerstand« entgegensetzt" (Roth 1997, S. 318). „»Das Ich gegen die Welt« - diese Unterscheidung zwischen allem innerhalb einer geschlossenen Grenze und allem in der äußeren Welt ist das Herzstück aller biologischen Prozesse" (Dennett 1994, S. 231).

„Die erlebnismäßige Unterscheidung in Körper und Welt ist zumindest beim Menschen nicht genetisch fixiert, sondern muss erlernt werden, auch wenn es sich dabei um ein *genetisch erleichtertes* Lernen handelt. Das Lernen beginnt spätestens nach der Geburt, wenn der Säugling anfängt, die Welt zu *begreifen*. Wenn er zum Beispiel einerseits sich selbst und andererseits Objekte der Umwelt anfasst, *erlernt* sein Gehirn den fundamentalen Unterschied zwischen Körper und Welt. Im ersteren Fall erhält er eine doppelte sensorische Rückmeldung von den beiden sich berührenden Körperteilen, im zweiten Fall nur eine. Jeder dieser beiden Bereiche, Körper und Umwelt, wird nun weiter ausdifferenziert, und zwar innerhalb der Vorgaben der anatomischen und funktionalen Grundorganisation des Gehirns, die sich schon vor der Geburt in selbstorganisierend-epigenischer Weise ausgebildet haben. Dies betrifft etwa die Organisation des Körpers hinsichtlich seiner Position im Raum, der Stellung der Gelenke, des Anspannungsgrades seiner Muskeln und Sehnen. Diese Informationen werden in die dafür genetisch prädestinierten corticalen und subcorticalen Zentren »hineingelernt«" (Roth 1997, S. 318/319). „Diese Überprüfung der internen Repräsentation des Körpers und der Außenwelt durch *Aktionen* dient dem Gehirn während der Individualentwicklung (und auch später) dazu, *verlässliche Vermutungen* über die Verbindungen zwischen Außenwelt, Sinnesorganen und den Sinneszentren im Gehirn herzustellen" (Roth 1997, S. 319). Diese Klarstellung von Seiten der Hirnforschung zeigt, wie problematisch Unterstellungen wie die von Christopher Peacocke sind, dass es sich bei der auf Bewusstsein gegründeten Selbstzuschreibung nicht um eine Schlussfolgerung handele, auch nicht um eine, die man aus Prämissen über die eigenen mentalen Zustände zieht (Peacocke 1998, S. 526). Anders sieht die allerdings Owen Flanagan: „Das Selbst wird gemacht, nicht geboren" (Flanagan S. 518 in Metzinger 2005). Meinungen gibt es offensichtlich unterschiedliche. In solchen Fällen empfiehlt es sich allerdings, sich an wissenschaftlichen Erkenntnissen zu orientieren.

Wie das Gehirn Gesetzmäßigkeiten erkennt, die sich auf die Objekte der Außenwelt und deren Interaktion beziehen, – dies betrifft im Wesentlichen die Gesetze der Physik –, wurde bereits dargelegt. Eine ganz andere Frage ist die, wie wir das Verhalten anderer Lebewesen, insbesondere das anderer Menschen einschätzen können.

Hirnforscher haben festgestellt, dass *bewusste Handlungen eine Vorstellung der entsprechenden Handlung voraussetzen*. Dabei werden am Beginn von Handlungen stets sog. ***Handlungsneurone*** im prämotorischen Cortex aktiv. Man nennt sie auch ***Spiegel-Neuronen***. Ihnen sind jeweils spezifische Bewegungsabläufe zugeordnet. Sie werden aber auch aktiv, wenn wir uns eine Handlung nur vorstellen oder sie bei anderen Menschen beobachten. Auch Handlungen die wir bei anderen Menschen beobachten, werden in unseren Bestand handlungssteuernder Neuronen aufgenommen, vor allem wenn sie neuartig und überraschend sind und uns emotional ansprechen. Sie können dann bei geeignetem Anlass aktiviert werden. Spiegelneuronen stehen aber nicht nur am Beginn unserer eigenen Handlungen, sondern sie helfen uns auch die Absichten anderer Menschen abzuschätzen. Schon aus Bewegungsansätzen anderer Menschen können wir dann intuitiv richtige Schlüsse ziehen. Es handelt sich dabei um implizite Gewissheiten und Vorahnungen. Wir können so aus der Beobachtung fremden Erlebens ein eigenes Miterleben machen, wobei wir fremdes Verhalten in unserem Gehirn simulieren samt den damit verknüpften Gefühlen. Spiegelneuronen werden sogar dann aktiviert, wenn von einer Handlung nur gesprochen wird. Wenn wir bei anderen Menschen eine Handlung beobachten, werden in unserem eigenen Gehirn die Neuronen aktiviert, die für die entsprechende Handlung bei uns selbst zuständig sind. Beobachtungen lösen also im Gehirn eine innere Simulation aus. Wir verstehen dann intuitiv und implizit, was wir beobachten, ohne dass wir es rational begründen können. Wir können dann sogar die Gefühle anderer Menschen aus deren Mimik, Gestik, Blick und Verhalten ableiten. Das führt zu einem impliziten Wissen darüber, was andere Menschen fühlen und von welchen Motiven sie geleitet werden.

Das intuitive Wissen um die Gefühle anderer Menschen ist vor allem dann wichtig, wenn Gefahr droht, die es richtig einzuschätzen gilt. Interessanterweise feuern die Mirror Neuronen aber nicht nur dann, wenn wir die Handlungen fremder Personen beobachten, sondern auch dann, wenn wir selbst eine Aktion ausführen und dabei unsere eigenen Aktionen beobachten. Daraus leitet sich die ***Kernfrage des freien Willens*** ab: werden unsere Intentionen von uns mit Absicht und eigenständig, frei und willentlich erzeugt, oder werden diese Intentionen lediglich daraus erschlossen, dass wir unsere Handlungen beobachten? Könnte es also sein, dass wir nicht nur bei anderen Menschen, sondern auch bei uns selbst, aus der Beobachtung ausgeführter Handlungen auf dahinter stehende Absichten (im Sinne vorgeschalteter Reize) schließen und diese dann einfach unterstellen und als frei erleben? Wir kommen später auf diese Frage zurück.

Auf Basis der vorangegangenen Ausführungen können wir jetzt Stellung beziehen zu charakteristischen philosophischen Aussagen und Fragestellungen.

Eine wesentliche Aussage lautet z. B.: *Bewusstseinszustände sind privilegiert* - nur eine Person hat Zugang zu ihren eigenen bewussten Zuständen (Pauen 2001, S. 23). Es wird hier von der ***Perspektive der Ersten Person*** gesprochen, vom *reflexiven Zugang des Ich zu sich selbst und zu seinen geistigen Zuständen (Denken, Glauben, Wünschen usw.)*. Dieses Wissen ist weder induktiv noch deduktiv erschlossen oder abgeleitet, sondern ist Basis jeglichen Wissens. Mit Bezug auf Bild 26 (S. 222) bedeutet dies, dass natürlich nur das Gehirn selbst einen Zugriff hat auf die in ihm repräsentierte Innen- und Außenwelt. Und diese Aussage können wir noch dahingehend präzisieren, dass das Bewusstsein nur Zugriff hat auf Inhalte, die *explizit verfügbar* gemacht werden können. Eine explizite Repräsentation eines Reizmerkmals ist nach Christof Koch ein Satz von Neuronen, die dieses Merkmal ohne viel weitere Verarbeitung erkennen.

Ansonsten sollten folgende Aspekte deutlich auseinander gehalten werden.

– Unsere Umwelt ist im Prinzip von allen Menschen auf gleiche Weise erfahrbar, da sie über dieselben Sinnesorgane verfügen. Die Frage ist aber, ob sie die Umwelt auch in derselben Weise erleben. Hier stoßen wir auf das Problem der ***inverted Qualia***. Dabei wird gefragt, ob verschiedene Menschen dasselbe physikalische Phänomen subjektiv gleichartig oder unterschiedlich erleben. Wäre es also denkbar, dass andere Menschen zwar genauso wie wir die Farbe rot erkennen, sie aber beispielsweise so erleben, wie wir die Komplementärfarbe grün? Wenn wir diesen Gedanken weiter treiben, stoßen wir auf die Frage, wie beispielsweise ein Hund Farben sieht oder Gerüche wahrnimmt, oder wie eine Fledermaus ihre von der Umwelt reflektierten

Schreie, oder wie ein Delphin das Schwimmgefühl erlebt und so weiter? Ganz allgemein lautet die Frage dann: „Wie ist es für ein x ein x zu sein?" Und natürlich könnte auch ein Roboter ein x sein! Unsere These lautet, dass das subjektive Erleben durch die Gehirnstrukturen bestimmt wird, die es (wie auch immer) hervorbringen. Und genetisch bedingt, sind diese Strukturen bei allen Menschen gleichartig, woraus sich die Hypothese ableitet, dass sie Qualia auch in derselben Weise erleben und künstliche Systeme mit anderen internen Repräsentationsmechnismen sie entsprechend ganz anders erleben würden.

– Der zweite Aspekt der Ersten Person Perspektive ist, dass alle Qualia, die sich auf Zustände des eigenen Körpers beziehen, von anderen Menschen gar nicht wahrgenommen werden können. Es handelt sich dabei um das Fühlen und Erleben des eigenen Körpers, um Stellung, Anspannung und Bewegung unserer Gliedmaßen. Auch das Fühlen von Schmerzen, Hitze und Kälte, Hunger und Durst, Wachheit und Müdigkeit u.ä. Grundsätzlich kann unser Körper nicht von anderen Menschen gefühlt werden. Sie können allenfalls anhand von Indizien (Mimik, Gestik, Verhalten u.ä.) ein Mitgefühl für uns empfinden, sich in unsere Lage versetzen, sich in uns einfühlen usw. Dies gilt auch für unsere Gedanken, Hoffnungen, Befürchtungen u.ä. Die Erkenntnisse über die Funktion der Spiegelneurone (s.o.) zeigen jedoch, dass die Unterstellung, dass mein Schmerz nur mir zugänglich ist, nicht aber anderen Menschen, nur bedingt richtig ist. Auch andere Menschen können meine Gefühle zuweilen zumindest recht gut nachempfinden. Wir neigen sogar dazu, sie zu übernehmen. Es gibt nämlich Nervenzellen in unserem Gehirn die sowohl bei eigenen Schmerzen als auch bei der Beobachtung fremder Schmerzen aktiviert sind (Singer, T. et al. 2004). Dies veranlasst dann die bekannten Empathiereaktionen und führt sogar zu *emotionaler Ansteckung und Resonanz*. Sowohl optimistische als auch gedrückte Stimmungen färben dann auf unser eigenes Befinden ab. Wissenschaftliche Experimente haben auch gezeigt, dass wenn wir sehen, wie andere Lebewesen oder sogar beliebige Objekte gestoßen werden, diese rein visuelle Wahrnehmung in uns diejenigen Gehirnregionen aktiviert, die auch dann aktiv sind, wenn wir selbst gestoßen werden, also den Stoß unmittelbar spüren. Es gibt Gehirnregionen, die „Stoßgefühle" repräsentieren, und zwar unabhängig davon, ob wir selbst gestoßen werden, oder einen Stoß lediglich beobachten. Das Qualia-Erlebnis „wie es ist“, gestoßen zu werden, wird im Gehirn unabhängig davon repräsentiert, ob wir selbst oder irgendjemand oder irgendetwas anderes gestoßen wird. Die ***Perspektive der ersten und die der dritten Person nutzen also gleiche Gehirnbereiche zur Repräsentation spezifischer Erlebniskategorien*** (Keysers et al., S. 342). Unabhängig davon wissen wir aber, ob wir selbst es sind, die gestoßen werden, oder ob dies andere Personen oder Objekte betrifft. Die Fähigkeit zur Repräsentation von Körperempfindungen im Gehirn reicht allein daher noch nicht aus für ein Selbstbewusstsein, also das Wissen, dass es meine Empfindungen sind. Dazu bedarf es einer zusätzlichen Instanz, die die Unterscheidung ermöglicht. Und diese Fähigkeit der Zuordnung zum Ich oder zum Rest der Welt muss vom Kleinkind erst erlernt werden. Wenn wir sehen, wie sich Dinge der Außenwelt berühren, ist dies nicht ein rein visuellkognitives Wahrnehmen, vielmehr wird die visuelle Wahrnehmung intern transformiert in die interne Repräsentation einer Berührung.

– Hier ist auch noch zu beachten, dass die Grenze zwischen dem, was meiner Wahrnehmung und der Wahrnehmung anderer Menschen zugänglich ist, nicht an der Hautoberfläche meines Körpers verlaufen muss. Einem von Geburt an blinden Menschen kann ich ebenso wenig verstehbar und begreiflich machen, was Farben sind, wie ich einen anderen Menschen meine Gefühle fühlen lassen kann. Auch einem Gehörlosen kann man nicht den Unterschied zwischen laut und leise oder zwischen Dur und Moll erklären. Seh- und Hörerlebnisse sind Qualia wie Gefühle. Meine Seh- oder Höreindrücke können also gegenüber einem Blinden oder Gehörlosen ebenfalls privilegiert, also nur mir zugänglich sein. Wenn umgekehrt Schmerzsignale aus meinem Körper in ein fremdes Gehirn an der „richtigen“ Stelle eingespeist würden, würde dieses meine Schmerzen mit mir teilen. Teilaspekte meines Wissens über mich (genauer: über die aktuelle Verfassung meines Körpers), könnten dann andere Menschen unmittelbar mit mir teilen, ebenso wie wenn sie dieselbe Blume betrachten oder dasselbe Musikstück hören würden wie ich.

Bis zum Alter von drei Jahren glauben Kinder, dass andere Menschen stets dasselbe wissen, wie sie selbst. Erst ab vier Jahren wird ihnen einsichtig, dass andere Menschen bestimmte Dinge nicht wissen können, z. B. weil sie sie nicht sehen. Es wird ihnen dann klar, dass andere Menschen weniger, mehr oder anderes wissen, als sie selbst. Diese

Einsicht eröffnet dann die Option zur Lüge und zur Täuschung anderer Menschen. Jetzt wissen Kinder auch, dass andere die eigenen Gefühle und Absichten nicht kennen, dass man aber versuchen kann, Gefühle und Absichten anderer Leute zu erraten, indem man sich in ihre Lage versetzt und versucht, eine Situationen aus ihrer Sicht zu betrachten. So können wir dann auch entscheiden, ob wir anderen Menschen Glauben schenken. Der Fähigkeit, sich in die Situation anderer Individuen zu versetzen begegnen wir auch schon bei bestimmten Affen. Sie können bei anderen Affen unterscheiden zwischen denjenigen, die wissen, wo eine Nahrung versteckt ist und solchen, die dies nicht wissen können, weil sie nicht anwesend waren, als die Nahrung versteckt wurde. Sie können anderen Individuen dann mentale Zustände zuschreiben und insbesondere bei ihnen Absichten unterstellen und diese bei der Verfolgung eigener Absichten mit in ihr Kalkül einbeziehen.

Selbstwahrnehmungen basieren auf der Annahme, dass das Ich eine vollständige Transparenz über seine kognitiven Zustände besitzt, dass es also weiß, dass es etwas denkt, glaubt, befürchtet, hofft, wünscht, will und so weiter, oder anders gesagt, welche *propositionalen Einstellungen* es hat, bzw. welcher *Erlebnistyp* und welcher *propositionalen Gehalt* aktuell vorliegen. Demgegenüber sind uns die Objekte der Außenwelt nicht unmittelbar zugänglich, so wie unsere eigenen kognitiven Zustände. Diese These der Philosophie ist insofern problematisch, als wir genau genommen grundsätzlich nur ein Wissen über *die Repräsentationen* der Welt in unserem Gehirn haben, und diese umfassen gleichermaßen die Repräsentation der Innenwelt, also unseres Körpers, wie auch die der uns umgebenden Außenwelt. *Diese Repräsentationen sind es dann, die wir als gesichertes Wissen erleben. Und dies schließt die gefühlsmäßige Bewertung, d.h. das Hoffen, Wünschen, Befürchten, Glauben usw. mit ein, weil diese Erlebnistypen Bestandteil der Repräsentation sind, die es uns ermöglicht, zwischen Wahrnehmungen und Vorstellungen zu unterscheiden.* Dem Erleben unzugänglich ist aber nicht nur die Außenwelt, sondern genauso unser Körper, oder allgemeiner gesagt alles, woraus die gehirninternen Repräsentationen erst abgeleitet werden, also *das Repräsentierte*. Bezogen auf unseren Körper ist unser Wissen also so unsicher wie unser Wissen über unsere Umwelt, was auch deshalb plausibel ist, weil unser Umweltwissen ja nur aus den Zuständen unserer Sinnesorgane, die Teil unseres Körpers sind, erschlossen wird.

Daraus leitet sich die philosophische Frage ab, welcher Hilfsmittel wir zum Erkenntnisgewinn bedürfen und ob wir selbst überhaupt Gegenstand unserer Erkenntnis sein können. Von Kleinkindern wissen wir, dass sie von Beginn an sowohl Qualia-Erlebnisse von ihrem eigenen Körper als auch von der Umwelt haben. Was sie aber erst lernen müssen, ist die Integration von Einzelwahrnehmungen zu Objekten, die Unterscheidung des eigenen Körpers von den übrigen Objekten der Welt und die Zuordnung von Qualia-Erlebnissen zum eigenen Körper und zur Umwelt, insbesondere wenn der eigene Körper mittels der Sinnesorgane ebenfalls wahrgenommen werden kann. Kognitive Zustände wie Hoffen oder Befürchten sind also keine Voraussetzung für das Erleben von Qualia. Qualia sind aber eine notwendige Voraussetzung für jegliches explizite Wissen, da sich alles Wissen nur auf Wahrnehmbares beziehen kann. Sobald wir zwischen unserem Körper und dem Rest der Welt unterscheiden können, können wir Wissen und Erkenntnisse über die Welt gewinnen. Um in der Welt auftretende Gesetzmäßigkeiten zu erfassen und den Bezug zwischen den Objekten der Welt und deren Merkmalen zu erkennen, bedarf es keiner sprachlichen Hilfsmittel. Wohl bedarf es aber der Fähigkeit, Vorstellungen von nicht aktuell Wahrnehmbarem auszubilden, d.h. von verborgenen Objektmerkmalen, ganzen nicht wahrgenommenen Objekten und möglichen Konsequenzen aus aktuellen Wahrnehmungen. Diese Fähigkeit ist ihrerseits wieder eine Voraussetzung dafür, die Bedeutung einer Wahrnehmung, d.h. deren mögliche Konsequenzen abschätzen zu können. Erst auf dieser Stufe kann zwischen Wissen und Glauben unterschieden werden. Was wir aktuell wahrnehmen, halten wir immer für wahr (selbst wenn wir dabei einer Sinnestäuschung unterliegen). Dies gilt jedoch nicht mehr für unsere Vorstellungen und Erwartungen. Diese sind stets mehr oder weniger unsicher. Werden in einer letzten Stufe schließlich Wahrnehmungen mit Gefühlen verknüpft, werden diese Gefühle als Merkmale, bzw. als *somatische Marker* (Damasio) wahrgenommener Objekte und Szenarien erlebt. Erst die Fähigkeit, sich Objekte und Szenarien im Geiste vorzustellen und sie auch gefühlsmäßig als angenehm oder unangenehm zu bewerten (vgl. Bild 15, S. 120), ermöglicht dann kognitive Zustände wie Wünschen, Hoffen, Befürchten usw. (vgl. Bild 16, S. 121). Das Wissen über eigene kognitive Zustände kann daher nicht einem Wissen über die äußere Welt vorausgehen (Sicht des Internalismus), sondern es muss umgekehrt ein Wissen über die Welt jeglichen kognitiven Zuständen vorausgehen (Sicht des Externalismus). Kognitive Zustände spiegeln dann ihrerseits die Bedeutung wider, die wir mit unseren Wahrnehmungen verknüpfen, d.h. die Abschätzung welche angenehmen oder unangenehmen Konsequenzen sie möglicherweise für das Befinden des eigenen Körpers haben (Bild 27, S. 223). Daraus lässt sich dann wiederum zielgerichtetes Verhalten (Angenehmes anstreben, Unangenehmes vermeiden) ableiten. Einer Sprache bedarf es nur, um abstrakte Klassen von Objekten und Ereignissen im Geiste manipulieren zu können, also für abstraktes Denken - man denke an Mathematik und Logik - (dies schließt nicht aus, dass auch über Konkretes in Worten nachgedacht wird) und zur Kommunikation mit anderen Individuen.

Diese Aussagen lassen sich verdeutlichen, wenn wir etwa autonome fußballspielende Roboter betrachten (vgl. Zimmermann 2007). Sie haben ein Wissen von ihrem Standort auf dem Spielfeld, dem der anderen Spieler, des Balles und der Tore usw. Dennoch haben sie weder Wünsche, noch Hoffnungen, noch Befürchtungen und verfügen auch nicht über einen Objektbegriff. Deshalb können sie auch kein Selbstbewusstsein haben, d.h. kein explizites Wissen darüber, dass sie ein bestimmtes Objekt sind, das sich von allen anderen Objekten unterscheidet, z. B. dadurch, dass ein Wissen über Zustände des eigenen Körpers nur ihnen zugänglich ist, nicht aber anderen Objekten, dass die Mechanik ihres Körpers nur durch ihre eigenen kognitiven Zustände beeinflussbar ist u.ä. Und sie benötigen zur Verhaltenssteuerung auch keine verbalen Begriffe sondern nur simple ‚wenn - dann Beziehungen' zwischen verschiedenen (Arten von) Repräsentationen (Bild 11, S. 102). Wie hier ausgeführt, bedarf es zur Verankerung und Manipulation von Wissen zwar irgendeiner Form von Repräsentation, diese muss aber nicht notwendigerweise von sprachlicher oder symbolischer Art sein. Auf welche Art von Codierung dabei zurückgegriffen wird, ist letztlich irrelevant.

4.4 Erschließung des eigenen Körperbildes

Neben dem ***phänomenalen*** oder auch ***perzeptiven Bewusstsein***, das sich auf das ***Erleben von Sinneswahrnehmungen*** der äußeren Welt ***in Form von Qualia*** bezieht, spricht die Philosophie noch vom ***reflexiven oder introspektiven Bewusstsein***. Es ist nach innen gerichtet und zeigt sich in der Fähigkeit, sich zum ***Beobachter seiner Selbst*** zu machen und über den eigenen mentalen Zustand nachzudenken. Die Wahrnehmung innerer Zustände kann dann in die eigenen Überlegungen einbezogen werden und zum *Auslöser von Handlungen* werden. Die Außenwelt bekommt so einen Bezug zum Ich, sie erlangt eine ***Bedeutung***. Das ***Selbst-Bewusstsein*** schließlich bezieht sich auf die Fähigkeit, Selbstwahrnehmungen nicht nur als lose nebeneinander stehende bewusste Wahrnehmungen zu erleben, sondern sie *auf eine Einheit zu be-*

ziehen und sich als Individuum zu begreifen, das sich von anderen Individuen unterscheidet. Dazu gehört die Fähigkeit, ein Selbstmodell von sich zu entwickeln, d.h. sich als ein spezifisches, beständiges Objekt mit charakteristischen Merkmalen, Fähigkeiten und (mentalen) Zuständen zu begreifen.

Die Möglichkeit der Wahrnehmung innerer Körperzustände verschafft uns ein ***Wissen über diese Zustände***. Dazu gehört auch das Wissen über den jeweils aktuellen Zustand unseres Körpers. „Dieses Gleichgewichtssystem signalisiert die Lage unseres Körpers im Raum und die Veränderungen dieser Lage durch aktive und passive Bewegungen. Eng damit verbunden sind die Sinnesorgane für unsere Körperempfindungen, die in der Haut, in den Muskeln, Gelenken und Sehnen sitzen und unser Gehirn über Wärme und Kälte, Berührung, Druck, Gelenkstellung, Streckung und Beugung des Bewegungsapparates unterrichten. Sie bilden die Grundlage für das *somatosensorische System*" (Roth 2003, S. 26). Dretske schreibt: „Dieses direkte Wissen des Geistes von sich selbst will ich introspektives Wissen nennen. Introspektion ist der Vorgang durch den wir zu solchem Wissen gelangen" (Dretske 1998a, S. 49). Auch hier gilt wieder, dass der Geist nichts von sich selbst weiß, sondern nur etwas vom Körper in seiner aktuellen oder einer früheren oder möglichen zukünftigen (vorgestellten) Situation. Ansgar Beckermann drückt dies so aus: „Als erstes müssen wir uns von der Vorstellung verabschieden, das eigentliche Selbst jedes Menschen sei eine eigene nichtkörperliche Substanz. Solche Selbste sind philosophische Erfindungen, im normalen Alltagsverständnis der Welt kommen sie nicht vor ... Was es gibt, sind Personen, nicht ominöse Selbste oder Iche" (Beckermann 2004, S. 21). Auch für Roths Aussage: „Bewusstsein tritt ein, wenn das Gehirn Wissen über seinen aktuellen Zustand erzeugt" (Roth 1997, S. 239) gilt, dass das Gehirn nicht in sich selbst repräsentiert ist, und sich deshalb auch nicht selbst beobachten oder erkennen und auch nichts über seinen eigenen Zustand erfahren und wissen kann. Es kann aber die in ihm repräsentierte Welt (Körper und Umwelt) erkennen. Diese Repräsentation drückt sich zwar in neuronalen Aktivitätsmustern aus, aber diese werden nicht als solche erkannt, sondern als das was sie repräsentieren. Deshalb ist auch die meist unausgesprochene Prämisse philosophischen Denkens falsch, die davon ausgeht, dass jedes wissende System zwangsweise auch ein Wissen von sich selbst haben müsse. Es geht hierbei nicht um die Frage des sog. *Antezedenz-Arguments*, ob das Wissen um die eigenen kognitiven Zustände die Basis ist für jegliches empirische Wissen von der äußeren Welt ist. Vielmehr geht es hier um die Behauptung, dass das Wissen um die eigenen kognitiven Zustände ein Wissen des Gehirns über den physikalisch-chemisch-biologischen Zustand des Körpers ist, also angibt, wie das Gehirn den Körper erlebt, aber eben nicht ein Wissen des Gehirns über seinen eigenen physikalisch-chemisch-biologischen Zustand. Während das Gehirn also auf Basis der Repräsentation des Körpers im Gehirn ein Wissen über den Körper besitzt, besitzt es über seinen eigenen Zustand kein Wissen, weil es über keine Repräsentation seiner selbst verfügt. Hier muss ganz klar herausgehoben werden, dass ***die Repräsentation des Körpers im Gehirn zwar das Gehirn in einen bestimmten Zustand versetzt, dieser Zustand aber vom Gehirn nicht als Gehirnzustand, sondern als Körperzustand erlebt wird.*** Die Tatsache, dass diesem Umstand in der Philosophie keine Beachtung geschenkt wird, führt zu einer Vielzahl von Missverständnissen.

Um diese Aussage zu verdeutlichen brauchen wir nur z. B. an geschriebene Worte zu denken. Wenn wir sie lesen, nehmen wir zwar Striche aus Tinte, Graphit oder Druckerschwärze wahr, was wir erkennen sind aber Worte, die einen bestimmten Inhalt zum Ausdruck bringen, d.h. die einen bestimmten Inhalt repräsentieren. Erinnert sei hier noch einmal an die Aussage in Kapitel 1.1, dass man streng unterscheiden muss zwischen Zeichen bzw. Symbolen und ihren Trägern, den Signalen. Die Bedeutung einer Nachricht für einen Empfänger leitet sich ab aus Zeichen und nicht aus deren physikalischen Trägern, den Signalen. Signale und damit auch neuronale Erregungen sind für sich betrachtet bedeutungslose physikalische Zustände. Betrachten wir unter diesem Aspekt die folgende Aussage von Mynarek. „Eine materielle Basis des Selbstbewusstseins leugnet ja niemand, nicht einmal der materiefeindlichste Idealist. Aber Basis für Bewusstsein ist noch nicht gleich Identität mit Bewusstsein" (Mynarek 2006, S. 129). Dem schließen wir uns an. Was aber ist Bewusstsein dann, wenn ich mehr bin als ein Haufen Neuronen, wie Francis Crick einmal formulierte? Es ist das dem Gehirn explizit zugängliche Wissen all dessen, was über meine Person im Gehirn mit materiellen Mitteln, d.h. durch aktivierte Neuronen, repräsentiert ist. „Wenn wir von menschlicher Person sprechen, dann meinen wir diese Geschichtlichkeit, Selbstidentität, Intentionalität und Einbettung in eine soziale und kulturelle Identität" (Mainzer 2007a, S. 89).

Der Scheitellappen ist die Gehirnregion in der alle Informationen über den Körper zusammenlaufen. Muskeln, Gelenke, Augen, Gleichgewichtsorgan und motorische Steuerzentren senden Signale, aus denen der Scheitellappen ein Bild des eigenen Körpers zusammensetzt. Daraus leitet sich die hier vertretene These ab, dass ***Bewusstsein nichts weiter ist, als eine spezifische Form von explizitem Wissen über unseren Körper und seine Interaktion sowie seine Interaktionsmöglichkeit mit seiner Umwelt*** (vgl. auch Bild 27, S. 223). Dieses Wissen wird in Form von Qualia erlebt. Daher wollen wir mit Antonio R. Damasio „in einer ersten Annäherung ... festhalten, dass das Gehirn grundsätzlich die Aufgabe hat, gut informiert zu sein über das, was im Körper, dem Körper im eigentlichen Sinne, vorgeht, ... und über die Umwelt, die den Organismus umgibt, so dass geeignete, dem Überleben dienliche Anpassungsprozesse zwischen Organismus und Umwelt vorgenommen werden können. Aus evolutionärer Sicht ist es anders nicht denkbar" (Damasio 1997, S. 132).

Das Objekt des Bewusstgewordenen ist unser Körper in seinem aktuellen Zustand, in seiner Umwelt und mitsamt seiner Historie. *Unser Körper ist also nicht Subjekt der Erkenntnis, sondern Objekt der Erkenntnis* oder anders ausgedrückt: *Nicht wir* haben ein Bewusstsein von uns, *sondern unser Gehirn* hat ein Wissen, oder anders ausgedrückt ein Bewusstsein über uns, genauer gesagt über unseren Körper in seiner Umwelt. Das heißt in letzter Konsequenz, dass *wir selbst nicht die Erkennenden sind, sondern die (vom Gehirn) Erkannten.* Dies eröffnet eine völlig neue Perspektive für die Erkenntnistheorie, für die Frage, was wir wissen können, was wir tun sollen, ob wir tun können, was wir wollen und ähnliche Fragen der Philosophie. ***Die Vorstellung, dass das Ich erkennendes Subjekt sein müsse, basiert auf der unausgesprochenen, aber falschen Prämisse philosophischen Denkens, dass ein wissendes System (hier das Gehirn) stets auch ein Wissen von beziehungsweise über sich selbst haben müsse.*** Introspektion verleiht so gesehen kein Wissen des Ich über seinen aktuellen Zustand, sondern eine Fokussierung des Gehirns auf bestimmte neuronale Zustände im Gehirn, die den aktuellen Körperzustand repräsentieren!

Die aktuelle Sicht der Philosophie und die daraus resultierende Verwirrung soll zunächst anhand typischer Aussagen verdeutlicht werden. Beckermann schreibt beispielsweise: „Wenn Hans spazieren geht und dabei nachdenkt, ist es nicht so, dass der Körper von Hans spazieren geht und sein Geist nachdenkt. Vielmehr ist es dieselbe Person, Hans, die sowohl spazieren geht als auch nachdenkt" (Beckermann 2004, S. 21). Buchheim behauptet analog: „Dadurch dass ich mit dem Gehirn denke, denkt aber noch nicht das Gehirn statt meiner" (Buchheim 2004, S. 161). Hier wird also die Vorstellung vertreten, dass das Ich sein Gehirn zum Denken nutzt und auch die Denkvorgänge steuern kann, so wie das Ich seine Beine zum Gehen oder seine Hände zum Greifen benutzt. Die Hirnforschung hält dagegen mit der Aussage: „Sie haben nicht Ihr Gehirn, Sie sind Ihr Gehirn" (Spitzer BRα Geist und Gehirn). An anderer Stelle schreibt Spitzer: „Die Unterscheidung von „wir" und „unser Gehirn" ... (ist) wenig hilfreich ..., denn das Gehirn macht die Person (und damit das Subjekt von Entscheidungen und Handlungen) ja gerade aus" (Spitzer 2004, S. 307). Der Lektor Helmut Mayer hält dagegen: „Es ist nicht etwa empirisch falsch, vom denkenden, fühlenden, wahrnehmenden etc. Hirn zu sprechen: Es ist ein Kategorienfehler. Dieser »mereologische Trugschluss« vom Subjekt auf einen seiner Teile, auf das Gehirn nämlich, ist grundlegend für die meisten anderen neurowissenschaftlichen Verzeichnungen" (Mayer 2004, S. 211). Hierzu ist anzumerken, dass das Gehirn natürlich nichts fühlt, aber es repräsentiert den jeweils aktuellen Körperzustand. Und diese Repräsentationen sind im Sinne von Damasio oder LeDoux zunächst unbewusste Emotionen, die das Verhalten zumindest mit beeinflussen. Erst wenn sie der expliziten Verarbeitung zugänglich, also zu explizitem Wissen werden, werden sie als Gefühle bewusst registriert, d.h. als eine spezifische Qualiamodalität erlebt. Dann können sie zur Bewertung möglicher Verhaltensalternativen mit herangezogen werden und zwar vom Gehirn, nicht vom Ich. Sie werden dabei als meine Gefühle erlebt, weil sie den Zustand meines Körpers abbilden. John Searle meint: „Es gibt nicht zwei Mengen von Ursachen: das Bewusstsein und die Neuronen. Es gibt nur eine Menge, die auf verschiedenen Ebenen beschrieben wird. Um es zu wiederholen: Bewusstsein ist einfach der Zustand, in dem sich das System von Neuronen befindet" (Searle 2004, S. 47).

Die Vorstellung Buchheims, dass ich mit dem Gehirn denke, macht keinen Sinn, solange ungeklärt ist, wer dieses Ich ist. Auch legen solche Formulierungen nahe, dass ein Ich nicht nur sein Gehirn zum Denken, sondern auch seine Beine zum Gehen und seine Lungen zum Atmen benutzt. Benutzt dann auch ein Auto seine Räder zum Fahren und ein Computer seine Zentraleinheit zum Rechnen? Kann man ganz generell sagen, dass ein System Teile seiner selbst für irgendetwas benutzt? Aus unserer Sicht lässt sich diese Frage ganz einfach durch eine andere Formulierung klären. „In unserem Körper übernimmt das Gehirn die Funktion des Denkens, die Beine die des Gehens und die Lunge die des Atmens. Und in einem Computer übernimmt die Zentraleinheit analog die Funktion des Rechnens." Und wenn Hans spazieren geht, dann geht sein Körper spazieren, denn Hans ist als Person identisch mit seinem Körper. Wenn er dabei auch noch nachdenkt, übernimmt sein Gehirn (und nicht sein Geist!) als Teil seines Körpers, und damit als Teil seiner Person, diese Funktion.

Diese Anmerkungen zeigen, dass es beim Diskurs im Wesentlichen um folgende Fragen geht:

- Ist mein Gehirn nur irgendein Körperteil, oder ein ganz spezifisches Körperteil von mir, oder ein bei der Diskussion des Bewusstseinsphänomens vernachlässigbares - weil nicht wahrnehmbares und sich somit der Selbsterkenntnis entziehendes - Körperteil?
- Habe ich ein Gehirn, bin ich ein Gehirn oder bin ich das Produkt eines bzw. meines Gehirns, also einfach nur ein neuronaler Zustand in meinem Gehirn? Nutzt also das Ich das Gehirn oder wird es erst vom Gehirn erschaffen? Oder ist das Gehirn womöglich nur ein Hilfsmittel, um mir Denk- und Entscheidungsprozesse zu ermöglichen?
- Gehorche ich meinem Gehirn oder gehorcht das Gehirn mir? Wer beeinflusst hier wen, wer ist m.a.W. der Steuermann? Diese Frage ist relevant, wenn es um das Thema der Selbstzuschreibung und der Willensfreiheit geht.
- Bin ich ein Körper, bin ich *mein* Körper oder habe ich einen Körper? Agiere ich oder agiert mein Körper?

Holk Cruse meint: „Offensichtlich können auch die Erkenntnisse der Neurobiologie die Frage nach dem Verhältnis zwischen Leib und Seele nicht beantworten" (Cruse 2004, S. 227). Für Arno Ros dagegen scheint die Sache klar. Er trifft folgende Unterscheidungen: „Körperlich-materielle Gegenstände weisen keine Beziehung gegenüber sich selbst auf - sie *sind* schlichtweg Körper; Lebewesen *haben* einen Körper; Handlungssubjekte haben einen Körper und sind imstande, von einigen Zuständen dieses Körpers, sowie einigen Aktivitäten, die sie mit Hilfe dieses Körpers vollziehen, unmittelbar zu wissen; Personen verfügen über dieselben Merkmale wie Lebewesen und Handlungssubjekte, sind darüber hinaus aber auch noch fähig, von zumindest einigen ihrer eigenen psychischen Zustände und psychischen Aktivitäten unmittelbar zu wissen" (Ros 2005, S. 646). A.a.O. sagt er analog: „Es ist diese besondere Funktion des Begriffs »Lebewesen«, die es mit sich bringt, dass Lebewesen von ihrem Begriff her keine Körper sind, sondern einen Körper haben" (Ros 2005, S. 368). Hier stellen wir die bereits im Vorwort angesprochene Frage, ob nur Lebewesen einen Körper haben, oder ob dies nicht auch für eine bestimmte Kategorie von informationsverarbeitenden Systemen ganz allgemein gilt, die nicht notwendigerweise lebendig sein müssen. Am Beispiel von Robotern wird dies zu diskutieren sein. Die Verwirrung wird vollends deutlich in der Frage von David J. Chalmers: „Wenn Gehirne in der Lage sind, bewusstes Erleben hervorzubringen, dann ist es alles andere als gewiss, warum eine geeignet organisierte Bevölkerung oder gar eine entsprechend strukturierte Menge von Wasserleitungen dazu nicht in der Lage sein sollte (Chalmers, S. 371 in: Metzinger 2005). Könnte also ein hinreichend komplexes System vielleicht sogar Bewusstsein hervorbringen, ohne dass es eines Körpers bedarf bzw. reicht die materielle Realisierung eines Systems bzw. des Gehirns allein schon aus, um Bewusstsein hervorzubringen? Hier landen wir bei der Frage, ob ein »Gehirn im Tank« mit Bewusstsein denkbar ist. Setzt also Bewusstsein vielleicht gar keinen Körper voraus? Verliert ein isoliertes Gehirn (im Tank) mit den Worten von Martin Heidegger das Bewusstsein des In-der-Welt-Seins oder nur den Kontakt zur Außenwelt? Diese Frage stellt sich aktuell bei Patienten, die sich in der Lage eines solchen isolierten Gehirns befinden. Nach einer Stammhirnblutung kann es zum völligen Kontaktverlust des Gehirns mit dem restlichen Körper kommen. Das Gehirn kann dann den eigenen Körper nicht mehr wahrnehmen. Trotzdem haben die betroffenen Menschen noch ein Innenleben. Bei diesem Phänomen spricht man von ***Locked-in-Syndrom***. Solche Patienten können nur noch durch Augenbewegungen (auf- oder abwärts) Kontakt zur Umwelt aufnehmen. Ihre Gehirne können sich noch mit ihrem Körper identifizieren, auch wenn dieser nicht mehr gefühlt und erlebt wird, sondern nur noch in der Vorstellung existiert. Er gehorcht auch nicht mehr dem Willen. Dem Phänomen der fehlenden Körpererkennung begegnen wir auch bei der ***Asomatognosie***. Dabei wird der eigene Körper ebenfalls nicht mehr gefühlt. Trotzdem existiert ein Wissen wo und wer man ist. Dieses Wissen wird aus der Autobiographie und den restlichen Sinneswahrnehmungen erschlossen. Dies gilt analog, wenn bestimmte Sinnesorgane ausfallen und wir uns Sinneswahrnehmungen nur noch vorstellen können. Bewusstsein setzt also notwendigerweise voraus, dass in einem System irgendetwas repräsentiert wird, dieses irgendetwas ist dann der ***Bewusstseinsinhalt***. Diese Repräsentation muss vom System explizit wahrgenommen und genutzt werden. Es bedarf dazu eines „Auswertemechanismus", welcher die Repräsentation analysiert und daraus Folgerungen und ggf. sogar Aktionen ableiten kann. Muster und nicht physikalische Kräfte beeinflussen dann Reaktionen oder lösen sie sogar aus (vgl. Kapitel 1.2 und 1.3). Welche materielle Basis hierfür genutzt wird, also z. B. Gehirnneuronen oder elektrische Schaltkreise oder womöglich sogar Cola-Dosen, wie der Roboterexperte Rodney Brooks einmal sagte, ist dabei letztlich irrelevant. Wenn John Searle behauptet: „Bewusstsein ist eine Eigenschaft des Gehirns in der Weise, wie Festigkeit eine Eigenschaft des Rades ist" (Searle 2004, S. 26), dann ist uns mit derartigen Aussagen wenig gedient. Was für eine Eigenschaft ist hier gemeint? Genau das ist die entscheidende Frage. Letztlich sind es bestimmte Eigenschaften des Gehirns, die Bewusstsein ermöglichen. Sie führen es aber weder notwendigerweise herbei, noch sind sie identisch mit Bewusstsein. Das wird schon deutlich, wenn wir fragen, woher denn die Gehirneigenschaften den propositionalen Gehalt des bewusst gewordenen beziehen.

Und eine geeignet organisierte Bevölkerung oder gar eine strukturierte Menge von Wasserleitungen bringt mit Sicherheit kein Bewusstsein hervor, solange sie nichts repräsentiert, wovon sie Bewusstsein haben könnte. *Außerdem ist Bewusstsein nicht identisch mit seinem Inhalt, dem Repräsentierten, sondern es resultiert aus der Analyse und damit dem Wissensgewinn über die Repräsentation.* Beim Gehirn fällt dies in den Zuständigkeitsbereich des präfrontalen Cortex. Deshalb dringt auch das meiste von dem, was in unserem Gehirn repräsentiert ist, überhaupt nicht ins Bewusstsein vor, wohl aber kann es unser Verhalten mit beeinflussen.

Um derartige Verwirrungen und falsche Selbstbezüglichkeiten zu vermeiden, müssen wir zwischen der materiellen Substanz (den Neuronen) des Gehirns, ihrer Verschaltung und der dadurch bedingten spezifischen Informationsverarbeitung, und den verarbeiteten neuronalen Erregungs-Mustern im Gehirn, die die Information über den Körper und seine Situiertheit in seiner Umwelt repräsentieren, streng unterscheiden. *Den Ansatz einer separaten Sicht auf einerseits den Vorgang der Bewusstwerdung und andererseits die dabei bewusst gewordenen Inhalte, bezeichnen wir im Folgenden als* ***Separatismus***.

Die hier vertretene These lautet, dass Bewusstsein nicht notwendigerweise eines Körpers bedarf, sofern wir uns auf das *phänomenale Bewusstsein* beschränken. Ganz anders stellt sich die Sache dar, wenn wir über *Selbst-Bewusstsein* reden. Dieses bezieht sich immer auf ein Objekt, im Normalfall meinen Körper. Und dieses Objekt wird erst zum Subjekt, wenn es auf Willensimpulse reagiert und auf spezifische Weise, bei Lebewesen durch Gefühle, erlebt wird. „Wer ein unmittelbares praktisches Wissen von sich selbst besitzt, weiß ..., dass *er selbst es ist,* dem ein bestimmter Körper oder bestimmte körperliche Aktivitäten zuzurechnen sind. Und er weiß zum zweiten unmittelbar, *welcher speziellen Art die Aktivität ist,* die er gerade vollzieht" (Ros 2005, S. 407). Dieser Aussage von Ros schließen wir uns an mit der Zusatzbemerkung, dass im Falle des Menschen nicht das Ich dieses Wissen besitzt, sondern das Gehirn, oder mit den Worten von Roth: „(Unser Gehirn) gaukelt uns in der Tat vor, dass unser Ich Wahrnehmungen und Handlungen unmittelbar erfährt." (Roth 1997, S. 327). Wie das Gehirn in mir die Illusion erzeugt, dass ich der Wissende bin, wird noch zu diskutieren sein, denn Dretske merkt ganz richtig an: „Es besteht ein Unterschied zwischen dem Wissen, wie es ist, F zu spüren (was S tut), und dem Wissen, wie es ist, ein S zu sein (das F spürt)" (Dretske 1998a, S. 101). Unser Kommentar zu Dretske lautet: Im einen Fall handelt es sich um ein ausschließliches Qualia-Erlebnis, im anderen Fall um ein Selbst-Bewusstsein, das heißt ein Wissen um meinen Körper, der im Moment gerade Schmerzen hat. Wir erinnern hier noch einmal an die oben (Kapitel 4.3) zitierte Aussage von Gerhard Roth, dass Kleinkinder erst lernen müssen, dass es um den Körper etwas gibt, das nicht Körper ist. Sie müssen also durch u.U. schmerzhafte Erfahrungen erst herauskriegen, wo die Grenze zwischen Körper und Nicht-Körper verläuft. Wie bereits oben (Kapitel 4.3) mit Bezug auf Damasio ausgeführt, müssen wir zwischen einem ***allgemeinen Körpergefühl*** im Sinne eines Allgemeinbefindens (Hunger, Durst, Müdigkeit) und ***spezifischen Gefühlen*** unterscheiden, die einem konkreten Ort unseres Körpers (der Innenwelt) zugeordnet werden können. Unser allgemeines Körpergefühl verleiht uns unsere Identität, unser Selbst-Gefühl. Unsere Schmerzen dagegen zeigen uns, dass und wo es mit diesem Selbst nicht zum Besten steht. Unterscheiden wir uns dadurch von „toter Materie"? Das hängt davon ab, um welche Art von materiellen Objekten es sich dabei handelt. Wenn wir komplexe informationsverarbeitende Systeme betrachten, dann können diese durchaus ebenfalls über ein Wissen von ihrem aktuellen Zustand verfügen. Dretske schreibt: „(Ein) Messgerät ist sicher nicht in der Lage anzugeben, dass es sich in einwandfreiem Betriebszustand befindet" (Dretske 1998a, S. 61). Diese Behauptung sollte nicht zu falschen Schlussfolgerungen verleiten, denn sie demonstriert nur, dass sich Dretske noch nicht mit der Frage beschäftigt hat, wie Systeme beschaffen sind, an die hohe Zuverlässigkeitsanforderungen gestellt werden. Solche Systeme müssen permanent überprüfen, ob sie noch einwandfrei funktionieren, denn wenn sie ausgefallen sind, können etwaige Fehler nicht mehr automatisch erkannt und eingekreist werden. Dafür werden sie mit hinreichenden Redundanzen und Zusatzkomponenten zur *Selbstüberwachung* ausgestattet. Und wenn ein Messgerät über Komponenten verfügt, die seine

Funktionsfähigkeit überwachen, kann es auch feststellen, ob es noch funktioniert oder nicht.

Beim Menschen funktioniert dies wie folgt: „»Fehler« in einem Sinnessystem werden daran erkannt, dass sie in Widerspruch zu den Informationen von anderen Sinnessystemen stehen. Dabei haben unterschiedliche Sinnessysteme durchaus unterschiedliche Glaubhaftigkeit. Am glaubhaftesten ist das Gleichgewichtssystem, gefolgt vom Tastsystem und diesen ordnen sich die anderen Systeme unter" (Roth 1997, S. 322). Bei in sich widersprüchlichen Wahrnehmungen von Seiten verschiedener Sinnesorgane, dazu gehören nach unserer Definition auch die Eigenwahrnehmungen des gefühlten Körperzustandes, muss das Gehirn also entscheiden, wem es glaubt, um dem Bewusstsein eine in sich stimmige Wahrnehmung präsentieren zu können. Bei geeignet konzipierten Experimenten, kann man dabei die bewusste Wahrnehmung „hinters Licht führen" und „abnorme Eigenwahrnehmungen" hervorrufen.

Unser Selbstbild ist nicht genetisch in uns verankert, sondern muss erst aus konkreten Erfahrungen erschlossen werden, auch wenn es sich mit Roths Worten (s.o.) dabei um ein *genetisch erleichtertes* Lernen handelt. Vermutlich spiegeln wir dabei die Wahrnehmung unseres eigenen Körpers permanent an genetisch erworbenen Hypothesen darüber, wie er beschaffen ist und über welche Fähigkeiten er verfügt. Diese Hypothesen sind aber nicht starr verankert, sondern können sich durch neue Erkenntnisse, unverhofft schnell wandeln. Dies demonstriert ein Experiment des Neurowissenschaftlers Vilaynur S. Ramachandran mit Studenten. Den Versuch mit einer käuflichen Gummihand beschreibt Ramachandran wie folgt: „bauen Sie sich eine »Pappwand« von sechzig mal sechzig Zentimetern und stellen sie auf einem Tisch vor sich auf. Legen Sie Ihre rechte Hand hinter die Pappwand, so dass Sie sie nicht sehen können, und legen Sie die künstliche Hand vor die Pappwand, so dass Sie sie deutlich sehen. Bitten Sie nun Ihren Freund, beide Hände - Ihre und das Kunstprodukt - an der gleichen Stelle und im gleichen Rhythmus zu berühren, während Sie die Gummihand betrachten. Schon nach wenigen Sekunden werden Sie den Eindruck haben, dass die Berührungsempfindung von der Gummihand ausgeht. Das Erlebnis ist unheimlich, weil Sie genau wissen, dass Sie auf eine körperlose Gummihand blicken. Doch das hindert Ihr Gehirn nicht daran, die Sinneswahrnehmung dem Scherzartikel zuzuschreiben" (Ramachandran 2002, S. 116). Dieses einfache Experiment zeigt, wie schnell wir dazu neigen, sogar fremde Objekte als Bestandteile unseres Körpers zu erleben, wenn signifikante Korrelationen zwischen unseren

Sinneswahrnehmungen und unseren Körperempfindungen auftreten. Ramachandran konnte so sogar Personen das Gefühl vermitteln, „dass Tastempfindungen von Tischen und Stühlen ausgehen, die nicht die geringste Ähnlichkeit mit menschlichen Körperteilen haben." Dazu merkt er an: „Abermals sieht sich Ihr Gehirn durch die rein statistische Unwahrscheinlichkeit der beiden Berührungssequenzen - die eine, die sie auf der Tischoberfläche sehen, und die andere, die Sie auf der Hand spüren - zu dem Schluss veranlasst, dass der Tisch nun ein Teil Ihres Körpers sei. Die Illusion ist außerordentlich stark. Hin und wieder ist es vorgekommen, dass ich auf der Tischplatte über eine Fläche strich, die größer als die unter dem Tisch verborgene Hand war, dann rief die Versuchsperson aus, die Hand fühle sich »gedehnt« oder »gestreckt« an, als hätte sie sich zu absurden Proportionen verlängert." Solche und weitere Experimente führten Ramachandran zu der Schlussfolgerung: „Zeit ihres Lebens sind sie von der Annahme ausgegangen, Ihr »Selbst« sei in einem einzigen Körper verankert, der zumindest bis zu ihrem Tod verlässlich und dauerhaft sei. ... Und doch lassen diese Experimente auf das genaue Gegenteil schließen - dass ihr Körperbild, trotz seiner scheinbaren Dauerhaftigkeit, ein höchst vergängliches inneres Konstrukt ist, das sich durch ein paar einfache Tricks tief greifend verändern lässt" (Ramachandran 2002, S. 119). Hier wird deutlich, dass unsere Körperwahrnehmung ein Konstrukt des Gehirns ist und, wie bei sonstigen Objekten auch, aus Korrelationen zwischen verschiedenen Sinneswahrnehmungen (dies schließt nach unserer Definition auch das Fühlen des eigenen Körpers ein) gebildet wird. Dabei werden neben Gefühlen zusätzlich die restlichen Sinnesorgane mit herangezogen (ich sehe und spüre, dass sich ein Arm hebt, also ist es mein Arm der sich bewegt). Dass dem so ist, wird immer dann deutlich, wenn dieser Mechanismus versagt, weil nur unvollständige Informationen das Gehirn erreichen und dieses veranlasst, Fehlendes durch eigene Hypothesen zu ergänzen oder bei widersprüchlichen Meldungen aus dem Körper gewisse Informationen zu unterdrücken bzw. zu negieren, um in sich stimmige Hypothesen ableiten zu können. Dies kann z. B. zu Störungen des Körpergefühls führen, wobei das Wissen um die Zugehörigkeit einzelner Körperteile zum eigenen Körper verloren geht (sog. Somatoparaphrenie). Die Betroffenen sind dann nicht mehr in der Lage, ihren Körper oder bestimmte Gliedmaßen als zu sich gehörig, d.h. als Bestandteil ihres Ichs, zu erleben. Dies kann zu einer völligen Entfremdung zwischen einer Person und Teilen ihres Körpers führen. Selbst das Wissen um die Körperanatomie und ein Blick in den Spiegel ändern dann nichts daran, dass einzelne Körperteile als Bestandteil des eigenen Körpers verleugnet werden. Schlimmstenfalls werden eigene Gliedmaßen dann sogar anderen Personen zugeschrieben (Ramachandran 2002, S. 217f). Es gibt auch Fälle wo Patienten glauben, einen verlorenen oder gelähmten Arm noch ausstrecken oder seine Finger krümmen zu können. Wahrnehmungslücken werden dann einfach durch Erfindungen (sog. Konfabulationen) des Gehirns ausgefüllt.

In analoger Weise kann auch ein Roboter erkennen, ob ein visuell wahrgenommenes Objekt Bestandteil seines Körpers ist oder nicht. Nehmen wir als Beispiel das ***DLR-Hand-Arm-System*** des Instituts für Robotik und Mechatronik des Deutschen Zentrums für Luft- und Raumfahrt. Es ist in der Lage, die Flugbahn eines ihm zugeworfenen Balles zu berechnen. Zwei Kameras erfassen die räumliche Flugbewegung des Balles und aktualisieren sie permanent. Aus der Flugbahn wir dann der optimale Auffangpunkt berechnet. Wie aber kann der Roboter seine Hand vom Ball unterscheiden und wie erkennt er die Hand als die seine? Dazu wird permanent die Stellung seiner Gliedmaßen intern (mit einem Äquivalent zu unseren Propriorezeptoren) ermittelt und zur Aktualisierung eines Eigenmodells benutzt, in dem die Stellung seines Armes und seiner Hand repräsentiert sind. Er, d.h. der Computer, in dem diese Berechnungen ablaufen, weiß deshalb wo der Roboterarm gerade ist und kann ihn deshalb auch visuell identifizieren (vgl. S. 49).

Wir können also zusammenfassen, dass unser Gehirn die Summe der eingehenden Informationen hinsichtlich etwaiger Korrelationen und sonstiger Merkmale analysiert und daraus die in sich geschlossenen Objekte unserer Außenwelt konstruiert. Ihnen werden bestimmte Merkmale zugeordnet, die aus der Summe aller Erfahrungen mit diesen Objekten resultieren. Zusätzlich ist das Gehirn in der Lage, die Summe aller aus dem Körper (der Innenwelt) einlaufenden Informationen ebenfalls zu einem Objekt, allerdings mit ganz spezifischen Merkmalen, zu vereinen. Und dieses Objekt ist unser Körper, sind wir. Da dieser Körper das einzige Objekt ist, das durch unsere Wünsche beeinflussbar ist, erleben wir ihn als ***unseren Körper***.

Damit landen wir bei der Frage, wie es das Gehirn fertig bringt, uns ein ***Ich-Erlebnis*** zu verschaffen, das heißt die Fähigkeit auszubilden, ***Qualia einem Ich zuzuordnen***, Qualia also als die eigenen zu erleben. Man spricht hier vom ***Problem der Selbstzuweisung***. „Selbsterkenntnis scheint ganz einfach – Motto: „Ich weiß doch, wer ich bin" –, gehört jedoch zum Schwierigsten überhaupt" (Spitzer 2004, S. 334).

Eine Antwort hierauf liefert der ***Spiegeltest***. Er drückt die Fähigkeit von Lebewesen aus, sich im Spiegel zu erkennen. Bei der Diskussion dieser Fähigkeit wird meist nicht berücksichtigt, dass dieser Test geeignet ist, verschiedene Entwicklungsstufen bei der Ausbildung von Selbst-Bewusstsein nachzuweisen.

Die Psychologin Sigrun-Heide Filipp unterscheidet bei der ***Ontogenese des Selbst*** verschiedene Stufen, die sich durch Spiegeltests nachvollziehen lassen (Filipp 1980).

- erste Formen der Unterscheidung zwischen einem Ich und den anderen (0-4 Monate), jedoch noch ohne Reaktion auf das eigene Spiegelbild
- Festigung der Unterscheidung zwischen dem Ich und den anderen (4-8 Monate) in Verbindung mit ersten Reaktionen auf das eigene Spiegelbild
- Erste Selbstkategorisierungen (8-12 Monate) gekennzeichnet durch erste wiederholte Aktivitäten vor dem Spiegel
- Festigung der Selbstkategorisierungen (12-24 Monate), etwa indem auf die eigene rot gefärbte Nase und nicht auf deren Spiegelbild gezeigt wird und damit Übergang vom ***existentiellen Selbst*** (ich weiß, dass ich bin) zum ***kategorialen Selbst*** (ich weiß, wer ich bin).

Bei der ***Phylogenese der visuellen Selbsterkenntnis*** wird unterschieden zwischen:

- ***visueller Gleichsetzung***, das heißt, das eigene Spiegelbild wird als Artgenosse erkannt (Artgenosse im Spiegel wird als Rivale angesehen und angegriffen)
- ***visueller Differenzierung***, das heißt, das eigene Spiegelbild wird von dem der Artgenossen unterschieden (also zum Beispiel nicht angegriffen), aber noch kein Selbsterkennen (bei vielen Affen)
- ***visueller Selbsterkenntnis*** (bei Kindern ab etwa 2 Jahren, bei Schimpansen und Orang-Utans), dabei werden beispielsweise verdeckte Körperteile im Spiegel betrachtet. Dies setzt die Fähigkeit voraus, die im Spiegelbild gesehenen Bewegungen mit den selbst veranlassten Bewegungsimpulsen zu verknüpfen. Dazu muss die Stellung der eigenen Gliedmaßen erkannt, erlebt und mit denen des Spiegelbildes in Einklang gebracht werden. Aus der Gleichartigkeit der Abläufe wird dann auf den Verursacher geschlossen.

Die bisherigen Ausführungen zeigen, dass für den Nachweis von Selbst-Bewusstsein die Fähigkeit entscheidend ist, aus der Korrelation von Veränderungen von Sinneswahrnehmungen einerseits und einer parallel dazu wahrgenommenen Veränderung des eigenen Körperzustandes die Schlussfolgerung zu ziehen, dass die Sinneswahrnehmung lediglich eine andere Perspektive desselben Geschehens darstellt. Es kommt also darauf an, aus der Eigenwahrnehmung von Bewegungen (zum Beispiel Wackeln mit dem Kopf) und der zusätzlichen Sinneswahrnehmung eines Objekts, das dieselben Bewegungen ausführt, zu schlussfolgern, dass das durch die Sinne wahrgenommene Objekt dasselbe ist, wie das gefühlte.

Diese Erkenntnis verträgt sich allerdings nicht mit der Vorstellungswelt, wie sie beispielsweise Arno Ros vertritt. Er meint: „Wir können uns unter anderem nur deswegen in einem Spiegel als wir selbst erkennen, weil wir bereits im Vorhinein ein bestimmtes Bild davon »im Kopfe« haben, wie wir aussehen, und weil dieses mentale Bild beim Blick in den Spiegel mit dem sich dort zeigenden Bild abgeglichen wird" (Ros 2005, S. 582).

Dass wir ein Bild unserer Selbst *nicht* von vornherein im Kopf haben, lässt sich leicht zeigen anhand von Fällen, wo diese Fähigkeit gestört ist. Bei der sog. *Prosopagnosie* (Gesichtsagnosie), können sich davon Betroffene nicht mehr im Spiegel erkennen, obwohl sie ansonsten noch im vollen Besitz ihres Bewusstseins sind. Hier handelt es sich um ein Wahrnehmungs- und nicht um ein Bewusstseinsdefizit. Bekannt wurde auch der Fall des Henry Gustav Molaison, der mit neun Jahren einen Fahrradunfall hatte und dem dann operativ wegen daraus resultierender schwerer epileptischer Anfälle ein Teil seines Schläfenlappens und des Hippocampus entfernt werden musste. Danach konnte er Informationen nicht mehr aus dem Kurzzeitgedächtnis ins Langzeitgedächtnis übernehmen, sich aber noch an Ereignisse vor seiner Operation erinnern. Deshalb konnte er sich zwar noch auf Kindheitsfotos erkennen, nicht mehr dagegen, wenn er in den Spiegel schaute, obwohl er aber noch in vollem Besitz seines Bewusstseins war (Scoville; Milner 1957).

Dass die visuelle Identifizierung des eigenen Körpers aus Korrelationen erschlossen wird, zeigt auch eine erweiterte Form des Spiegeltests, der von Schimpansen schon bewältigt wurde. Dabei wird dem Tier sein von einer Kamera aufgenommener, für ihn selbst aber nicht sichtbarer Arm und eine Banane auf einem Fernsehbildschirm gezeigt. Sobald er verstanden hat, dass der Arm auf dem Bildschirm sein eigener ist, kann er lernen, durch ein Loch im Käfig mit seinem Arm die Banane zu greifen, indem er den Vorgang über das Fernsehbild beobachtet und danach seine Handbewegung steuert.

Welche Schlussfolgerungen erlaubt der Spiegeltest? Ist die Fähigkeit, sich selbst anhand von optischen Signalen zu erkennen schon hinreichend als Nachweis für Selbst-Bewusstsein? Eine weitere Frage lautet, warum es unbedingt visuelle Wahrnehmungen sein müssen, anhand derer ein Individuum sich selbst identifizieren kann? Wie steht es z. B. mit Tieren, die mit Hilfe ihres Geruchssinnes ihre eigenen Urinmarkierungen von denjenigen anderer Artgenossen unterscheiden können, oder mit Fledermäusen, die zwischen dem Echo der eigenen Schreie und demjenigen anderer Fledermäuse unterscheiden können? Haben auch sie eine Vorstellung von ihrer eigenen Identität? Oder reagieren sie nur reflexartig auf bestimmte Gerüche oder Laute, ohne sich über deren Herkunft „Gedanken zu machen"?

Nach heutigem Kenntnisstand scheint unser Selbst-Bewusstsein und das von Primaten in dem Maße heraufzudämmern, in dem sie in der Lage sind, einzelne Individuen zu unterscheiden, d.h. zu identifizieren. Analog lernen auch Babys erst nach und nach verschiedene Menschen anhand ihrer Eigenarten zu identifizieren. Vermutlich erkennen sie dabei, dass auch sie ein Individuum mit ganz spezifischen Eigenschaften sind, durch die sie sich von den anderen unterscheiden. Mit etwa 20 Monaten bemerken Kinder, dass sie eigene Gedanken, Wünsche und Absichten haben und beginnen diese auch verbal zu äußern. Erst mit etwa vier Jahren erkennen sie aber, dass sich die Gedanken anderer von den eigenen unterscheiden. Auch lernen sie erst nach und nach, dass sich das Wissen anderer Personen nicht mit dem eigenen identisch ist und dass sich dies zum eigenen Vorteil ausnutzen lässt. Schließlich erkennen sie, dass sich auch die Wünsche anderer Individuen von den eigenen unterscheiden.

Die nächste Frage ist, ob Lebewesen, die sich selbst im Spiegel erkennen, auch die Fähigkeit besitzen, sich unabhängig vom Spiegel zu erleben und ggf. über sich selbst nachzudenken? Eine Möglichkeit um dies zu überprüfen besteht darin, zu testen, welche Fähigkeiten und welches Wissen sie bei ihren Artgenossen unterstellen. Können Tiere z. B. Schlüsse der Art „ich denke (glaube, hoffe, befürchte usw.), dass er denkt, dass ..." ziehen. Die Fähigkeit, sich in andere einzufühlen, nennt man ***Empathie***. Empathiefähigkeit kann getestet werden, indem man ein Tier vor eine Situation stellt, bei der es sich in die Rolle eines Artgenossen, in dessen Gedanken, Gefühle und Absichten, hineinversetzen muss. Derartige Tests werden von Schimpansen bestanden.

Der letzte Schritt ermöglicht es dann, zwischen jetzigen, früheren und zukünftigen Absichten zu unterscheiden. Das ***Bewusstsein*** erklärt uns dann unsere eigenen Handlungen so, wie es uns auch diejenigen unserer Mitmenschen erklärt. Nach dieser Theorie schließen wir also nicht aus unserem eigenen Bewusstsein auf das der anderen, sondern umgekehrt aus der Beobachtung anderer auf uns selbst.

Erstaunlich war die Entdeckung, dass auch ***Delphine*** sich im Spiegel erkennen können (Reiss; Marino 2001). Bei einer Erweiterung des Spiegeltests geht es um die Frage, ob sich Menschen und Tiere auch in ***einer zeitlich versetzten Situation als Akteure wieder erkennen***. Dabei werden sie gefilmt und ihnen anschließend dieser Film vorgeführt. Das Wiedererkennen setzt in diesem Fall ein autobiographisches Gedächtnis voraus. In einem fortgeschrittenen Bewusstseinsstadium können dann nicht nur Korrelationen zwischen gleichzeitigen Wahrnehmungen (Gesehenes und Gefühltes) erkannt, sondern es kann auch eine Verbindung zwischen aktuellen Wahrnehmungen und Gedächtnisinhalten von früheren Wahrnehmungen hergestellt werden. Wie weit diese Fähigkeit in die Vergangenheit zurück reicht, wäre dann noch fallspezifisch zu untersuchen. Interessant wäre auch zu wissen, inwieweit sich Tiere in Filmen aus der Vergangenheit als ein Individuum unter Gleichartigen noch identifizieren können. Sie müssten sich dann noch an ihre eigenen Aktionen erinnern und aus dem Gedächtnis erschließen, dass sie ein bestimmtes der gesehenen Individuen sind, wobei sie jetzt nicht nur die anderen Gruppenmitglieder, sondern auch sich selbst aus der Außenperspektive (out-of-body) erleben.

Die hier aufgeführten alternativen Formen des Spiegeltests machen deutlich, dass es verschiedene Stufen von Selbst-Bewusstsein gibt. Eine notwendige Voraussetzung für Selbst-Bewusstsein ist, dass Wahrnehmungen zu Objekten integriert werden können und dass auch alle Körperwahrnehmungen einem spezifischen Objekt, unserem Körper zugeordnet werden. Dieser wird dann als Subjekt erlebt. Auf dieser Ebene sprechen wir in Anlehnung an Antonio Damasio von ***Kernbewusstsein***. Es vermittelt nur *„Erkenntnisse des Augenblicks"*, also Erkenntnisse über den momentanen Zustand des Körpers und seiner aktuellen Beziehung zu den Objekten der Umwelt. Organismen erkennen sich jetzt auf dieser Stufe als eigenständige Wesen mit eigener Existenz und individueller Perspektive. Kernbewusstsein eröffnet aber noch keinen Zugriff auf die Vergangenheit und keinen Ausblick auf die Zukunft. Diese Fähigkeit bezeichnet Damasio als ***erweitertes Bewusstsein***. Dabei erleben sich Lebewesen nicht mehr nur „im hier und jetzt", sondern haben auch Zugriff auf eine Autobiographie. Sie wissen dann nicht nur, wer sie sind, sondern haben auch eine Vorstellung davon, wer sie waren, über welche Fähigkeiten sie verfügen (Selbstbild) und welche Erfahrungen sie, insbesondere mit Artgenossen, gemacht haben. Daraus können sie dann Schlussfolgerungen und angemessenes Verhalten für eine aktuelle Situation und die Zukunft ableiten. Die Philosophie spricht bei dieser Entwicklungsstufe von Personen. Bieri schreibt: „Ein Selbst zu haben, bedeutet, mit sich selbst die Erfahrung einer gewissen Kontinuität zu machen" (Bieri 2001, S. 412). Was Bieri als Selbst bezeichnet, ist unser erweitertes Bewusstsein. Geht das autobiographische Gedächtnis verloren, sprechen wir von einer ***retrograden Amnesie***.

Zusammenfassend lässt sich sagen, dass der Begriff des „Selbst" aufs engste verbunden ist mit dem Wissen eines Individuums um seine Existenz, seine Identität und seine personale Kontinuität. Und diese bezieht sich stets auf den Körper als Gesamtheit mit Ausnahme des Gehirns, denn das Gehirn selbst entzieht sich jeder Wahrnehmungsmöglichkeit. Das Gehirn ermöglicht lediglich Wahrnehmungen und deren Repräsentation in Form von Wissen, sowie die Erkennung von raum-zeitlichen Beziehungen bzw. Gesetzmäßigkeiten zwischen wahrgenommenen Merkmalen der Umwelt und unseres Körpers und erzeugt so die Objekte der Welt und das ganz spezifische Objekt, das wir als unseren Körper erleben. *Da es unserer Intuition zutiefst zuwiderläuft, anzuerkennen, dass das Gehirn ein erkennendes Subjekt sein soll, das uns alle von uns erlebten Wahrnehmungen verschafft, ohne dabei die Möglichkeit zu haben, sich selbst als erkennendes Subjekt zu erkennen, widerstreben die hier entwickelten Vorstellungen unserem „gesunden Menschenverstand". Als „Ersatzlösung" haben wir das „Ich" erfunden, das die Rolle des Gehirns übernimmt, den „Geist in der Maschine", der sich aber leider nirgends im Gehirn ausfindig machen lässt.*

Und all die Gefühle einerseits und die Wünsche, Hoffnungen, Befürchtungen u.ä. andererseits sind nichts weiter als konkrete oder vorgestellte als angenehm oder unangenehm bewertete Körperzustände (vgl. Bilder 15, S. 120 und 16, S. 121). Und unsere Gedanken, Ziele und Absichten sind nichts weiter als vorgestellte Szenarien von angenehmen oder unangenehmen Körperzuständen und von Wegen zu deren Herbeiführung oder Vermeidung. Ebenso wie wir überlegen können, wie sich Objekte der Außenwelt gemäß den Gesetzen der Natur verhalten oder durch aktiven Eingriff manipulieren lassen, können wir auch darüber nachdenken, wie dies analog mit unserem eigenen Körper geschehen kann. Und ebenso wie wir gelernt haben, dass Kräfte die Objekte unserer Umwelt bewegen können, haben wir gelernt, dass ein Wunsch unseren Körper in Bewegung setzt.

Jetzt können wir zusammenfassend noch einmal die aufeinander aufbauenden Stufen von Bewusstsein betrachten. Dabei wird der jeweilige Zusatznutzen der einzelnen Stufen des Bewusstseins aus Sicht der Evolution erkennbar.

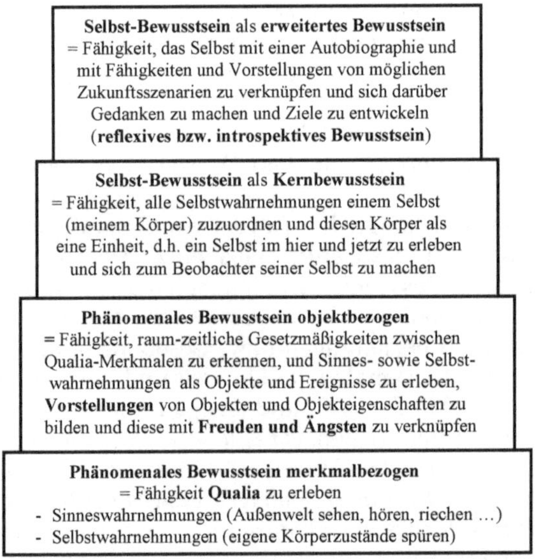

Bild 28: Entwicklungsstufen und Ausprägungen von Bewusstsein

Auf dieser Basis können wir jetzt die oben aufgeworfenen Fragen beantworten.

1. Ich bin nichts anderes, d.h. nicht mehr und nicht weniger als mein Körper. Ich bin nicht mein Gehirn, sondern mehr als mein Gehirn. Mein geistiges Ich-Erlebnis wird vom Gehirn erzeugt und lässt mich meinen Körper erleben. Dieser Körper wurde nach den „Anweisungen" des genetischen Codes physisch geschaffen. „Die Erforschung des Geistes ist die Erforschung des Bewusstseins, und zwar in ziemlich demselben Sinn, in dem die Biologie die Erforschung des Lebens ist" (Searle 1993, S. 250).

2. Meine Kenntnisse über meinen Körper in seinem aktuellen Zustand, und eventuell sogar in der Vergangenheit, stammen aus Repräsentationen dieses Körpers und seiner Umwelt im Gehirn. Insofern wird mein Körper und meine Umwelt im Gehirn erzeugt, d.h. aus den Repräsentationen im Gehirn erschlossen bzw. erschaffen. „Die Wirklichkeit ist nicht ein Konstrukt meines Ich, denn ich bin selbst ein Konstrukt" (Roth 1997, S. 330).
3. Das Gehirn kann aber nicht die physikalischen Träger (erregte Neuronen) erkennen, die die Repräsentationen hervorbringen, sondern nur die Repräsentationen selbst. Das Gehirn verarbeitet zwar Signale, aber seine Funktion lässt sich nicht durch Beobachtung der Signale erschließen (Ansatz der Hirnforschung), sondern nur durch die Art und Weise, wie die Signal*muster*, d.h. die Zeichen bzw. Codes, verarbeitet werden (Ansatz der Informatik).
4. Da sich das Gehirn jeglicher (Selbst-) Beobachtung entzieht, weil es nicht in sich selbst repräsentiert ist, weiß ich nichts von der Existenz meines Gehirns.
5. Weil ich das Gehirn nicht beobachten kann bzw. weil sich das Gehirn nicht selbst beobachten kann, kann ich auch seine Funktion nicht beobachten, und damit auch nicht, dass ich denke und wie ich denke. Das Ich kann stets nur ein (Selbst-) Wissen über seine kognitiven *Zustände* haben, nicht aber über die im Gehirn ablaufenden kognitiven *Prozesse*. Roth schreibt: „Aus der Tatsache, dass es einen Zustand »ich denke« gibt, folgt nicht logisch zwingend, dass es ein *Ich* gibt, das denkt" (Roth 2003, S. 139). Sieht man einmal davon ab, dass es keinen *Zustand* des Denkens, sondern nur einen *Vorgang* des Denkens gibt (wohl aber kann sich der Körper in einem bestimmten Zustand befinden, wenn das Gehirn denkt), dann gilt, dass der Beobachtung und damit dem Bewusstsein nur konkrete Wahrnehmungen sowie vom Gehirn selbst erzeugte Wahrnehmungen in Form von Vorstellungen zugänglich sind. Dazu gehören auch das von mir Gedachte, das Gewünschte, das Befürchtete usw., aber nicht die *Prozesse*, die diese Phänomene hervorbringen. Dass ich denke, wünsche oder befürchte wird von meinem Gehirn erschlossen, ebenso wie die Gesetze der Natur aus der Beobachtung der Natur erschlossen werden. Genauso wie ich unterstelle, dass die Gesetze der Natur für die Erscheinungen der Natur bestimmend

sind, unterstelle ich, dass meine Gedanken das von mir Gedachte bestimmen. Es gibt aber auch „Patienten, die denken und zugleich *nicht* das Gefühl haben, dass sie es sind die denken, oder die nicht wissen, wer sie sind“ (Roth 2003, S. 139). Diese Aussage von Roth verdeutlicht, dass die Fähigkeit, Gefühle, Gedanken u.ä, einem Ich zuzuordnen erlernt werden muss. Diese Zuordnung wird m.a.W. erschlossen. Diese Fähigkeit kann aber auch wieder verloren gehen, genauso wie das Wissen, wer wir sind, z. B. wenn die Autobiographie „verloren geht“.

6. Aus der zeitlichen Korrelation von konkreten Wahrnehmungen bzw. Vorstellungen (Wünschen, Befürchtungen, Überlegungen) mit Aktionen des Körpers wird von mir ein kausaler Zusammenhang erschlossen. Dies erweckt in mir den Eindruck, dass mein Körper diesen Wünschen und Überlegungen folgt bzw. auf Wahrnehmungen, Verlockungen und Befürchtungen reagiert. Da Wahrnehmungen und Vorstellungen durch somatische Marker bewertet werden, sind sie stets mit Vorstellungen von Körpergefühlen verknüpft. Dadurch werden sie zu Wahrnehmungen und Vorstellungen meines Körpers und damit zu den meinen.
7. Das Ich ist der erlebte Körper, der auf die vom Gehirn hervorgebrachten Wahrnehmungen und Vorstellungen reagiert und durch Gefühle unmittelbar wahrgenommen wird. Dies schließt vergangene und mögliche Zukunftsszenarien (von der Geburt bis zum Tod) mit ein. Mein Wissen über mich und meine Fähigkeiten entstammt nicht nur aktuellen Wahrnehmungen, sondern auch Erinnerungen, d.h. meiner Autobiographie. Aus ihr erkenne ich z. B., wer ich bin und was ich kann. John J. Ratey drückt das so aus: „Unser Selbstgefühl entsteht nur deshalb, weil wir uns erinnern“ (Ratey 2003, S. 221). Dies gilt aber nicht, wie bereits erwähnt, für Ereignisse der ersten beiden Lebensjahre. Man spricht deshalb von infantiler Amnesie. Da sich *Introspektion* und *Reflexion* auch auf autobiographische Ereignisse meines Ich beziehen, und sogar Vorstellungen (also fiktive Ereignisse) einbeziehen können, sind sie etwas anderes als Qualia-Erlebnisse. Qualia-Erlebnisse treten „ungewollt“ ins Bewusstsein, während Introspektion und Reflexion mit Willensakten und Gedanken einhergehen. Ich versuche dabei, den Dingen „auf den Grund zu gehen“, bzw. „Ursachenforschung“ zu betreiben. Deshalb

sollten bewusste Wahrnehmungen von Körperzuständen bzw. Körperbefindlichkeiten der Kategorie Qualia zugeordnet werden und nicht als Resultat von Introspektion angesehen werden.

Unser Selbstbewusstsein ist verankert in

- unserem Selbst-*Perzipieren*, das ist ein Bewusstsein vom Zustand unseres Körpers (z. B. Schmerzen) und dem unserer Umwelt (Objektmerkmale) durch unmittelbare bewusste Wahrnehmung (Qualia-Erlebnisse)
- unserem Selbst-*Wissen*, d.h. in unserem Bewusstsein von bestimmten Sachverhalten und Ereignissen unserer Autobiographie. Das ist ein Wissen, das nicht aus der unmittelbaren Wahrnehmung stammt, sondern aus Vorstellungen abgeleitet wird und das die Basis für Begriffsbildung und Denken liefert.

Auf Basis dieser Punkte können wir jetzt noch kurz auf das Phänomen der *multiplen Persönlichkeiten* eingehen. Bei ihnen wird derselbe Körper von getrennt agierenden sog. Alter-Personen unterschiedlich erlebt und auch unabhängig voneinander beeinflusst. Es leben dann unterschiedliche Persönlichkeiten mit verschiedenen Charakteren in einem Körper, d.h. „unter einem Dach", die in jeweils spezifischen Situationen zum Vorschein kommen und die sich stark voneinander unterscheiden können. Hier gibt es *unterschiedliche Erste-Person-Perspektiven* auf den eigenen Körper. Die verschiedenen Personen können unterschiedlich sprechen und verschiedene Handschriften haben. Die Rückwirkung auf den Körper kann dazu führen, dass sie verschiedene Brillenstärken, Augenfarben oder sogar verschiedene Blutwerte haben (vgl. Hacking 1996). Solche Fälle demonstrieren, wie und in welchem Ausmaß der „Geist" den Körper zu beeinflussen vermag. Der Körper wird dann von den Alter-Personen nicht nur unterschiedlich erlebt, sondern auch angepasst. Die damit einhergehenden biochemischen Abläufe sind noch wenig erforscht.

Dieses Phänomen lässt sich nur verstehen, wenn man das Ich als das akzeptiert, was in meinem Gehirn als Repräsentation meines Körpers und meiner Umwelt existiert. Können widersprüchliche Wahrnehmungen nicht in einem Hypothesenabgleich „stimmig gemacht" werden, können sich Teilmengen von Wahrnehmungen bilden und dem Bewusstsein präsentieren, die zwar in sich stimmig sind, die aber wichtige Aspekte unterdrücken. Verbinden sich solche in sich stimmigen Teilmengen zu Einheiten, werden sie vom Gehirn als eigene Persönlichkeiten mit einer eigenen Erlebniswelt und Autobiographie geschaffen und können nebeneinander existieren, oft ohne voneinander zu wissen, aber manchmal auch mit der Möglichkeit andere Alter-Personen „aus dem Hintergrund" zu beobachten.

Gerhard Roth unterscheidet mehrere „Iche" (Roth 2003, S. 141f).

- Das Körper-Ich vermittelt das Gefühl, dass ich in meinem Körper stecke
- Das Verortungs-Ich ist das Bewusstsein, dass ich mich gerade an diesem Ort befinde
- Das perspektivische Ich vermittelt mir den Eindruck, dass ich der Mittelpunkt der von mir erfahrbaren Welt bin.
- Das Ich als Erlebnis-Subjekt gibt mir das Gefühl, dass ich es bin, der diese Wahrnehmungen, Gefühle, Ideen usw. hat
- Das Autorschafts- und Kontroll-Ich sagt mir, dass ich Verursacher und Kontrolleur meiner Gedanken und Handlungen bin
- Das autobiographisches Ich sagt mir, dass ich derselbe bin wie gestern und dass ich meine Empfindungen als ein Kontinuum erlebe
- Das selbstreflexive Ich bietet mir schließlich die Möglichkeit des Nachdenkens über mich und
- das sprachliche Selbst und das ethische Ich bzw. mein Gewissen geben mir das Gefühl, dass es eine Instanz in mir gibt, die mir sagt oder befiehlt, was ich zu tun oder zu lassen habe.

Aus unserer Sicht handelt es sich hierbei nicht um verschiedene Iche, wie bei multiplen Persönlichkeiten, sondern um verschiedene Merkmale, die mein Ich kennzeichnen. Solche Dinge sollte man klar auseinander halten, um Begriffswirrwarr und Missverständnisse zu vermeiden. Ramachandran spricht deshalb von einem vereinheitlichten Selbst und betont: „Ein weiterer wichtiger Aspekt des Selbst ist die Einheit - die innere Kohärenz seiner verschiedenen Attribute" (Ramachandran 2002, S. 401).

Anhand der bisherigen Ausführungen können wir jetzt die ***notwendigen und hinreichenden Bedingungen für*** Bewusstsein definieren, wobei sich unsere Definition auf ***das erweiterte Selbst-Bewusstsein*** (Bild 28, S. 254) bezieht. Dabei unterscheiden wir jedoch zusätzlich zwischen drei Ausbaustufen. Das ***passive Bewusstsein*** gewährt mir das Wissen, *dass ich bin.* Auf dieser untersten Stufe kann ich mich nur als ein Individuum von meiner Umwelt abgrenzen (Erkenntnisse über Eigen- und Umweltbefindlichkeit und die Einwirkung der Umwelt auf den eigenen Körper = Betroffenheit in Bild 27, S. 223). Auf der nächsten Stufe, beim ***aktiven Bewusstsein*** kann das Individuum erkennen, dass es in einer konkreten Situation durch eine Aktion aktiv in das Umweltgeschehen eingreifen und dort etwas bewirken kann (Aktionsmöglichkeit in Bild 27). Jetzt weiß ich, *wer ich bin und was ich kann*. Die letzte Entwicklungsstufe bezeichnen wir als ***soziales Bewusstsein***. Jetzt können wir andere Iche nicht nur erkennen (klassifizieren), sondern sie auch *identifizieren* und uns in sie hineinversetzen. Jetzt weiß ich, wodurch ich mich von anderen Individuen unterscheide und *kenne meine Rolle* in der Gemeinschaft. Auf dieser Basis unterscheiden wir zwischen einem ***existentiellen Selbst***, einem ***kategorialen Selbst*** und einem ***sozialen Selbst***. Die notwendigen und hinreichenden Kriterien dafür zeigt Bild 29.

S2: Fähigkeit, mit als gleichartig zum Eigensystem erkannten Objekten im Fremdsystem mittels Symbolen zu kommunizieren
S1: Fähigkeit, im Fremdsysteme Objekte zu identifizieren, deren Eigenschaften (Verhalten) denen des Eigensystems entspricht und sich damit in deren Lage zu versetzen

A6: Fähigkeit, durch Inversion erkannter Kausalbeziehungen notwendige Ursachen (Aktionen) zur Erzielung erwünschter Wirkungen abzuleiten
A5: Fähigkeit, Wunsch- und Zielszenarien abzuleiten und nach Priorität zu ordnen
A4: Fähigkeit, fiktive Wahrnehmungen in eine Symbolsprache zu überführen und mit deren Hilfe zu manipulieren
A3: Fähigkeit, aus Erfahrungen der Vergangenheit Vorstelungen möglicher Zukunftsszenarien abzuleiten
A2: Fähigkeit, beim Eigen- und Fremdsystem zwischen Global- und Spezialzuständen zu unterscheiden
A1: Fähigkeit, zwischen erwünschten und unerwünschten Zuständen des Eigen- und des Fremdsystems zu unterscheiden

P5: Fähigkeit, zwischen 4 Arten **von Kausalbeziehungen zu unterscheiden**:
1. Gesetze innerhalb der Umwelt
2. Einwirkungen der Umwelt auf das Ich
3. Auswirkungen eigener Aktionen auf die Umwelt
4. Erklärungen für das eigene Verhalten

P4: Fähigkeit, durch **Induktion** aus wahrgenommenen Korrelationen Fakten- und Regelwissen abzuleiten und so die Konsequenzen (und insbesondere deren Bedeutung für das Eigensystem) von Wahrnehmungen abschätzen zu können
P3: Fähigkeit, alle Wahrnehmungen in räumlicher und zeitlicher Hinsicht miteinander in Beziehung zu setzen und eine Biographie des Fremdsystems und eine **Autobiographie** des Eigensystems zu führen
P2: Fähigkeit, Teile des Fremdsystems anhand von Korrelationen als Teile des Eigensystems zu identifizieren = Entwicklung eines Körperbildes
P1: Fähigkeit, auf Basis einer Repräsentation der Welt zwischen einem Eigen-System (Innenwelt) und einem Fremdsystem (Außenwelt) zu unterscheiden = **Individuation**

Bild 29: notwendige und hinreichende Bedingungen
für verschiedene Stufen eines (erweiterten) Bewusstseins

Dabei kennzeichnen die Bedingungen P1 bis P5 das passive Bewusstsein (das existentielle Selbst - ich weiß, dass ich bin), die Bedingungen A1 bis A6 das aktive Bewusstsein (das kategoriale Selbst - ich weiß, wer ich bin und was ich kann) und die Bedingungen S1 und S2 das soziale Bewusstsein (das soziale Selbst - ich kenne meine Rolle in der Gemeinschaft).

Diese Darstellung verdeutlicht, wie wichtig es ist, einzelne Ausbaustufen von Bewusstsein zu unterscheiden und nicht nur global von Bewusstsein zu sprechen. Diese fehlende Abgrenzung ist ein wesentlicher Grund dafür, dass sich in der Philosophie, aber auch in der Wissenschaft keine klaren Definitionen für das Phänomen Bewusstsein finden. Man landet dann bei Aussagen, wie derjenigen von Searle: „Wie bei den meisten Wörtern lässt sich auch für »Bewusstsein« keine Definition mit Hilfe notwendiger und hinreichender Bedingungen angeben" (Searle 1993, S. 102), d.h. es wird einfach unterstellt, dass eine klare Definition von notwendigen und hinreichenden Bedingungen nicht möglich sei.

Wir können jetzt auch zu der vieldiskutierten Frage Stellung nehmen, ob Computer Geist besitzen oder nur Geist simulieren können. Diese Frage begegnet uns in der Literatur in unterschiedlichsten Varianten, wobei sich die Fragestellung einmal auf den Computer an sich, manchmal auf Computerprogramme und dann wiederum auf spezifische Arten von Programmen (z. B. KI-Programme oder neuronale Netze) bezieht. Fast nie wird dabei gefragt, *was* dem Computer oder einem Computerprogramm überhaupt bewusst werden soll und ob er hierfür nicht einer Körperlichkeit bedarf. Auch die Frage, ob hierbei Geist mit Bewusstsein und ggf. welcher Art von Bewusstsein gleichzusetzen ist, ist oft unklar. Und natürlich unterscheidet man auch nicht zwischen analoger und homologer Simulation (Berechnung), obwohl zuweilen die Frage auftaucht, ob geistige Vorgänge etwas mit Berechnung zu tun haben.

Unser Kommentar lautet: Jedes informationsverarbeitende System, das die in Bild 29 aufgeführten notwendigen und hinreichenden Kriterien erfüllt, hat auch Bewusstsein und zwar in der jeweils zugeordneten Ausbaustufe. Dabei ist irrelevant, ob es sich um ein Lebewesen oder ein künstliches System handelt, und ob es sich bei einem Artefakt um eine reale oder eine virtuelle Maschine (die durch ein Computerprogramm beschrieben ist) handelt. Auch gilt diese Aussage unabhängig davon, ob sich das explizite Wissen bzw. das Bewusstsein des Systems auf die reale oder eine virtuelle Welt bezieht und in welcher Form dieses Wissen repräsentiert wird, solange es explizit verfügbar ist und abgegriffen werden kann.

Wenn Metzinger meint: „Selbst wenn es uns gelänge, einer Maschine all die funktionalen Eigenschaften zu verleihen, die wir bei einem Menschen als Merkmale von Bewusstsein ansehen, würden wir deshalb noch lange nicht glauben, dass diese Maschine auch bewusst ist" (Metzinger, S. 683 in: Metzinger 2005), dann kann eine solche Auffassung nur solange aufrecht erhalten werden, wie wir uns nicht auf die notwendigen und hinreichenden Bedingungen für Bewusstsein einigen können. Da sich Bewusstsein schrittweise entwickelt hat, ist dies vor allem eine Frage der Abgrenzung und Definition einzelner Entwicklungsstufen. Auf dieser Basis lässt sich dann auch ableiten, welche Entwicklungsstufe künstliche Systeme jeweils gerade erreicht haben. Bewusstsein braucht dann nicht mehr als eine Eigenschaft definiert zu werden, die künstliche Systeme in einer bestimmten Entwickungshase gerade noch nicht erreicht haben. Metzinger schlägt deshalb vor: „Das beste und befriedigendste Kriterium für die Anerkennung eines nicht-biologischen Subjekts wäre vielleicht dann erfüllt, wenn das System uns überzeugend demonstriert, dass es das philosophische Problem des Bewusstseins verstanden hat und mit eigenen Argumenten in die Diskussion einzugreifen beginnt" (Metzinger, S. 684 in: Metzinger 2005). Wäre dies eine notwendige oder eine hinreichende Bedingung für Bewusstsein? Wenn wir dieses Kriterium als Nachweis für Bewusstsein heranziehen würden, gäbe es vermutlich auch viele Menschen, die dieser Anforderung nicht gerecht würden. Für Metzinger „würde die Situation erst dann (schwierig), wenn unser technischer Dämon höherwertige Zustände besäße, die es ihm erlaubten, genauere Aussagen über seine eigenen Zustände und bessere Prognosen seines zukünftigen Verhaltens zu produzieren als seine Konstrukteure" (Metzinger, S. 684 in: Metzinger 2005). Dieser Anforderung werden fußballspielende Roboter schon heute gerecht (Zimmermann 2007). Da die Repräsentationen ihrer Umwelt und ihres eigenen Zustandes in ihrem Computergehirn nur dem Computer, nicht aber Außenstehenden zugänglich sind (sofern sie nicht abgerufen und vom Entwickler in einem konkreten Fall näher analysiert werden), kann ein Außenstehender aus der Dritten-Person-Perspektive nie genau vorhersehen, was der Roboter in einer konkreten Situation tun wird auf Basis der ihm verfügbaren Informationen, d.h. seiner Erste-Person-Perspektive. Dies gilt insbesondere dann, wenn Roboter zusätzlich lernfähig sind und es gilt unabhängig davon, ob ein Roboter Bewusstsein hat oder nicht. Verhaltensprognosen erfordern eben nicht nur Kenntnis der Gesetze der Informationsverarbeitung, sondern auch Kenntnisse der Ausgangsinformationen, die der Verarbeitung unterzogen werden sowie der internen Systemzustände, auf die diese Inputinformationen treffen.

4.5 Die evolutionären Triebfedern für die Entwicklung von Bewusstsein

„Eine vollständige Bewusstseinstheorie sollte genau angeben können, welche Organismen - ob sie biologischen Ursprungs sind oder nicht - unter welchen Umständen Bewusstseinszustände haben" (Christof Koch in: GEO Wissen Nr.38, 2006, S. 30).

Eine solche Anforderung kann nur erfüllt werden, wenn wir uns klar darüber werden, welches der „evolutionäre" Nutzen der einzelnen Bewusstseinsstufen ist und welche Triebfedern die Weiterentwicklung des Bewusstseins zu höheren Stufen vorangetrieben haben. Dretske macht es sich sicher zu leicht mit seiner Aussage: „Wenn ich aber Bewusstsein habe, und meine sehr entfernten Vorfahren es nicht hatten, wann fing es bei meinen weniger entfernten Vorfahren an, dass sie Bewusstsein hatten? Sobald man einem armen Menschen fortwährend Pfennige zusteckt, wird er reich" (Dretske 1998a, S. 171). Entsteht Bewusstsein also einfach dadurch, dass sich das Gehirn zu einem immer komplexeren System entwickelt hat, bringt Komplexität und „Anhäufung von Neuronen" automatisch Bewusstsein hervor? Hier räumt Dretske ein: „Einzelne Menschen - Sie und ich - erlangen ihr Bewusstsein nicht allmählich" (Dretske 1998a, S. 170). Könnte es aber sein, dass Bewusstsein allmählich verschwindet, wenn man biologische Gehirnneuronen durch künstliche ersetzt? John Searle geht davon aus, dass der sukzessive Ersatz von Gehirnteilen dazu führt, „dass unser bewusstes Erleben allmählich zu nichts zusammenschrumpft, während unser äußerlich beobachtbares Verhalten gleich bleibt" (Searle 1993, S. 85). Solche Vorstellungen werfen zwei Frage auf: 1. Spielt die materielle Substanz eine Rolle? Auf Basis unserer bisherigen Ausführungen lautet die Antwort nein. 2. Was soll man sich unter einem „allmählichen Schrumpfen" des Bewusstseins vorstellen? Einzelne Entwicklungsstufen des Bewusstseins lassen sich im obigen Sinne definieren und aus der Entwicklung des Gehirns ableiten. Es bedarf dazu irgendwelcher evolutionärer Triebfedern und die Frage ist, welches diese Triebfedern sind. Ohne deren Verständnis versteht man auch nicht das Bewusstsein!

Roth schreibt: „Die Entwicklung der Ich-Empfindungen verläuft parallel zur Ausreifung des Gehirns" (Roth in Pauen/Roth 2001, S. 203). Kennzeichnung dieser Entwicklung sind für ihn folgende Gehirnregionen:

- Scheitellappen = Grundlagen der Körperempfindungen und des körperzentrierten Weltbildes
- Schläfenlappen = Wahrnehmungs-Ich, bewusstseinsfähiges Gedächtnis, Wahrnehmungen und deren Bedeutung, Emotionen
- Stirnlappen = Arbeitsgedächtnis, Bewusstseinsstrom, zeitliche Struktur der Umwelt, eigenes Denken, Sprechen, Handeln und Relevanz der Außenwelt.

Wichtig ist bei dieser Diskussion auch die Aussage von Delacour: „Bewusstsein bedeutet einen hohen Aufwand für das Gehirn. ... Aus biologischer Sicht ist es zweifellos von Vorteil, nur dann in den energetisch teureren Modus zu schalten, wenn unsere Automatik nicht ausreicht. Daher gehören auch unerwartete oder neue Situationen zu den häufigsten Ursachen für die Bildung bewusster Repräsentationen" (Jean Delacour - Was kann die Neurobiologie erklären? In: SPEKTRUM der Wissenschaft Spezial - Bewusstsein. 1/2004, S. 15).

Auf Basis von Bild 29 (S. 259) lässt sich verstehen, welche zusätzlichen Möglichkeiten die verschiedenen Ausbaustufen des Bewusstseins jeweils eröffnen.

Auf unteren Entwicklungsstufen sind Lebewesen reine Reiz-Reaktions-Maschinen. Die bewusste Wahrnehmung von Reizen bringt dann Vorteile, wenn nicht sofort auf einen Reiz reagiert wird, sondern das Wissen um den Reiz gespeichert und zeitlich versetzt genutzt wird. Ab dieser Stufe kann man bereits von ***phänomenalem Bewusstsein*** sprechen. Die Fähigkeit, logische und kausale Abhängigkeiten zwischen verschiedenen Reizen zu erkennen, führt zu einer Strukturierung der Welt. Diese besteht dann nicht mehr nur aus Qualia, sondern aus Objekten mit Merkmalen, die wir als Qualia erleben. Kausale Abhängigkeiten werden jetzt als Abhängigkeiten zwischen Objekten erlebt. Diese können im Geiste manipuliert werden, was Vorhersagen über das zu erwartendes Verhalten von Objekten eröffnet und damit die Möglichkeit bietet, das eigene Verhalten darauf abzustimmen. Diese Fähigkeit ermöglicht es dann wiederum, den eigenen Körper nicht nur als eine Ansammlung von Gefühlen zu erleben, sondern als ein Objekt, das diese Gefühle hat, so wie sich auch alle anderen Objekte durch jeweils spezifische Eigenschaften auszeichnen. Jetzt kann auch ermittelt werden, welche Einflüsse welche Gefühle auslösen. Diese erhalten dadurch eine Bedeutung. Diese Merkmale kennzeichnen das ***Kernbewusstsein.*** Das ***Erweiterte Bewusstsein*** vermittelt schließlich die Fähigkeit, sich an vergangene Ereignisse zu erinnern und Vorstellungen möglicher zukünftiger Szenarien zu entwickeln. Auf dieser Entwicklungsstufe spricht die Philosophie von einer ***Person,*** was natürlich voraussetzt, dass künstliche Artefakte diese Stufe nicht erreichen, es sei denn, wir würden ihnen dann auch den Status einer Person zubilligen. Das erweiterte Bewusstsein resultiert aus spezifischen Qualia-Erlebnissen (Erleben der Zustände des eigenen Körpers) in Verbindung mit der Fähigkeit, diese in einem Selbst in Raum und Zeit zu integrieren. Erweitertes Bewusstsein geht schließlich einher mit der Fähigkeit, Artgenossen zu unterscheiden und zu identifizieren und sie schließlich mit Ereignissen in der Vergangenheit in Verbindung zu bringen. Diese Fähigkeit gewinnt bei Primaten an Bedeutung, wenn diese in Gruppen leben und gemeinsam ihre Nahrung erbeuten. Für die einzelnen Individuen in der Gruppe ist es dann wichtig, das ***soziale Gruppengefüge*** zu kennen. Dies schließt die Kenntnis der eigenen Fähigkeiten und der eigenen Stellung in der Gruppe voraus. Bei Rhesusaffen beispielsweise setzt der Dominante seine Vorrechte durch und sorgt dafür, dass ihn die Rangniedrigeren fürchten. Bei Schimpansen dagegen muss auch die Wirkung des eigenen Verhaltens auf die anderen Gruppenmitglieder samt der daraus resultierenden Folgen abgeschätzt werden können. Letztlich setzt dies ein Wissen über das eigene Ich voraus und kennzeichnet den Übergang zum ***erweiterten Bewusstsein.*** Dies ist wiederum die Basis, um sich in die Lage der anderen versetzen können. Das Nachempfinden des Wissens und Erlebens anderer Artgenossen nennt man ***Empathie.*** Sie ist verknüpft mit individuellen Beziehungen, Zuneigungen und Bindungen und setzt die Fähigkeit voraus, zwischen dem Ich und den anderen zu unterscheiden, sowie die Erkenntnis, dass auch andere über Selbstbewusstsein verfügen. Dies ist wichtig, wenn man Verbündete zur Durchsetzung eigener Interessen benötigt. Dafür bilden höhere Primaten oft ***Koalitionen.*** Das erfordert aber einen Überblick über die Parteizugehörigkeit, den Rang und das Verhalten der anderen Gruppenmitglieder. Dieses System der Wechselseitigkeit schließt neben Unterstützung auch Vergeltung ein. Dieser ***reziproke Altruismus*** ist dadurch charakterisiert, dass

- die Unterstützung eines anderen zunächst nur diesem einen Vorteil verschafft und aus Sicht des Helfenden eine Vorleistung ist
- zwischen Geben und Erhalten eine gewisse Zeit verstreicht
- eine Abhängigkeit zwischen Geben und Nehmen existiert.

Beim Helfen wird stets eine zukünftige Erwiderung der Gefälligkeit erwartet. Dies setzt aber voraus, dass man die einzelnen Gruppenmitglieder auseinanderhalten kann und deren Guthaben- und Schuldenkonto kennt. Ein Gefühl für ***Gerechtigkeit*** resultiert dann aus Erwartungen darüber, wie Nahrung geteilt oder wie man behandelt werden sollte. Jeder weiß dann, wie er sich verhalten sollte und was er von den Anderen erwarten kann. Jedes Mitglied einer Gesellschaft muss im Laufe seines Lebens lernen, welches Verhalten toleriert wird und wo die von der Gruppe gesetzten Grenzen verlaufen. Dafür gibt es ein System der gegenseitigen Verhaltenskontrolle. Es ist unschwer zu erkennen, dass solche Verhaltensregeln ein erweitertes Bewusstsein voraussetzen.

Hier wird auch deutlich, dass die in der Philosophie diskutierte ***Zombie***-Frage, auch als ***Absent-Qualia*** These bekannt, eine unrealistische Spekulation ist. Exemplarisch formuliert sie Searle so: „Wir könnten zwei Systeme mit identischem Verhalten haben, von denen eines Bewusstsein hat und das andere nicht" (Searle 1993, S. 89). Unser Kommentar: Wenn ein System reziproken Altruismus praktiziert, dann verfügt es über ***soziales Bewusstsein,*** denn ohne die oben angegebenen (Bild 29, S. 259) notwendigen und hinreichenden Bedingungen für soziales Bewusstsein ist reziproker Altruismus nicht möglich.

Eine Frage bleibt aber noch zu diskutieren, nämlich die, ob für aktives Bewusstsein die in Bild 29 (S. 259) unter A4 definierte Bedingung (Nutzung einer Symbolsprache) ein notwendiges Kriterium ist.

4.6 Kommunikation, Sprache und Bewusstsein

Ist Kommunikationsfähigkeit eine notwendige Voraussetzung für Bewusstsein, oder doch zumindest für soziales Bewusstsein?

Kommunikation zwischen Lebewesen begegnet uns in den verschiedensten Formen. Sie reicht von Gestik bis zu Lautäußerungen. Die Tatsache, dass derartige Informationen von den Empfängern „richtig gedeutet" werden, d.h. dass diese instinktiv angemessen darauf reagieren, ist kein Beweis dafür, dass sie die Botschaft verstehen. Es kann auch schlicht bedeuten, dass die Empfänger evolutionär bedingt auf bestimmte Reize in einer genetisch fixierten Form reagieren. Am deutlichsten wird dies bei Ritualen im Tierreich; sie sind reine Instinkthandlungen, wobei weder der Sender noch der Empfänger die Botschaft „verstehen". ***Symbole*** wie ***Mimik, Warnrufe*** vor Feinden, ***Lockrufe*** zur Futterquelle oder Laute zur Herbeirufung von Partnern oder Jungen lösen dann genetisch fixierte Reaktionen aus. Auf der höchsten Stufe gingen daraus das individuelle Erkennen, die Sprache und Schrift hervor. Sie ermöglichen Informationsaustausch über die Welt und schließlich auch über Gefühle, Wünsche, Bedürfnisse und Ansichten. Die Erweiterung des Denkens und der Kommunikation durch die Nutzung von Symbolen bringt zwei wesentliche Vorteile mit sich. Sie ermöglicht die geistige Manipulation auch von abstrakten Sachverhalten und die Weitergabe von Informationen ohne Demonstrationsobjekte. Wie aber denken und kommunizieren taubstumme Menschen? Sie können sich gesprochene Worte im Geiste nicht vorstellen, da sie sie nie gehört haben, und daher auch keine stumme verbale Zwiesprache mit sich selbst halten. Die Antwort lautet: sie denken in der Gestik der Taubstummensprache. *Denken bedarf also keiner verbalen Sprache.* Wenn Köhler schreibt: „Unumstritten jedoch scheint, dass das Verstehen eines der Hauptbestandteile menschlicher Kommunikation, nämlich der Sprechakte, explizit oder implizit, an die Verwendung sprachlicher Symbole gebunden ist" (Wolfgang R. Köhler: Intentionalität und Personenverstehen in: Forum f. Philosophie 1990, S. 275), dann zeigt die Kommunikation und Denkweise von taubstummen Menschen, dass auch visuelle Symbole die Rolle sprachlicher Symbole übernehmen können. Bestimmte Denkinhalte und -vorgänge werden aber durch geistige Manipulation von Symbolen unterstützt. Wie in Kapitel 2.2 ausgeführt bringt die geistige Manipulation auditiver oder visueller Symbole bei Überlegungen (man denke an mathematische Probleme) stets Vorteile gegenüber bloßer Produktion von Vorstellung (wie gelange ich als Affe an eine Banane).

Ganz anders stellt sich die Situation dar, wenn Informationen nicht unmittelbar in genetisch bestimmte Aktionen umgesetzt werden, sondern als Input für fallspezifische individuelle Entscheidungen über angemessenes Verhalten dienen. „Kommunikative Handlungen sind Spezialfälle intentionaler Handlungen, genauer: spezielle Fälle eines Handelns mit einer bestimmten Absicht" (Georg Meggle: Intention, Kommunikation und Bedeutung in: Forum f. Philosophie 1990, S. 89). Dazu muss die Bedeutung der Information erkannt werden, d.h. die möglichen Konsequenzen die sich aus der Information ergeben oder ergeben können. Wie in Kapitel 1.1 ausgeführt wird die ***Bedeutung*** von Zeichen aus Erfahrung induktiv erschlossen, sofern es nicht eine Vereinbarung zwischen Sender und Empfänger gibt, wie die übermittelten Informationen zu deuten sind. Das Problem eines maschinellen Sprachverständnisses entspricht daher dem Problem des Menschen, die Sprache der Tiere zu verstehen, wobei jedoch der Mensch durch Verhaltensbeobachtung induktive Schlüsse über die Bedeutung einer

Botschaft ableiten kann. Daraus wird in der Philosophie des Geistes abgeleitet, insbesondere von John R. Searle, dass Computer die Bedeutung von Sprache deshalb nicht verstehen können, weil sie nur Zeichen manipulieren, aber keinen Bezug herstellen können zwischen diesen Zeichen und Ereignissen in der realen Welt bzw. Wirklichkeit. Dabei übersieht er, dass auch das menschliche Gehirn keinen direkten Zugang hat zur realen Welt, sondern lediglich zu deren Repräsentation innerhalb des Gehirns. Wenn aber das Gehirn die Bedeutung einer aus der Umwelt eintreffenden Nachricht daraus erschließen kann, dass es Beziehungen herstellt zwischen seiner internen Repräsentation dieser Nachricht und der internen Repräsentation der Welt, dann gibt es keinen Grund dafür, warum dies nicht auch für einen Computer möglich sein sollte, der als „Computergehirn" eines Roboters fungiert, und der ebenfalls mit irgendwelchen Sensoren Informationen aus der Umwelt aufnimmt und interpretiert.

Der entscheidende Punkt ist nämlich folgender: Wir können die Wörter einer Sprache auffassen als zusätzliche Merkmale, die wir mit Objekten und Ereignissen verknüpfen. Das Wort „Stuhl" wird dann zu einem Merkmal eines Stuhles, wie die Merkmale „hat Beine" oder „man kann darauf sitzen" und ähnliche. Das *gehörte* Wort „rot" wird zu einem Merkmal das die als rot *gesehene* Farbe in einer anderen Sinnesmodalität (auditiv) beschreibt. Und das Wort „gehen" wird der abstrakten Klasse aller gesehenen „Gehbewegungen" zugeordnet. Aus gehörten Worten leiten sich dann Objekte und Ereignisse ab, die wir in unserer Vorstellung mit anderen Sinnesmodalitäten ergänzen. Dem gehörten oder gelesenen Wort „Stuhl" ordnet das Gehirn dann die visuelle Vorstellung eines Stuhles zu. Ähnlich wie Objekte und Ereignisse durch ***somatische Marker*** (s.o.) mit Gefühlen verknüpft werden, werden sie jetzt zusätzlich mit gehörten Worten verknüpft. Wir können deshalb die ***Sprache als auditiven Marker*** betrachten. Was wir sehen, riechen, schmecken oder ertasten, verknüpfen wir jetzt nicht mehr nur mit Gefühlen, sondern auch mit Worten. Und diese Worte können sich auf Merkmale (z. B. rot oder hart), auf Objekte (z. B. Stuhl oder Auto), auf Vorgänge (z. B. gehen oder fliegen), auf Ereignisse (z. B. ein Fußballspiel) oder auf Zeitpunkte (z. B. jetzt oder gestern) beziehen. Betrachtet man, wie Kleinkinder Sprache erlernen, dann erkennt man, dass dies dadurch geschieht, dass sie versuchen, gehörte Worte mit anderen Wahrnehmungen zu verknüpfen und so die Bedeutung von Worten zu erschließen. Da wir uns aber oft nur schwer in die Erlebniswelt von Tieren versetzen können, die ganz andere Sinneswahrnehmungen haben, können wir auch nur bedingt erschließen, was sie mit bestimmten Lautäußerungen zum Ausdruck bringen möchten (man denke an die Sprache der Wale oder Delphine). Anders liegen die Verhältnisse im zwischenmenschlichen Bereich, insbesondere innerhalb eines Kulturkreises. Wir erinnern noch einmal an Roths Aussage: „In dem Maße, in dem ich diese immer spezifischer werdenden konsensuellen Bereiche mit anderen Menschen teile, *verstehe* ich mich mit ihnen, d.h. ich ordne bestimmten Signalen (meist Worte, aber auch Mimik und Gesten sowie Geräusche) dieselben Bedeutungen zu. Missverstehen ist das Fehlen solcher gemeinsamer Bedeutungszuordnungen" (Roth 1997, S. 336). „Man kann eine Sprache als eine Art kollektiven Gedächtnisses einer bestimmten Kultur auffassen" (Spitzer 2000, S. 255).

Die *Voraussetzungen für die Ausbildung von Sprache und Sprachverständnis* sind dieselben wie die, die die Entwicklung von Selbst-Bewusstsein ermöglichten. In Bild 28 (S. 254) war dies vor allem das *objektbezogene phänomenale Bewusstsein,* welches die Fähigkeit voraussetzt, raumzeitliche Gesetzmäßigkeiten zwischen Qualia-Merkmalen zu erkennen (hier zwischen Worten und anderen Sinneswahrnehmungen), und Sinnes- sowie Selbstwahrnehmungen als Objekte und Ereignisse zu erleben (denen dann die Worte der Sprache zugeordnet werden), Vorstellungen von Objekten und Objekteigenschaften zu bilden und diese nicht nur mit Freuden und Ängsten, sondern auch mit Worten zu verknüpfen. Dabei ist zwischen verschiedenen Erkenntnisstufen (Bild 11, S. 102) zu unterscheiden, wenn man davon ausgeht, dass Sprache aus Sicht des Gehirns letztlich auch nur aus Zeichen besteht, die wie die Informationen von anderen Sinnesorganen einer Interpretation durch das Gehirn bedürfen. Wenn sich das Gesprochene auf mich selbst bezieht, bedarf es dazu natürlich eines Kernbewusstseins. Und wenn zusätzlich von vergangenen oder möglichen zukünftigen Ereignissen gesprochen wird, setzt dies ein erweitertes Bewusstsein voraus.

Auf Basis der bisherigen Ausführungen können wir jetzt Stellung beziehen zu John Searles ***chinesischem Zimmer***. Dabei wird ein Mensch ohne Kenntnisse der chinesischen Sprache in ein Zimmer eingeschlossen. Man übergibt ihm einen Vorrat an chinesischen Schriftzeichen und ein Regelwerk, das ihm sagt, wie diese Schriftzeichen miteinander zu kombinieren sind. Die nach diesem Regelwerk abgeleiteten Aussagen sollen denen eines Menschen entsprechen. Jetzt werden chinesische Schriftzeichen von Menschen mit chinesischen Kenntnissen unter der Türe hindurch in das Zimmer geschoben. Der Mann im Zimmer wählt nach den Regeln seines Handbuches geeignete chinesische Schriftzeichen aus, die er als Antwort wieder unter der Türe hindurch nach außen zurückschiebt. Searle behauptet nun, dass die außen stehenden Chinesen nicht entscheiden könnten, ob die ihnen übergebenen Antworten durch echtes Verstehen oder lediglich durch formale Zeichenmanipulation, also durch irgendeinen Algorithmus zustande gekommen seien. Wenn man jetzt davon ausgeht, dass die Ersteller des Handbuches Programmierer und die im Handbuch niedergelegten Regeln ein Computerprogramm sind, ist nach Searle der Nachweis erbracht, dass der ***Turing Test*** auch durch reine Zeichenmanipulation ohne jegliches Verständnis der Bedeutung der Zeichen erfolgreich bestanden werden kann. Das chinesische Zimmer „zeigt, dass ein System ein Programm so realisieren könnte, dass dieses System eine perfekte Simulation irgendeiner menschlichen kognitiven Fähigkeit (wie z. B. der Fähigkeit, chinesisch zu verstehen) abgäbe, ohne dass dieses System jedoch das mindeste Verständnis des Chinesischen besäße" (Searle 1993, S. 62). Allerdings meint Searle a.a.O.: „Das Unausgesprochene ist genauso Bestandteil von Bedeutung wie das Gesprochene" (Searle in Winograd/Flores 1989, S. 103).

Ramachandrans Kommentar zu derartigen Gedankenexperimenten liest sich so: „Solche merkwürdigen Scheinexperimente (der Philosophen) lassen sich in der Wirklichkeit praktisch nie durchführen. ... (Sie können) sehr irreführend sein und enthalten oft stillschweigende Annahmen, die erst einmal überprüft werden müssten" (Ramachandran, S. 367f).

Betrachten wir also einmal näher, von welchen Prämissen Searle bei seiner Aussage ausgeht. Eine wesentliche Prämisse in Searles Gedankenexperiment ist die, dass man aus einzelnen chinesischen Schriftzeichen sinnvolle Antworten ableiten könne. Die Problematik dieser Unterstellung wird sofort deutlich, wenn wir die chinesischen Schriftzeichen durch deutsche ersetzen. Müssen wir einzelne Worte, ganze Sätze oder eine gesamte Abhandlung zur Verfügung stellen, um die Generierung sinnvoller Antworten durch das chinesische Zimmer zu ermöglichen? Searle schreibt: „Der Input des Systems besteht aus chinesischen Symbolen (es handelt sich um Fragen); der Output des Systems besteht aus chinesischen Symbolen (es sind Antworten auf die Fragen). Wir können annehmen, dass das Programm so gut ist, dass die Antworten sich nicht von denen unterscheiden würden, die ein chinesischer Muttersprachler auf diese Fragen geben würde" (Searle 1993, S. 62).

Zunächst einmal bleibt festzustellen, dass chinesische Zeichen deutschen Wörtern entsprechen. Sinnvolle Antworten lassen sich aber nicht aus einzelnen Worten ableiten. Wenn Searle behauptet, das chinesische Zimmer könne solche Antworten liefern, dann setzt dies voraus, dass es als Input nicht einzelne chinesische Zeichen, sondern ganze Zeichenfolgen, d.h. ganze Sätze erhält. Das bedeutet aber, dass das Regelwerk im chinesischen Zimmer nicht zu einzelnen Wörtern, sondern zu jedem möglichen Input-Satz eine geeignete Antwort bereithalten muss. Searle hält es also für praktikabel, dass ein Regelwerk erstellt werden kann, das für alle überhaupt denkbaren Fragen sinnvolle Antworten bereithält. Michael Pauen bemerkt ganz richtig, dass das chinesische Zimmer Wiederholungen bei Fragestellungen sowie Bezüge zum vorausgegangenen Dialog gar nicht erkennen kann. Würde dies berücksichtigt, ergäbe sich eine kombinatorische Explosion. Das chinesische Zimmer ist nämlich völlig unflexibel und nicht lernfähig (Pauen 2001, S. 151).

Es fällt weiterhin auf, dass das chinesische Zimmer nur über ein *prozedurales Regelwissen* (vgl. Bild 8, S. 78) verfügt. Searle behauptet also, dass das chinesische Zimmer ohne jegliches deklarative Fakten- und Regelwissen sinnvolle Antworten liefern kann und eine perfekte Simulation menschlicher kognitiver Fähigkeiten ermöglicht; eine abenteuerliche Vorstellung! Zumindest stellt sich hier die nahe liegende Frage, wozu es dann überhaupt deklarativer Wissensinhalte bedarf. Fragen wir das chinesische Zimmer also einfach einmal, wie das Wetter gestern war! Das chinesische Zimmer ist in der Terminologie der Automatentheorie keine „finite state machine" mit inneren Zuständen, die den Output mit beeinflussen, sondern ein ***trivialer Automat,*** der Inputsignale direkt in Outputsignale umwandelt, sonst nichts.

Hier ist allerdings anzumerken, dass sich Searle auf sog. ***Skripts*** (Drehbücher) bezieht, die auf Roger Schank und Robert Abelson zurückgehen. Sie erkannten, dass alltägliche Ereignisse aus bestimmten Handlungsketten bestehen, was sie am Beispiel eines Restaurantbesuchs verdeutlichen. So war es möglich, eingegebene Geschichten mit Teilen solcher Skripts zu verknüpfen und Übereinstimmungen mit und Abweichungen von den Skripts und damit das Charakteristische jeder Geschichte herauszufinden. Auf dieser Basis entstand 1975 das Programm ***SAM*** (Script Applier Mechanism) von Richard Cullingford, das Fragen zu einer zuvor eingegebenen Geschichte beantworten konnte, die es indirekt aus dem Inhalt erschloss. Beispielsweise wurde das Skript eines typischen Autounfalles genutzt, um Zeitungsberichte über solche Unfälle auszuwerten und zu verstehen. Dabei wurden die

Zeitungsartikel mit Hilfe semantischer Primitiver rechnerintern repräsentiert, indem die Beziehungen zwischen den Objekten und Subjekten des Geschehens definiert wurden. Daraus wurden dann Antworten zu gestellten Fragen abgeleitet, die ihrerseits wieder in englische Sätze zurückverwandelt wurden. So konnten dann maschinell Kurzfassungen der zugrundeliegenden Zeitungsartikel erstellt und Antworten aus Informationen durch kausale Analysen abgeleitet werden, die nur implizit im Text enthalten und nicht explizit aufgeführt waren. Dieser „verstehende Mechanismus" hat Erwartungen über die Beschaffenheit spezifischer Texte, indem er ein „Vorwissen" in Skriptform und damit ein Faktenwissen zum entsprechenden Thema besitzt. Das ist allerdings mehr, als die Transformation eingegebener chinesischer Zeichen nach vorgegebenen Regeln in eine Folge von auszugebenden Zeichen. Und natürlich kann ein solches System nur Fragen beantworten, die sich aus dem Skript logisch deduktiv erschließen lassen, nicht aber Fragen etwa zu einzelnen Objekten des Geschehens, die im System nicht als Hintergrundwissen verankert sind (z. B. wie viele Räder hatte das Auto?).

Für den Roboterforscher Rodney Brooks ist deshalb das Gedankenexperiment des chinesischen Zimmers in der Praxis einfach nur lächerlich. Sagen wir es mit anderen Worten: Das chinesische Zimmer ist nichts weiter als der *Regelinterpreter in einem Expertensystem,* der ein „Pattern-Matching", also einen Musterabgleich durchführt zwischen den eingegebenen chinesischen Schriftzeichen und denjenigen im Bedingungsteil der Regeln in seiner Wissensbasis. Nach dieser Methode wird dann eine geeignete Regel ausgewählt, die die Antwort liefert. Die praktische Erfahrung zeigt, dass es nicht möglich ist, Expertensysteme mit den von Searle unterstellten Fähigkeiten zu bauen. Dies demonstriert eindeutig der jährlich von dem Soziologen und KI-Vertreter Hugh Loebner ausgesetzte ***Loebnerpreis-Wettbewerb*** in künstlicher Intelligenz. Er schränkt den Turing-Test auf zuvor festgelegte Themenbereiche ein, wie z. B. Baseball, Politik, Kochen, Eheprobleme und ähnliches. Trotzdem zeichnen sich bereits hier die Grenzen von Searles Gedankenexperiment deutlich ab. Der Linguist Steven Pinker sagt deshalb ganz richtig: „Searles Taktik besteht darin, dass er immer und immer wieder an den gesunden Menschenverstand appelliert .... Aber die Wissenschaftsgeschichte war den einfachen Intuitionen des gesunden Menschenverstandes nicht besonders hold, um es vorsichtig auszudrücken" (Pinker 1998, S. 123).

Douglas Lenat hat sich an einem System versucht, das eigenständig Wissen sammeln sollte. Zehn Jahre lang hat er seinem ***Programm CYC*** (von enCYClopedic) menschliches Alltagswissen, die menschliche Begriffswelt und den gesunden Menschenverstand in Form von Regeln und Mikrotheorien eingetrichtert in der Hoffnung, das System so weit zu bringen, dass es eines Tages, aufbauend auf diesem Wissensschatz, eigenständig sein Wissen mehren könnte. Nachdem 170 Mannjahre investiert waren, musste er erkennen, dass er sich mit dieser Aufgabe übernommen hatte. Dabei ist allerdings zu beachten, dass man eben nicht durch Anhäufung von Wissen über Detailfakten zu einem Verständnis der Welt gelangt, sondern durch die Strukturierung, sukzessive Ergänzung und Verfeinerung von Wissen. Wie dies zu bewerkstelligen ist, zeigt das objektorientierte Design in der Informatik. Dabei ist Wissen in Klassenhierarchien geordnet. Oberklassen (Superklassen) sind dann Verallgemeinerungen von ihnen zugeordneten Unterklassen (Subklassen). Z.B. gehören Menschen zur Oberklasse der Primaten, die ihrerseits wiederum eine Unterklasse der Säugetiere sind. Die Merkmale der Oberklassen (z. B. Säugetiere) gelten dann automatisch auch für die Unterklassen (z. B. Menschen), man sagt, sie werden vererbt. Man kann dann bei fehlendem Wissen über die Objekte einer Subklasse zumindest auf das „unscharfe" Wissen über die Objekte ihrer Oberklasse zurückgreifen. Es gibt dann nicht mehr nur die Alternativen Wissen/Nichtwissen, sondern ein mehr oder weniger detailliertes Wissen, das sukzessive ergänzt werden kann, wenn deutlich wird, welches Wissen abgeht. Dies setzt natürlich voraus, dass zumindest ein Wissen über die Klassenzugehörigkeit von Objekten vorliegt.

Betrachtet man in unserem Sinne Sprache als einen auditiven Marker, der auf ein deklaratives Wissen verweist und uns hilft, Vorstellungen von Qualia im Geiste zu manipulieren, wird unmittelbar deutlich, dass ohne ein entsprechendes Hintergrundwissen weder das Gehirn noch ein Computer gesprochener oder geschriebener Sprache eine Bedeutung zuordnen kann. Terry Winograd hat dies einmal so ausgedrückt: „Wörtliche Bedeutung als Verständniskonzept (ist) selbst im Umgang mit Allerweltsbeispielen untauglich .... Hintergrundbezug und Interpretation durchziehen unser gesamtes Alltagsleben ..... Streichen wir nämlich beim Verstehen die Rolle der Interaktion, so stehen wir nicht vor dem Bedeutungskern, sondern halten Hülsen ohne Inhalt in der Hand" (Winograd 1989, S. 186f).

Bei Anfragen an das Internet wird es immer wichtiger, dass das Internet versteht, was der Anfrager möchte. Mit Hilfe sog. ***RDF*** (**R**esource *D*escription *F*ramework)-Codes versucht man dabei die Bedeutung von Begriffen so darzustellen, dass sie maschinell verarbeitet werden können. In ***Ontologien*** werden dafür die Beziehungen zwischen Objekten definiert, Begriffshierarchien dargestellt, und Zusatzinformationen zu den einzelnen Begriffen in einer Wissensbasis hinterlegt. Die Kombination von Ontologien mit Schlussregeln bietet dann die Möglichkeit der Bedeutungsanalyse von Begriffen innerhalb von Dokumenten. Es entstehen so ***Begriffswelten,*** die die Abhängigkeiten zwischen einzelnen Begriffen abbilden. Ein solches Hintergrundwissen ist auch eine notwendige Bedingung um Bedeutungen zu erschließen, die relevant sind für eine angemessene Abbildung einer Sprache auf eine andere, das heißt für die Auswahl der jeweils passenden Worte und Satzformulierungen. Begriffsontologien sind aber nicht hinreichend um von Sprachverständnis sprechen zu können. Von ***Verständnis*** wollen wir erst dann sprechen, wenn die einzelnen Begriffsontologien der Repräsentation realer Objekte und Sachverhalte zugeordnet werden, mit denen konkrete Erfahrungen verknüpft sind, wenn also vom Zeichen zum Bezeichneten ein Bezug hergestellt wird, wenn m.a.W. Zeichen die Funktion von auditiven Markern übernehmen.

Zum tieferen Verständnis darüber, was es bedeutet, Sprache zu verstehen, muss man auf die Sprechakttheorie zurückgreifen. Die ***Sprechakttheorie*** unterscheidet zwischen dem ***intentionalen und dem propositionalen Gehalt einer Aussage***. Die ***Proposition*** bezieht sich auf den Inhalt bzw. Gehalt einer Aussage, die ***Intention*** auf die mit ihr verknüpfte Absicht, d.h. den Modus bzw. Typ des Sprechaktes (Unterrichtung, Frage, Anweisung u.ä.). Sind diese nicht explizit angegeben, müssen sie erschlossen werden, und dies erfordert die Betrachtung des Kontextes, in dem Zeichen auftreten. Von Verstehen kann man daher erst sprechen, wenn ein Automat den Gehalt (die Proposition) einer Aussage versteht, unterschiedliche Aussagenmodi auseinander halten kann und sein Verhalten bzw. seine Antwort an den jeweiligen Aussagenmodi orientiert. Und diesen Anforderungen wird Searles chinesisches Zimmer nicht gerecht. Dies gilt sowohl für den Bewohner des chinesischen Zimmers als auch für das chinesische Zimmer als Ganzes.

In der Sprechakttheorie unterscheidet man bei Intentionen verschiedene ***Sprechakt-Typen***. Solche Typen sind:

- assertiv (Feststellungen, Beschreibungen, Klassifikationen, Erklärungen)
- direktiv (Bitten, Anordnungen, Befehle)
- expressiv (Dank, Gratulation, Kondolation, Entschuldigung)

- kommissiv (Versprechen, Gelöbnisse, Zusicherungen, Verträge)
- deklarativ (Erklärungen, Festlegungen)

Man kann Aussagen jetzt in der Form R(p) ausdrücken, wobei R den ***Sprechakttyp*** ausdrückt (Frage, Feststellung, Aufforderung ...) und p den ***propositionalen Gehalt*** auf den sich R bezieht.

Sei also beispielsweise der propositionale Gehalt p die Aussage „es regnet", dann lautet R(p) falls R= assertiv: „es regnet", falls R = direktiv: „es soll regnen", falls R = expressiv: „leider regnet es", „Gott sei Dank regnet es" o.ä., falls R kommissiv: „es wird sicherlich regnen" und falls R = deklarativ: „es regne".

Auf Basis dieser Überlegungen können wir jetzt klären, welches die Voraussetzungen zum Verständnis von Sprache sind. Nehmen wir als Beispiel maschinelles Sprachverständnis.

1. Automaten müssen den Gehalt (die Proposition) einer Aussage verstehen. Dazu müssen die Aussagen an einer internen Repräsentation gespiegelt und mit einer dort hinterlegten These beziehungsweise einem internen Modell abgeglichen werden (Hypothesenverifikation)
2. Automaten müssen unterschiedliche Aussagenmodi (Intentionen) auseinanderhalten, d.h. sie müssen zwischen einer Frage, einer Behauptung, einem Versprechen usw. unterscheiden können. Der Aussagenmodus kann explizit angegeben werden, ansonsten muss er erschlossen werden. Ob das chinesische Zimmer nur auf Fragen antworten kann, oder auch auf Anordnungen, Feststellungen u.ä., ob es also überhaupt verschiedene Modi unterscheiden kann, wäre noch zu klären (Was antwortet das chinesische Zimmer, wenn ich es bitte, mir eine Tasse Kaffee einzuschenken?). Falls nicht, ist bereits dies ein Beweis dafür, dass es Sprache nicht versteht. Bei geschriebener Sprache kann der Modus allein aus der Wortstellung und dem Gesamtzusammenhang erschlossen werden. Bei gesprochener Sprache müssen zusätzlich die Betonung einzelner Worte, der Stimmfall und ähnliche Indizien mit herangezogen werden (auch hier versagt das chinesische Zimmer). Bei Ironie, Sarkasmus, Über- oder Untertreibungen und ähnlichem kann die Bedeutung einer Aussage u.U. nur aus Zusatzinformationen wie der Mimik und Gestik des Sprechers, zusätzlichen (nicht ausgesprochenen) Kenntnissen und ähnlichem ergründet werden.

3. U.U. muss ein System also auch in der Lage sein, den intentionalen und propositionalen Gehalt aus unscharfen Aussagen (unklare Aussprache, zweideutige Wortwahl, Dialekt usw.) zu erschließen. Dabei handelt es sich aber im eigentlichen Sinne nicht um ein Problem des Sprachverstehens, sondern um ein Erkennungsproblem (richtige *Identifikation* des Gesagten). Da künstlichen Systemen hierfür nicht die Hilfsmittel zur Verfügung stehen, wie dem Menschen (z. B. Möglichkeit aus Mimik und Stimmfall Schlussfolgerungen zu ziehen), sind sie in solchen Fällen stets benachteiligt. Das ist aber kein Beweis für mangelndes Sprachverständnis. Ob künstliche Systeme den intentionalen und propositionalen Gehalt von Sprache erfassen, zeigt sich erst, wenn Sprache von Unschärfen und Zweideutigkeiten „gereinigt" ist. Diese Anforderung erfüllen am besten künstliche Sprachen (s.u.), bei denen der intentionale Gehalt explizit angegeben ist und nicht aus impliziten Indizien erschlossen werden muss.

McGinn argumentiert, wie die meisten Philosophen: „Der Computer arrangiert die Symbole nur um, als Antwort auf die Eingabe von Symbolen liefert er ihnen eine Sequenz von anderen Symbolen. Er hat keine Ahnung davon, was diese Symbole bedeuten" (McGinn 2001, S. 202). Diese Behauptung provoziert die Frage, wie man denn erkennen kann, ob ein System Sprache (auch Mimik, Gestik u.a.) versteht? Die Antwort lautet: aus seiner Reaktion. Diese kann aus einer passenden Antwort bestehen oder aus einem angemessenen Verhalten. Dazu muss das System selbst einen intentionalen Zustand im weiteren Sinne einnehmen können. Richtiges Übersetzen von einer Sprache in eine andere darf nicht mit Verständnis gleichgesetzt werden. Streng genommen handelt es sich dabei nur um eine Umcodierung, bei der die Aussage einer Information selbst nicht verändert wird. Von Verständnis fordern wir aber, dass Symbole nicht nur manipuliert werden können, sondern dass sie sich auf Wissensinhalte beziehen, über die das System selbst verfügt (vgl. auch die Ausführungen zum *Stein von Rosette in Kapitel 1.1).*

Dies leitet über zu der Frage, ob Automaten etwas glauben, hoffen, versprechen, wissen, wünschen usw. können. Die noch allgemeinere Frage lautet: kann man über Qualia reden und verstehen, worum es dabei geht, ohne selbst Qualia erleben zu können? Kann man sich also sinnvoll mit einem Blinden über die Farbe einer Rose und mit einem Gehörlosen über den Unterschied zwischen Dur und moll oder mit einem Delphin über Glücksgefühle unterhalten? Wir glauben nicht.

Auch mit einem Automaten wird man sich also nur sinnvoll über Erlebnisse unterhalten können, die er selbst nachvollziehen kann (auch wenn er sie vielleicht anders erlebt). Wir landen dann bei der Frage, ob bestimmte Arten von Qualia auch maschinell erzeugt werden können. In Kapitel 4.1 haben wir definiert: ***Qualia sind eine spezifische Repräsentationsform von aktivem, explizitem Wissen mit einem propositionalen Gehalt, der repräsentiert wird durch Modalitäten, Qualitäten, Intensitäten und ggf. Lokalitäten.*** Ihre Besonderheit besteht darin, dass sie im Geiste, d.h. vom Gehirn manipuliert werden können. Und diese Anforderung kann von geeignet konstruierten künstlichen Systemen ebenfalls erfüllt werden.

Die Fähigkeit, verschiedene intentionale Zustände einzunehmen, ist eine notwendige Voraussetzung für die ***kooperative Zusammenarbeit zwischen verschiedenen autonomen Automaten*** (man spricht dann von ***Agenten***). Wenn diese gegenseitig Informationen austauschen, müssen sie wissen, ob sie dem Kooperationspartner eine Frage stellen wollen (etwa um fehlendes Wissen zu ergänzen), ob sie einen Wunsch (etwa für eine Unterstützung) aussprechen wollen, oder ob sie schlicht nur eine Information weitergeben wollen. Natürlich wird man in diesem Fall nicht den intentionalen Gehalt einer Aussage (den Modus) hinter der Syntax der Aussage „verstecken", so dass er aus impliziten Hinweisen erschlossen werden muss, sondern diesen Modus von vornherein explizit angeben. Zu diesem Zwecke werden spezifische ***Kommunikationsprotokolle wie z. B. KQML*** (knowledge query and manipulation language) entwickelt, als Basis um im Rahmen der Agententechnologie *Schwarmintelligenz* aufzubauen. Eine KQML-Nachricht (sog. KQML-Paket) legt fest:

- den ***Absender und den Adressaten*** der Nachricht (z. B. bei Fußballrobotern)
- den so genannten ***Sprechakt***, der Angaben zur ***Art der Nachricht*** macht, etwa ob es sich um eine Mitteilung an einen spezifischen oder an alle Agenten handelt („ich bin verletzt"), um eine Anfrage etwa bei Fußballrobotern („wo ist der Ball?"), eine Feststellung („wir haben gewonnen"), eine Anweisung („gib mir den Ball"), eine Verpflichtung („ich schieße den Elfmeter"), eine Selbsterklärung („ich habe das Tor geschossen") oder ähnliches. Bei KQML werden Sprechakte ***Performatives*** genannt, wobei 36 verschiedene Typen unterschieden werden
- den ***Inhalt*** (propositionalen Gehalt) ***der Nachricht***, das ist die eigentliche Nachricht

- die ***Sprache des Inhalts***, damit der Empfänger weiß, wie er die Botschaft zu interpretieren hat
- sowie die zugehörige ***Ontologie***, die die Begriffe und Regeln eines Wissensgebiets spezifiziert. Beides gemeinsam ermöglicht es, aus vorhandenem Wissen Rückschlüsse zu ziehen und *sekundäres Wissen* (vgl. Kapitel 2.1) abzuleiten (ontology learning). Die Ontologie legt die Art der Wissensformalisierung und -strukturierung fest.

„Um einen Satz zu bilden, muss man wissen, wer der Handelnde ist, wem die Handlung widerfährt, was das Ziel der Handlung ist und so weiter. Es gibt acht oder zehn thematische Rollen, ... die ein Begriff innerhalb eines Satzes spielen kann. Diese Argumentstruktur muss das Gehirn begreifen" (Derek Bickerton: Was ist ein ‚Was'? in: Spiegel Special 4/2003, S. 88).

Kooperationsfähigkeit zwischen verschiedenen Agenten stellt deshalb (auf einer höheren Entwicklungsstufe) spezifische Anforderungen:

- Die Agenten müssen das gemeinsame Ziel bzw. die zu erledigende Aufgabe kennen
- Jeder Agent muss seine Verantwortungen und Aufgaben kennen
- Jeder Agent muss seine eigenen Fähigkeiten zur Problembewältigung oder Aufgabenerfüllung kennen und auch die der Kooperationspartner. Die Agenten müssen also wissen, was sie wissen beziehungsweise können, oder anders gesagt, sie benötigen ein ***Meta-Wissen***, das ihnen eine Selbsteinschätzung ihrer eigenen Kompetenz aber auch derjenigen ihrer Partner (oder Konkurrenten oder Feinde) ermöglicht. Derartige Systeme müssen mit anderen Worten eine ***soziale Kompetenz*** besitzen oder entwickeln.
- Die einzelnen Agenten müssen zudem die verfügbaren Ressourcen sowie ihren eigenen Ressourcenbedarf und denjenigen der Partner kennen
- Außerdem sollten die Agenten kommunizieren und sich gegenseitig abstimmen können. Sie müssen deshalb einen etwaigen Kommunikationsbedarf erkennen und wissen, auf welchem Wege (über welche Kanäle) sie welche Information von wem erhalten oder an wen weitergeben können
- die Partner müssen eine gemeinsame „Sprache" sprechen und verstehen

- und schließlich müssen sie gemeinsame Entscheidungen treffen, also den Prozess der Entscheidungsfindung und Aufgabenverteilung organisieren. Sie müssen beispielsweise entscheiden, wer ein bestimmtes Problem bearbeiten und wer dabei mitwirken und Hilfe leisten soll.

Hier stellt sich die Frage, wie man ein Programm in die Lage versetzen kann zu wissen, was es weiß, wie es von diesem Wissen Gebrauch machen kann und wo die Grenzen seiner Fähigkeiten liegen, wann es also der Hilfe bedarf. In der Praxis löst man das Problem dadurch, dass jeder Agent mit einem eigenen „***Weltmodell***" ausgestattet wird, in dem er alle diesbezüglich relevanten Informationen führt (wo bin ich, welche Aufgabe habe ich, wo ist der Ball, wo sind die anderen Spieler und so weiter). Hier tangieren wir die Grenze zum ***Selbst-Bewusstsein***

Bei der Kommunikation zwischen solchen Agenten ist die Reaktion des Informationsempfängers stets abhängig vom ***Aussagenmodus***. Man sagt, Aussagen haben ***Erfüllungsbedingungen***, die sich durch ihre Wirkung ausdrückt. Wünsche und Anordnungen können beispielsweise ausgeführt oder abgeschlagen werden, Absichten können ausgeführt werden oder unausgeführt bleiben, Fragen können beantwortet werden oder auch nicht und Überzeugungen können wahr oder falsch sein usw. Bei intentionalen Zuständen gibt es also Erfüllungsbedingungen für Wünsche (ich erfülle mir meinen Wunsch), Wahrheitsbedingungen für Überzeugungen und Hypothesen (wahr/falsch), Ausführungsbedingungen für Absichten u.ä.

Während die Informatik und Robotik bereits Systeme und Normen entwickelt, um Agenten mit Fähigkeiten, wie den hier aufgezeigten auszustatten, herrscht in Kreisen der Philosophie noch die Vorstellung, dass so etwas prinzipiell nicht möglich sei, wie die folgende Aussage von Wingert exemplarisch zeigt: „Gründe sind Antworten in Reaktion auf zweifelnde Fragen, was man für wahr halten oder was man tun soll. Die Beantwortung solcher Fragen ist die Funktion von Gründen. Zur Erfüllung dieser Funktion müssen sie Wünsche, Absichten und Überzeugungen in Verbindung setzen mit deren Wahrheits- und Erfüllungsbedingungen in der Welt. Ohne die Eigenschaft, einen Bezug auf solche Gültigkeitsbedingungen herzustellen, würden Gründe ihre Aufgabe nicht erfüllen. Neuronale Zustände haben diesen Gültigkeitsbezug aber nicht. Sie können ihresgleichen nicht zu etwas von ihnen Verschiedenem in semantische Beziehungen bringen" (Wingert 2004, S. 200/201). Auch die Behauptung, dass Computer ungeeignet sind, Verpflichtungen einzugehen und sich daher nicht selbst am Sprachprozess beteiligen können (Winograd/Flores 1989, S. 133 mit

Bezug auf Habermas), wird durch aktuelle Entwicklungen bei Multiagentensystemen widerlegt.

5 Der freie Wille, eine Illusion?

5.1 Freiheit und Determinismus

Das Problem, mit dem wir uns hier auseinandersetzen wollen, hat Pauen exemplarisch wie folgt formuliert: „Wenn Entscheidungsprozesse wie andere mentale Prozesse auch, physische Prozesse sind, dann unterliegen sie den Naturgesetzen. Sofern es sich hier um deterministische Prozesse handelt, bestehen im konkreten Fall offenbar keine Entscheidungsalternativen" (Pauen in Pauen/Roth 2001, S. 109). Ein weiteres Beispiel für diese Denkweise liefert die Aussage von Franz von Kutschera: „Für den Determinismus gilt, dass über unsere Zukunft schon in der Vergangenheit verfügt wurde" (Kutschera 1999, S. 25). Gibt es in einer deterministischen Welt also tatsächlich keine Entscheidungsalternativen, wie Pauen meint, wenn er behauptet: „In einer deterministischen Welt kann es Freiheit nicht geben, weil keine alternativen Möglichkeiten bestehen" (Pauen 2004, S. 118). Hier stehen sich die Sicht des ***Inkomtabilismus*** mit der Behauptung, dass Freiheit und Determinismus unvereinbar seien, und die des ***Kompatibilismus***, der glaubt, Freiheit und Determinismus seien vereinbar, konträr gegenüber.

Betrachten wir hierzu ein Galtonsches Brett, wo eine Kugel nacheinander mehrmals auf Nägel trifft, die sie alternativ links oder rechts umgehen kann. Der Prozess ist streng deterministisch, trotzdem stehen der Kugel jedes Mal alternative Optionen offen. Es gibt hier nicht nur Entscheidungs*alternativen*, sondern sogar Entscheidungs*zwänge*. Kann man hier aber überhaupt von Entscheidungen sprechen und bedarf es in derartigen Situationen eines Entscheiders und irgendwelcher Gründe für die Entscheidung? Unsere These lautet: 1. es handelt sich um einen deterministischen Prozess, 2. dabei gibt es alternative Wege, 3. für deren Auswahl bedarf es aber weder einer Entscheidung noch eines Entscheiders. Deshalb sind Alternativen auch nicht notwendigerweise *Entscheidungs*alternativen.

Auch in einem Computer laufen streng deterministisch physikalische Prozesse ab. Dennoch finden wir in Computerprogrammen allenthalben Befehle der Art »if ... then ..., else ...« bzw. »case of ....«. Hier können ebenfalls alternative Wege eingeschlagen werden, allerdings in Abhängigkeit von Bedingungen, die die Begründung für den eingeschlagenen Weg liefern. Für Wingert „kann man Freiheit als Fähigkeit zur Selbstbindung im Handeln durch Gründe verstehen. Frei ist man in seinem Tun, wenn man auch anders handeln könnte, gesetzt den Fall, man hätte einen Grund dafür, anders zu handeln" (Wingert 2004, S. 198). Für unseren Computer bedeutet das, dass er sich so oder anders entscheiden kann, in Abhängigkeit von irgendwelchen Bedingungen. Und deren Erfüllung bzw. Nichterfüllung begründen dann seine Entscheidung. Lässt sich daraus irgendeine Form von Freiheit des Computers ableiten? Wir glauben nicht!

Je größer die Anzahl möglicher case-of-Alternativen, umso größer ist die ***Zahl der Freiheitsgrade eines Systems***. Die Evolution ist nur eines von einer Vielzahl von Beispielen für diese Erscheinung. Manfred Eigen schreibt: „Deterministische Selektion hat ... immer eine stochastische Anfangsphase" (Eigen 1993, S. 68). Am Beginn steht eine zufällige Mutation, die sich dann durchsetzt und stabilisiert oder ausstirbt. Dass man in derartigen Fällen nicht notwendigerweise von Entscheidungen reden sollte, und dass wir hierfür auch keinen Entscheider ausfindig machen können, wurde bereits ausgeführt. Auf die Frage, ob es einen Sinn macht, dabei, wie in der Philosophie üblich, zwischen Ursachen und Gründen zu unterscheiden, kommen wir im nächsten Kapitel zurück.

Vorerst wollen wir generell von Ursachen sprechen. Allerdings treten wir der These entgegen, dass „Eine Verzweigung möglicher Weltverläufe bedeutet, dass der weitere Verlauf der Dinge durch das bisherige Geschehen nicht eindeutig bestimmt ist" (Kutschera 1999, S. 29). Sehen wir einmal vom Phänomen der Unbestimmtheit im Mikrokosmos ab, dann gibt es natürlich Ursachen für Verzweigungen in der Natur, auch wenn es sich dabei u.U. um Fluktuationen im atomaren Bereich handelt. Und in einer digitalen Welt, die nur diskrete Zustände kennt, gibt es nicht nur Entscheidungsmöglichkeiten, sondern sogar Entscheidungszwänge! Und für jede Entscheidung gibt es notwendigerweise definitive Kriterien.

Kommen wir noch einmal auf die wesentlichen Aussagen von Kapitel 1.2 zurück. Lebewesen sind ***geordneten Nichtgleichgewichtsstrukturen*** und offene Systeme. ***Offenen Systeme*** sind von ihrer Umgebung in hohem Maße abhängig, d.h. sie sind leicht von außen beeinflussbar. „Man muss sich das (Gehirn) als ein System vorstellen, das sich in einem ständigen dynamischen Gleichgewicht mit der Außenwelt befindet" (Vilayanur Ramachandran in: ARTE Faszination Bewusstsein, Fernsehsendung vom 21.11.2008). Das bedeutet, dass geringste äußere Einflüsse durch sog. ***Kontrollparameter*** ausreichen, um sie aus einem aktuellen geordneten Nichtgleichgewichtszustand in einen anderen Zustand zu überführen. „Es ist, als bräuchte man nur eine Reset Taste zu drücken, um das Gehirn neu zu organisieren" (Ramachandran in ARTE Faszination Bewusstsein 2008). Hat sich ein System vom Zustand des thermischen Gleichgewichts entfernt, befindet es sich also am „Rande des Chaos", wird es durch die Verbindung zwischen seiner inneren ***Organisation*** und seiner ***Umgebung*** gesteuert. Kontinuierliche Veränderungen können dann beispielsweise in einer ***Unstetigkeit*** münden und eine abrupte Verhaltensänderung bewirken. Man denke nur an den Aufbruch der Zugvögel bei Unterschreitung einer bestimmten Tageslänge. Hier lässt sich keine einzelne äußere physikalische Ursache für den Abflug ausmachen. Vielmehr erreicht hier ein stetiger Vorgang (die Tage werden immer kürzer) irgendwann einen kritischen Punkt, einen Schwellenwert, der die Aktion auslöst. Es kann aber auch an einem ***Bifurkationspunkt*** zu einer ***Symmetriebrechung*** kommen, wobei sich das System für einen von zwei (oder mehreren) möglichen alternativen, neuen Zuständen, sog. ***Attraktoren,*** „entscheiden" *muss.* Welcher von mehreren möglichen, d.h. koexistierenden Attraktoren dabei die Oberhand gewinnt, wird durch zufällige ***Fluktuationen*** bestimmt. Vorstellungen, wie sie in der folgenden Behauptung von Schröder ihren Ausdruck finden, sind dann schlicht falsch. Er schreibt, dass „bei der (Determinationsbeziehung) auf einen Gesamtzustand eines Systems *genau ein* weiterer Gesamtzustand folgt. Die Determinationsbeziehung verlangt Eindeutigkeit, während die Erfüllung von constraints keine solche Forderung impliziert" (Schröder 2004, S. 344). Und er fragt weiter: „Ist es nicht schon *logisch* ausgeschlossen, dass zwei verschiedene Entscheidungen durch denselben Gesamtzustand rationalisiert werden?" (Schröder 2004, S. 344f). Die Antwort lautet: Ein *exakt* gleicher Gesamtzustand lässt sich bei zwei Entscheidungen niemals herstellen bzw. nachweisen. Gleichen Gründen können also sehr wohl (auf mikroskopischer Ebene) unterschiedliche physikalische Zustände zugrunde liegen, die dann zu unterschiedlichen Entscheidungen und damit Wirkungen führen, wenn das starke Kausalitätsgesetz (vgl. Kapitel 1.2, S. 27) bei nichtlinearen Systemen seine Gültigkeit verliert.

Stabile Gleichgewichtszustände nennt man Attraktoren. Sie lassen sich veranschaulichen durch eine Kugel, die zum tiefsten Punkt eines Behälters rollt und dort liegen bleibt. Sie hat nur diese eine Möglichkeit, vergleichbar einem Menschen, der einen Raum verlassen will, und dies nur auf einem Weg, nämlich durch die Tür, kann. Liegt die Kugel dagegen auf einer ebenen Fläche, kann sie an jedem beliebigen Punkt im Zustandsraum verharren. Man spricht dann von einem ***indifferenten Zustand***. Ein solcher liegt zum Beispiel vor, wenn ich mich langweile, und irgendetwas tun kann, was mir gerade Spaß macht, wobei es keinerlei Präferenzen gibt. Wenn die Kugel auf dem Gipfel einer Erhebung liegt, befindet sie sich schließlich in einem ***instabilen bzw. labilen Gleichgewichtszustand***. Geringste äußere Einwirkungen führen dann dazu, dass dieser Gleichgewichtszustand verlassen wird. Die Kugel rollt dann bergab und strebt einem von mehreren möglichen neuen koexistierenden Attraktoren zu. Welcher Attraktor dabei obsiegt, hängt „vom Zufall" ab. Zufall und Determinismus sind also keine Widersprüche. Entscheidungsprozesse des Gehirns kann man aus dieser Sicht so interpretieren, dass ein zunächst stabiler Zustand durch allmähliche Entwicklungen oder auch bestimmte äußere Einwirkungen in einen instabilen Zustand übergeht. Wenn dieser „kippt", entstehen ***spontane Verhaltensänderungen***. Dabei können die verschiedenen koexistierenden Attraktoren eine „unterschiedliche Anziehungskraft" ausüben und so auf den Entscheidungsprozess einwirken. In unserem subjektiven Erleben gehen dann zum Beispiel ursprünglich gefestigte ***stabile Überzeugungen*** durch neue Fakten und Argumente in den ***instabilen Zustand des Zweifels*** über und schließlich im Rahmen eines Paradigmenwechsels in einen ***neuen stabilen Zustand***, der einen ***veränderte Standpunkt*** zum Ausdruck bringt.

Bei komplexen, nichtlinearen Systemen zeigt sich die Wirkung oft nicht direkt, sondern erst nach einer gewissen Zeit oder an einer anderen Stelle. Es kommt dann zu ***nichtlokalen Fernwirkungen***, wo sich eine Ursache nur noch schwer der Wirkung zuordnen lässt. Deshalb lässt sich auch nicht mehr voraussagen, wie ein System auf einen bestimmten Input reagieren wird. Ein Musterbeispiel hierfür sind Computerprogramme. Sie sind ihre eigene kürzeste Beschreibung. Man kann sie nur laufen lassen und abwarten, wie sie auf einen bestimmten Input reagieren. Bei Systemen mit Rückkopplungen kann darüber hinaus der Output abklingen, exponentiell anwachsen oder das System kann anfangen zu schwingen. Simple Ursache-Wirkung Zusammenhänge lassen sich dann nur noch schwer oder überhaupt nicht mehr nachweisen. Solche Systeme sind gekennzeichnet durch ***Wechselwir-***

kungen. Wenn zudem mehrere Einflüsse wirken, dann lässt sich eine einzige „wahre“ Ursache nicht mehr dingfest machen. Ganz generell sind Ursache und Wirkung bei Rückkopplungen nicht mehr auseinanderzuhalten. Wohl aber lässt sich das Verhalten solcher Systeme erklären bzw. *begründen* (warum schwingt es? Warum kann es die Wirkung einer äußeren Störung dämpfen bzw. ihr entgegenwirken? u.a.), und zwar anhand ihrer *Konstruktion* und nicht aufgrund irgendwelchen Ursachen (im Sinne äußerer Einflüsse). Dies gilt analog, wenn wir die Wirkung eigenen Verhaltens im Geiste simulieren.

An dieser Stelle wird von Seiten der Philosophie häufig im Sinne von Habermas gekontert: „Der Naturalismus erklärt den Anschein zunehmender Freiheitsgrade als Artefakt von Beobachtern, die organisches Verhalten mit der zunehmenden Komplexität der biologischen Systeme immer schlechter voraussagen können. Aus demselben Grunde schreiben sich Personen – Lebewesen, die mit Reflexionsfähigkeit ausgestattet sind – in der Interaktion miteinander gegenseitig Willensfreiheit zu. Handelnde Personen können ihr eigenes Verhalten ebenso wenig wie das Verhalten anderer Personen voraussagen, obwohl es weitgehend von internen, aber unbewussten, also der Selbstreflexion unzugänglichen Prozessen naturgesetzlich determiniert ist. Diese Interpretation geht stillschweigend davon aus, dass die naturwissenschaftlich objektivierende Beschreibung des Neurologen durch das Selbstverständnis der handelnden Person hindurchgreift, wobei dieses wiederum als Resultat der Selbstbeobachtung einer lebenden Person begriffen wird“ (Habermas 2006, S. 699). Und weiter: „ … damit wird *a priori* der Beitrag ausgeblendet, den die Teilnehmerperspektive zum Erwerb und zur Verwendung des uns möglichen Wissens leistet. Daran setzt die Kritik der Bewusstseinsphilosophie an. Sie versteht die evolutionäre Errungenschaft eines epistemischen Selbstverhältnisses ganz anders als die Evolutionsbiologie. Die Bewusstseinsphilosophie geht von der Selbsterfahrung des epistemischen Subjekts aus. Sie beschreibt die Spontaneität von Verhalten und Erleben nicht *als etwas in der Welt* Vorkommendes, sondern als eine *leistende Subjektivität*, die eine Stellung *gegenüber der Welt* im Ganzen einnimmt – die Welt steht ihr als Gesamtheit möglicher Objekte von Vorstellungen und Handlungen gegenüber. Deshalb darf das Selbstbewusstsein nicht so verstanden werden, als wäre die mit sich vertraute Subjektivität gleichsam sich selbst als ein Objekt unter anderen gegeben. Das Selbstbewusstsein der Person stellt ein Wissen dar, das auf Grund des privilegierten Zustands zum je eigenen Erleben die Exklusivität einer gegen empirisches Wissen abgeschirmten Gewissheit genießt. Die von der Beziehung zur zweiten Person losgelöste Perspektive der ersten Person genießt Vorrang vor der Beobachterperspektive" (Habermas 2006, S. 699f). Hier wird also behauptet, dass die „Selbsterfahrung des epistemischen Subjekts", d.h. die Teilnehmerperspektive der ersten Person „eine gegen empirisches Wissen abgeschirmten Gewissheit" und einen privilegierten Zustand zum eigenen Erleben verschafft.

Spiegeln wir diese Sicht noch einmal an Ablaufverzweigungen in der Natur oder in künstlichen Systemen. Wie bereits ausgeführt, *entscheidet der Zustand des Systems* an Verzweigungspunkten über den jeweils eingeschlagenen Weg bzw. weiteren Verlauf eines Prozesses. Wenn also beispielsweise die Bedingung vor einer Programmverzweigung lautet: »if x > 5, then ...«, dann definiert der Wert von x den Zustand, der über den ausgewählten Programmzweig und damit über den weiteren Verlauf des Prozesses entscheidet. Dieser Zustand selbst ist der Wert einer physikalischen Größe. Er liefert für einen *außenstehenden* (!) Beobachter, also aus der Perspektive der zweiten Person (!) bzw. eines Metasystems, die Erklärung bzw. Begründung für den eingeschlagenen Weg. Dieser Zustand ist m.a.W. die Bedingung für diesen Weg gewesen. Für den außenstehenden Beobachter ist dies ein explizites Wissen, das aber ohne jeglichen Einfluss auf den Prozess selbst ist. Das System, in dem der Prozess abläuft, hat darüber nur ein implizites Wissen, d.h. es kann bedingungsabhängig bzw. zustandsabhängig reagieren, ohne dass es die Gründe für seine Reaktion kennt. Beispielsweise leuchtet eine Lampe, wenn Strom eingeschaltet ist, ansonsten ist es dunkel. Die Lampe selbst weiß aber nichts von dieser Beziehung. Diese kann nur ein außenstehender Beobachter, d.h. ein Metasystem, erkennen, das über beide Informationen verfügt und diese zueinander in Beziehung setzen kann, ohne dass jedoch sein Wissen den Prozess beeinflusst. Es erkennt lediglich die Beziehung „wenn (Bedingung erfüllt), dann (Reaktion)" z. B. aufgrund von Erfahrung oder durch Kenntnis der Konstruktionsprinzipien des Systems. Und analog wissen auch wir: „wenn (ich den Willen verspüre = neuronaler Zustand), dann (kann ich auch = Aktion)".

Wie verträgt sich diese Aussage mit der Behauptung von Habermas, dass „die von der Beziehung zur zweiten Person losgelöste Perspektive der ersten Person ... Vorrang vor der Beobachterperspektive (genießt)" (s.o.)? Unsere Antwort lautet (mit Bezug auf entsprechende Zitate von Christof Koch in Kapitel 4.1), dass im Gehirn der präfrontale Cortex das Metasystem ist, das die Zustände im Gehirn, z. B. an Verzweigungspunkten, sozusagen „aus der zweiten Person Perspektive beobachtet", jedoch ohne sie konkret physikalisch beeinflussen zu können. Der präfrontale Cortex übernimmt also die „homunkulus-Funktion" im Gehirn. Diesen Beobachter erleben wir aber aus der ersten Person Perspektive, weil wir ihn der Perspektive anderer außenstehender Menschen gegenüberstellen, denen wir subjektiv die Perspektive der zweiten Person zuschreiben.

Unbestritten ist sicher, dass wir subjektiv Entscheidungsfreiheit erleben. Die Frage ist aber, ob wir daraus auf eine tatsächliche Freiheit, welcher Art auch immer schließen können, die die Grenzen der Physik überschreitet, oder ob es sich hier nicht nur um eine Art von Sinnes- bzw. Selbsttäuschung handelt. In diesem Fall wäre dann zu klären, wie es zu dieser Sinnestäuschung und der damit einhergehenden subjektiven Gewissheit für Willensfreiheit kommt. Auf diese Frage kommen wir später zurück. Vorerst wollen wir uns mit einem Kommentar von Wolfgang Prinz begnügen. Er verweist darauf, dass bei der Wahrnehmung der Außenwelt unbewusste Prozesse ablaufen, ehe diese als Qualia in unser Bewusstsein gelangen. „Bei der Wahrnehmung psychischer Vorgänge bedarf es dagegen nach verbreiteter Meinung dieser Vermittlung nicht, weil dabei der Geist gleichsam bei sich selbst ist - mit der Folge, dass er die Struktur der in ihm ablaufenden psychischen Vorgänge unmittelbar zu erkennen vermag" (Prinz, S. 93). Bei dieser Perspektive der ersten Person glaubt man dann, die Frage nach der Beziehung zwischen wirklichem und wahrgenommenem Sachverhalt nicht mehr stellen zu müssen, da „ein Vorgang des Innewerdens des wirklichen Sachverhalts selbst - gleichsam eine privilegierte Form der Wahrnehmung (ist), die stets vollständig und stets veridikal ist" (Prinz 1996, S. 95). Der in Kapitel 4.4 mehrfach zitierte Vilaynur Ramachandran hat mit seinen Experimenten exemplarisch deutlich gemacht, wie irreführend sog. subjektive Gewissheiten über „inneres Erleben" und Eigenwahrnehmungen sein können.

Sicher ist dann für uns zwar das subjektive Erleben von Willensfreiheit, woraus aber nicht gefolgert werden darf, dass es eine solche Willensfreiheit objektiv, und zwar wissenschaftlich überprüfbar, auch gibt. An dieser Stelle stoßen wir auf die in der Philosophie einheitlich vertretene Meinung, dass freie Willensentscheidungen nicht frei von beliebigen Einflüssen seien, sondern dass sie sich lediglich dadurch auszeichnen, dass sie nicht durch physikalische Ursachen, sondern durch Gründe bestimmt sind. Die verhaltensbestimmenden Einflüsse sind dann Gründe und nicht Ursachen. Aus unserer Sicht beziehen sich diese Gründe aber auf Gehirn*zustände*, die z. B. einen Wunsch oder eine Befürchtung repräsentieren, und so verhaltensbestimmend werden.

5.2 Ursachen und Gründe

In der Philosophie kommt die Unterscheidung zwischen Ursachen und Gründen bei der Diskussion des Themas Willensfreiheit eine wesentliche Rolle zu. Jürgen Habermas bringt diesen Aspekt auf den Punkt mit der Behauptung: „Der nach logisch-semantischen Regeln beurteilte Wettbewerb um das bessere Argument verlangt eine andere Beschreibung als die kausale Folge von Zuständen im limbischen System: Der verkannte Unterschied liegt darin, dass es im Fall des Hin und Her von Gründen einen semantisch beschreibbaren Konflikt gibt (...) einen Widerstreit zwischen Urteilen im Hinblick auf das, was wahr oder falsch bzw. richtig oder falsch ist. Ein solcher Widerstreit ist etwas anderes als ein Wechsel von körperlichen Zuständen. Diese können sich nicht widersprechen" (Habermas 2006, S. 682).
Die Behauptung, dass sich körperliche Zustände nicht widersprechen können, wird durch jede beliebige Binärentscheidung widerlegt, die in einem Computer durch physikalische Zustände realisiert wird. Und diese alternativen Zustände widersprechen sich natürlich getreu der Devise „entweder (Zustand 1) oder (Zustand 2)". Aber das Besondere bei menschlichen Entscheidungen, so die Philosophie, ist, dass sie angeblich aus dem Wettbewerb von Gründen, aus semantisch beschreibbaren Konflikten und nicht nur aus alternativen Zuständen resultieren. Was also lässt alternative Zustände zu Konflikten werden? Die Antwort lautet, wir haben stets eine Vielzahl von Wünschen und Befürchtungen, die situationsabhängig unterschiedlich bewertet werden. Man denke nur an die Maslowsche Bedürfnispyramide. ***Konflikte*** entstehen dann dadurch, dass wir mit einer Entscheidung oder Aktion nicht alle Wünsche erfüllt bekommen, sondern auf die Erfüllung bestimmter Wünsche verzichten müssen, um andere erfüllt zu bekommen. Der Konflikt wird dann um so größer, je mehr positive mit negativen Konsequenzen einhergehen oder je weniger die Konsequenzen einer Aktion abgeschätzt werden können. Man kann dies bei der klassischen Konditionierung zeigen, indem man ähnlichen Reizen unterschiedliche Konsequenzen zuordnet (sog. *Reizdiskriminierung*). Können die Reize nicht mehr eindeutig unterschieden werden, entstehen Konflikte, Stress, Aggression und neurotisches Verhalten. Ein klassisches Experiment mit Hunden, bei denen Kreis mit Belohnung, Ellipse aber mit

Bestrafung verknüpft und anschließend die Ellipsen immer mehr der Kreisform angenähert wurden, demonstriert das Prinzip.

Wichtig ist hierbei, dass nicht nur eine aktuelle Situation bewertet wird, sondern dass man sich die möglichen Konsequenzen einer Entscheidung vorstellen und sie im Geiste durchspielen d.h. simulieren bzw. durchdenken und abschätzen kann. Die *Bewertung der möglichen Konsequenzen* einer Entscheidung in Verbindung mit der Abschätzung der Wahrscheinlichkeit ihres Eintreffens erzeugt dann durch Rückkopplung die entscheidungsbestimmenden Zustände. Mit Bezug auf Bild 16 (S. 121) sind diese ***entscheidungsbestimmenden Zustände*** aber nichts anderes als unsere ***Wünsche und Befürchtungen***. Diese Option steht aber auch künstlichen Systemen offen, wie Schachcomputer anschaulich demonstrieren, wenn sie Konsequenzen alternativer Züge analysieren und bewerten. Allerdings erleben sie weder Konflikte noch Wünsche oder Befürchtungen, da ihre Entscheidungen für sie selbst keine Konsequenzen haben (vgl. hierzu Ausführungen in Kapitel 2.3).

Wenn Habermas behauptet, dass logisch-semantische Regeln einer anderen Beschreibung bedürfen als physikalische Prozesse, die sich in kausalen Zustandsfolgen zeigen, ist diese Aussage eine Banalität. Zu Beginn, in Kapitel 1.1 haben wir bereits aufgezeigt, dass in der Informationstheorie zwischen *Zeichen einerseits* und den *physikalischen Trägern dieser Zeichen, den Signalen, andererseits* streng zu unterscheiden ist. Bei der Nachrichtenübertragung und -speicherung müssen wir die dabei ablaufenden physikalischen Prozesse und das, was mit ihnen in Form von Zeichen repräsentiert wird, getrennt betrachten. Fragen wir jetzt, ob bei einem Informationsempfänger die Zeichen oder die Signale etwas bewirken, dann lautet die Antwort: die physikalische Wirkung wird von den Signalen verursacht. Wie die Wirkung im Einzelnen ausfällt, wird jedoch von der *raum-zeitlichen Anordnung* der Signale bestimmt, denn diese legt fest, in welchen von mehreren alternativen Zuständen das empfangende System übergeht. Und sie liefert daher auch die Begründung für die Wirkung. Wenn Pauen schreibt: „Die entscheidende Frage muss daher lauten, ob Überlegungen, in denen Gründe wirksam werden, neuronal realisiert oder mit physischen Prozessen identisch sein können" (Pauen 5/2005, S. 8), dann lautet die Antwort: ja!

Klaus Mainzer schreibt: „In der Tat sprechen wir, wenn wir über den Geist sprechen, über Phasenübergänge, die unser Gehirn von einem Zustand in einen anderen versetzt. Das ist der Grund, weshalb uns der Geist von seinen physischen Trägern getrennt erscheint. Tatsächlich haben die Beziehungen zwischen diesen Zuständen mit der (biochemischen) Natur der Zustände nichts zu tun" (Mainzer 1995, S. 774). Eine analoge Meinung vertritt Damasio. „Ich bin also der Ansicht, dass ein Organismus dann Geist besitzt, wenn er neuronale Repräsentationen bildet, die zu Vorstellungsbildern werden, sich in einem Prozess, den wir Denken nennen, manipulieren lassen und schließlich das Verhalten beeinflussen, denn man kann mit ihrer Hilfe die Zukunft vorhersagen, entsprechend planen und die nächste Handlung bestimmen" (Damasio 1997, S. 131).

Hier werden also physikalische und psychische Vorgänge einfach nur als zwei unterschiedliche Seiten derselben Medaille gesehen. „Denn die Psychologie und die evolutionäre Biologie beschreiben das menschliche Gehirn als eine *semantische Maschine (a semantic engine),* deren Aufgabe es ist, die *Bedeutung* der verschiedenen eingehenden Reize zu erfassen, sie ihrem Sinne nach zu unterscheiden und dann entsprechende Handlungen zu veranlassen. Die Physiologie dagegen stellt dieses Organ als eine rein *syntaktische Maschine (a syntactic engine)* dar, die alle eingehenden Reize nur aufgrund ihrer strukturellen, zeitlichen und physikalischen Merkmale zu unterscheiden vermag und deren Aktivitäten allein durch diese »syntaktischen« Merkmale bestimmt wird" (Beckermann: Semantische Maschinen in: Forum f. Philosophie 1990, S. 196).

Jetzt wollen wir noch kurz auf einen Einwand zu dieser These eingehen. Sie lautet: „Das Geistige hat gewissermaßen wesentlich mehr Freiheitsgrade als das Physische .... Es gibt immer wesentlich weniger mögliche physikalische Sachverhalte als mögliche doxastische Einstellungen zu diesen Sachverhalten, ... Daher kann man nicht behaupten, psychologische Sachverhalte seien »nichts anderes als« spezielle physikalische Sachverhalte. ... Der Materialismus ist also falsch, das Geistige geht im Physischen nicht auf. Dann stellt sich natürlich die schwierige Frage, mit der sich der Dualismus jeder Prägung auseinandersetzen muss. Diese Frage ist das Leib-Seele Problem" (Kutschera 1999, S. 32). Dass das Geistige mehr Freiheitsgrade hat, als das Physische ist eine problematische These angesichts von 100 Milliarden Neuronen in unserem Gehirn, die im Mittel mit jeweils 1000 anderen Neuronen verknüpft sind.

Auf der physikalischen Ebene werden physikalische Prozesse beschrieben, auf der Zeichenebene dagegen das, was die Signale repräsentieren. Da aber das, was Zeichen repräsentieren sollen, frei vereinbart und festgelegt werden kann (das ist eine Frage der gewählten Codierung), kann grundsätzlich ohne Kenntnis dieser Zuordnungsregeln weder aus den Signalen, also den physikalischen Trägern, das abgeleitet werden, was diese Signale repräsentieren bzw. codieren, noch umgekehrt erschlossen werden, welche physikalischen Träger zu nutzen sind, um ein bestimmtes Phänomen physikalisch zu speichern und zu übermitteln. Die Informationstheorie liefert lediglich quantitative Aussagen über erforderliche Informations(mindest)mengen zur Speicherung und Übertragung einer Botschaft. Nehmen wir als Beispiel eine Musik-CD oder eine DVD. Was wir dort aus physikalischer Sicht finden, sind Bitmuster, sonst nichts. Dass sie eine Beethovensymphonie oder einen bestimmten Film repräsentieren, kann man aus den Bitmustern alleine so wenig ableiten, wie man aus neuronalen Erregungsmustern im Gehirn ableiten kann, welche Qualia-Erlebnisse sie hervorbringen. Die Behauptung, dass sich mit Neuronen bestimmte Qualia nicht erzeugen lassen entspricht der Behauptung, dass man mit irgendwelchen Bitmustern auf einer CD keine Beethovensymphonie repräsentieren könne.

Repräsentationen spezifizieren die jeweiligen Muster der physikalischen Träger und diese Muster bestimmen bzw. steuern die Reaktion eines physikalisch-chemischen Prozesses! Verdeutlichen lässt sich dies am Beispiel der Proteinsynthese. Dabei werden aus bestimmten Anordnungen von Aminosäuren Proteine gebildet nach den „Anweisungen der RNS", d.h. der Folge der Nukleotide mit jeweils einer der Stickstoffbasen Guanin, Cytosin, Adenin, Thymin im RNS-Kettenmolekül. Diese Folge bzw. dieses Muster bestimmt, welche Proteine gebildet werden. Die verschiedenen möglichen Nukleotide sind Repräsentationen spezifischer Muster. Und diese Muster begründen, warum gerade dieses und kein anderes Protein gebildet wurde. Ebenso wie die Aufeinanderfolge von 0 und 1 Symbolen auf der CD ganz spezifische Schallschwingungen auslöst, die in uns das Hörerlebnis einer Beethovensymphonie hervorrufen, veranlasst die Aufeinanderfolge der o.g. Stickstoffbasen in der RNS die Entstehung ganz spezifischer Proteine. Und die Bit*muster* auf der CD und die Nukleotid*muster* in der RNS (wohl gemerkt: nur die Muster!) sind die ***Gründe*** für die von uns gehörte Musik und die von uns gesehenen Körpergestalt der Lebewesen. Dass die Muster auf der CD und in der RNS eines physikalischen Trägers bedürfen, ist die notwendige aber für sich alleine nicht hinreichende Bedingung für den Ablauf der genannten Prozesse. Das Ergebnis der Prozesse wird durch die Prozessstruktur und die genannten

Muster bestimmt. Sie sind die *Gründe für das konkrete Ergebnis der Prozesse.* Sie liefern uns m.a.W. die Erklärung.

Man muss grundsätzlich unterscheiden, ob ein bestimmtes Muster nur etwas repräsentiert (z. B. ein digitalisiertes Foto), nur etwas bewirkt, indem es z. B. einen Prozess steuert (z. B. der genetische Code), oder etwas repräsentiert und diese Repräsentation etwas bewirkt (z. B. die Codierung einer Beethovensymphonie in einem Bitmuster auf einer CD, deren Abspielung umgesetzt werden kann in Steuersignale für einen Lautsprecher, der dann Töne hervorbringt).

Jetzt wird auch deutlich, dass die Bitmuster auf der CD und die Nukleotidfolge in der RNS zunächst einmal bedeutungslose Muster eines physikalischen bzw. chemischen Mediums sind. Ihnen allein kann man nicht ansehen, was sie repräsentieren, so lange sie nicht dechiffriert werden bzw. was sie bewirken, falls sie einen geeigneten Prozess vorfinden, auf den sie steuernd einwirken können. Man muss daher stets den Prozess mit betrachten, der sie dechiffriert bzw. decodiert oder auf den sie steuernd einwirken. Dies gilt analog für den Text eines Schriftstückes. Er ist physikalisch mit Tinte oder Druckerschwärze realisiert. Doch nicht diese physikalische Basis verschafft uns Erkenntnisse über das, was der Text aussagt, sondern das Muster, d.h. die Buchstaben und Worte des Textes. Und bei ihnen kommt es nicht darauf an, ob sie mit Druckerschwärze oder Tinte geschrieben sind. Wenn sie nicht auf einen geeigneten Empfänger treffen, bewirken sie für sich allein überhaupt nichts und sie repräsentieren dann auch nichts. Dies gilt analog für das Morsealphabet, für chinesische Schriftzeichen, gesprochene Sprache u.ä. Und es gilt auch für neuronale Erregungsmuster im Gehirn. Ihre Bedeutung, d.h. ihre Wirkung lässt sich nur unter Einbeziehung des Empfängers und des Verarbeitungsprozesses im Empfänger erschließen. Und dieser Empfänger ist der präfrontale Cortex. Wir erinnern hier noch einmal an zwei Zitate von Kapitel 4.1: „Man kann sich das Verhalten der Großhirnrinde insgesamt so vorstellen, als ob der vordere Teil des Cortex den hinteren ansieht" (Koch 2005, S. 335) und „Als Arbeitsgedächtnis verstanden, kann man das Bewusstsein als ein Berechnungssystem behandeln, ein System, das durch Berechnungen, durch Verarbeitung von Informationen, Repräsentationen erzeugt" (LeDoux 2001, S. 302). Und wir ergänzen: diese Repräsentationen können ihrerseits Verhalten steuern. Und wenn wir dieses Verhalten auf die Repräsentationen, d.h. irgendwelche Wahrnehmungen oder Vorstellungen zurückführen können, dann begründen wir das Verhalten mit diesen Wahrnehmungen bzw.

Vorstellungen oder zumindest deren Einfluss. Dies gilt analog für Entscheidungen, d.h. Vorstellungen von beabsichtigtem Verhalten.

Die von der Philosophie gesuchten ***Brückenprinzipien***, die alltagspsychologische Erklärungen auf kausale Erklärungen zurückführen, d.h. sie ***dechiffrieren*** sollen (vgl. Kapitel 1.2), lassen sich weder wissenschaftlich, z. B. durch die Hirnforschung, noch rein gedanklichlogisch, z. B. durch die Philosophie, allein aus neuronalen Erregungszuständen (Mustern) ableiten. Man kann lediglich durch Experimente herausfinden, wie die Natur Repräsentationen unseres Körpers und seiner Umwelt im Gehirn durch neuronale Muster codiert hat. Es gibt jedoch keine Notwendigkeit für gerade diese Codierungsform. Ebenso wie die Natur verschiedene Lösungen für das Fliegen erfunden hat, sind auch verschiedene physikalische Repräsentationsformen für mentale Vorgänge möglich. Und ebenso wie die Körper der Lebewesen optimal an ihren Lebensraum angepasst sind, kann man davon ausgehen, dass auch die Repräsentation der Welt im Gehirn für die Bedürfnisse der Lebewesen jeweils von der Evolution optimal angepasst wurde. Und Anpassung bedeutet hier: sie müssen geeignet sein, um Verhalten zu steuern.

Habermas schreibt weiter: „Aber die Bedingungszusammenhänge, aus denen Handlungen verständlich gemacht und gegebenenfalls auch erklärt werden können, sind begrifflich anderer Art als die Zusammenhänge naturgesetzlich verknüpfter Ereignisse. Soweit sich Personen in ihrem handeln von Gründen leiten lassen, beugen sie sich der logisch-semantischen und im weiteren Sinne „grammatischen" Verbindlichkeit von intersubjektiv geteilten Regelsystemen, die *ihnen nicht zur Verfügung stehen.* Andererseits zwingen diese Regeln nicht in der Art von Naturgesetzen." (Habermas 2006, S. 673). Hier bleibt anzumerken, dass die Naturgesetze eben keinen Zwang auf die Natur ausüben, denn diese Gesetze sind Schöpfungen des menschlichen Geistes und sind induktiv erschlossen oder deduktiv abgeleitet. Sie erklären uns die Natur, helfen uns, uns in ihr zurechtzufinden, aber sie sind ohne jeglichen Einfluss auf die Natur. Insbesondere *„gehorcht"* die Natur nicht diesen Gesetzen, ebenso wenig wie das Gehirn unseren Gründen *gehorcht* oder sich von diesen Gründen irgendwie beeinflussen lässt.

Betrachten wir zur Klarstellung der Thematik die Umlaufbahn des Mondes um die Erde. Wir begründen seine Bahn mit den Gesetzen der Gravitation oder auch der allgemeinen Relativitätstheorie. Beide sind aber nicht physikalische Ursachen, sondern nur Erklärungen, die die

Anziehungskraft der Erde oder die Krümmung des Raumes als Ursache betrachten. Und für die beiden möglichen Erklärungen der Mondbahn gibt es natürlich ein „Hin und Her von Gründen und ... einen Widerstreit zwischen Urteilen im Hinblick auf das, was wahr oder falsch bzw. richtig oder falsch ist.“ Den Mond selbst kümmert dies aber wenig und es beeinflusst auch nicht seine Bahn.

Wingert argumentiert: „Die Absage an das naturalistische Vorhaben, unser kognitives Vokabular komplett zu neurobiologisieren, ... erklärt sich aus unserem epistemischen Situiertsein in der Welt und der damit einhergehenden Funktion von Gründen und Abwägungsprozessen“ (Wingert 2004, S. 202). Dieses Argument wurde bereits in Kapitel 3.2 entkräftet mit dem Hinweis, dass man auch bei Robotern eine ***Situiertheit*** in der Welt kennt, mit der der Roboter interagieren kann. Dazu benötigt er eine ***eigene Idenität,*** d.h. eine ***Körperlichkeit***. Das Computergehirn des Roboters erlebt dann die Wechselbeziehungen zwischen dem „eigenen Körper“ und der Umwelt, in der dieser agiert. ***Geistiges Erleben*** ist unter diesem Aspekt nichts weiter als explizites Wissen des Roboters (genauer: des Computers, der ihn steuert) über diese Wechselbeziehung (vgl. Bild 27, S. 223). Und was sich maschinell realisieren lässt, kann die Natur auch mit Gehirnneuronen realisieren. Man kann sogar noch weitergehen und sich vorstellen, dass Software-Agenten in einem Computernetz situiert sind, Informationen über ihren eigenen Zustand besitzen und auf dieser Basis mit ihrer spezifischen Umwelt interagieren bzw. in dieser Umwelt eigenständig agieren können.

Natürlich sind die Bedingungen, die etwa in einem Computerprogramm formuliert sind, und die auf unterschiedlichste Weise hardwaremäßig realisiert werden können (die Realisierung muss nicht notwendigerweise mit elektronischen Bauelementen erfolgen), von begrifflich anderer Art, als die ablaufenden physikalischen Prozesse, die das „Erfülltsein der Bedingungen“ (binäre Entscheidungen) überprüfen. Beziehen wir uns wieder auf unseren Schachcomputer. Seine *Entscheidungen* sind nicht aus den physikalischen Prozessen, die in ihm ablaufen, verständlich. Dazu bedarf es einer höheren Beschreibungsebene, einem höheren „level of abstraction“, einer Metaebene, und eines übergeordneten Systems, das diese „versteht“ bzw. richtig interpretiert. D.h. erst die Kenntnis der Regeln des Schachspiels macht verständlich, warum sich ein Schachcomputer für einen bestimmten Zug entscheidet, wenn er eine bestimmte Stellung der Schachfiguren „wahrnimmt“. Unter diesem Aspekt können wir die nachstehende Aussage Beckermanns kommentieren. Er behauptet: „Also gibt es nur die folgende Alternative: Entweder beruhen alle Entscheidungen auf neuronalen Prozessen, oder es gibt neuronale Prozesse, die durch Überlegungen und Argumente beeinflusst werden können" (Beckermann 2005, S. 16). Unser Kommentar: Überlegungen und Argumente werden neuronal repräsentiert und können daher auch Entscheidungen neuronal beeinflussen. Dass die Philosophie mit dieser Vorstellung Probleme hat, zeigt exemplarisch Pauens Aussage: „In der Tat ist es schwer, sich vorzustellen, dass die Prozesse, die wir aus der Innenperspektive der ersten Person als Willensakte, Überlegungen oder Wunschvorstellungen erfahren, identisch sein sollen mit den neuronalen Aktivitäten, die wir aus der Außerperspektive der Naturwissenschaften beschreiben können" (Pauen 2004, S. 98). Aus Sicht des Schachcomputers beruhen alle seine Entscheidungen auf elektronischen Prozessen, diese werden durch Argumente beeinflusst, weil auch Argumente im Schachcomputer durch elektronische Zustände repräsentiert werden. Sie sind schlicht bestimmte Muster, d.h. Werte bestimmter Datenfelder, die Wirkungen hervorrufen, die vom Belegungsmuster des Feldes abhängen. D.h. zusammenfassend: Die Feldbelegung (Zeichen) liefert den Input für eine Informationsverarbeitung, die über eine Reihe von Zwischenschritten, d.h. über eine Trajektorie, zu einem inputabhängigen Output, und damit zu einer spezifischen Reaktion führt. Kann der Output in Beziehung gesetzt werden zum Input, dann kann mit rein syntaktischen Mitteln eine semantische Beziehung zwischen Output und Input hergestellt werden. Der Output lässt sich dann auf den Input zurückführen, d.h. durch ihn begründen. Dabei laufen ausschließlich physikalische Prozesse ab. Dass auch Wünsche und Befürchtungen durch physikalische Muster repräsentiert werden können, wurde anhand von Bild 16 (S. 121) verdeutlicht. Und diese Muster begründen ihrerseits die durch sie hervorgerufene Entscheidung bzw. Handlung.

Wo also finden wir in physikalischen Systemen die Gründe, die entscheiden, wie sich ein System verhält? Es ist naheliegend, dass hierbei zwei Faktoren eine Rolle spielen, der Input und die Art der Verarbeitung. Betrachten wir zunächst einmal eine Computersoftware. Dort finden wir Befehle der Art »Wenn (Bedingung x erfüllt), Dann (Entscheidung/Aktion y)«. Ein Computerprogramm beschreibt eine virtuelle Maschine, sie macht einen Computer, d.h. einen Universalautomaten zu einem Spezialautomaten, der sich im Grundsatz auch rein hardwaremäßig realisieren lässt. Computerprogramme beschreiben also die Konstruktion bzw. Funktionsweise eines Automaten. Dies schließt die Bewertung der einzelnen Alternativen bei Entscheidungsvorgängen, die stets bedingungsabhängig sind, ein. Die Computersoftware begründet also die Entscheidungen des Schachcomputers. Sie macht m.a.W. das implizite Wissen des Schachcomputers darüber, wie in einer bestimmten Situation zu verfahren ist, für einen äußeren Beobachter explizit und verständlich. Daraus folgt, ***die Konstruktion eines Systems liefert die Begründung für sein Verhalten in Abhängigkeit vom Informationsinput und ggf. irgendwelchen internen Zuständen.*** Wir finden die Gründe also nicht in der Materie, sondern in der Art, wie die Komponenten eines Systems interagieren und auf äußere Einflüsse reagieren, d.h. *in der Organisation der Materie.* Äußeren Einflüsse sind die ***Ursache dafür, dass*** das System eine Reaktion zeigt. Die ***Begründung dafür, wie*** die Reaktion ausfällt, liefert (bei einer finite state Maschine) neben dem Input die Konstruktion des Systems, auf die dieser einwirkt und der aktuelle Zustand des Systems im Moment der Einwirkung. Diese Begründung ist aber dem System selbst nicht zugänglich, sondern nur einem außenstehenden Beobachter, und der ist nach unserer obigen These der präfrontale Cortex. Das System selbst reagiert einfach nur in spezifischer Weise auf den Input.

Menschen lassen sich nicht von Gründen leiten, sondern von konkreten Wünschen, Wahrnehmungen und Vorstellungen, sowie deren emotionaler Bewertung. Diese sind aber neuronale Repräsentationen und lösen ein Verhalten aus, so wie irgendwelche Bit-Muster im Arbeitsspeicher eines Computers z. B. den Drucker veranlassen, etwas auszudrucken. Und die Beziehungen zwischen diesen Repräsentationen, die wir als Wünsche oder Befürchtungen erleben und unseren Reaktionen darauf, liefern uns die Begründung bzw. Erklärung für unsere tatsächlichen oder beabsichtigten Handlungen. Aus Erfahrung wissen wir, dass und wie wir auf unsere Wünsche reagieren, so wie wir auch bei Kenntnis eines Computerprogramms wissen, welche Reaktion wir auf einen bestimmten Input hin zu erwarten haben, ohne dass wir auf den Verarbeitungsvorgang im System selbst Einfluss nehmen.

In der Wissenschaft werden Gründe in Gesetzen formuliert, die das Verhalten der Natur nicht verursachen und nicht erzwingen, wie Habermas behauptet (s.o.), sondern dieses Verhalten erklären und vorhersagen. Die Natur und auch komplexe Systeme funktionieren ohne Kenntnis dieser Gründe. Erst der Wunsch, solche Systeme konstruktiv oder durch äußere Einwirkung zu beeinflussen, erfordert ein explizites Wissen von diesen Gesetzen bzw. die explizite Kenntnis der Gründe für das Verhalten solcher Systeme. Und dies bedeutet, dass die Gründe in diesem Fall in neuronalen Erregungsmustern *explizit* repräsentiert (deklaratives Regelwissen in Bild 8, S. 78) und nicht nur in der Verschaltung von Neuronen implizit verankert sind (prozedurales Regelwissen in Bild 8). Die Regeln müssen mit den Worten von Habermas in solchen Fällen „zur Verfügung stehen". Wozu aber und wem müssen sie bekannt sein, wo die Natur und die meisten technischen Systeme doch auch ohne explizite Kenntnis der Gründe auskommen, die ihr Verhalten beschreiben. Der explizite Zugriff auf diese Gründe ist dann erforderlich, wenn nicht konkrete Aktionen ausgeführt und deren Konsequenzen abgewartet werden, sondern wenn vorab abgeschätzt werden soll, welche Konsequenzen eine mögliche Aktion zur Folge haben wird, wenn also nicht konkret, sondern nur in Gedanken gehandelt wird. Und ob unmittelbar gehandelt oder vorab überlegt werden sollte, ist ein bedingungsabhängige Entscheidung wie jede andere auch. In konkreten Situationen ist dann die Entscheidung für vorgeschaltetes Nachdenken und Abwägen eine von mehreren Alternativen. Und dieses Abwägen von Gründen ist ein Gehirnprozess, der uns das bewusst werden lässt, was an Repräsentationen manipuliert wird. Wir haben dann den Eindruck, dass wir Alternativen im Geiste manipulieren und erleben, und dies wiederum setzt Qualia voraus. Diese bewirken aber nichts, sondern sind im Sinne des Epiphänomenalismus „nutzloses Beiwerk". Warum aber hat sie dann die Evolution hervorgebracht? Die Antwort lautet: Die Evolution hat die *neuronalen Grundlagen* des Bewusstseins ausgebildet, weil diese die bereits erwähnten Vorteile mit sich bringen. Das bewusste Erleben selbst ist lediglich ein „Trittbrettfahrer" dieser Entwicklung, so wie auch die von den Objekten der Welt reflektierten elektromagnetischen Strahlen (die wir Lebewesen als Farben wahrnehmen) ohne evolutionären Nutzen in die Welt kamen.

Zusammenfassend können wir also sagen, dass ***wir nicht aus Gründen handeln, sondern auf Basis emotional bewerteter bzw. erlebter Wahrnehmungen oder Vorstellungen, mit denen wir unser Handeln begründen***! ***Nicht Gründe lösen also unsere Handlungen aus, sondern unsere Wünsche oder unser Wollen begründen unsere Handlungen.*** Deshalb sind ***Ursachen und Gründe keine Alternativen, sondern unterschiedliche Sichten auf dasselbe Phänomen***!

Wenn wir also beispielsweise den billigen Artikel kaufen und nicht den teuren, dann nicht aus dem Grund, weil er (der Artikel) billiger ist, sondern weil wir eine Vorstellung davon haben, was wir mit dem ersparten Geld anfangen können und diese Alternative bevorzugen. Wir begründen also unsere Entscheidung für den billigeren Artikel mit unserem Wunsch, Geld zu sparen, mit der Erkenntnis, dass wir nicht genügend Geld haben, um den teuren Artikel zu kaufen oder mit ähnlichen Argumenten. Und das Abwägen zwischen Gründen entpuppt sich jetzt als ein Abwägen zwischen verschiedenen Alternativen (und nicht Gründen!), die zur Wahl stehen und die von uns unterschiedlich bewertet werden. Unsere Wahl begründen wir dann mit dem Motiv, das entscheidungsbestimmend war.

Wenn wir von Ursachen sprechen, betrachten wir einen informationsverarbeitenden Prozess auf der Ebene der physikalischen Signale und deren physikalischer Wirkung. Wenn wir dagegen von Gründen sprechen, beziehen wir uns auf das, was die Signale repräsentieren. Man denke zur Veranschaulichung an einen Abakus. Das Hin- und Herschieben von Perlen ist ein physikalischer Vorgang. Unabhängig davon kann dieser Vorgang aber auch als Rechenprozess betrachtet werden. Dadurch lässt sich dann begründen, warum 2+3=5 ist. Fünf Kugeln (die Wirkung) sind dann aber nicht die Folge der Addition zweier Zahlen (der Gründe), sondern des Verschiebens von Perlen (der Ursache). Und wenn wir Perlen durch Äpfel oder Birnen ersetzen, die wir hin- und herschieben, ändern sich die physikalischen Grundlagen, aber nicht die Gesetze der Mathematik und auch nicht die Gründe dafür, dass wir es am Ende der Aktion stets mit fünf Entitäten zu tun haben. Angegebene Gründe können sich als richtig oder falsch erweisen (wir machen einen Rechenfehler oder unterliegen einem sonstigen Irrtum), Ursachen dagegen nicht. Leonardo da Vinci sagte einmal: „Mach dir nicht vor, du wolltest Irrtümer der Natur verbessern. In der Natur ist kein Irrtum, sondern der Irrtum ist in dir" (www.naturspektrum.de/zitate.php).

Ebenso wie nur die Kenntnis der Regeln des Schachspiels die Entscheidungen eines Schachcomputers verständlich macht, verstehen wir auch die Abläufe in der Natur nur durch Kenntnis der Naturgesetze. Dennoch beeinflussen unsere Gründe unser Handeln so wenig, wie die Naturgesetze die Natur beeinflussen. Beide liefern lediglich plausible Erklärungen, bewirken aber nichts (außer Erkenntnis). Vor diesem Hintergrund sehen wir auch Pauens Postulat, dass Widerfahrnisse ohne Bezug zu Gründen auskommen (Pauen 2004, S. 96), unter einem neuen Blickwinkel. Es entspricht dem menschlichen Drang nach Erkenntnis, nicht nur das eigene Verhalten zu verstehen, aus Sicht der ersten Person durch Introspektion und Selbstreflexion, aus Sicht der dritten Person durch Psychologie, Psychiatrie, Soziologie usw., sondern auch die uns umgebende Natur samt deren Wechselwirkung mit dem eigenen Körper (Bild 27, S. 223). Bei Gründen sollte man also unterscheiden zwischen solchen Gründen, die uns die Naturgesetze erklären, Gründen die das Verhalten biologischer Systeme z. B. aus der Evolution erklären und Gründen, die uns unser eigenes Verhalten erklären. In allen Fällen handelt es sich um Erklärungen und zwar unabhängig davon, ob sie nachträglich abgegeben werden oder vorab als Erklärungen für zu erwartende Ereignisse herangezogen werden.

Wir wollen also die Gründe verstehen, die uns erklären, was um uns herum geschieht (man denke an politische, wirtschaftliche, technische u.ä. Entwicklungen) und uns direkt oder indirekt betrifft, m.a.W. uns widerfährt. Wenn ich frage: »wie konnte mir das nur passieren?«, frage ich nach dem Grund eines Widerfahrnisses. Und warum stimmen unsere Erklärungen für das Verhalten der Natur und unser eigenes Verhalten so gut mit der Realität überein? Maturana liefert die Antwort: „Man erklärt nämlich nicht *das* Universum oder *die* Realität, sondern lediglich die Kohärenzen der eigenen Erfahrung. Insofern führt die Wissenschaft empirische Kohärenzen stets auf empirische Kohärenzen zurück" (Maturana 1996, S. 69).

Wie kommt es aber, dass die physikalischen Prozesse in unserem Gehirn genau das bewirken, was wir wollen, wenn unser Wollen doch gar keinen Einfluss auf physikalische Prozesse ausüben kann? Zur Beantwortung dieser Frage betrachten wir zunächst wieder einen Schachcomputer. Warum laufen die physikalischen Prozesse im Computer so ab, dass optimale Züge ausgeführt und dabei zusätzlich die Regeln des Schachspiels eingehalten werden, wenn die physikalischen Prozesse im Computer überhaupt nichts vom Schachspiel verstehen? Die simple Antwort lautet: weil der Entwickler das System so konstruiert hat, dass dieses Ziel erreicht wird. Der Entwickler kannte die Anforderungen und hat sie beim Systementwurf berücksichtigt. In der Mehrzahl der Fälle verhalten sich künstliche Systeme, wie instinktgeleitete Tiere. Z.B. agieren fußballspielende Roboter scheinbar mit dem Ziel, Tore zu schießen und unser Schachcomputer mit dem Ziel, eine Partie zu gewinnen. Aber sie selbst kennen dieses Ziel nicht. Dieses Ziel kennt nur der Konstrukteur und er hat ihnen ein Verhalten „einprogrammiert", das zielgerichtet ist.

Dies gilt analog für Tiere, die nach einer bestimmten Methode Beute erjagen, ihre Jungen durchbringen, eine Behausung bauen usw. Sie sind sich dabei keiner Ziele bewusst, die sie erreichen „wollen" und sie kennen auch nicht den Zusammenhang zwischen ihren Aktionen und einem Ziel. Die Aufgabe, die beim Schachcomputer der

Entwickler wahrnimmt, übernimmt bei Lebewesen die Evolution. Das Analogon zum Schachcomputer sind die Instinkthandlungen der Tiere. Bestimmte Auslösereize initiieren dann das Verhalten, das sich in der Evolution in derartigen Situationen am besten bewährt hat. Akteure, die einfach nur genetisch „vorprogrammierte Aktionen" ausführen, handeln nicht ziel*orientiert*, sondern ziel*führend*. Ihre Aktionen sind deshalb zielführend, weil Lebewesen, die nicht zielführend agierten, ausgestorben sind.

Solche Tiere handeln ohne Kenntnis von Zielen, ja sie benötigen gar keine Ziele, um zielführende Fähigkeiten (z. B. Weitergabe der eigenen Gene) auszubilden. Wofür die spezifischen Fähigkeiten der einzelnen Lebewesen gut sind, zeigt sich erst später dem erkennenden Beobachter. Und dies dürfte für viele (insbesondere von unbewussten Instanzen gesteuerte) Verhaltensweisen des Menschen ebenso gelten. Auch hier liegt der Verdacht nahe, dass sich menschliches Verhalten oft erst im Nachhinein dem Bewusstsein als zielführend erschließt (s.u.), und wir die Gründe unseres Verhaltens lediglich nachträglich aus Indizien ableiten.

Was veranlasst uns dann aber überhaupt zu glauben, dass wir die Gründe unserer Handlungen kennen. Wie bereits ausgeführt, sind diese Gründe nur Begründungen bzw. Erklärungen. Diese können allenfalls nachträglich Handlungen plausibel machen oder voraussichtliche Handlungen vorhersagen, wie bei anderen Naturerscheinungen auch.

Unsere These lautet, dass der Eindruck, eine Handlung bewusst verursacht zu haben, wenn wir die Gründe für die Handlung benennen können, immer dann entsteht, wenn wir eine Beziehung herstellen können zwischen dieser Handlung und irgendwelchen vorausgegangenen bzw. damit verknüpften erwünschten oder unerwünschten Wahrnehmungen oder Vorstellungen. Diese liefern uns dann die Begründung für unser Handeln. Dies mündet in die Frage, ob die unserem Bewusstsein präsentierten Wünsche und Befürchtungen, die unser Wollen speisen, den vollständigen Input für den Entscheidungsprozess unseres Gehirns liefern, oder ob hier nicht auch unbewusste Quellen den Entscheidungsprozess mit beeinflussen. Ein anschauliches Beispiel zur Verdeutlichung der Thematik liefert die *Hypnose*. Wird einer hypnotisierten Person in Trance eine Anweisung gegeben, wird sie nach dem Erwachen aus der Hypnose diese Anweisung ausführen. Fragt man dann nach den Gründen, wird entweder keiner oder irgendein vorgeschobener Grund angeben. Der zuvor Hypnotisierte hat dann subjektiv den Eindruck, er habe frei gehandelt, tatsächlich unterliegt er aber einer hypnotischen Suggestion (sog. *posthypnotische Amnesie*). „Hirnphysiologische Untersuchungen und auch Experimente mit Probanden, denen man Befehle gibt, derer sie sich nicht gewahr werden können, die sie nicht ins Bewusstsein bringen können, die aber dann dennoch befehlsgetreu handeln, zeigen uns, dass wir in der Regel die Tendenz haben, Handlungsabläufe, die wir programmiert haben, im Nachhinein zu begründen, wenn eine Begründung gefordert wird, was nicht ausschließt, dass manchmal ein bewusst gewordener Grund mit die Ursache der nachfolgenden Handlung sein kann" (Wolf Singer in: Philosophicum). Solche *Selbsttäuschungen* haben auch Experimente der amerikanischen Neurobiologen Roger Sperry und Michael Gazzaniga mit *Split-Brain* Patienten nachgewiesen. Ihnen wurde operativ die Verbindung zwischen den beiden Gehirnhälften durchtrennt, um schwere Formen von Epilepsie zu behandeln, wodurch der Informationsaustausch zwischen den beiden Gehirnhälften unterbunden wurde. Wurden jetzt in spezifischen Tests nur dem linken Gesichtsfeld Objekte gezeigt, konnten diese nur mit der rechten Hemisphäre wahrgenommen werden. Und nur diese Hemisphäre konnte mit handlungsauslösenden Impulsen eine Handlung einleiten. Die Informationsweitergabe an das links angesiedelte Sprachzentrum war unterbunden, es konnte also nicht über die Gründe bzw. Auslöser der Handlung informiert werden. Die Betroffenen erfanden dann einfach irgendwelche verbal vorgebrachten Beweggründe, obwohl sie (bzw. das Sprachzentrum) die eigentlichen Gründe gar nicht kennen konnten. Für Gazzaniga ist daher die Sprache lediglich das „Pressebüro" anderer Abteilungen der Psyche, die zu jeder der von den dort ausgelösten Handlungen die Rechtfertigung dafür liefert, dass der Handelnde ein klar und vernünftig denkender, offener und ehrlicher Mensch ist (nach Ferris 1992, S. 80). Analog schreibt der Ethnologe Jerome Barkow: „Man kann mit guten Gründen die Meinung vertreten, dass die evolutionäre Hauptfunktion des Ich die eines Organs zur Manipulation von Eindrücken ist (und nicht die eines Entscheidungsträgers, wie die Laienpsychologie meint)" (Barkow 1989, S. 104). Unser scheinbares Wissen um die Gründe unseres Handelns ist also häufig eine Illusion. Joseph LeDoux kommentiert dies so: „Wir folgerten daraus, dass die Menschen, was immer sie tun, aus Gründen handeln, derer sie sich nicht bewusst sind (weil das Verhalten von Hirnsystemen ausgelöst wird, die unbewusst operieren), und dass eine der Hauptaufgaben des Bewusstseins darin besteht, unser Leben zu einer in sich stimmigen Geschichte, einem Selbstkonzept, zu bündeln. Es leistet dies dadurch, dass es Verhaltenserklärungen generiert, deren Grundlage unser Selbstbild, Erinnerungen an die Vergangenheit, Erwartungen für die Zukunft, die aktuelle soziale Situation und die physische Umgebung bilden, in der das Verhalten ausgelöst wird" (LeDoux 2001, S. 37). Manfred Spitzer wird da noch deutlicher. Mit Bezug auf die Geschichten, die Patienten mitunter ihren Psychiatern erzählen, schreibt er: „In dieser Hinsicht sind Geschichten nichts weiter als »Bedeutungs-Soße«, die unsere linke Hemisphäre über unsere Handlungen im Nachhinein gießt; ohnmächtig, unwichtig, abgekoppelt von jeglichem Wahrheitsgehalt und bestenfalls harmlos" (Spitzer 2004, S. 382). Unser Resümee lautet: Aus der zeitlichen Folge zweier Ereignisse (Willenserlebnis und Handlung), darf nicht in jedem Fall auf einen kausalen Zusammenhang (post hoc ergo propter hoc) geschlossen werden.

Der Wissenschaftsjournalist Robert Wright fasst dies mit den Worten zusammen: „Der Eindruck, wir übten eine »bewusste« Kontrolle über unser Verhalten aus, ist nicht nur eine Illusion ..., er ist vielmehr eine zweckvolle Illusion, von der natürlichen Selektion dazu geschaffen, unseren Behauptungen Überzeugungskraft zu verleihen. Seit Jahrhunderten nähern sich Menschen der philosophischen Debatte über den freien Willen mit der unbestimmten aber machtvollen Intuition, dass es Willensfreiheit gibt: Unser Ich (das bewusste Ich) ist Herr unseres Verhaltens. Die Annahme ist erlaubt, dass sich dieses nichttriviale Stück Ideengeschichte ziemlich direkt auf die natürliche Selektion zurückführen lässt - dass also einer der geheiligsten philosophischen Grundgedanken im wesentlichen eine biologische Anpassung ist" (Wright 1996, S. 440f).

Habermas argumentiert: „Im Alltag können wir … für unser Handeln zur Verantwortung gezogen werden. Dann müssen wir „Rede und Antwort stehen", nämlich Gründe angeben, warum wir so, und nicht anders gehandelt haben" (Habermas 2006, S. 671). Das ist sicher richtig. Die Frage ist aber, ob die Gründe, die wir dann angeben, die tatsächlichen Beweggründe für unser Handeln waren, oder ob es sich dabei nicht nur um erfundene, vorgeschobene und eingebildete Gründe handelt, mit denen wir nicht nur unsere Aktionen vor unserer Umwelt, sondern auch vor uns selbst rechtfertigen. Die Psychoanalyse hat ein reiches Repertoire an Abwehrmechanismen aufgedeckt, mit deren Hilfe wir versuchen, uns unangenehme Erkenntnisse zu verdrängen, zu verfälschen oder umzuleiten. Mechanismen wie Verdrängung (Unterbindung der Bewusstwerdung), Reaktionsbildung (Überbetonung entgegengesetzter Gefühle), Verleugnung (abstreiten), Projektion (eigene Wünsche und Motive anderen Menschen unterschieben), Regression (Rückkehr zu einer früheren Form der Lustgewinnung bzw. zu kindlichem Verhalten) und Sublimierung (Ersatzbefriedigung) bringen zum Ausdruck, was gemeint ist. Ramachandran schreibt daher: „Besondere Bedeutung hat Freuds Entdeckung, dass unser Bewusstsein nur eine Fassade ist und dass uns neunzig Prozent dessen, was in unserem Gehirn geschieht, verborgen bleibt" (Ramachandran 2002, S. 252).

Schon 1977 haben R. E. Nisbett und T. D. Wilson in Experimenten nachgewiesen, dass sich Menschen oft über die wahren Ursachen ihrer Handlungen täuschen und die Gründe ihres Verhaltens mehr aus Vermutungen, sozialen Konventionen und den vermeintlichen Erwartungen ihrer Umwelt ableiten. Sie schreiben: „Wenn Menschen gebeten werden zu berichten, wie ein bestimmter Stimulus eine bestimmte Reaktion beeinflusst habe, dann, so unsere Hypothese, ziehen sie nicht die Erinnerung an den vermittelnden Prozess zu Rate. ... Sie fällen einfach Urteile ... darüber, wie plausibel es ist, dass der Stimulus die Reaktion beeinflusst haben könnte" (Nisbett/Wilson S. 156 in: Metzinger 2005). Es gibt sogar eine sehr plausible Begründung dafür, dass wir die wahren Motive unserer Handlungen oft nicht kennen. Richard Dawkins und John Krebs glauben, dass Tiere vor allem solche Signale aussenden, die das Verhalten anderer Tiere zu ihrem eigenen Nutzen manipulieren. Auch Kommunikation wird also letztlich dazu eingesetzt, die Chancen zur Weitergabe des eigenen Erbguts zu vergrößern. Es kommt dann zu einem „Wettrüsten" zwischen Betrügern und denjenigen, die versuchen, den Betrug zu entlarven, was verständlicherweise zu immer raffinierteren *Betrugsversuchen* etwa in Form von Schutz-, Warn- und Tarntrachten und analogen Verhaltensweisen führt. Robert L. Trivers vertritt in seiner „Theorie der adaptiven Selbsttäuschung" die Meinung, dass Täuschung ein Grundelement der tierischen Kommunikation ist. Es gibt daher einen hohen Selektionsdruck für die Fähigkeit, Täuschung zu durchschauen. Dies wiederum fördert die Fähigkeit, immer bessere Betrugsmethoden zu entwickeln, also verräterische Signale beispielsweise in unserer Mimik und Gestik zu unterdrücken. Da Gestik und Mimik aber nur begrenzt willentlich gesteuert werden können, bietet sich die Alternative an, unlautere Motive ins Unbewusste abzuschieben, damit nicht kleine Anzeichen von eigenem besserem Wissen die im Gange befindliche Täuschung verraten (Trivers im Vorwort zu Dawkins *The Selfish Gene*1989). Sigmund Freud lag mit seinen Hypothesen also gar nicht so falsch. Es bleibt dann nur noch zu fragen, wo die Evolution das "*Selbstbetrugsmodul*" eingebaut hat, das bisher noch nicht von der Wissenschaft ausfindig gemacht werden konnte.

Bleibt die Frage, wozu es dann überhaupt der Begründungen für unser Handeln bedarf. Warum reicht es nicht aus, wenn wir einfach so entscheiden und Handeln, dass unsere Wünsche erfüllt werden? Warum müssen wir zusätzlich auch noch unsere Entscheidungen mit unseren Wünschen begründen?

Der entscheidende Punkt ist, dass uns unser Bewusstsein die Möglichkeit verschafft, uns im Voraus die möglichen Konsequenzen unserer Aktionen *vorzustellen und diese emotional zu bewerten* und zwar ehe wir handeln. Über diese Fähigkeit verfügen instinktgeleitete Tiere nicht. Sie bewerten für ihre Handlungen eine *aktuelle Situation*, wir dagegen können die Vorstellung der möglichen *zukünftigen Konsequenzen einer Handlung* bewerten. Das Ergebnis dieser Bewertung ist ein Gefühl in Form einer Vorfreude oder einer Befürchtung (Bild 16, S. 121). Und die Repräsentation dieses Wunsches bzw. dieser Befürchtung liefert den Input für den Entscheidungsprozess.

Im Jahre 1884 warf William James die Frage auf, ob wir vor einem Bären weglaufen, weil wir uns fürchten, oder ob wir uns fürchten, weil wir weglaufen. Löst also der Bär das Furchtempfinden aus, oder löst er das Weglaufen aus, das dann zusätzlich noch mit einem Furchtgefühl verbunden ist? Die Antwort von Joseph LeDoux lautet: Wir laufen weg, wenn wir in Gefahr sind, „weil wir uns vor dem fürchten, was passieren wird, wenn wir es nicht tun" (LeDoux 2001, S. 47). Die möglichen Konsequenzen, die wir mit dem Bären verbinden, verleihen unserer Wahrnehmung eine Bedeutung. Im Gegensatz zu rein instinktgeleiteten Tieren reagieren wir nicht mit einem genetisch vorgegebenen Verhaltensmuster auf auslösende Reize, sondern wir leiten aus Reizen Objekte mit bestimmten Merkmalen in einer spezifischen Situation ab, und daraus Vorstellungen über mögliche weitere Entwicklungen dieser Situation. Diese werden dann, wie in einem Schachspiel, durch somatische Marker (Damasio), bewertet (erwünscht/unerwünscht), wobei mögliche eigene Aktivitäten in die Betrachtung mit einbezogen werden (Bilder 23, S. 199 und 24, S. 216).

Um etwas begründen zu können, muss ich einen Output auf einen Input zurückführen können. Das heißt aber, ich brauche *explizites* Wissen, damit ich mich beim Output noch an den Input erinnern kann. Ich muss also bei der Analyse eines Outputs noch eine *Erinnerung bzw. Vorstellung* vom vorausgegangenen Input haben bzw. umgekehrt, einen aktuell bekannten Input mit der *Vorstellung* eines möglichen Outputs verknüpfen können. Daraus leitet sich ab, dass die Verbindung von Wunsch bzw. Wille (= Input) mit einer Aktion bzw. Handlung (=

Output) Bewusstsein voraussetzt, denn nur Wesen mit Bewusstsein können explizit zugängliche Vorstellungen erzeugen (erweitertes Bewusstsein in Bild 28, S. 254). Ein reines feed-forward Netzwerk verfügt über diese Fähigkeit nicht. Deshalb setzt Bewusstsein auch immer feed-back Kopplungen in einem neuronalen Netz voraus. Ganz anders liegen die Verhältnisse bei Ursache-Wirkungs Beziehungen. Die Ursache bewirkt etwas, auch wenn sie nicht weiß, was sie bewirkt, genau so, wie die Wirkung nichts von ihrer Ursache zu wissen braucht. ***Die Beziehungen zwischen Ursache und Wirkung kommen ohne ein Wissen aus. Dieses benötigen wir erst, wenn wir die Begründung der Wirkung aus der vorausgegangenen Ursache ableiten und dafür eine semantische Beziehung zwischen beiden herstellen.***

Wenn wir den Zusammenhang zwischen unserem Wunsch und einer Aktion verstehen, können wir unsere Aktion auch begründen, ebenso wie wir das Verhalten der Natur begründen können, wenn wir den Zusammenhang zwischen Ursachen und Konsequenzen verstehen. Dieses Verständnis wiederum ermöglicht es uns dann, bei unserer Verhaltensplanung auf dieses explizite Wissen zuzugreifen, um Konsequenzen besser abschätzen zu können. Wenn jemand etwas „aus Gründen tut, muss der Gründe liefernde Zustand für einen entweder bewusst sein oder wenigstens bewusst werden können" (Peacocke 1998, S. 534). Wir gehen davon aus, dass Gründe in jedem Fall bewusst werden müssen, um Handlungen zu erklären.

Man muss also streng unterscheiden zwischen Handlungen, die zielorientiert sind und solchen, die zielführend sind. Instinkthandlungen sind (meist) ***zielführend***, obwohl dem Individuum selbst die Ziele gar nicht bekannt sind. So haben beispielsweise Ameisenstaaten intelligente Antworten und Verhaltensmuster für Probleme gefunden, ohne das Problem überhaupt zu kennen, das sie mit ihrem Verhalten lösen. Sie agieren einfach nur nach bestimmten Regeln! ***Problemlösung setzt also nicht notwendig Problemkenntnis voraus***. Das Verhalten des Menschen dagegen ist ***zielorientiert***, weil er ein ihm bekanntes, gefühlsmäßig positiv bewertetes Ziel erreichen will. Dies setzt voraus, dass er eine ***Vorstellung von einem möglichen Ziel*** hat, d.h. von einer möglichen zukünftigen Situation, die er herbeiführen möchte. Nach Bild 28 (S. 254) setzt dies ein *erweitertes Selbst-Bewusstsein* voraus.

„Wahrnehmen und Vorstellen sind im Wesentlichen ein und derselbe Prozess; der Unterschied - wenn es überhaupt einen gibt - besteht lediglich in dem Ausmaß, in dem sensorische Information den Prozess bestimmt" (Grush 1998, S. 183). „Der ... Bereich ... der mentalen Prozesse, bildet sich am spätesten heraus, und zwar offenbar im »Ausschlussverfahren«. Das bedeutet, dass all das in sensorischen corticalen Zentren vom Gehirn als Vorstellung, Erinnerung oder Denken angesehen wird, was *nicht* aktuelle Wahrnehmung darstellt und/oder mit aktuellem Handeln verbunden ist. Diese Unterscheidung scheint sich innerhalb der kindlichen Entwicklung nur sehr langsam zu entwickeln und kleine Kinder treffen offenbar noch keine scharfe Unterscheidung zwischen tatsächlich Wahrgenommenem und bloß Vorgestelltem oder Erinnertem, zwischen Tun und bloß Gedachtem oder Geplantem" (Roth 1997, S. 320f). Vorstellungen (z. B. eine erwünschte oder befürchete Situationen) können ihrerseits wieder mit der Vorstellung einer durch sie ausgelösten Handlung verknüpft werden. „Die Vorstellung motorischer Abläufe ist nichts anderes als eine interne Erzeugung von propriozeptiver Erfahrung" (Grush 1998, S. 172), die Vorstellung motorischer Abläufe ist also ein Spiegelbild einer tatsächlichen Bewegungsausführung (Grush 1998, S. 174). Und deshalb passen Vorstellungen und konkrete Handlungen auch so gut zusammen. „Diese bewusste Handlungsplanung steht aber wiederum unter Kontrolle des - im wesentlichen unbewussten - Bewertungsgedächtnisses. Das *unmittelbare Starten* einer Handlung, also die letzte Entscheidung darüber, dass ich dies tue und nicht jenes, bzw. dass ich jetzt überhaupt etwas tue, wird durch die Basalganglien und das Kleinhirn veranlasst, die auf den supplementärmotorischen, prämotorischen und motorischen Cortex einwirken. Dies geschieht dann, wenn die Summe der bewussten und unbewussten Handlungsantriebe die Aktivitätshemmung durch die Basalganglien und das Kleinhirn aufhebt. Dies bedeutet, dass die aktuelle Entscheidung, etwas zu tun, unbewusst erfolgt" (Roth 1997, S. 307).

Jetzt stellt sich noch die Frage, wie es neurologisch erklärbar ist, dass wir unsere Beurteilung eines Sachverhaltes ändern können. „Die Forscher würden unter der neurologischen Selbstbeschreibung eines ‚Dialogs von Gehirnen' nicht mehr verstehen können, was es bedeutet, theoretische Annahmen im Lichte besserer Gründe zu korrigieren, also einen Wissensstand zu verbessern oder gar nach neuen Erkenntnissen zu suchen" (Habermas 2006, S. 682). Hier wird behauptet, dass man neuronal nicht erklären kann, wie das Gehirn Annahmen korrigieren und nach neuen Erkenntnissen suchen kann. In Kapitel 2.1 haben wir bereits dargelegt, dass es für Lebewesen wichtig ist, Erfahrungen und Wissen zu sammeln und zu erweitern. Deshalb verspüren sie ein *Bedürfnis nach Bestimmtheit und Kompetenz*. Zu seiner Befriedigung hat die

Natur das *Explorations-* bzw. *Neugierverhalten* erfunden, einen natürlicher Drang, die Grenzen des Wissens und Könnens auszuloten und gezielt eine Wissensergänzung und Kompetenzerweiterung zu betreiben, unabhängig davon, ob dem bewusste Intentionen zugrunde liegen oder nicht. Mit Bezug auf Experimenten mit Tieren sagt Walter J. Freeman aus Berkeley: „Ich fand heraus, dass das Gehirn das Tier dazu drängt zu handeln und die Reize von außen einzuordnen, die als Energiepakete wahrgenommen werden" (Walter J. Freeman in: ARTE Faszination Bewusstsein 21.11.2008). Rodney Brooks und Dietrich Dörner haben künstliche Systeme beschrieben, die ebenfalls ein Explorationsverhalten zeigen. Auch die in Kapitel 4.6 beschriebene kooperative Zusammenarbeit zwischen verschiedenen autonomen Automaten, mit dem Ziel des Informationsaustausches und der *Wissensaquisition* zeigt, dass sich *autonome Wissenserweiterung* und daraus resultierende Veränderungen von „Lagebeurteilungen" auch maschinell nachbilden lassen. Warum sollte eine der möglichen Formen, um dies zu erreichen, nicht auch auf neuronale Weise realisierbar sein? Dass Fußballroboter ebenfalls permanent ihre Entscheidungen ändern und ihre Aktionen an wechselnde Situationen auf dem Spielfeld anpassen müssen, hat der Verfasser a.a.O. (Zimmermann 2007) bereits ausgeführt. Dafür müssen sie nicht nur die Alternativen bewerten, sondern zusätzlich sogar noch deren Eintrittswahrscheinlichkeit sowie den zu erwartende Zeitpunkt ihres Eintretens in Betracht ziehen (Kapitel 2.3). Sie müssen m.a.W. abschätzen können, wie gesichert ihr Wissen ist. Und natürlich kann jede neue Zusatzinformation zu einer Neubewertung der Handlungsalternativen führen.

Jetzt wollen wir auf eine weitere Behauptung eingehen, die Schockenhoff so formuliert: „Menschen handeln um der Ziele willen, die sie durch ihr Handeln erreichen wollen. Ein erkanntes und bewusst gewähltes Ziel »verursacht« ihr Handeln jedoch nicht, denn es bleibt die Möglichkeit, auch anders zu handeln" (Schockenhoff 2004, S. 167). Dies heißt mit anderen Worten, dass Menschen zielführend handeln (s.o.), das Ziel aber nicht (für sich allein!) unsere Handlungen determiniert. Was heißt dann aber „anders handeln"?. Es kann heißen 1. nicht bzw. nicht jetzt, sondern später handeln oder 2. von mehreren möglichen Handlungsalternativen zur Zielerreichung eine bestimmte und nicht eine andere Handlung auszuwählen.

Dass Ziele beim ***zielorientierten Handeln*** „die Richtung" vorgeben, liegt auf der Hand. Die Entscheidung für eine bestimmte Aktion ist dann die Folge davon, dass alternative Optionen zur Zielerreichung zur Verfügung stehen. In diesem Fall müssen die *alternativen Wege* bewertet werden. Wir können uns aber auch, ohne Begründung, willkürlich und zufällig für eine Alternative entscheiden. Dies entspricht alternativen Optionen in der Natur an Bifurkationspunkten, die durch Zufallsfluktuationen entschieden werden. Man denke an ein Galtonsches Brett.

Hier sei angemerkt, dass auch KI-Systeme über die Fähigkeit verfügen können, Ziele *ohne vorherige Kenntnis des Lösungswegs* zu erreichen und dabei alternative Wegoptionen zu überprüfen. *Expertensysteme* demonstrieren, wie durch eine geeigneten Kombination und Verknüpfung von Regeln, eine definierte Aufgabenstellung einer Lösung zugeführt werden kann. Ein typisches Beispiel dafür ist das maschinelle Beweisen. Ein anderes Beispiel ist das Spiel „Missionare und Kannibalen". Das Ziel besteht darin, 3 Missionare und 3 Kannibalen mit einem Boot, das nur 2 Besatzungsmitglieder befördern kann, über einen Fluss zu transportieren. Dabei dürfen die Kannibalen niemals in der Überzahl sein, da sie ansonsten die Missionare verspeisen. Es werden dann Wege gesucht zur Erreichung dieses Ziels und dies ist eine Aufgabenstellung, die auch von künstlichen Systemen gelöst werden kann. Dabei können ebenfalls alternative Strategien zur Zielerreichung eingeschlagen werden. Diese sind Vorwärtsverkettung (forward reasoning) oder Rückwärtsverkettung (backward reasoning) sowie Breite zuerst (Breadth-First Search) oder Tiefe zuerst (Depth-First Search) oder die beste Alternative zuerst (Best-First Search). Im Gegensatz zu Programmen der herkömmlichen Datenverarbeitung, können Expertensystemen mit Hilfe vorgegebener Regeln selbst einen Lösungsweg suchen, so wie das Menschen auch machen. Den Lösungsweg kennt der Schöpfer des Programms für einen konkreten Fall im voraus nicht. Er weiß nur, wie das System einen Lösungsweg sucht, aber nicht, ob es für eine bestimmte Problemstellung überhaupt eine Lösung gibt. In jedem Fall benötigen solche Systeme zur Entscheidungsfindung aber vorgegebene Kriterien, und diese begründen dann die konkret getroffenen Entscheidungen. Eines Bewusstseins bedarf es in derartigen Fällen nicht, wenn sich das System sein Ziel nicht in Form eines möglichen zukünftigen Szenariums „vorstellen" muss, sondern das Ziel von extern explizit vorgegeben und der Lösungsweg durch Versuch und Irrtum gefunden wird.

Während zielorientiertes Verhalten von dem System, das ein bestimmtes Ziel verfolgt selbst begründet werden kann, indem es sein Verhalten zu einem Ziel in Beziehung setzt, kann zielführendes Verhalten nur von einem außenstehenden Beobachter begründet werden, der den Zusammenhang zwischen Verhalten und Konsequenzen des Verhaltens erkennt.

Auch für zielführendes Verhalten, *ohne vorherige Kenntnis des Ziels*, gibt es in der Informatik Lösungsansätze in Form von *generischen Algorithmen*. Hier reicht es, Fitnesskriterien vorzugeben, d.h. anzugeben, wodurch sich ein gutes Ziel auszeichnet, ohne dass das Ziel selbst explizit vorgegeben werden muss. Alles weitere regelt eine Kombination aus Mutation, Rekombination (sexuelle Fortpflanzung) und Selektion von Mustern. Auf diese Weise überließ es z. B. William Daniel Hillis einem generischen Algorithmus, ein Programm zu entwickeln, das in der Lage war, sechzehn Zahlen in absteigender Reihenfolge zu sortieren. Das Kriterium zur Beurteilung der ***Fitness*** der gewonnenen Lösungen war die Anzahl der erforderlichen Schritte zur Bewältigung dieser Aufgabe. Bereits nach 5000 Generationen konnten die besten Programme die Sortieraufgabe in 65 Schritten bewältigen. Die beste bekannte Lösung schafft es mit 60 Schritten. Eine weitere Verbesserung erreichte Hillis durch evolutionäres Wettrüsten, indem ein zusätzliches Programm schwierige Testfälle (= schwer zu sortierende Zahlenreihen) ebenfalls evolutionär entwickelte, die die evolutionär gefundenen Sortiermethoden immer wieder zwangen, ihre Lösungsansätze zu verbessern. Mit diesem Ansatz schaffte es Hillis, dass evolutionär ein Programm entstand, das das Sortierproblem mit 62 Austauschschritten bewältigte. In Wiederholungsläufen wurde sogar eine Lösung mit 61 Schritten gefunden (vgl. Levy S. 235ff mit weiterführenden Literaturangaben). Damit hat Hillis veranschaulicht, wie sich ohne menschlichen Eingriff Systeme evolutionär entwickeln können, die gute Problemlösungen bieten. Allerdings können sie nicht begründen, warum bei ihnen ein bestimmter Weg zielführend ist.

Zusammenfassend können wir also festhalten:

1. Gründe liefern nur Erklärungen für unsere Handlungen, initiieren und steuern diese jedoch nicht
2. Gründe werden vom Gehirn als plausible Handlungserklärungen (Hypothesen) konstruiert bzw. erschlossen und zwar aus der Verknüpfung unserer bewussten, gefühlsmäßig „aufgeladenen“ Wahrnehmungen und Vorstellungen mit unseren Handlungen
3. Diese Wahrnehmungen und Vorstellungen sind im Gehirn neuronal repräsentiert. Eine bestimmte Art von neuronaler

Erregung (= Wahrnehmung oder Vorstellung) ist dann die Bedingung für eine bestimmte Entscheidung oder (Re-)Aktion
4. Im Gegensatz zu instinktgeleiteten Tieren können sich beim Menschen die verhaltensbestimmenden Gründe nicht nur aus aktuellen Situationen (Umweltwahrnehmungen und Registrierung der Eigenbefindlichkeit) ableiten, sondern zusätzlich auch aus der Bewertung von Vorstellungen möglicher Konsequenzen von Handlungen. Deshalb wird als Voraussetzung für Willensfreiheit häufig auch gefordert, dass die Konsequenzen von Alternativen durchdacht und bewertet werden (s.u.)
5. Gründe können sich deshalb auch immer nur auf dem Bewusstsein zugängliche Wahrnehmungen und Vorstellungen beziehen. Unbewusste Vorgänge im Gehirn können zwar das Handeln völlig oder zumindest weitgehend bestimmen, da sie aber per Definition nicht bewusst werden, können sie vom Gehirn auch nicht bei der Begründung von Handlungen berücksichtigt werden. Deshalb sind die angeblichen Gründe unseres Handelns oft nur scheinbare Gründe, die wir uns zurechtlegen, um unser Verhalten plausibel vor uns und unserer Umwelt begründen zu können

Mit Pauen vertreten wir daher die Ansicht: „Die Unterscheidung von Gründen und Ursachen liefert weder ein adäquates Freiheitskriterium noch einen prinzipiellen Einwand gegen den Physikalismus" (Pauen 5/2005, S. 7). Analog argumentiert Beckermann: „Die Tatsache, dass etwas ein neuronaler Prozess ist, schließt keineswegs aus, dass es sich bei *demselben* Prozess um einen Prozess des Überlegens handelt - genau so wenig wie die Tatsache, dass etwas ein elektronischer Prozess ist, ausschließt, dass es sich bei *demselben* Prozess um das Berechnen der Summe zweier Zahlen handelt" (Beckermann 2005, S. 17). „Was ist das charakteristische Merkmal derjenigen Informationen, die *ursächlich* für kognitives Verhalten sind? Das besondere an ihnen ist, dass es sich um *mentale* Informationen handelt, also um Informationen, die an eine mentale *Repräsentations*struktur gebunden sind" (Esken 1998, S. 446).

5.3 Was bestimmt unser Handeln?

Donald Davidson hat zwei Thesen zur Handlungsfreiheit formuliert:

These 1: belief-desire These (BD): Handlungen resultieren aus dem Wusch eines Akteurs in Verbindung mit seiner Überzeugung, den Wunsch auch in die Tat umsetzen zu können
These 2: Kausalthese (KT): Der primäre (Handlungs-) Grund, d.h. das Zusammenwirken von Wunsch und Überzeugung ist die (bewegende nicht Zweck-) Ursache für eine Handlung. Die Handlung selbst ist die Wirkung. Deshalb sind Handlungserklärungen Kausalerklärungen. Handlungen sind somit Ereignisse, die sich als absichtliches Tun erweisen.

Man kann dies zusammenfassend so formulieren:

> der Wunsch des Akteurs nach p und seine Überzeugung, dass Handlung A den Wunsch p erfüllt, verursacht, dass die Handlung A ausgeführt wird < oder in verallgemeinerter Form:
> der Akteur führt die Handlung A aus, um p herbeizuführen <.

Sagen wir es noch einmal in unserer Terminologie: Wunsch und Überzeugung sind Ursache für eine Handlung, sie *lösen m.a.W. eine Handlung aus (sind bewegende Ursache).* Der propositionale Gehalt des Wunsches bestimmt die *Art der Handlung* (was will ich machen = Zweckursache). Handlungserklärungen sind Begründungen, die unsere Handlungen auf unsere Wünsche zurückführen und sie mit diesen Wünschen kausal erklären.

„Anders als Ursachen stehen Gründe in Rechtfertigungskontexten; sie führen eine Handlung daher auch nicht direkt herbei, sondern erlauben dem Handelnden reflexiv Stellung zu nehmen und den Grund gegebenenfalls zu verwerfen. Soweit es um Handlungsgründe geht, müssen in der Regel ein Wunsch und eine Überzeugung zusammenkommen" (Pauen 5/2005, S. 7). Wenn wir also Gründe verwerfen, zweifeln wir an unseren Erklärungen! „Menschliches Verhalten umfasst Handlungen, und für deren Erklärung braucht man Begriffe wie »Überzeugung« und »Wunsch« (Andreas Kemmerling in: Forum f. Philosophie 1990, S. 155). Vereinfacht gesagt gilt also: „Unsere Überzeugungen bilden die Grundlage für unser Handeln" (Elgin 2003, S. 194). Derartige Aussagen von Philosophen leiten sich alle mehr oder weniger aus den Thesen von Donald Davidson ab. Sie unterscheiden aber alle nicht zwischen der Frage, was einerseits unsere Aktionen auslöst und andererseits bestimmt, was konkret wir tun. Es wird vielmehr unterstellt, dass das Ziel unserer Handlung (was wir wollen) gleichzeitig auch diese Handlung auslöst. Dass menschliches Handeln aber gerade dadurch charakterisiert ist, dass wir auch „auf einen passenden Moment" *warten können*, ehe wir handeln, wird nicht thematisiert. Schon Konrad Lorenz hat aber erkannt, dass Tiere beim Spiel lernen, ihre Handlungen von ihren Antrieben zu entkoppeln. Und genau diese Fähigkeit des distanzierten Nachdenkens vor der Einleitung einer Handlung ist für den Menschen charakteristisch. Wünsche und Überzeugungen müssen deshalb überhaupt nicht Handlungen auslösen, sie können genauso gut ein Nachdenken darüber auslösen, ob, wann und ggf. wie gehandelt werden sollte! „Wir können uns ... bewusst etwas stark vornehmen, ohne dass eine entsprechende Handlung folgt. Der unmittelbare Anstoß etwas zu tun, kommt nicht von diesem bewussten Vorsatz, sondern aus den »Abgründen« des limbischen Systems" (Roth 1997, S. 310).

Für Pauen gilt: „Wenn eine Handlung wirklich von denjenigen Präferenzen ausgeht, die für eine Person konstitutiv sind, dann kann man nicht mehr sinnvoll daran zweifeln, dass es eine Handlung der Person selbst, also eine selbstbestimmte Handlung ist" (Pauen 5/2005, S. 16). Man sollte nach verbreiteter Meinung in der Philosophie also zwischen ***eigenbestimmten und fremdbestimmten Handlungen*** unterscheiden.

Da wir auch von zielführenden, und nicht nur zielorientierten Handlungen sagen können, dass sie von den *Präferenzen* des handelnden Akteurs bestimmt sind, auch wenn dahinter keine expliziten Ziele stehen, sind auch reine Instinkthandlungen eigenbestimmte Handlungen. Dies gilt sogar, wenn sie bei einem Artefakt programmtechnisch festgelegt oder bei einem Lebewesen genetisch bestimmt sind. Macht es aber Sinn, hier noch von eigenbestimmt zu reden, oder sind solche Handlungen nicht einfach nur konstruktiv bedingt und durch innere Umstände oder Strukturmerkmale „erzwungen"? Man sollte daher Pauens Begriff der „Selbstbestimmung" dahingehend präzisieren, dass die Präferenzen dem handelnden Akteur *explizit bekannt* und nicht nur in ihm implizit verankert sein müssen. Eine weitere Frage ist, inwieweit innere Zwänge meines Körpers die Selbstbestimmung einschränken, falls man sie nicht im Sinne von Bild 25 (S. 217) aus Sicht des Gehirns ebenfalls den äußeren Umständen zuordnet. Wenn ich beispielsweise dringend auf die Toilette muss, dann wird mein Handeln nicht durch das Selbst bestimmt, sondern durch den Druck in meiner Blase. Führt dieser Druck zu einer Einschränkung meiner Handlungsfreiheit, obwohl ich ja eigentlich gar keiner äußeren Einschränkung und auch keinem äußeren Zwang unterliege? Macht es überhaupt Sinn, zwischen inneren und äußeren Zwängen zu unterscheiden? Und muss man in letzter Konsequenz nicht auch Ängste und Befürchtungen als solche Zwänge oder zumindest Einschränkungen akzeptieren?

Hier stoßen wir wieder auf die bereits in Kapitel 4.4 abgehandelte Frage, ob der Akteur insgesamt oder das Gehirn für den Akteur entscheidet. Spätestens jetzt landet man bei der Gretchenfrage, ob *Vorstellungen* von möglichen Zwängen unsere Selbstbestimmung einschränken oder vielleicht gerade erst ausmachen, da sie ja unsere Wünsche und Befürchtungen kennzeichnen, die ihrerseits wieder handlungswirksam werden!

Fragen wir zunächst, wie Handlungsentscheidungen von Tieren ohne Bewusstsein oder von autonomen Robotern bzw. von der Informationsverarbeitung in deren Gehirnen getroffen werden. Die Antwort fällt eindeutig aus. Irgendein Mechanismus muss die Entscheidung treffen. Wie solche Entscheidungsprozesse in der Natur ablaufen und welcher Voraussetzungen es hierfür bedarf, soll jetzt näher untersucht werden.

Bei niederen Lebewesen sind irgendwelche Reize die Ursachen für bestimmte Reaktionen bzw. ein Instinktverhalten. Instinkte sind angeborene Verhaltensmuster, mit denen Lebewesen auf ***Schlüsselreize*** reagieren. Dies können Gerüche, Geräusche oder visuelle Eindrücke sein, die so zunächst zu ***Merkmalsdetektoren*** werden und ***im Laufe der Zeit eine Bedeutung*** erlangen. ***Körperliche Signale*** wie Kämme und Mähnen, Düfte, Farben und ritualisierte Bewegungen lösen dann ein Balzverhalten, Kampfbereitschaft oder Flucht aus. Nicht mehr die physikalische oder chemische Einwirkung, sondern die in ihr steckende ***Information*** haben dann eine Auswirkung. Diese Wirkung ist zunächst einfach nur ein genetisch fixiertes ***Appetenzverhalten.*** Im nächsten Schritt wurden Informationen durch stellvertretende ***Symbole*** kommuniziert, etwa durch ***Mimik, Warnrufe*** vor Feinden, ***Lockrufe*** zur Futterquelle oder Laute zur Herbeirufung von Partnern oder Jungen. Und schließlich wird beim ***bedingten Reflex*** der ursprüngliche Reiz durch einen anderen ersetzt, der dann als ***Indikator*** wirkt.

Bei höheren Lebewesen werden Reize als ***Qualia*** erlebt, ebenso wie die Reaktionen auf diese Reize. Sobald wir uns als ein spezifisches Subjekt wahrnehmen und über ein ***Kernbewusstsein*** verfügen (vgl. Bild 28, S. 254), erleben wir die Reaktion unseres Körpers auf eine ***aktuelle Wahrnehmung*** als unsere Reaktion (weil wir einen Bären sehen, haben wir Angst und laufen davon). Die Wahrnehmung liefert uns dann die Begründung für unsere Reaktion. Im Sinne von Bild 29 (S. 259) befinden wir uns hier noch auf der Stufe des ***passiven Bewusstseins.*** Auf dieser Stufe erleben wir zwar *unsere* Reaktion, empfinden sie aber noch nicht als von uns gewollt. Etwas ***wollen*** setzt ein ***erweitertes Bewusstsein*** voraus, d.h. die Fähigkeit, sich an bestimmte Zustände zu erinnern oder sie sich als mögliche zukünftige Szenarien vorzustellen. Sie werden dadurch zu vom Gehirn selbst hervorgebrachten ***fiktiven Wahrnehmungen*** (*wir stellen uns vor*, dass wir einen Bären sehen, Angst bekommen und davon laufen). ***Wünsche oder Befürchtungen*** vor fiktiven Vorstellungen, die letztlich auch nur irgendwelche spezifische Gehirnzustände sind, ***lösen dann ein Verhalten aus***. Dieses Verhalten kann zeitlich von der Wahrnehmung entkoppelt werden, so dass

– entweder bereits jetzt aus einem vorgestellten zukünftigen Szenario eine Handlung abgeleitet wird (wir schließen eine Haftpflichtversicherung ab)
– oder umgekehrt eine aktuelle Wahrnehmung die Vorstellung einer zukünftigen Handlung im Geiste vorwegnimmt (diese Frau möchte ich heiraten).
– Es kann auch die Vorstellung einer zukünftigen Wahrnehmung die Vorstellung von einer zukünftigen Handlung auslösen (wenn ich eine passende Frau finde, werde ich sie heiraten).

Dies alles ist nach wie vor ein *starrer, jedoch erweiterter Reiz-Reaktions-Mechanismus*, der bewusst erlebt wird. Beim Versuch ihn zu verstehen, suchen wir nach einer Begründung für unser Verhalten, ebenso wie wir versuchen, andere Ereignisse in der Natur zu verstehen und zu begründen. Die Antwort, die dabei nach und nach vom kindlichen Gehirn gefunden wird, lautet: die fiktive Wahrnehmung (Wunschvorstellungen, Befürchtungen u.ä.) war die Ursache unseres Verhaltens. Wünsche und Befürchtungen liefern uns dann schließlich

1. die nachträglichen Gründe für vollzogene Handlungen, und
2. das Wissen, dass Vorstellungen auch in Zukunft Handlungen auslösen werden und damit den Eindruck, dass wir durch Wünsche unsere Handlungen beeinflussen können. Alison Gopnik schreibt mit Bezug auf Experimente mit Kindern: „Der entscheidende Punkt ist, dass die theoretischen Konstrukte (über den Geist) selbst, insbesondere die Idee der Intentionalität, nicht das Ergebnis eines Begreifens in der ersten Person sind, das dann auf andere angewandt wird. Vielmehr sind sie das Ergebnis kognitiver Konstruktion" (A. Gopnik S. 157, in: Metzinger 2005).

Es bleibt jetzt nur noch die Frage zu beantworten, wie sich diese Sicht der Dinge vereinbaren lässt mit unserer Fähigkeit, *zwischen alternativen Optionen zu wählen,* denn dadurch ist aus Sicht der Philosophie erst die eigentliche ***Handlungsfreiheit*** begründet.

Hierzu wurde bereits in Kapitel 1.2 ausgeführt, dass bei nichtlinearen Systemen durch Änderung eines Kontrollparameters bei Erreichen eines kritischen ***Schwellwerts*** der ursprüngliche Zustand instabil werden und eine ***sprunghafte Verhaltensänderung*** des Gesamtsystems auslösen kann. Ein Beispiel hierfür ist bei Tieren der Aufbruch der Zugvögel oder der Aufbruch zum Nahrungserwerb, wenn sich ein bestimmtes Hungergefühl einstellt. Entwicklungen können so an ***Bifurkationspunkten*** zu ***Symmetriebrechungen*** führen, bei denen eine ***Entscheidung*** zugunsten eines von zwei (oder mehreren) möglichen alternativen, neuen Zuständen (Attraktoren) erzwungen wird. Wie die Entscheidung ausfällt, wird durch zufällige ***Fluktuationen*** bestimmt. ***Entscheidungsprozesse*** bedürfen also weder eines Geistes noch eines Bewusstseins noch eines Entscheiders und sind auch nicht Ausdruck irgendeiner Form von Entscheidungsfreiheit. Die Freiheit besteht allenfalls darin, dass es mehrere alternative Optionen gibt.

Wenn einem Organismus ***verschiedene Verhaltensformen*** als mögliche Reaktion auf bestimmte ***Umweltsituationen*** zur Verfügung stehen, entsteht eine ***Konfliktsituaton*** z. B. zwischen Angriffs- und Fluchttendenz oder zwischen Nahrungsaufnahme und Sichern. Wie wird die „Entscheidung" für das richtige Verhalten beziehungsweise die richtige Reihenfolge der Reaktionen getroffen? Welches Reaktionsmuster erlangt Priorität? Niedere Tiere erleben diese Situation nicht als Konflikt oder Dilemma. Die Entscheidung wird bei ihnen automatisch und unbewusst von einer höheren ***Kommandostelle*** gefällt. Die Kriterien hierfür sind ***Schwellenwerte,*** die von ***vegetativen Zentren im Hirnstamm*** geregelt werden. Bei fehlenden ***Auslösemechanismen*** sinken die Reizschwellen ab. Instinktbewegungen können dann ohne erkennbaren Anstoß einsetzen, was den Eindruck von ***Spontaneität*** erweckt. Wenn also Buchheim schreibt: „Wer frei ist, kann, ...einen Anfang machen" (Thomas Buchheim S. 35 in: Hermanni/Koslowski 2004), dann zeigt sich jetzt, dass es zur Fähigkeit, einen Anfang zu machen, keiner Freiheit bedarf. „Spontaneität des Verhaltens schreiben wir bereits Tieren zu, erst intentional handelnden Personen unterstellen wir Willensfreiheit" (Habermas 2006, S. 670). Werden Instinktbewegungen aufgestaut oder unterdrückt, versetzt dies den Organismus in Unruhe und in eine spezifische ***Handlungsbereitschaft.*** Er sucht dann nach einer ***auslösenden Reizsituation,*** was sogar zu ***zwanghaftem Verhalten*** führen kann.

Tiere reagieren also nicht nur auf Reize, sondern können auch von sich aus aktiv werden, was sich z. B. in einem ***Suchverhalten*** ausdrückt. Die ***innere Stimmung*** bestimmt dann, ob sie nach Wasser oder etwas Fressbarem suchen, oder ob sie (bei aggressiver Stimmung) nach einem Rivalen Ausschau halten oder (bei sexueller Erregung) nach einem Geschlechtspartner. Bei niederen Auslöseschwellen kommt es auch zu Explorationsverhalten und Aktionen zum Kompetenzerwerb. An dieser Stelle ist auch noch anzumerken: „Viele Nervenzellen haben die Fähigkeit, sich selbst zu depolarisieren und deshalb auch ohne äußere Reizung Aktionspotentiale zu produzieren. Man spricht hierbei von *Spontanaktivität*" (Roth 1997, S. 46). Tiere beginnen dann etwas Neues, das sich nicht aus dem Vergangenen ergibt (Kutschera, s.o.). Sind sie aber deshalb auch schon frei? Handlungsfreiheit setzt … voraus, dass sie tun können, was sie tun wollen, und dass sie keinem Zwang unterliegen, der sie hindert, zu tun, was sie tun wollen (Beckermann, s.o.). Bei Spontanaktivitäten unterliegen sie keinem Zwang, allenfalls einem inneren Drang. Kann man diesen Drang doch als irgendeine Art von Zwang interpretieren, der sie veranlasst etwas Bestimmtes zu wollen? Kann man aber bei niederen Tieren, die noch gar keine Konflikte erleben, überhaupt von einem Wollen sprechen?

Bis zu dieser Entwicklungsstufe haben wir es mit den Worten von Habermas streng genommen noch mit Naturkausalität (s.o.) zu tun. Trotzdem erfüllen die genannten, völlig unbewusst getroffenen Entscheidungen der Gehirne von Lebewesen auf dieser Stufe bereits die z. B. von Buchheim definierten Kriterien für frei initiierte Handlungen (s.o.), sie sind nicht notwendig, selbst angefangen und zudem selbstbestimmt. Sie erfüllen zudem das Kriterium der Akteurskausalität. Hier stellt sich aber die Frage, was heißt selbstbestimmt? Aus Sicht der Gehirne sind die handlungsauslösenden Entscheidungen ***selbstbestimmt***, aus der Gesamtsicht der Tiere sind sie aber ***„gehirnbestimmt"***, denn bei diesen Tieren gibt es noch kein bewusstes Ich, das eine Entscheidung treffen könnte. Der Akteur ist hier das Gehirn! Es entscheidet statt ihrer! Wie, warum und wann in der Geschichte der Evolution gibt das Gehirn aber die Entscheidungshoheit an ein Ich ab, wie dies die Philosophie fordert? Und wo finden wir dieses Ich? Zumindest gehen wir mit Beckermann (s.o.) davon aus, „dass es *in* diesen Wesen ein Etwas - sozusagen *das Wesen selbst*" nicht gibt.

Nach der oben zitierten Definition von Ros können wir von Handlungssubjekten erst sprechen, wenn wir ihnen Absichten und Überzeugungen zusprechen können, und von Personen, wenn sie zusätzlich zu Einsichten fähig sind. Dies gilt für die meisten Lebewesen nicht.

Bei Lebewesen lösen nach der Definition von Ros (nur) Reize aus der Umgebung Reaktionen aus. Unsere Ausführungen haben aber gezeigt, dass es sich durchaus nicht um Reize von außen handeln muss, sie können durchaus auch von innen, d.h. aus dem Körper kommen und gespürt werden (Schmerzen) oder auch unbemerkt Einfluss ausüben (Hormone, Botenstoffe wie Serotonin und Dopamin, frei zirkulierende Neurotransmitter). Letztere dienen im Sinne der bereits erläuterten Kontrollparameter, die bei Erreichung bestimmter Schwellenwerte spontanes Verhalten auslösen können. Wie außerdem gezeigt, können auch Wünsche, Absichten, Überzeugungen, Erkenntnisse u.ä. „materiell" repräsentiert werden (Bild 16, S. 121). Die Abgrenzungen von Ros geben uns daher keine klare Antwort für die hier aufgeworfenen Fragen.

Ros definiert, dass „Gründe für den Vollzug einer Handlung für uns etwas sind, was der Handelnde *selber hat* – etwas worauf er selber gekommen ist oder was er sich sogar selbst gebildet hat – , während sich dergleichen von Ursachen nicht sagen lässt" (Ros 2005, S. 437). Richtig! Der Handelnde muss selbst die Beziehung zwischen der Ursache seiner Handlung und der Handlung erkennen, um die Handlung begründen bzw. erklären zu können. Das heißt aber nicht, dass diese Begründung die Handlung ausgelöst oder irgendwie beeinflusst hat, wie in Kapitel 5.2 hinreichend dargelegt.

In der Philosophie ist man sich mit D. Davidson (s.o.) weitgehend einig darüber, dass es ***Handlungsfreiheit*** gibt, die dadurch gekennzeichnet ist, dass der handelnde Akteur Wünsche hat, also bestimmte Ziele erreichen will, und glaubt (überzeugt ist), dass er ein Ziel durch eine bestimmte Handlung erreichen kann. Handlungen bezwecken also Zielerreichung und es gibt *ein im Voraus bekanntes Ziel*, das die Handlung auslöst und steuert. Dieses Ziel ist dem Akteur der Handlung bewusst und bestimmt seine Handlung (vgl. Anmerkungen zu Bild 14, S. 118). Ursachen haben dagegen einfach irgendwelche naturgesetzlich bedingten Konsequenzen bzw. Wirkungen, die völlig unbeabsichtigt sind. Hier gibt es keinen Akteur. „Handlungen sind keine »Widerfahrnisse«, sondern werden von ihren Subjekten »hervorgebracht«" (Ros 2005, S. 397). „Das vorläufige Bild besagt, ... dass frei erstens nicht notwendige, zweitens selbst angefangene, drittens selbstbestimmte Initiativen unseres Handelns sind" (Thomas Buchheim S. 35 in: Hermanni/Koslowski 2004).

Diese Kriterien werden bereits weitgehend von Systemen erfüllt, die lediglich zielführend, nicht aber zielorientiert agieren, wie dies beispielsweise für instinktgeleitetet Tiere gilt (vgl. Kapitel 5.2). Dennoch sind ihre Handlungen keineswegs frei, sondern genetisch fixiert, wenn ggf. auch durch konkrete Erfahrungen beeinflusst.

Wie in Kapitel 5.2 bereits ausgeführt, kann man von einer gewissen Art von Freiheit allenfalls dann sprechen, wenn Aktionen nicht nur zielführend, sondern zielorientiert verlaufen, und der Verlauf alternative Optionen offen lässt. Aber selbst dann bedarf es irgendwelcher Kriterien, anhand derer die Auswahlentscheidungen getroffen werden, falls sie nicht das Ergebnis eines reinen Zufallsprozesses, d.h. von Zufallsfluktuationen sind. Woher die Ziele und die Bewertungskriterien für mögliche alternative Optionen zur Zielerreichung stammen, ist eine Frage, die unter dem Aspekt der Willensfreiheit zu diskutieren ist (s.u.).

Nehmen wir an, das Ziel sei vorgegeben. Dann geht es nur noch um die Frage, wie ich durch bestimmte, mir zur Verfügung stehende Handlungsalternativen dieses Ziel erreichen kann. Einen Lösungsansatz haben wir bereits in Kapitel 5.2 kennen gelernt beim Problem der Missionare und Kannibalen. Je drei Missionare und Kannibalen müssen in einem Boot (das zwei Mann Besatzung erlaubt) einen Fluss überqueren und zwar so, dass nie die Kannibalen an einem der beiden Flussufer in der Mehrzahl sind, da sie sonst die Missionare auffressen. Es ist jetzt herauszufinden, in welchen Schritten das Boot die Missionare und Kannibalen übersetzen muss, um das Ziel zu erreichen. Hier müssen bei jedem Boottransfer die Gründe für oder gegen eine bestimmte Besetzung gegeneinander abgewogen werden. Im Sinne von Donald Davidson verursacht hier der Wunsch des Akteurs (des KI-Systems) nach p (die Missionare und Kannibalen auf die andere Flussseite zu befördern) und seine Überzeugung, dass Handlung A (Übersetzung von x Missionaren und y Kannibalen beim z-ten Transport) den Wunsch p erfüllt, dass die Handlung A (Transport der ausgewählten Besatzung) ausgeführt wird. Führen die Entscheidungen des KI-Systems also zu freien Handlungen, die sich als absichtliches Tun erweisen? Immerhin entscheidet das KI-System aus Gründen (die Missionare sind vor dem Tod zu bewahren), und Gründe stehen in Rechtfertigungskontexten; sie führen eine Handlung nicht direkt herbei, sondern erlauben dem Handelnden reflexiv Stellung zu nehmen (Pauen, s.o.). Der Akteur ist hier der Inferenzmechanismus, auch Problemlösungskomponente genannt. Er bestimmt selbst, nach vorgegebenen Kriterien (Breite zuerst, Tiefe zuerst u.ä.), welche Regeln er in welcher Reihenfolge kombiniert, um einen Weg zum angestrebten Ziel zu finden. Und dieses Ziel ist dem Akteur bekannt, wenn auch nicht bewusst, und sämtliche Entscheidungen werden vom „Akteur in der Maschine" selbständig »hervorgebracht«. Dabei laufen aber ausschließlich physikalische Prozesse ab. Die Begründung für die Handlungen der Maschine liefert uns der Programmcode, der seinerseits aber auch wieder nichts anderes ist, als ein bestimmter Zustand, in dem sich der Speicher der Maschine befindet.

Bleibt noch die Frage: und woher bezieht die ausgelöste Aktion ihre Energie, ***wie*** also ***bewegt der Geist die Materie***? „An der Frage, wie Geist und Materie in Wechselwirkung treten können, haben sich Generationen von Denkern die Zähne ausgebissen" (Pinker 1998, S. 102). Unsere Antwort lautet: die Energie stammt nicht aus der Repräsentation der propositionalen Einstellung. Diese wirkt vielmehr als Kontrollparameter, vergleichbar dem Eingangssignal eines Verstärkers in der Elektronik. Der Output des Verstärkers bezieht seine Energie aus einer separaten Quelle und der Input, das zu verstärkende Steuersignal wirkt lediglich „modulierend" auf den Prozess ein. Ähnliche Konzepte begegnen uns in der Technik immer wieder, so etwa bei Hydrauliklenkungen u.a..

Wie in Kapitel 2.1 ausgeführt, sind Lebewesen ***offene dissipative Systeme***, die in enger Wechselwirkung mit ihrer Umwelt stehen und deshalb leicht von außen beeinflussbar sind. Solche Systeme werden durch die Verbindung zwischen ihrer inneren Organisation und ihrer Umgebung gesteuert. Dabei kann an die Stelle der Umgebung, der Außenwelt, auch eine Repräsentation der Innenwelt (des eigenen Körpers) treten, die aus Sicht des informationsverarbeitenden Systems ebenfalls Teil der Umgebung ist (vgl. Bild 25, S. 217). Und schließlich kann dem Anstoß einer Aktion noch ein Prozess der Informationsverarbeitung vorgeschaltet werden. Die propositionale Einstellung ist dann nicht das Ergebnis einer unmittelbaren Wahrnehmung, sondern eines vorgeschalteten Denk- und Entscheidungsprozesses, der in einer Vorstellung, d.h. einer selbsterzeugten, fiktiven Wahrnehmung mündet. Dann „ ... entwickelt das Gehirn über das limbische System bewusst oder unbewusst Erwartungen, Wünsche und Absichten, die unser Verhalten von innen heraus steuern. Diese innengesteuerten Handlungen sind sogar viel bedeutender als die durch Wahrnehmungen geleiteten Handlungen" (Roth 2003, S. 29). „Es häufen sich die neuro-psychologischen Forschungsergebnisse, die zeigen, dass an beiden Prozessen häufig dieselben cortikalen Areale, einschließlich derselben primären sensorischen Areale, beteiligt sind" (Grush 1998, S. 169). Laufende Entwicklungen zielen darauf ab, technische Systeme direkt durch Abgriff von Gehirnströmen in einem *Computer-Brain-Interface* zu steuern. Menschen sollen dabei allein durch die „Kraft der Gedanken" zunächst einen Cursor auf dem Bildschirm, später komplexere technische Systeme (z. B. Prothesen) beeinflussen.

Das Ergebnis informationsverarbeitender Prozesse löst dann Aktionen aus, so wie uns dies Roboter exemplarisch demonstrieren. Der Handlungsablauf selbst wird wiederum intern repräsentiert. Wenn wir dann eine Handlung begründen, ehe wir sie einleiten, stellen wir tatsächlich nur eine Beziehung her zwischen der internen Repräsentation der (gewollten) Handlung (unserem Willen) und der Repräsentation der wahrgenommenen Handlung, nicht jedoch der Handlung selbst. Wir setzen dabei die gehirninterne Repräsentation unserer Wünsche in eine semantische Beziehung zur internen Repräsentation vorgestellter Handlungen. Daraus leitet das Gehirn dann Erkenntnisse ab über die Wechselbeziehungen zwischen diesen Repräsentationen (vgl. Bild 11, S. 102), d.h. zwischen Absichten und Handlungen. Ein Philosoph kommentiert dies wie folgt: Als „besonders krassen Verstoß gegen geltende semantische Regeln" werden Formulierungen des wissenschaftlichen Jargons zurückgewiesen, „denen zufolge der präfrontale Kortex eines Handlungssubjekts (oder gar einer Person) »Bewertungen« vollzieht und darüber »entscheidet«, welche Bewegungssequenzen aktiviert werden sollten" (Ros 205, S. 480). Unser Kommentar: Die semantischen Regeln beziehen sich auf die *Repräsentationen* dieser Vorgänge im Gehirn und nicht auf die Vorgänge selbst. Und diese Repräsentationen sind wiederum die Basis für die Begründungen, mit denen wir unsere Handlungen rechtfertigen. Hier gilt dasselbe wie bei den Gesetzen der Natur. Wir gehen davon aus, dass es in der Natur Ursachen und Wirkungen gibt. Wenn wir diese Zusammenhänge durch Gesetze begründen, verstoßen wir nicht gegen semantische Regeln.

Für Paul M. Churchland gibt es hier kein Problem. Er sagt: „Wenn die externe Umwelt im Gehirn in Form von multidimensionalen sensorischen Vektoren codiert ist und wenn die vom Gehirn „beabsichtigte" Reaktion auch in den multidimensionalen Vektoren seiner Motoneurone codiert ist, dann besteht zielgerichtetes Verhalten nur in der passenden und feinabgestimmten Transformation dieser sensorischen Vektoren mit den motorischen Vektoren" (Churchland 1997, S. 110).

Die Hirnforschung hat festgestellt, dass „ im Gehirn vor jeder Bewegung ein Bild derjenigen Rückmeldungen der Muskeln entworfen (wird), die bei der Ausführung der Bewegung *zu erwarten* ist, und dieses Erwartungsbild wird dann mit den Rückmeldungen über die tatsächlich abgelaufenen Bewegungen verglichen. Diese ***sensomotorische Rückkopplungs-Schleife*** ist wichtig, damit die mit der Körper- und Bewegungssteuerung befassten Zentren der Großhirnrinde feststellen können: »Alles wie geplant ausgeführt!«. Erst dadurch nämlich wird der bewegte Körper zu *meinem* Körper, nämlich zu dem, der offensichtlich den Befehlen der Großhirnrinde *gehorcht*" (Roth 2003, S. 43). Interessant sind die Fälle, in denen das Erlebnis des freien Willens gestört ist. Bei Phantomgliedern haben die Betroffenen beispielsweise den Eindruck, dass z. B. ein fehlender Arm (*Phantomglied*) noch vorhanden ist und sie ihn sogar willentlich beeinflussen können. Man spricht dann von *Scheinbewegungen*. Dabei wird die vom Gehirn „konstruierte Prognose" über eine zu erwartende Rückmeldung der Ausführung einer gewollten Bewegung aus dem Körper als Rückmeldung einer tatsächlichen Bewegung „fehlinterpretiert" und daraus abgeleitet, dass der Wille das Phantomglied bewegt habe. Wenn umgekehrt die *sensomotorische Rückkopplungsschleife* unterbrochen ist, kann etwa die Hand eines Patienten zwar noch vom Gehirn angesteuert werden und einfache Bewegungen ausführen, der Betroffene behauptet aber, sie nicht bewusst zu steuern. Das Gehirn bekommt dann keine Rückmeldung mehr über die Ausführung der Bewegung. „Das Gehirn (entwirft also) vor einer Bewegung ein Erwartungsmodell der sensomotorischen Rückmeldungen … und (vergleicht es) dann mit den tatsächlichen Rückmeldungen … . Sind die Abweichungen gering, so stellt die Großhirnrinde fest: Das war ich! Die Forscher glauben bewiesen zu haben, dass diese Feststellung im Bewusstsein *zurückdatiert* wird und dann vor dem Beginn der Bewegung angesiedelt wird. Dafür spricht die Tatsache, dass Personen, bei denen diese sensomotorische Rückmeldung unterbrochen wurde, die von ihnen ausgeführte Bewegung als *fremdverursacht* empfinden" (Roth 2003, S. 180). Daraus lässt sich folgern, dass das Erlebnis, eine Aktion gewollt zu haben, dreierlei voraussetzt: 1. Ein Erlebnis des Wollens, 2. Eine Prognose der aus dem Körper und von den Sinnesorganen zu erwartenden Rückmeldung über die Ausführung der Aktion und 3. die tatsächliche Rückmeldung über den Vollzug der Handlung. Kommt es dabei zu Inkonsistenzen, z. B. als Folge von Hirnschädigungen oder bei spezifisch konstruierten Experimenten, neigt das Gehirn dazu, fehlende Informationen eigenständig durch plausible Hypothesen zu ergänzen (fill in Effekt), so dass sich zwar ein in sich schlüssiges, leider aber falsches Ergebnis der bewussten Selbstwahrnehmung präsentiert. Dann haben beispielsweise schizophrene Personen den Eindruck, dass ihnen ihre Gedanken und Handlungen von fremden Mächten aufgezwungen werden oder dass sich Handlungen ihrem willentlichen Einfluss und ihrer *bewussten Kontrolle* entziehen. Dies kann zu *Zwangshandlungen* und *Zwangsgedanken* führen, die uns scheinbar zwingen, unnötige oder unsinnige neurotische Aktionen auszuführen. Beim *Tourette-Syndrom* gehen Zwänge und fixe Ideen mit Tics und eingefahrenen Ritualen einher, d.h. mit unwillkürlichen, zwanghaften Bewegungen oder Lautäußerungen. Der Neurophysiologe Detlef B. Linke meint allerdings: „Die Hinweise der Hirnforschung auf die Schwierigkeiten, unser Verhalten zu steuern, sollten nicht als Entmachtung des Ich oder der Freiheit gelesen werden" (Linke 2006, S. 135).

Generell muss bei Handlungen unterschieden werden zwischen solchen, die nach standardisierten Verhaltensmustern ablaufen und solchen, denen ein Prozess des Überlegens vorausgeht. Funktionen die nicht erlernt werden müssen, weil sie zur Grundausrüstung des Säugetiergehirns zählen, sind nicht oder nur schwer kontrollierbar. Dazu gehören die Befriedigung körperlicher Bedürfnisse (Hunger, Durst, Müdigkeit, Schmerz) und Reaktionen auf affektive Zustände (Aggressivität, Lust, Wut, Ärger, sexuelles Begehren, Territorialität und Schmerzempfindung). „Diese haben ihre standardisierten Auslösesituationen und sind fest mit bestimmten Verhaltensweisen und stereotypen Lautäußerungen verbunden." (Roth 2003, S. 146).

Hier stellt sich die Frage, ob Reaktionen, die nur schwer kontrollierbar sind, als frei, unfrei oder einfach nur als bedingt frei einzustufen sind? Beckermann gibt stellvertretend die Antwort der Philosophie: „Handlungsfreiheit setzt … voraus, dass Hans tun kann, was er tun will." Und ferner: „Eine Person ist in ihren Handlungen genau frei, wenn sie keinem Zwang unterliegt, der sie hindert, zu tun, was sie tun will" (Beckermann 2004, S. 21). Eine genauere Betrachtung zeigt, dass die Dinge so einfach nicht liegen. Es müssen zumindest die folgenden Punkte geklärt werden:

- müssen die Zwänge von der Umwelt ausgehen (Umweltrestriktionen) oder ist Hans auch unfrei, wenn sie von ihm selbst ausgehen? Und hierbei ist wiederum zu unterscheiden zwischen Zwängen, die von seinem Körper ausgehen (er hat Hunger, muss zur Toilette, ist verletzt u.ä.) oder die von seinem mentalen Befinden ausgehen (er hat Angst).
- Bezieht sich die eingeschränkte Handlungsfreiheit auf das, *was* Hans tun will und/oder auf die Art, *wie* er es tun will?

Von Karl Valentin stammt der Ausspruch: „Wollen hätten wir schon mögen, aber können haben wir uns nicht getraut." Unser Kommentar lautet, dass wir unsere Handlungsfreiheit in all diesen Fällen zumindest als eingeschränkt erleben, auch wenn die Gründe für diese Einschränkung sehr unterschiedlich sein können.

Generell nimmt das Gefühl der Freiheit um so mehr ab,

- je größer die inneren oder äußeren Zwänge und Restriktionen (Schmerzen, Hunger, Durst, Kälte, Hitze) werden (wir haben dann keine Wahl mehr)
- je mehr eine Situation routinemäßig und damit automatisiert bewältigt werden kann (wir machen unbewusst und automatisch, also instinktiv das Richtige)
- und je mehr Gefühle zu bestimmenden Faktoren werden (Angst, Aggression, Liebe, Hass u.ä.). „Affekte und Gefühle sollen uns zu einem bestimmten Verhalten veranlassen, und zwar umso mehr, je stärker sie sind" (Roth 2003, S. 157).

Wir erleben uns also nicht als frei oder unfrei, sondern als mehr oder weniger frei. Insofern geht es nicht um die Frage, ob unsere Handlungen frei sind, sondern um die Frage, ob es möglich ist, dass es (auch völlig) freie Handlungen gibt.

„Bevor eine Entscheidung getroffen wird, laufen neuronale Prozesse ab, die zugleich mentale Prozesse der Entscheidungsfindung sind - Prozesse des Überlegens und Abwägens von Gründen oder andere Prozesse anderer Art. Und natürlich lassen sich diese Prozesse über Bereitschaftspotentiale oder andere messbare Effekte nachweisen" (Beckermann 2005, S. 18). „Wie berichtet, versetzt uns der orbitofrontale Cortex in die Lage, die Konsequenzen unseres Handelns längerfristig zu bedenken, und zwar insbesondere im Hinblick darauf, ob diese Konsequenzen erwünscht oder unerwünscht sind. Hierzu gehört auch die Fähigkeit, egoistisch-impulsives Verhalten zu zügeln" (Roth 2003, S. 65).

Um diese Prozesse verständlich zu machen, greifen wir auf die von Buccino et al. veröffentlichten Erkenntnisse zurück. Sie zeigen, dass beim Erlernen einer Handlung durch Imitation, d.h. durch Zuschauen wie sie ausgeführt wird, die beobachtete Aktion, die in den höheren visuellen Gehirnarealen repräsentiert wird, in ihre elementaren Komponenten zerlegt wird. Diese werden dann motorisch codiert. Dabei kommt es zu einer „Resonanz" der Spiegelneuronen, die die zugehörigen elementaren motorischen Aktionen aktivieren. Ggf. müssen die verfügbaren motorischen Elemente dann noch neu kombiniert werden um eine Handlung zu ermöglichen, die sich mit dem Handlungsmodell deckt (Buccino 2004, S. 323). Hier wird die Problematik von Behauptungen deutlich, die unterstellen, dass intentionale Zustände zu *Handlungen* führen, neuronale Zustände dagegen zu *Bewegungen*. Richtig ist, dass elementare motorische Reaktionen als Bausteine zur Verfügung stehen, aus denen fallspezifisch größere Bewegungsabläufe zusammengesetzt werden, die ihrerseits ebenfalls wieder neuronale Zustände sind. Insofern können Intentionen, die sich auf Handlungsmodelle beziehen, sowohl einzelne Bewegungen als auch ganze Handlungen in Form von Bewegungsfolgen auslösen.

Und dies gilt gleichermaßen, wenn wir uns eine Handlung im Geiste vorstellen oder sie bei einem anderen Menschen beobachten. Deshalb schreibt Grush, dass „mit den meisten Typen von Vorstellungen eine erhöhte Aktivität in solchen cortikalen und zerebellaren Strukturen einhergeht, die primär mit der motorischen Kontrolle von Verhalten befasst sind." (Grush 1998, S. 169). Und dies macht verständlich, warum mentale Zustände des Wünschens genau die Handlungen auslösen, die zu diesen Wünschen passen. Die Wünsche, wie wir etwas gerne machen möchten, sind nämlich visuelle und/oder motorische Vorstellungen der beabsichtigten Handlungen und diese sind mit den zugehörigen motorischen Repräsentationen gehirnintern verknüpft. Dies gilt zumindest, wenn wir überlegen, *wie* wir eine Handlung ausführen wollen. Die Frage, *was* wir überhaupt wollen und ob wir dabei frei sind, ist eine Frage der gesondert zu betrachtenden *Willensfreiheit*.

Wenn Kutschera also beispielsweise bei gewissen Handlungen behauptet: „Wir beginnen etwas Neues, das sich nicht aus dem Vergangenen ergibt" (Kutschera 1999, S. 29), dann heißt dies nicht, dass wir völlig neue Handlungen ausführen können, sondern nur, dass wir verfügbare Handlungsmodule fallspezifisch neu kombinieren können. Pinker drückt dies so aus: „Unsere vielgerühmte Flexibilität erwächst aus einer Fülle von Instinkten, die zu Programmen zusammengesetzt sind und sich in Konkurrenz gegenüberstehen" (Pinker 1998, S. 233). Und jetzt zeigt sich die Problematik der oben (Kapitel 5.2) zitierten Behauptung von Habermas, dass es im Fall des Hin und Her von Gründen einen semantisch beschreibbaren Konflikt gibt, der etwas anderes ist, als ein Wechsel von körperlichen Zuständen, die sich nicht widersprechen können. Tatsächlich ist es so, dass sich unsere Handlungen aus Handlungsmodulen zusammensetzen, die fallspezifisch kombiniert werden, wobei natürlich Auswahlprozesse ablaufen, die aus ge-

gensätzlichen (sich also widersprechenden) Handlungselementen die jeweils passenden aussuchen müssen. „Es kommt nämlich bei der Bewegungssteuerung darauf an, aus einem riesigen Vorrat möglicher Alternativen einen ganz bestimmten Ablauf gezielt zu enthemmen und alle unerwünschten alternativen Bewegungen zu unterdrücken. Diese selektive Freigabe geschieht über den Neuromodulator Dopamin." „Parkinson-Patienten fällt es zunehmend schwer, *von innen heraus* Bewegungen wie aufstehen oder gehen zu starten. Sie können im Spätstadium der Erkrankung so stark wollen, wie es nur geht, es hilft ihnen nichts" (Roth 2003, S. 175). Oliver Sacks hat das Phänomen eindrucksvoll in seinem Buch „Awakenings" anhand von Patienten beschrieben, die unfähig waren, von sich aus irgendwelche Initiativen zu starten (Sacks 1994). Und wir ergänzen der Vollständigkeit halber, dass bei diesen Menschen infolge einer immer geringeren Dopaminproduktion die dorsale Schleife nicht mehr frei geschaltet werden kann. Wenn Ros also behauptet, dass Handlungssubjekte in ihren Absichten, Überzeugungen oder Vorstellungen bis zu einem gewissen Maß frei seien, und damit gegenüber dem materiellen Geschehen in ihrem Körper »autonom« und dass sie über eine gewisse »Spontaneität« oder gar »Freiheit« verfügen (Ros 2005, S. 497), dann demonstriert das Schicksal von Parkinson-Patienten in eindringlicher Weise, dass es mit dieser Freiheit vielleicht doch nicht so weit her ist, wie manche Philosophen glauben. Roth drückt das so aus: „(Das limbische System) bestimmt die Handlungen nicht danach, was das bewusste Ich will, sondern danach, ob dieselben oder ähnliche Handlungen positive oder negative Konsequenzen hatten und deshalb wiederholt oder vermieden werden sollen. Dies dient dazu, dass wir alle Dinge, die wir tun, im Lichte unserer vergangenen Erfahrung tun" (Roth 2003, S. 181).

Eine weitere Frage in Zusammenhang mit der Problematik unserer angeblichen Handlungsfreiheit ist die nach der Verantwortung für unser Handeln. Aus Sicht der Philosophie müssen unsere Aktionen durch eigenes Wollen und nicht durch äußere Zwänge begründet sein, damit wir von Handlungsfreiheit sprechen können. Die Rolle innerer Zwänge wird dabei meist nicht thematisiert (s.o.). Sind wir also nur für unsere Handlungen verantwortlich, wenn wir sie als frei empfinden? Habermas schreibt: „Wer aus Gründen handelt, fühlt sich (und ist) für seine Handlung verantwortlich, auch wenn er nicht anders hätte handeln können" (Habermas 2006, S. 684). M.a.W. wer seine Handlungen begründen kann, mit welchen Argumenten auch immer, fühlt sich und ist für sie verantwortlich. Selbst wenn ich also weiß, dass und warum ich nicht anders handeln konnte, bin ich nach dieser These für meine Handlungen verantwortlich. Man kann auch fragen, ob ich allein deshalb schon verantwortlich bin, *weil ich weiß*, warum ich gehandelt habe, ob ich also meine Handlung *irgendwie begründen* kann, oder ob es nicht doch vielmehr darauf ankommt, was der *Anlass (die Ursache) dafür* war, *dass* ich so gehandelt habe? ***Die aus juristischer Sicht entscheidende Frage lautet u.E. nicht, ob ich auch anders hätte handeln können, also ob ich in meinem Handeln frei war, sondern welches die (begründbaren) Motive für mein Handeln waren, unabhängig davon, wir stark mich diese Motive veranlasst oder vielleicht sogar gezwungen haben, in einer vorgegebenen Weise zu handeln. Strafe sollte also die Motive des Täters beeinflussen.***

„Freiheit setzt in den Augen der meisten Inkompatibilisten nicht nur voraus, dass meine Handlungen nicht naturgesetzlich determiniert sind, sondern auch, dass das, was ich tue, nicht rein zufällig passiert, dass vielmehr *ich selbst* es bin, der bestimmt, welche Handlung ausgeführt wird“ (Beckermann 2005, S. 8). Wir erinnern noch einmal daran, dass für den ***Inkompatibilismus*** Freiheit und Determinismus unvereinbar sind, während der ***Kompatibilismus*** beides für miteinander vereinbar hält. Der Inkompatibilismus setzt also bei Handlungen an die Stelle eines Naturgesetzes ein Ich, das Handlungen bestimmt und zwar auf Basis von Gründen. Die Philosophie bleibt uns aber die Antwort auf die Frage, wer oder was dieses Ich ist, das hier angeblich die Regie führt, schuldig. Dieser Frage widmet sich das folgende Kapitel.

5.4 Bedarf es eines Ichs bzw. Akteurs als Handlungssubjekt?

Von Gerhard Roth stammt die Aussage: „Mir scheint der Satz »Nicht das Ich, sondern das Gehirn hat entschieden!« korrekt zu sein, denn »eine Entscheidung treffen« ist ein Vorgang, dessen Auftreten objektiv überprüfbar ist“ (Roth 2004, S. 77). Analog meint der Biokybernetiker Holk Kruse, dass die Hauptaufgabe der Gehirne darin besteht, zu entscheiden, was jeweils als nächstes zu tun ist. Dabei wägt dieses System Argumente gegeneinander ab und trifft dann eine Entscheidung.

In der Philosophie wird unterschieden zwischen Ereignissen und Handlungen. „Ursachen sind Ereignisse, die andere Ereignisse - ihre Wirkungen - mit naturgesetzlicher Notwendigkeit zur Folge haben“.

In diesen Fällen spricht man von ***Ereigniskausalität***. „Die Auffassung des Inkompatibilismus setzt voraus, dass es eine eigene Art von Kausalität gibt, über die nur handelnde und entscheidende Personen verfügen - ***Akteurskausalität***" (Beckermann 2005, S. 10). Wodurch unterscheidet sich aus Sicht der Philosophie ***Akteurskausalität*** von ***Ereigniskausalität?*** Bei Ereignissen sind Ursache und Wirkung streng kausal verknüpft. Bei Akteurskausalität ist das aber (angeblich) nicht so.

Schröder, der hier den Begriff ***Agenskausalität*** benutzt, verweist in diesem Zusammenhang auf den fundamentalen Unterschied zwischen dem *Bewirken* und dem *Erleiden* von etwas. „Die Lebewesen werden (dann) als handelnde Wesen erlebt, ... die selbst etwas tun, und nicht nur dem Einfluss ihrer äußeren und inneren Umgebung ausgesetzt sind. Handlungen dieser Wesen werden als etwas erfahren, was diese Wesen machen, wofür sie kausal verantwortlich sind, und nicht als Wirkungen einer Reihe von vorangehenden Ereignissen" (Schröder 2004, S. 327). Bei ihnen geht ein Ereignis nicht auf eine Ursache zurück, sondern auf eine Substanz. „Dort findet eine Kausalkette, die mit der Handlung eines Agens beginnt, im Agens ihr natürliches Ende" (Schröder 2004, S. 328). Und mit Bezug auf Meixner meint Schröder, dass sich Agenskausalität nicht mehr auf Ereigniskausalität zurückführen lässt. Die in der Literatur diskutierten pro und contra zur Agenskausalität wollen wir hier nicht kommentieren und weiterführen, sondern vielmehr an den Erkenntnissen über komplexe, nichtlineare Systeme spiegeln.

Zunächst einmal bleibt festzustellen, dass jedes System, das von sich aus aktiv werden kann, über einen eigenen internen Energievorrat verfügen muss bzw. einer Energiezufuhr von außen bedarf. Diese Energie ist aber nicht die Ursache für das Verhalten solcher Systeme ist. Sie ist lediglich eine notwendige Voraussetzung dafür, dass solche Systeme aktiv werden können. Sie speisen nur den Energiebedarf für ihre Aktionen aus dieser Energie. Im einfachsten Fall kann es sich hierbei um Lageenergie handeln, die eine Kugel besitzt, die sich auf einer Anhöhe befindet. Ihre Lageenergie wird in Bewegungsenergie umgesetzt, wenn sie einen Abhang hinunterrollt. Für die Richtung, in der sie rollt, ist aber die Art und Größe dieser Energie irrelevant. Hier spielen irgendwelche Randparameter als Einflussgrößen die entscheidende Rolle. Sie entscheiden darüber, „wie" die Kugel rollt, sind aber nicht dafür ausschlaggebend, „dass" sie rollt. Ganz allgemein gilt, dass jeder Agens, der „Eigeninitiative" entfalten soll, dafür eines Energievorrats oder einer Energiezufuhr bedarf, die aber nicht als (alleinige) Ursache betrachtet werden darf. Vielmehr erklärt sich das eigeninitiierte Verhalten eines Agens stets aus zwei Faktoren. Dies sind erstens seine Konstruktion (bei einer virtuellen Maschine im Programmcode fixiert, beim Gehirn in der Verknüpfung der Neuronen) und zweitens innere oder äußere Einflüsse bzw. Veränderungen. Solche Systeme können entweder innere Zustandsfolgen, d.h. eine Trajektorie, durchlaufen (Ablauf eines Computerprogramms) und/oder von außen beeinflusst werden (Starten des Programms bzw. Versorgung des Programms mit Informationen). Innere Zustandsfolgen können von zyklischer Natur sein (Endlosschleifen), wie etwa bei der Steuerung des Herzschlags, der Atmung oder der Zellteilung, oder kontinuierliche Entwicklungen, die von Unstetigkeiten (scheinbar spontanes Verhalten) durchsetzt sein können. Sie können einem bestimmten Attraktor zustreben oder auch zwischen (koexistierenden) Attraktoren wechseln. Sich ***selbstorganisierende Systeme*** können sich ***ihre Zielpunkte, die als Attraktoren wirken, sogar selbst schaffen*** und den verschiedenen Zielpunkten auf unterschiedlichen Wegen (Handlungsalternativen?) mit unterschiedlichen Wahrscheinlichkeiten zustreben.

Systeme mit den genannten Merkmalen können durch Änderung von ***Kontrollparametern*** oder ***Randbedingungen*** (Wahrnehmungen) von einem Zustand (Attraktor) in einen anderen Zustand (anderen Attraktor) überführt werden. Man kann sie auch zum periodischen oder aperiodischen Schwingen bringen, oder chaotisches Verhalten (sog. seltsame Attraktoren mit fraktalen Dimensionen) auslösen. Da solche Systeme extrem empfindlich auf veränderte Kontrollparameter reagieren können, lässt sich ihr Verhalten nicht mehr auf definierbare Ursachen zurückführen. Dies gilt insbesondere, wenn diese Ursachen nicht die „Energielieferanten“ für die durch sie ausgelöste Wirkung sind. Bild 25 (S. 217) hat uns deutlich gemacht, dass vom Gehirn initiierte Aktionen auf Ereignisse zurückgehen, die sich im Körper abspielen. Diese können nicht nur von Umwelteinflüssen ausgehen (Sinneswahrnehmungen), sondern auch von Veränderungen im Körperinneren (Hunger, Durst u.ä.). Wenn der Akteur selbst etwas tut und selbstverantwortlich handelt, dann kann man dies auch so interpretieren, dass Veränderungen in seinem Körper an sein Gehirn gemeldet werden und dieses veranlassen, darauf zu reagieren. So wird sichergestellt, dass stets eine gewisse homöostatische Stabilität gewährleistet bleibt. Scheinbar spontanes, kausal nicht erklärbares Verhalten von Akteuren lässt sich also durchaus verstehen, ohne dass in den Bereich mystischer Spekulationen ausgewichen werden muss. Aus diesem Grund können auch autonome Roboter von sich aus aktiv werden, wenn sie etwas Bestimmtes wahrnehmen.

Kommen wir jetzt zu der entscheidenden Frage, welche Rolle eigentlich dem ***Ich*** bei unseren Handlungen zukommt und wozu es dieses Ichs überhaupt bedarf. Immerhin können auch Tiere ohne Selbstbewusstsein mitunter sehr „vernünftig" agieren. Die Kommentare von Seiten der Philosophie sind hier eindeutig.

Schröder schreibt: „Wenn ich als Urheber einer Entscheidung diese Entscheidung verursachen soll, dann muss ich selbst die Ursache der Entscheidung sein und nicht nur bestimmte Zustände von mir" (Schröder, S. 350). Nach dieser These reichen mein schmerzender Zahn (ein Teil von mir) oder mein Hunger (ein bestimmter Zustand von mir) für sich allein noch nicht aus, um mich zum Urheber meiner Entscheidung zu machen, zum Zahnarzt zu gehen oder etwas zum Essen zu besorgen. Dretske schreibt: „Gedanken, Wünsche und Gefühle erklären nicht, warum Ihr Arm sich bewegt (wenn Sie ihn absichtlich bewegen), sondern warum Sie ihren Arm bewegen" (Dretske 1998a, S. 156). Aus Sicht der Hirnforschung müssen bei der Armbewegung eines Menschen in den „motorischen Zentren seines Gehirns Nervenzellen hinreichend aktiv sein, so dass sie über ihre Fortsätze bestimmte Motorsegmente des Rückenmarks erregen, deren Nervenzellen schließlich über die Ausschüttung des Transmitters Acetylcholin Körpermuskeln in geeigneter Weise zur Kontraktion anregen. Die Nervenzellaktivität in den Motorzentren und die Kontraktion der Muskeln sind die unmittelbare (proximale) *Ursachen* für die Armbewegung" (Roth 2005, S. 700). Unser Kommentar: Gedanken, Wünsche und Gefühle bewegen nicht meinen Arm, auch wenn sie die Begründung für die Armbewegung liefern. Und mein Arm bewegt sich so, wie sich die Beine eines Tausendfüßlers und die Räder eines Autos bewegen. Nicht das Auto dreht seine Räder, sondern der Motor treibt die Räder des Autos an. Und genau so bewege nicht ich meinen Arm, sondern der von Roth (s.o.) erläuterte Mechanismus. „Es ist eine unbezweifelbare Tatsache, dass manche Wesen ihre eigenen Handlungen führen. Aber das heißt ganz sicher nicht, dass es *in* diesen Wesen ein Etwas - sozusagen *das Wesen selbst* - gibt, das neben all diesen Handlungen und Mechanismen steht, um sie zu kontrollieren ..." (Beckermann 2004, S. 31). Offensichtlich „ ... scheiden sich die Geister an der Frage, welche Instanz in oder an einem aus Freiheit handelnden Individuum als diejenige zu betrachten ist, die als ‚das Selbst' der Selbstbestimmung eintritt" (Thomas Buchheim S. 66 in: Hermanni/Koslowski 2004).

Wir erinnern uns jetzt auch noch einmal an zwei Zitate von Kapitel 4.4. „Wenn Hans spazieren geht und dabei nachdenkt, ist es nicht so, dass der Körper von Hans spazieren geht und sein Geist nachdenkt. Vielmehr ist es dieselbe Person, Hans, die sowohl spazieren geht als auch nachdenkt" (Beckermann 2004, S. 21). Buchheim behauptet analog: „Dadurch dass ich mit dem Gehirn denke, denkt aber noch nicht das Gehirn statt meiner" (Buchheim 2004, S. 161). Man kann diese Aussage verallgemeinern in die Form: Dadurch dass ich mit meinem Gehirn entscheide, entscheidet aber noch nicht das Gehirn statt meiner, oder anders ausgedrückt: ich benutze mein Gehirn und nicht umgekehrt.

Die Problematik dieser Aussage wird sofort deutlich, wenn wir autonom agierende Roboter, wie z. B. fußballspielende Roboter – (vgl. Zimmermann 2007) betrachten. Es gibt drei Alternativen:

1. der Mensch bzw. der Roboter entscheidet als Gesamtheit,
2. allein das Gehirn des Menschen bzw. der Computer, der den Roboter steuert, entscheidet, oder
3. die Evolution hat für uns, bzw. der Entwickler für den Roboter, im Voraus entschieden, welches das adäquate Verhalten in spezifischen Situationen ist und dies konstruktiv verankert.

Bei der Diskussion der Willensfreiheit werden wir noch darlegen, dass unser Wollen weitgehend genetisch bestimmt ist, so wie das des autonomen Roboters und das der rein instinktgeleiteten Tiere auch. Dies gilt analog für Reflexbewegungen u.ä., die durch bestimmte auslösende Reize initiiert werden. Die Art des Reizes bestimmt dann das Verhalten. Alle weiteren Entscheidungen, die nicht implizit in den Gehirnstrukturen verankert sind, sondern ins Bewusstsein gelangen, werden vom Gehirn getroffen. Wesentliche Entscheidungskriterien, die den Input für die Entscheidung bilden, stammen aus dem Körper. Sie reichen von Verletzungen über Hunger und Durst bis zu Müdigkeit u.ä.. Mein Körperzustand beeinflusst also meine Handlungen, aber wenn er bestimmend wird, bestärkt dies nicht meine Handlungsfreiheit, sondern sie schränkt sie ein (ich muss ganz dringend auf die Toilette)! Der Körper beeinflusst dann die Entscheidung, indem er die Restriktionen absteckt, denen meine angebliche Handlungsfreiheit unterliegt.

Damit kommen wir wieder auf die Ausgangsfrage zurück, wozu es eigentlich eines Ichs bedarf und welche Rolle dieses Ich bzw. das Selbst bei unseren Handlungen spielt. Wie bereits ausgeführt, sind Objekte Konstrukte des Gehirns, d.h. sie werden vom Gehirn erschlossen. Objekte erleichtern das Verständnis der Welt, weil logische Gesetze und kausale Beziehungen vor allem zwischen Objekten hergestellt werden. Das Gehirn als Regelextraktionsmaschine befähigt uns, diese zu erkennen. Dabei wird unser Körper vom Gehirn als eine Einheit, d.h. ein Objekt mit spezifischen Merkmalen und Fähigkeiten und einer Autobiographie erlebt. Aus Sicht des Gehirns ist unser Körper mit dem Ich identisch, weil sich das Gehirn selbst nicht erkennen kann und von seiner Existenz nichts weiß. Das Ich ist deshalb ein Konstrukt des Gehirns. Es ist nicht erkennendes Subjekt, sondern ein vom Gehirn erkanntes Objekt.

Das Gehirn bezieht deshalb seine Entscheidungen auf Objekte und nicht auf eine Ansammlung von Eigenschaften, die Objekte charakterisieren. Wir sagen deshalb nicht, dass Rundheit oder eine bestimmte Masse einen Abhang hinunterrollt, sondern eine Kugel, die rund ist und eine bestimmte Masse hat. Analog erlebt das Gehirn zwar eine Summe verschiedener Körpergefühle, macht daraus aber einen Körper, der diese Gefühle hat. Und dieser Körper in seiner Einheit in Raum und Zeit bin *Ich*. Deshalb sind es meine Gefühle, die ich habe und deshalb wirkt die Umwelt auf mich ein. Dies ist das Analogon zu der Aussage, dass mein Auto vier Räder hat, sein Kofferraumdeckel gerade geöffnet und sein Tank halb leer ist. Und deshalb war *ich* gestern in München und nicht die Summe meiner Körperteile. Und eines Tages werde ich, d.h. mein Körper, als Gesamtheit sterben. Der Bezugspunkt für das Gehirn, seine Erlebnisse, Planungen und Entscheidungen ist immer das Ich als Gesamtheit. Und dieses *Ich* entsteht beim Übergang vom merkmalbezogenen zum objektbezogenen Bewusstsein (Bild 28, S. 254). Entscheidungen resultieren aus dem Zusammenspiel verschiedener Inputs (realer Wahrnehmungen oder Vorstellungen). Diese beziehen sich zunächst auf eine Bezugseinheit, das Ich (n zu 1 Beziehung). Daraus leitet sich dann wiederum ab, welche Teile von diesem Ich welche Aktionen auszuführen haben, um das Ziel zu erreichen (1 zu m Beziehung). An die Stelle einer n zu m Beziehung, die nicht handhabbar ist, treten deshalb eine n zu 1 und eine 1 zu m Beziehung (Bild 30).

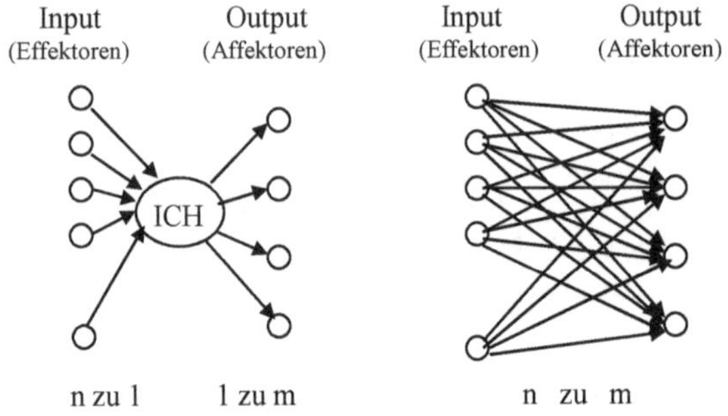

Bild 30: Das ICH als Bezugspunkt für Input-Wahrnehmungen und Output-Reaktionen

Das Ich übernimmt hier die Funktion der Zwischenschicht zwischen Input- und Output-Neuronen in einem neuronalen Netz. Es ist eine ***Abstraktion***! Entsprechendes finden wir etwa auch in den Programm-Anweisungen für das Verhalten eines Roboters. Für einen Fußball spielenden Roboter lauten diese z. B.: »gehe zum Ball«, »schieße den Ball aufs Tor« u.ä. (vgl. Zimmermann 2007), sie beziehen sich also stets auf den Roboter in seiner Gesamtheit. Daraus leiten sich dann erst die Anweisungen an die einzelnen Roboterkomponenten ab. Und analog sage ich zu mir, wenn ich in die Prüfung gehe: »reiß dich zusammen« oder »das wirst du schon packen«. Bei Halluzinationen kommen die Anweisungen von fremden Mächten (Stimmen hören), der Jungfrau Maria oder (bei Propheten) vom lieben Gott oder von Allah höchstpersönlich. Erst in weiteren Schritten leiten sich daraus Handlungsanweisungen an die einzelnen Organe bzw. Komponenten des Systems ab.

Bild 30 erinnert an die Funktion der sog. ***Großmutterzellen***. Das sind Zellen bzw. Zellgruppen, die aktiviert werden, wenn wir z. B. eine bestimmte Person erkennen (vgl. Kapitel 3.5, S. 177). Vereinfacht kann man sich dies so vorstellen, dass die Wahrnehmung einer bekannten Person bestimmte Effektoren aktiviert, die ihrerseits wieder einen bestimmten Knoten der Zwischenschicht maximal aktivieren. Dieser repräsentiert im Sinne eines Index die erkannte Person. Von ihm aus verläuft der Zugriff auf sämtliche Wissensinhalte, die wir mit der erkannten Person verknüpfen. Die Hypothese des Verfassers lautet, dass es im Gehirn in analoger Weise auch ***Großmutterzellen für das Ich*** geben muss, die z. B. immer dann feuern, wenn ich mich im Spiegel oder auf einer Tonaufzeichnung wiedererkenne.

Wie aber kann ein vom Gehirn erkanntes bzw. dem Gehirn bekanntes Objekt - *das Ich* - von sich selbst aus aktiv werden? Antwort: Indem das Gehirn dies veranlasst! Wir wissen bereits von niederen Tieren, dass und wie Reize Reaktionen hervorrufen. Bis zum Menschen hat sich das Prinzip weiterentwickelt zur Eigenwahrnehmung des Körpers, dessen Zustand in einem Eigenmodell repräsentiert ist, das einem Umweltmodell, unserer Umgebung, gegenübersteht bzw. mit diesem in einer Wechselbeziehung steht (Bilder 26, S. 222 und 27, S. 223). Mein allgemeines Befinden, und insbesondere meine ***Gefühle und Wünsche, sind Zustandsvariable des Eigenmodells***, die durch Einflüsse des Umweltmodells (Aktivität der Sinnesorgane) mit bestimmt werden. Die Zuordnung meiner Gefühle zum Eigenmodell lässt sie als Zustände dieses Eigenmodells und damit meines Ichs erscheinen. Das ***Wissen meines Gehirns über mich und meine Beziehung zu meiner Umwelt ist mein Selbstbewusstsein***. Dies schließt meine Autobiographie mit ein. „Zum Begriff des Handlungssubjekts gehört, dass Individuen, die unter diesen Begriff fallen, über ein Wissen von sich selbst, über »Selbstbewusstsein« verfügen" (Ros 2005, S. 401). „Die Fähigkeit, unser Ich auf der Grundlage früherer Erfahrungen in verschiedenen geistigen Szenarien zu beobachten und einzuschätzen, ist ebenso wichtig wie die Fähigkeit, die Folgen unserer Handlungen abzusehen" (Ratey 2003, S. 212).

Was mein erweitertes Selbstbewusstsein, also mein Wissen über mich (genauer: meinen Körper und seine Fähigkeiten und Merkmale in der Vergangenheit, Gegenwart und Zukunft) ausmacht, lässt sich am besten verdeutlichen, wenn ich ihn mit meinem Auto vergleiche. Ich kenne das Herstelldatum meines Autos so, wie ich mein Geburtsdatum kenne, ich weiß, wo es schon überall war (wenn ich mit ihm in Urlaub fuhr) und analog wo ich schon war. Ich kenne auch seinen aktuellen Zustand, es sollte schon längst in die Werkstatt, weil der Kofferraumdeckel klemmt, und ich sollte zum Arzt, weil ich meinen rechten Arm nicht mehr richtig bewegen kann. Mein Auto muss zum TÜV und ich zu einem Gesundheitscheck. Mein Auto schafft 150 km/h und ich schaffe die 100 m in 14 Sekunden. Und eines Tages wird mein Auto auf dem Autofriedhof landen und zuvor vielleicht noch ausgeschlachtet. Auch ich werde auf einem Friedhof beerdigt, ggf. nachdem zuvor noch einige Organe entnommen wurden (ich habe einen Organspenderausweis). Was mein Gehirn über mich weiß, entspricht also sinngemäß dem, was es über mein Auto weiß.

Im Gegensatz zu meinem Auto bin ich aber ein Handlungssubjekt. „Zum Begriff eines Handlungssubjekts gehört es, … dass ein solches Subjekt von den von ihm gerade vollzogenen leiblichen Handlungen wissen können muss" (Ros 2005, S. 406). Handlungssubjekte, gleichgültig ob lebende oder künstliche Systeme, benötigen also abrufbares explizites Wissen, das selbst erworben wurde und damit auch „Erfahrungen" der Vergangenheit einschließt. Dies stellt gewisse Anforderungen an ihre Informationsverarbeitung, nicht jedoch an ihre körperliche Substanz, wie Habermas mit den folgenden Worten behauptet. „Personen - die einzelnen Wesen, die handeln können - sind sozialisierte Lebewesen aus Fleisch und Blut" (Habermas 2006, S. 673).

Ros versucht, die Unterschiede zwischen rein materiellen, physischen Ereignissen und den Handlungen menschlicher Personen wie folgt deutlich zu machen:

- „Für körperlich - materielle Gegenstände können die Gegenstände ihrer Umgebung Ursachen sein, die in kausal erklärbarer Weise auf sie einwirken
- Für Lebewesen können die Gegenstände ihrer Umgebung Reize sein, die bei ihnen bestimmte Reaktionen auslösen
- Für Handlungssubjekte können die Gegenstände ihrer Umgebung Objekte sein, denen gegenüber sie sich nach Maßgabe ihrer Absichten und Überzeugungen einzurichten versuchen
- Für Personen können die Gegenstände ihrer Umgebung Teile von Tatsachen sein, über die sie Einsichten zu gewinnen vermögen, die mit dem Anspruch auf Objektivität vertreten werden können" (Ros, S. 646).

Diese Sicht wollen wir nunmehr in Hinblick auf unseren Anspruch kommentieren, die Fähigkeiten höherer Lebewesen als Merkmale komplexer, nichtlinearer, informationsverarbeitender Systeme auszuweisen, die sich in einem Zustand des Fließgleichgewichts und am Rande des Chaos befinden.

Zunächst ist anzumerken, dass natürlich auch ***Lebewesen*** körperlich - materielle Gegenstände sind, aber offensichtlich solche mit spezifischen Merkmalen. Reize können auch bei künstlichen Artefakten, (man denke z. B. an die Reaktion eines Fahrstuhls auf einen Knopfdruck oder die Alarmauslösung bei einem Bewegungsmelder) Reaktionen auslösen unter folgenden Voraussetzungen: 1. Die Energie für die Reaktion muss von einer gesondert verfügbaren Energiequelle bereitgestellt werden, und 2. Der Reiz muss als Kontrollparameter den

Zustand bzw. das Verhalten des Systems beeinflussen, indem er Energie aus dem Energievorrat „freisetzt".

Auf der nächst höheren Entwicklungsstufe, der der ***Handlungssubjekte***, genügen simple Reiz-Reaktions-Mechanismen nicht mehr. Jetzt wird eine Informationsverarbeitung benötigt, d.h. eine Zeichenmanipulation. Die Träger der Zeichen sind dabei physische Signale, z. B. elektromagnetische Wellen, auf die die Informationsverarbeitung musterspezifisch reagiert. Dies ermöglicht erstmals eine Mustererkennung (man denke z. B. an neuronale Netze). Wie in Kapitel 1.4 ausgeführt, sind für die nächste Stufe der Objekterkennung (Kategorisierung und Identifizierung) gegenüber der reinen Merkmalerkennung zusätzliche Anforderungen zu erfüllen, die sich aus den spezifischen Merkmalen von Objekten (gemeinsames Schicksal, Geschlossenheit und Stabilität u.a.) ergeben. Die Fähigkeit, sich auf diese Objekte „einzurichten", d.h. angemessen auf sie zu reagieren, stellt zwei zusätzliche Anforderungen. 1. Es muss die Bedeutung eines Objektes erkannt werden, d.h. das Wissen, welche Wirkung von diesem Objekt ggf. ausgehen kann. Dies setzt voraus, dass die wahrgenommenen Merkmale um *Vorstellungen* von bekannten, aber aktuell nicht wahrnehmbaren Merkmalen ergänzt werden können, was wiederum voraussetzt, dass Wahrnehmungen mit Hypothesen (um welches Objekt könnte es sich bei der Wahrnehmung handeln) abgeglichen werden müssen. 2. Können auf diese Weise die möglichen Konsequenzen aus einem erkannten Objekt erschlossen werden, müssen diese Konsequenzen bewertet und Präferenzen erstellt werden können. Anhand dieser Präferenzen muss dann „aus einem Baukasten" möglicher Aktionsmodule (z. B. möglicher Züge beim Schachspiel) eine geeignete Kombination ausgewählt und zusammengestellt werden, um auf die gegebene Situation optimal reagieren zu können. Die Rolle, die dabei *Absichten* spielen, wird im nächsten Kapitel näher analysiert. Unter Bezug auf Kapitel 2.3 (u.a. Bild 14, S. 118) sei hier jedoch bereits angemerkt, dass sich die Absicht beziehen kann 1. auf die Entscheidung für eine von mehreren zur Wahl stehenden Optionen (welcher Schachzug ist jetzt der beste), 2. Auf die möglichst schnelle und starke Verbesserung einer aktuellen Situation (wie kann ich möglichst schnell meinen Hunger reduzieren bzw. meinen Energievorrat wieder auffüllen), oder 3. auf die Erreichung eines virtuellen, lediglich in der Vorstellung existierenden, hoch bewerteten Zieles (ich „will" drei Räuber und drei Kannibalen mit einem Boot auf die andere Seite eines Flusses übersetzen, ohne dass die Kannibalen irgendwann in der Mehrzahl sind und die Missionare fressen – ein typisches KI-Problem, bei dem das Ziel bekannt ist, der Weg zum Ziel aber noch gesucht wird).

Personen zeichnen sich angeblich zusätzlich noch dadurch aus, dass sie in der Lage sind, Einsichten zu gewinnen über die Objekte der Welt und deren Wechselwirkungen und natürlich auch über sich selbst, als ein ganz spezifisches Objekt. Schröder schreibt: „Bei der Agenskausalität haben wir ... auch eine Reihe mentaler Bedingungen in Form von Wünschen, Gedanken, Gefühlen etc., aber dieser Bedingungskomplex, der noch nicht hinreichend für eine bestimmte Entscheidung sein soll, wird erst durch die Kausalität der Person, durch deren »Eingreifen« vervollständigt, so dass schließlich die Entscheidung getroffen wird" (Schröder 2004, S. 351). Hier stellt sich die Frage, wie und warum gerade zu einem ganz bestimmten Zeitpunkt dieser kausale Eingriff der Person konkret vonstatten gehen soll, wenn nicht ein bestimmtes Ereignis die Aktion auslöst, sondern eine Person, die von Dauer ist. Unser Kommentar lautet: Nicht der Akteur, die Person, löst die Entscheidung aus, sondern das Gehirn ordnet die getroffene Entscheidung einem Akteur zu, und dieser Akteur ist das Ich. Und wenn wir kein bestimmtes Ereignis als Auslöser für eine Entscheidung oder eine Handlung ausfindig machen können, hat eben irgendeine Unstetigkeit im Gehirn bei Erreichung eines bestimmten Schwellenwertes als Auslöser fungiert. Und ebenso wie wir sagen, das Auto fährt die Straße entlang, der Zug fährt in den Bahnhof ein oder der Ballon steigt zum Himmel auf, sagen wir, das Ich geht (oder einfacher: Ich gehe) jetzt in eine Kneipe.

Welche Arten von Wechselwirkungen bei unseren Entscheidungen zu berücksichtigen sind, zeigt Bild 27 (S. 223). Systeme, die diesen Anforderungen gerecht werden, müssen nicht nur über explizites Faktenwissen verfügen, sondern sie müssen zusätzlich in der Lage sein, aus primärem Wissen sekundäres Wissen (durch Induktion oder Deduktion), und insbesondere explizites Regelwissen, abzuleiten. Bild 11 (S. 102) hat dabei die verschiedenen Ebenen möglicher Erkenntnis verdeutlicht. Und es gibt keinen einsichtigen Grund, warum diese Anforderungen nicht auch durch künstliche Systeme erfüllt werden können. Was wir dazu aber benötigen, sind klar definierte Anforderungen und nicht nur vage Vorstellungen von solchen Anforderungen.

Die These des Verfassers lautet, dass auch künstliche Systeme, die die hier umrissenen Anforderungen erfüllen, und die über Eigenmodelle und Umweltmodelle verfügen, die in einem Prozess der Informationsverarbeitung manipuliert werden können, den Kriterien gerecht werden, die die Philosophie heute noch handelnden Personen vorbehält. Habermas umschreibt sie wie folgt: „Die handelnde Person soll sich

- des Umstandes bewusst sein, dass sie in einem kulturell umschriebenen „Raum der Gründe" steht und für Gründe pro und contra empfänglich ist;
- sie soll ihr praktisches Urteil von einer Abwägung einschlägiger Gründe abhängig machen; und
- sich den kognitiv Ausschlag gebenden Grund auch als Aktor zu eigen machen" (Habermas 2006, S. 671).

Aus Sicht der Informatik sind diese Gründe Bedingungen bzw. Prämissen, aus denen Konklusionen abgeleitet werden, die in Entscheidungen münden oder die Aktionen auslösen können. Können solche Systeme durch *Rückwärtsverkettung* ihre Entscheidungen bzw. Aktionen (genauer die Repräsentationen dieser Entscheidungen bzw. Aktionen) auf eine Ausgangssituation (genauer die Repräsentation der Bedingungen bzw. Prämissen, aus denen die Konklusionen abgeleitet wurden) zurückführen, dann können sie ihre ***Entscheidungen und Aktionen*** auch ***begründen bzw. erklären***. Damit wird deutlich, warum wir die in Kapitel 5.2 zitierte Frage Pauens, „ob Überlegungen, in denen Gründe wirksam werden, neuronal realisiert oder mit physischen Prozessen identisch sein können" (Pauen 5/2005, S. 8), mit „ja" beantwortet haben.

Warum aber werden die von meinem Gehirn getroffenen Entscheidungen und initiierten Handlungen von mir als die meinen und nicht als die einer „fremden Instanz" erlebt. Warum habe ich m.a.W. den Eindruck, dass nicht das Gehirn für mich entscheidet, sondern warum glaube ich, dass ich selbst entscheide?

Da sich das Gehirn der Bewusstwerdung entzieht, weil es nicht in sich selbst repräsentiert ist, kann ich es bzw. es sich auch grundsätzlich nicht als eine Entscheidungsinstanz erleben. Ich könnte allenfalls den Eindruck gewinnen, dass es sich bei Entscheidungen um bloße Naturereignisse handelt und nicht um willentlich herbeigeführte Handlungen. Hier ist anzumerken, dass wir versuchen die Natur dadurch zu verstehen, dass wir Hypothesen über die in ihr wirkenden Gesetze erstellen und dann versuchen, diese Hypothesen zu verifizieren (bzw. im Sinne Poppers zu zeigen, dass sie allen Falsifizierungsversuchen widerstehen). Dieses Ansatzes bedient sich das Gehirn genauso, wenn es darum geht, unsere eigenen Handlungen zu verstehen. Auch hier wird nach Gesetzmäßigkeiten zwischen auslösenden Ursachen, besser Bedingungen bzw. Zuständen, und Wirkungen gesucht. Deutlich wird dies bei Babys, die erst lernen müssen, dass ihre Wünsche (= Zustände ihres Selbstmodells) Aktionen ihres Körpers auslösen, nicht aber des Körpers der Mutter oder anderer Objekte. Der Zusammenhang zwischen Ursache und Wirkung muss also erlernt und erschlossen werden. Erkannte Gesetzmäßigkeiten liefern uns dann die ***Begründungen bzw. Erklärungen*** (nicht die Ursachen!!!) für das Verhalten der Natur und für unser eigenes Verhalten. „Wir erlernen unser Konzept von Kognition, Emotion und bewusstem Verhalten primär dadurch, dass wir es auf andere anwenden, um Verhalten zu verstehen und vorherzusehen. Den reichen Erfahrungsschatz, den wir so erwerben, können wir dann darauf anwenden, uns selbst zu verstehen" (Churchland 1997, S. 380). Der entscheidende Punkt ist nun aber, dass sich die erkannten Gesetzmäßigkeiten *nicht auf die konkreten Objekte der Natur* selbst beziehen, *sondern* auf die Wahrnehmung dieser Objekten, also *auf deren Repräsentation in unserem Gehirn.* Dass Gehirn erkennt dann einen bestimmten Gehirnzustand als Ursache für einen anderen Gehirnzustand (beide werden von uns als Qualia erlebt). Wir *begründen* deshalb genau genommen die Existenz eines aktuellen Gehirnzustandes mit einem vorausgegangenen anderen Gehirnzustand, auch wenn wir eine Aufeinanderfolge von Qualia und nicht eine Folge von Gehirnzuständen erleben. Und diese Qualia, und nicht die sie repräsentierenden Gehirnzustände, führen wir dann als Begründung für unser Handeln ins Feld. Da neben realen auch vorgestellte Gefühle, Ängste u.ä. Qualia-Erlebnisse sind, d.h. somatisch bewertete Vorstellungen von Körperzuständen, werden sie analog als Ursache für unsere Handlungen erlebt. Wir begründen dann unser Handeln mit unseren Wünschen oder Befürchtungen, bzw. exakter gesagt mit erwünschten oder befürchteten zu erwartenden Körperwahrnehmungen, die sich natürlich auf *unseren* Körper beziehen. So werden sie zu unseren Wünschen und unseren Aktionen.

Was uns völlig unplausibel erscheint, ist die Tatsache, dass das Gehirn, oder ganz allgemein irgendein informationsverarbeitendes System, über Wissen verfügen kann, ohne über sich selbst und damit über seine eigene Existenz etwas zu wissen und damit auch, ohne sich selbst beobachten zu können. Wir können uns einfach nicht vorstellen, dass eine nicht wahrnehmbare und damit für uns eine nicht existente Existenz das hervorbringen soll, was wir erleben. Das Gehirn kann allenfalls erschließen, dass es zum erlebten Wissen ein wissendes Etwas geben muss. Und dies gilt analog für unsere mentalen Erlebnisse, die letztlich auch nur eine bestimmte Form von Wissen sind und natürlich auch für alle Entscheidungsprozesse. Weil wir einerseits rein erlebnismäßig den „wahren Entscheider“ nicht erkennen, rein rational aber unterstellen, dass es einen solchen gibt, tritt an die Stelle des Gehirns als Entscheidungsinstanz in unserem Erleben das Ich. *Dieses Ich ist aber nichts weiter als ein im Gehirn repräsentiertes spezifisches Objekt*, d.h. unser Körper. Und sein (im Gehirn ebenfalls repräsentiertes) Befinden bestimmt bzw. verursacht die Entscheidungen des Gehirns, die wir als die unseren erleben, weil wir auch das Befinden unseres Körpers als das unsere erleben und damit auch als Ursache für die getroffene Entscheidung. Und mit diesem aktuellen oder auch nur vorgestellten Befinden begründen wir dann die Entscheidungen des Gehirns. Ebenso wie wir sagen, das Auto ist stehen geblieben, weil der Tank leer war, sagen wir dann, ich bin stehen geblieben, weil die Ampel rot anzeigte. Dies ist die ***These des Separatismus***.

Wie oben ausgeführt, werden unsere Vorstellungen von möglichen *eigenen* Handlungen und den damit verknüpften Gefühlen in unserem Gehirn von (weitgehend) denselben Neuronengruppen repräsentiert, wie die Vorstellung von entsprechenden Aktionen anderer (artverwandter) Lebewesen und deshalb auch in gleicher Weise begründet. Bei der Frage *wie* wir eine Handlung ausführen wollen, geht es nicht mehr um Wünsche oder Befürchtungen, sondern um ***Vorstellungen*** von Bewegungsabläufen, die dann zur Kombination geeigneter, im Gehirn repräsentierter Bewegungsmodule führen (s.o.). Beispielsweise können Skifahrer vor dem Start noch einmal in Gedanken die Streckenführung und die erforderlichen Bewegungsabläufe durchgehen. Analog können auch Pianisten in Gedanken ein Stück spielen, ohne dabei die Finger bewegen zu müssen (eine beliebte Methode des Übens bei der Pianistin Hélène Grimaud). Decety und Michel berichten sogar, dass Versuche zeigten, dass Personen für das Schreiben eines Textes dieselbe Zeitspanne wie für das Sichvorstellen dieses Schreibens brauchten. Und Roth behauptet, „ ... dass bewusstes Erleben nur dann auftritt, wenn etwas Neues (und Wichtiges) integriert bzw. etwas bekanntes in neuer Form integriert werden soll und wenn neue Handlungsprogramme angelegt werden müssen“ (Roth 1997, S. 328). Der Australier Bruno Van Swinderen drückt dies noch drastischer aus: „(Unser Bewusstsein) ist nicht mehr als ein Aufmerksamkeitsmechanismus, wie ihn jedes Tier besitzt, gepaart mit unseren Erinnerungen“ (Van Swinderen in ARTE Faszination Bewusstsein vom 21.11.2008).

Wir erinnern hier (mit Bezug auf Keysers et al. 2004) an die Aussage in Kapitel 4.3, dass die ***Perspektive der ersten und die der dritten Person die gleichen Gehirnbereiche zur Repräsentation spezifischer Erlebniskategorien*** nutzen. Die Erkennung, dass ich es bin, der handelt bzw. handeln will, setzt also voraus, dass das Gehirn lernt, zwischen der ersten Person und der dritten Person zu unterscheiden. Und dieser Lernprozess setzt gleich nach der Geburt ein. Erst ab etwa dem dritten Lebensjahr können sich Kinder dann als ein Ich mit eigenen Wünschen und Handlungen begreifen bzw. genauer gesagt, ihre Wünsche und Aktionen als die eigenen erkennen. Dabei lernen sie, dass nur der eigenen Körper auf Wünsche und Befürchtungen reagiert. Wie ist aus dieser Sicht Beckermanns Behauptung zu interpretieren, dass Führungskontrolle voraussetzt, „dass der Handelnde sich diesen Mechanismus *zu eigen macht*, dass er *Verantwortung für diesen Mechanismus* übernimmt" (Beckermann 2004, S. 31)? Die Antwort lautet: Als Kind hat er gelernt, zwischen sich und den anderen, sowie zwischen den eigenen Handlungen und denen der anderen zu unterscheiden. Deshalb weiß er, wer der Handelnde ist, und wer die Konsequenzen der Handlung „zu spüren bekommt". Deshalb sagt Habermas auch ganz richtig: „Für den Beobachter ist die Frage, ob die Person auch anders hätte handeln können, kein Thema, aber für die handelndem Person war sie sehr wohl relevant" (Habermas 2006, S. 684). Sie ist deshalb relevant, weil es einen Unterschied ausmacht, ob man die Konsequenzen der Handlung selbst zu spüren bekommt oder nicht. Wie lässt sich aber die folgenden Aussage von Habermas mit unserer Sicht der Dinge vereinbaren? „Wenn wir nach Gründen für unser Handeln gefragt werden, kommt uns zu Bewusstsein, was wir schon während des Handlungsvollzug stillschweigend angenommen haben: *Wir hätten auch anders handeln können, und es hat an uns gelegen, so und nicht anders gehandelt zu haben*" (Habermas 2006, S. 670f). Der Glaube, auch anders handeln zu können, bildet einen der Kernpunkte, aus denen die Philosophie glaubt, eine Freiheit des menschlichen Wollens ableiten zu können. Wenden wir dieses Argument einmal auf einen Löwen auf Beutejagd an. Auch er muss entscheiden, ob er jetzt zur Verfolgung einer Beute ansetzt oder ob er noch abwarten soll, bis die Beute eventuell noch näher kommt. Sicherlich liegt es in diesem Fall ebenfalls an ihm (und den äußeren Umständen), wenn er jetzt losrennt und nicht mehr wartet. Sicherlich hat auch er vorher die pro und contra gegeneinander abgewogen. Vermutlich handelte es sich dabei aber um rein emotionale bzw. gefühlsmäßige Abwägungen. Habermas meint: „Unreflektiert ablaufende Bewusstseinsprozesse, die wir bei Tieren als ein Geschehen beschreiben, nehmen, sobald sie sich unter der Bedingung möglichen Selbstbewusstseins vollziehen, *als solche* eine andere Qualität an. Sie verwandeln sich unter der Bedingung der Selbstreferenz gleichsam mit einem Schlage in die *bewussten Leistungen* von Personen, die aufgrund ihres Selbstverhältnisses über die jeweilige Lebensgeschichte hinweg eine Identität ausbilden und damit zum Adressaten der Zuschreibung von Verantwortung werden" (Habermas 2006, S. 700). Natürlich eröffnet das erweiterte Bewusstsein unter Rückgriff auf eine Autobiographie die Möglichkeit, eigene Entscheidungen in Beziehung zu früheren Erlebnissen und Entscheidungen zu setzen. Und wenn mein Gehirn erst in der Lage ist, meinen Körper als ein eigenes Objekt in Raum und Zeit zu erkennen, kann es natürlich auch Wissen ansammeln über alles, was diesem Körper in der Vergangenheit widerfahren ist und in Zukunft noch widerfahren kann und wird (man denke an den Tod). Er wird so zum Bezugspunkt aller ihn betreffenden Ereignisse, unabhängig davon, ob sie ihm widerfahren oder von ihm ausgelöst werden. Die Frage ist aber, ob sich allein daraus irgendeine Form von Handlungs- oder Willensfreiheit ableiten lässt. Was die Entscheidungen des Menschen von der des Löwen unterscheidet, ist vermutlich nur, dass sich der Mensch auch zukünftige Szenarien vorstellen kann. Er kann in Gedanken handeln und deshalb die Konsequenzen seines Handelns vorab erkennen, der Löwe dagegen kann nur konkret handeln und bekommt die Konsequenzen seines Handelns real am eigenen Leib zu spüren. Die entscheidende Frage ist dann nur noch, ob unser Denken freier ist als unser Handeln. Zumindest die dabei in Anspruch genommenen Gehirnbereiche sind weitgehend dieselben. Roth meint: „Wir müssen einen separaten *Willensakt* überhaupt nicht fordern, wie dies viele Philosophen tun, wenn wir von Willensfreiheit sprechen. Vielmehr geht es um das Gefühl, dass die Entscheidung letztlich *aus mir selbst* kommt und nicht von außen aufgezwungen wurde. Die Frage ist nun: Spiegelt dieses Gefühl eine tatsächliche Entscheidungsfreiheit wider, oder ist sie eine Illusion?" (Roth 1997, S. 304). An anderer Stelle liefert er eine Antwort: „(Das Ich kann) nicht zum großen Steuermann werden, denn es entsteht in der kindlichen Entwicklung relativ spät, nämlich dann, wenn Motorik, Wahrnehmungssysteme und limbisches System schon weitgehend ausgereift sind. Das Ich ist unerlässlich für komplexe Handlungsplanung, wägt ab, erteilt Ratschläge, aber es entscheidet nichts" (Roth 2003, S. 181).

Hier wird über die Hintertür also doch wieder ein Ich ins Spiel gebracht, das zwar nicht entscheidet, dafür aber die Entscheidungsgrundlagen aufbereitet. Wie verträgt sich diese Aussage mit unserer obigen These des *Separatismus*? Unsere Antwort lautet: Wünsche und Befürchtungen von realen oder auch nur vorgestellten Körperzuständen sind die Triebfedern bzw. Basis für die vom Gehirn getroffenen Entscheidungen. Und diese Entscheidungen haben Rückwirkungen auf den Körper, der als agierendes und betroffenes Ich erlebt wird. So gesehen führt das Ich so wenig irgendwelche Planungen durch wie es Ratschläge erteilt. Dies sind Funktionen des Gehirns, aber sie beziehen sich auf das Ich als betroffenes Objekt. Wir erinnern hier an Programmanweisungen, die alternative Optionen für einen Roboter analysieren und sich dabei auf die Roboterhardware beziehen, auch wenn sie von einem Computer durchgeführt werden. Auch hier beziehen sich alle verhaltensrelevanten Anweisungen stets auf den Roboter als Gesamtheit.

Bleibt jetzt noch zu fragen, woher die Ratschläge stammen, die angeblich die Willensentscheidung beeinflussen und steuern. Könnte es nicht sein, dass unbewusste Instanzen darüber entscheiden, was ins Bewusstsein durchdringt und nur das zur Wahl stellen, was sie als Alternativen „zulassen". Muss nicht allein daraus schon eine wesentliche Einschränkung der Willensfreiheit abgeleitet werden?

Mein Befinden wird vom Gehirn als angenehm/unangenehm bewertet. Aktuelle angenehme Zustände vermitteln das Gefühl der Freude, unangenehme das der Angst. Das Wissen über die Wahrscheinlichkeit/Unsicherheit von zukünftigen Entwicklungen/Zuständen vermittelt Gefühle des Hoffens und Wünschens und der Freude bzw. des Befürchtens und der Angst (Bild 16, S. 121). In Verbindung mit dem Wissen über mich und meine Möglichkeiten kann das Gehirn zwischen beeinflussbaren und nicht beeinflussbaren Zuständen unterscheiden und weiß, welche Zustände anzustreben bzw. zu vermeiden sind (vgl. Bild 15, S. 120). Furcht und Angst verschaffen (im Sinne von Bild 13, S. 113) ein Problembewusstsein. Dieses wiederum stößt Aktionen an zum Problemverständnis und zur Problemlösung. Zum Verständnis orientiere man sich an Schachcomputern. Auch sie analysieren, ausgehend von einer aktuellen Stellung und deren Bewertung, alternative weitere Zugfolgen und bewerten sie. „Zum Handeln gehört ein Urteil: »Es ist (jetzt) besser, das und das zu tun, als es zu unterlassen«" (Wingert 2004, S. 197).

Ab dem Auftreten von Bewusstsein werden Alternativen als solche erkannt, erlebt und gewusst. Wir erleben dann die alternativen, vom Gehirn produzierten Szenarien. Wir wissen mit anderen Worten, was zur Wahl steht und somatische Marker, also Körpersignale, machen uns auch bewusst, wie Körper und Geist diese Alternativen bewerten. Daraus leitet sich das Wissen ab, welche Optionen uns offen stehen. Und wenn das System Gehirn eine davon wirksam werden lässt, wissen wir natürlich, dass es auch alternative Möglichkeiten gegeben hat. Die Hypothese, dass wir sie auch hätten auswählen können, lässt sich nach der getroffenen Entscheidung aber leider nicht mehr widerlegen. Sie ist im Sinne Poppers nicht falsifizierbar. Somit bleibt sie grundsätzlich einfach nur eine Behauptung. Schlimmer noch: da die Vorgänge im Gehirn ihre eigene kürzeste Beschreibung, und deshalb nicht vorhersagbar sind, da sie nicht algorithmisch komprimierbar sind, können wir prinzipiell nicht wissen, wie wir (genauer: das Gehirn) entscheiden werden, ehe die Entscheidung getroffen ist. In der Informatik spricht man hier von der ***Unentscheidbarkeit des Halteproblems***, womit zum Ausdruck gebracht wird, dass man nicht erkennen kann, ob ein (hinlänglich komplexes) Programm irgendwann einmal zu einem Ende kommt oder aber in einer Endlosschleife landet. Die allgemeingültigere Aussage lautet: „Kein endlicher Automat kann voraussagen, ob sich eine gegebene Anfangskonfiguration in einem zellularen Automaten mit universeller Berechenbarkeit nach endlicher Zeit zu einer Neukonfiguration oder einer dauerhaften Struktur entwickelt" (Mainzer 1995, S. 299). Man kann Programme also nur ablaufen lassen und abwarten, was passiert. Analog können auch wir nur unsere eigenen Entscheidungsprozesse ablaufen lassen und abwarten, wie die Entscheidung ausfällt. Aus dem Eindruck, auch anders handeln zu können, darf daher nicht gefolgert werden, dass irgendein Ich, Einfluss auf den Entscheidungs*prozess* ausüben kann.

Ein Skeptiker meint deshalb, dass der Satz, er (oder sie) hätte anders handeln können), der in den Augen vieler Philosophen die wichtigste Prämisse für Verantwortlichkeit formuliert, inzwischen so oft hin- und hergedreht worden ist, dass sich kaum noch ein Philosoph geradewegs zutraut, zu sagen, was er bedeutet (Pothast S. 124 in: Hermanni/Koslowski 2004).

Damit kommen wir zu einem weiteren, und zwar dem entscheidenden Aspekt der Diskussion über Handlungsfreiheit. Entscheidungsvorgänge sind Prozesse und nicht Zustände. Diese führen, selbst im elementarsten Fall von „Entscheidungszwang" an einem Bifurkationspunkt eine Entscheidung herbei. Wenn wir also von Entscheidungen sprechen, müssen wir definieren, ob wir damit den Entscheidungsprozess oder die getroffene Entscheidung meinen. Eine ***getroffene Entscheidung*** kann nicht frei sein, denn wenn sie herbeigeführt ist, wurde bereits entschieden. Es könnte also allenfalls der Prozess der Entscheidungsfindung frei sein. Dies wiederum bedeutet, dass entweder der Prozess selbst oder aber der Input für den Prozess vom Ich frei gewählt oder zumindest beeinflusst werden kann. Der Input ist in der Terminologie der Philosophie unser Wille. Die Frage, ob es ***Willensfreiheit*** gibt bzw. geben kann, werden wir im nächsten Kapitel behandeln. Vorerst wollen wir uns mit der Frage auseinandersetzen, ob irgendein Ich in den ***Entscheidungsprozess selbst*** eingreifen kann. Der Kommentar der Hirnforschung ist hier eindeutig. Die Autonomie menschlichen Handelns ist nicht im subjektiv empfundenen Willensakt begründet, sondern in der Fähigkeit des Gehirns, aus *innerem Antrieb* Handlungen durchzuführen. Das Gehirn oder besser: der ganze Mensch ist also das autonome System, nicht das empfindende Ich.

An dieser Stelle wird häufig auf die ***Experimente von Libet, Haggard und Eimer*** verwiesen, die gezeigt haben, dass dem bewussten Erleben einer Entscheidung im Gehirn ein sog. Bereitschaftspotential vorausgeht (Libet 1985, Haggard/Eimer 1999). Das Gehirn wird also bereits aktiv, ehe wir unsere Absicht erleben, aktiv werden zu wollen. Unsere These lautet, dass der Eindruck, jetzt einen Knopf drücken zu wollen, daraus resultiert, dass bereits entschieden ist, dass wir jetzt drücken und nicht daraus, dass wir jetzt die Entscheidung herbeiführen wollen, ob wir jetzt drücken wollen! *Das Erlebnis einen Knopf drücken zu wollen bringt also zum Ausdruck, dass die Entscheidung zu drücken in diesem Moment bereits gefallen ist! Wir erleben also die getroffene Entscheidung als unser Wollen.* Und dieser getroffenen Entscheidung geht natürlich der Prozess der Entscheidungsfindung voraus, der durch das Bereitschaftspotential nachgewiesen werden kann. Roth schreibt deshalb: „Das Gefühl, dieses zu *wollen*, mag auftreten, wie es will – nach Libet sowie Haggard und Eimer tritt es nach Beginn des Bereitschaftspotentials auf –, wichtig ist allein dass es in *keinem Kausalverhältnis* zum Starten der Handlungen steht, obwohl uns dies gefühlsmäßig so scheint“ (Roth 2003, S. 178). Wenn Mynarek jetzt (mit Bezug auf Libet) schreibt: „Die kleinen beabsichtigten Handlungen, für die die Bereitschaftspotentiale jeweils bereitgestellt werden, müssen nicht zwingend ausgeführt werden“ (Mynarek 2006, S. 122), dann liegt hier u.E. ein Missverständnis vor. Wenn sich die Bereitschaftspotentiale auf die Entscheidung beziehen, drücken zu wollen, – *wann auch immer* –, dann können wir die Entscheidung natürlich noch ändern oder rückgängig machen, *ehe* wir konkret drücken. Bezog sich die Entscheidung aber darauf, *jetzt* (und nicht irgendwann) zu drücken, dann wird sie auch ausgeführt, sofern die Summe der bewussten und unbewussten

Handlungsantriebe die Aktivitätshemmung durch die Basalganglien und das Kleinhirn aufhebt (s.o.). Das *Wirksamwerden* der Entscheidung, *jetzt* zu drücken, kann also nur noch durch unbewusste Instanzen unterdrückt werden, und genau hier liegt eine der Grenzen der sog. Willensfreiheit.

Wird hierdurch also die Aussage von Prinz bestätigt, der behauptet: „Wir tun nicht, was wir wollen; wir wollen, was wir tun" (Prinz 1996. S. 98ff.). Skepsis ist angebracht, zumindest wenn es nicht um spontane Willensakte geht, sondern um Vorstellungen von Auswirkungen alternativer Szenarien. Diese Vorstellungen werden zu Wünschen oder Befürchtungen und schließlich zu Willenserlebnissen (was wir wollen). Und diese gehen der Handlung voraus. Genau das unterscheidet uns ja von rein instinktgeleiteten Tieren mit genetisch festgelegten Reiz-Reaktions-Mechanismen. Ihr Verhalten können wir nachträglich begründen, denn, wie bereits oben ausgeführt, sind Gründe Erklärungen für und nicht Ursachen von Handlungen.

Haben wir, d.h. das Ich, also überhaupt einen Einfluss auf unsere Entscheidungsprozesse? Dass wir selbst die Entscheider sind, entspricht unserer Erfahrung. Könnten wir dabei aber nicht einer Täuschung unterliegen? Patricia Smith Churchland ist skeptisch: „Nüchtern betrachtet ist es einfach so, dass ausgesuchte »a priori Gewissheiten« sich im Lauf der Geschichte meist als empirische Blindgänger erwiesen haben, so einleuchtend und tiefempfunden sie während ihrer Blütezeit auch gewesen sein mögen." Und „wenn wir überhaupt etwas aus den kontraintuitiven Entdeckungen der Wissenschaft gelernt haben, ist es, dass unsere Intuitionen falsch sein können. Auch unsere Intuitionen über uns selbst und darüber, wie wir funktionieren, können falsch sein" (Patricia Smith Churchland: Die Neurobiologie des Bewusstseins - Was können wir von ihr lernen? S. 469, in Metzinger 2005).

Unsere These lautet: das Ich hat keinen Einfluss auf die Entscheidungen des Gehirns, „denn bei der Untersuchung kognitiver Prozesse lässt sich häufig beobachten, dass nur das Ergebnis dieser Prozesse, aber nicht die Prozesse selbst bewusst werden" (Beckermann 2005, S. 18). Vorgänge der neuronalen Informationsverarbeitung werden nicht an sich bewusst, sondern immer nur bestimmte „Ergebniszustände" des informationsverarbeitenden neuronalen Systems, wie die Befunde von Velmans exemplarisch demonstrieren. „Lösungen, zu denen wir durch unser Denken gelangen, „tauchen" in unserem Bewusstsein „auf", ohne dass uns der eigentliche Lösungsprozess bewusst wird." Entscheidend ist daher, „dass uns während des Denkvorganges nicht bewusst wird, wie unser Gehirn die einzelnen Lösungsschritte generiert" (Durstewitz/Windmann 1998, S. 128).

Wie also soll das Ich Einfluss nehmen auf einen Entscheidungsprozess, den wir gar nicht bewusst verfolgen können, weil wir nicht den Vorgang des Denkens oder Entscheidens bewusst wahrnehmen und beobachten können, sondern nur das Gedachte, d.h. unsere Gedanken und getroffene Entscheidungen. Wäre dem nicht so, bräuchten sich die Philosophie, Neurologie, Hirnforschung, Psychologie u.a. nicht zu fragen, wie wohl das Denken „funktioniert", welche Prozesse m.a.W. dabei ablaufen. Wir könnten es einfach durch Introspektion, d.h. durch Selbstbeobachtung erkennen. Beispielsweise nutzen wir bei der Zwiesprache mit uns selbst, d.h. beim Denken, dieselben Grammatikregeln wie beim Sprechen. Denken und Sprechen sind aber regelhaft und nicht regelgeleitet. Wir formulieren m.a.W. unsere Sätze (zumindest in der Muttersprache) nicht durch bewusste Anwendung von Regeln, sondern wir formulieren sie richtig ohne explizite Kenntnis der Regeln, die wir dabei anwenden. Wenn sich die Prozesse des Denkens und der Entscheidungsfindung aber der bewussten Beobachtung und Kontrolle entziehen, wie soll dann das bewusste Ich diese Prozesse sinnvoll steuern oder auch nur beeinflussen können? Steinvorth glaubt: „Tiere können nur entweder ihrer Natur oder einem Willen folgen, den zu bilden sie von ihrem Leittier oder einem menschlichen Herrn gezwungen werden. Wir dagegen können uns grundsätzlich beliebig entscheiden, weil wir die Herren unserer selbst sind" (Steinvorth 2004, S. 2f). Sind wir das wirklich? Flanagan zumindest ist hier skeptischer. Er schreibt: „Wir sind geschichtenerzählende Tiere, und wir denken und sagen Dinge, bevor wir wissen, was sie bedeuten. Oder vielleicht ist ja die Vorstellung vertrauter, dass wir erst wissen, was wir denken, wenn wir es erst einmal ausgedrückt haben" (Flanagan 2005, S. 515).

Wenn sich schon keine nachvollziehbare Begründung für Handlungsfreiheit ausmachen lässt, also dafür, dass wir willentlich in *den Prozess* der Handlungsinitiierung und -steuerung eingreifen können, könnte es ja immerhin sein, dass wir wenigstens unsere Wünsche und Befürchtungen und die daraus abgeleiteten Willensakte bewusst steuern, und damit letztlich auch unser Handeln frei gestalten können. Damit würde die Entscheidungsfindung von der Ebene der Handlungssteuerung verlagert auf die Ebene der Zielvorgabe für unsere Handlungen, die dann einfach nur noch zwangsläufig unseren Willen ausführen. Mit dieser Thematik wollen wir uns jetzt näher befassen.

5.5 Was bestimmt unser Wollen?

Ein aktueller Körperzustand (z. B. abgesunkener Blutzuckerspiegel) wird im Gehirn durch bestimmte Neuronenaktivitäten repräsentiert. Er wird aber weder als chemischer Körperzustand erlebt, noch als neuronale Erregung bestimmter Gehirnregionen, sondern als Hungergefühl. Und die Vorstellung einer angestrebten Behebung dieses Zustandes wird nicht als Vorstellung von einem veränderten chemischen Zustand des Körpers oder als Vorstellung von einem diesen veränderten Zustand repräsentierenden Gehirnzustand erlebt, sondern als Wunsch nach Hungerbeseitigung. Wünsche entsprechen im Sinne unserer Ausführungen in Kapitel 4.1 Vorstellungen von gewonnenen Fußballspielen. Dies zeigt die Problematik, ihnen ein physikalisches Äquivalent zuzuordnen. Diese Problematik wird größer, wenn es nicht nur um gewonnene Fußballspiele, sondern um gewonnene Spiele überhaupt und letztlich um irgendeinen Gewinn geht. Bildliche Vorstellungen von dem was wir wollen, lassen sich dem Wunsch dann immer schwerer zuordnen. Deshalb weicht das Gehirn in derartigen Fällen auf eine andere Repräsentationsform aus, und diese ist unsere ***Sprache***. Sie ermöglicht logischabstraktes Denken und abstrakte Begriffe (Fairness, Ehre, Gerechtigkeit, Hunger, Liebe u.ä.), die so ebenfalls zu Vorstellungen in unserem Gehirn und zu Auslösern für Handlungen werden können.

Gründe stehen nicht am Beginn von Entscheidungsprozessen, sondern sie beziehen sich lediglich auf die Wünsche, die die Handlung begründen. Es bleibt dann nur noch zu klären, was diese Wünsche und Überzeugungen eigentlich sind und wie sie elektronisch oder neuronal als Bedingungen oder Prämissen - nichts anderes sind die Gründe - repräsentiert werden können. Diese Frage ist ganz allgemein für ***propositionale Einstellungen*** zu klären.

Wie bereits in Bild 16 (S. 121) verdeutlicht bedarf es dazu

- der Repräsentation des *propositionalen Gehalts* (was wird gewünscht oder befürchtet)
- einer *Bewertung als angenehm/lustvoll oder unangenehm/Unlust verursachend.* „Jedes Lebewesen, auch ein einfaches, benötigt in seinem Nervensystem dafür eine Instanz, welche dasjenige, was der Organismus tut, nach seinen Konsequenzen für den Organismus bewertet. Das Resultat dieser Bewertung wird dann im Gedächtnissystem festgehalten und für das weitere Verhalten genutzt" (Roth 1997, S. 198)

– eines *Erlebnistyps*, der einem bestimmten Sprechakttyp entspricht (vgl. Kapitel 4.6), wie z. B. einer Feststellung, einem Bestreben oder einer Ablehnung u.ä.
– und einem *Maß für die Sicherheit*, mit der der propositionale Gehalt eintreffen wird. Damit wird z. B. ausgedrückt, ob es sich um eine Vermutung oder ein gesichertes Wissen handelt.

Die physikalischen Neuronenaktivitäten, die diesen propositionalen Einstellungen zugrunde liegen, d.h. bestimmte Zustände des Gehirns, sind dann die Steuergrößen für unser Verhalten. Was wir aber erleben, sind die propositionalen Einstellungen, die von neuronalen Erregungsmustern repräsentiert werden. Betrachten wir unter diesem Aspekt Lenzens Behauptung. Für ihn „ ... bleibt grundsätzlich festzuhalten, dass Computer *im engeren Sinn* weder Interessen bzw. Wünsche haben noch sich in aktiver Weise mit ihrer Umwelt auseinanderzusetzen vermögen. Deshalb sind sie auch nicht in der Lage, *Erfahrungen* zu machen, geschweige denn, aus für sie positiven oder negativen Erfahrungen zu *lernen*“ (Lenzen 1998, S. 265). Diese Behauptung hat Dörner mit seinem „Bauplan für eine Seele“ bereits widerlegt (Dörner 1999). Für lernfähige Computersysteme gibt es zudem hinlänglich viele weitere Beispiele. Diese Thematik braucht daher hier nicht weiter diskutiert zu werden. Auch können sich Computersysteme, sofern sie das Verhalten eines autonomen Roboters steuern, sehr wohl mit dessen Umwelt (bzw. deren Repräsentation im Computer) auseinandersetzen. Können sie aber auch Wünsche haben? Die Antwort lautet, dass sich Wünsche in der oben angegebenen Form repräsentieren lassen. Und wenn ein Äquivalent zu menschlichen Erlebnistypen mit physikalischen Mitteln repräsentiert werden kann, und wenn diese wiederum spezifische Aktionen auslösen können, die durch die Repräsentation des Erlebnistyps zusammen mit dem propositionalen Gehalt bestimmt sind, dann können auch künstliche Systeme Erlebnisse haben.

Wünsche sind aus unserer Sicht Vorstellungen von als angenehm empfundenen Zuständen. Im Gehirn werden sie als neuronale Erregungszustände bzw. Erregungsmuster repräsentiert und als solche sind sie Bedingungen bzw. Auslöser für Gedanken und Handlungen. Bleibt die Frage, ob ein wie auch immer geartetes Ich Einfluss auf diesen Vorgang nehmen kann. Mit der folgenden Aussage baut die Hirnforschung der Philosophie eine Brücke, um irgendwo die These von der Gestaltungsfreiheit des Ichs „unterbringen“ zu können. Roth schreibt: „Sofern bestimmte Dinge, die wir zu tun beabsichtigen, nicht bereits automatisiert sind, sondern das Überwinden psychischer oder dinglicher

Widerstände erfordern, brauchen wir einen solchen Willensakt, denn er muss Energien bündeln und Handlungsalternativen unterdrücken. Das ist die *Funktion des Willens*, und ohne starken Willen kann ich deshalb manche Dinge nicht tun" (Roth 2003, S. 178).

Nach dieser Auffassung bedürfen bestimmte Handlungen also eines Willensaktes, ja sogar eines starken Willens. Die Frage ist nur, was ist ein Wille, woher stammt der ***Wille*** und ist dieser Wille frei und ggf. frei wovon? Bieri definiert: „Der Wille ist ... ein Wunsch, der gegenüber anderen, gegenläufigen Wünschen die Oberhand behält" (Bieri 2001, S. 41) und „Ein Wille ist ein Wunsch, der handlungswirksam wird, wenn die Umstände es erlauben und nichts dazwischen kommt" (Bieri 2001, S. 41).

Und woran erkennen wir, dass ein Wille ein ***freier Wille*** ist? Betrachten wir zunächst die Definitionen von Bieri. „Was wir wollen ist nicht unabhängig davon, was wir denken. Wir können mit unseren Gedanken Einfluss auf unseren Willen nehmen" (Bieri 2001, S. 54). „Die Freiheit des Willens liegt darin, dass er auf ganz bestimmte Weise bedingt ist: durch unser Denken und Urteilen" (Bieri 2001, S. 80). „Die Gewissheit des freien Willens rührt von der Gewissheit des Überlegens her: Ich überlege, also bin ich frei" (Bieri 2001, S. 182). „Was Sie als Ihre Freiheit erleben, ist, dass Sie am Ende dasjenige wollen, was in Ihrem Urteil überwiegt - dass Ihr Wille Ihrem Urteil gehorcht" (Bieri 2001, S. 80).

Aus dieser Sicht ist ein freier Wille das Resultat rationaler Überlegungen, die zu einem Urteil führen. Dies wirft natürlich sofort zwei näher zu betrachtende Fragen auf.

1. Ist das Denken ein *freier* Prozess, der von uns bewusst gesteuert werden kann, oder ist das Ich vielleicht nur ein Beobachter von Denkvorgängen im Gehirn, die dort autonom ablaufen und vom Ich gar nicht beeinflussbar sind? Roth gibt die Antwort für uns: „Das Gehirn generiert mit der Ausbildung eines Ich einen „virtuellen Akteur", dem ein Körperschema und ein Ort im Raum zugeschrieben wird und der zum scheinbaren Träger der Willkürhandlungen wird" (Roth in Pauen/Roth 2001, S. 204). Hier stoßen wir auf dieselbe Problematik wie bei der sog. Handlungsfreiheit. Denk*prozesse* sind dem Bewusstsein so wenig zugänglich wie Entscheidungs*prozesse*. Wir wiederholen hier noch einmal eine Aussage aus Kapitel 2.2.: „Beim normalen Denken und Reden üben die Regeln ihre Kontrolle automatisch aus, unterhalb der Stufe des Bewusstseins" (Koestler 1990, S. 176). Bewusst wird

nur das Gedachte, nicht der Denkprozess, der die Gedanken erzeugt! Wie also wollen wir das Denken steuern? Bieri hat erkannt: „Der Wille, der eine Handlung anstößt, ist selbst etwas, das angestoßen wird, und das macht ihn zu etwas, das er nur auf den ersten Blick nicht zu sein schien: zu einem bloßen Geschehnis" (Bieri 2001, S. 195).

2. Selbst wenn wir unser Denken steuern könnten, wie soll das dann praktisch funktionieren? Es bedarf dann ja irgendwelcher Kriterien, die bestimmen, wie und was wir denken! Und diese Kriterien können entweder Gefühle sein, die wir selbst aber nicht mehr beeinflussen und steuern können, oder unser Denken wird durch das bestimmt, was wir denken „wollen", womit wir bei einem Zirkelschluss landen, denn wir wissen ja erst am Ende des Denkprozesses was wir wollen! Oder gibt es womöglich einen Unterschied zwischen „Denken wollen" und „Handeln wollen"? Die Antwort auf diese Frage haben wir bereits in Kapitel 2.2 geliefert. Dort haben wir mit Bezug auf John Ratey ausgeführt, „dass das Kleinhirn, das die körperlichen Bewegungen koordiniert, auch die Bewegung der Gedanken lenkt." Und „wir denken so, wie wir handeln würden" (Ratey 2003, S. 178). „Die Taten selbst beruhen zweifellos auf motorischen Funktionen, aber dasselbe gilt für das Denken, das ihnen vorausgeht. Selbst Emotionen sind mit den motorischen Fähigkeiten des Gehirns verwoben: schon die Wurzel des Wortes Emotion bedeutet »bewegen«" (Ratey 2003, S. 178). Macht es unter diesem Aspekt überhaupt irgendeinen Sinn, dem Willen als Produkt vorausgegangener Gedanken mehr Freiheit zuzugestehen, als den aus dem Willen resultierenden Handlungen? Wir erinnern hier noch einmal daran, dass es neben Zwangshandlungen auch Zwangsgedanken gibt. Was veranlasst uns also zu glauben, dass unsere Gedanken freier sind als unsere Handlungen? Bieri schreibt deshalb nicht zu Unrecht: „Der Wille ist wie eine übergestülpte Maske, hinter der sich ein verworrenes Drama unverstandener Wünsche abspielt" (Bieri 2001, S. 422), und an anderer Stelle: „(Der Wille) ist, wenn man ihn als etwas Bedingtes betrachtet, gar nicht mehr wirklich ein Wille, und deshalb vermag er auch keine Urheberschaft zu garantieren" (Bieri 2001, S. 195).

Natürlich könnten wir jetzt auch die Ideen von Harry Frankfurt (1982) weitertreiben: Willensfreiheit besteht für ihn in der Fähigkeit, Wünsche zweiter Stufe auszubilden - Wünsche, die den Inhalt haben, dass bestimmte Wünsche erster Stufe handlungswirksam werden sollen, die also darüber entscheiden, welche Wünsche (Motive oder Überzeugungen) wir in die Tat umsetzen wollen. Und jetzt könnten wir auch noch Wünsche dritter Stufe einführen, die bestimmen, wie und was wir denken müssen, um Wünsche zweiter Stufe auszubilden usw. Auch dieser Ansatz hilft uns nicht weiter. Halten wir also Ausschau nach weiteren Kriterien für ***Willensfreiheit***.

Habermas bietet eine detailliertere Definition. Er schreibt:

a) „Freiheit hängt ab von der *Fähigkeit zu Reflexion und Selbstreflexion*, also der Bereitschaft zum innehaltenden Zurücktreten von sich und der Situation."

b) „Bei der reflektierten Ausübung der Willensfreiheit verbindet sich mit dem Abwägen von Gründen das *Bewusstsein, auch anders handeln zu können*. Denn unsere Stellungnahmen zu kritisierbaren Geltungsansprüchen sind zwar rational, also durch das relative Gewicht der Gründe motiviert, aber nicht kausal verursacht. Gründe können in Kontexten der Rechtfertigung unsere Stellungnahmen schon deshalb nicht wie natürliche Ursachen determinieren, weil sie sich im holistisch verfassten Raum der semantischen Beziehungen nur transitiv, nach besseren und schlechteren Gründen ordnen lassen. Es gibt kaum „schlagende" Argumente, meistens nur Ausschlag gebende Gründe; es gibt den zwanglosen Zwang des *besseren* Argumentes - und auch den nicht immer. Das Bewusstsein der Freiheit ist auch von der *Erfahrung der Unentschiedenheit* zwischen gleichgewichtigen Gründen geprägt. Diese Intuition liegt vielen Spielarten des Indeterminismus zu Grunde.

c) Schließlich muss der reflektiert Handelnde nicht nur Überlegungen anstellen, er muss den rechtfertigenden Grund auch als Motiv seines Handelns zu Grunde legen. Die Intuition, dass es „an uns liegt", so oder anders zu handeln, erklärt sich aus dem Umstand, dass der Aktor seiner Überzeugung tatsächlich folgt. Er hätte auch gegen besseres Wissen handeln können. *Selbstbestimmung* bedeutet, *die Willensstärke zu haben, sich im Handeln von genau den Gründen bestimmen zu lassen, von denen man selbst überzeugt ist*" (Habermas 2006, S. 672). In verkürzter Definition gilt: „Allgemein verstehe ich unter Willensfreiheit *den Modus der Selbstbindung des Willens auf der Basis von einleuchtenden Gründen*" (Habermas 2006, S. 675).

In unserer Terminologie basiert Willensfreiheit für Habermas also auf

- der Fähigkeit zu Reflexion und Selbstreflexion, also des Überlegens
- dem Wissen um und dem Abwägen zwischen u.U. gleichwertigen Alternativen (Gründen)
- der Fähigkeit, die Motive für die Entscheidung zugunsten einer Alternative benennen zu können
- der Willensstärke, beim Handeln den eigenen Überzeugungen zu folgen

Unser Kommentar lautet: Natürlich bedarf es bewusster Wahrnehmungen und Vorstellungen und der Fähigkeit zu Reflexion und Selbstreflexion für Willenserlebnisse. Damit ist aber noch nichts darüber gesagt, wie diese Vorgänge im Gehirn tatsächlich gesteuert werden und insbesondere ob dabei ein Ich Einfluss nehmen kann. Beim Bewusstsein, auch anders handeln zu können, geht es um die Frage, ob wir nur wissen, dass es alternative Möglichkeiten gibt, oder darum, ob wir gezielt zwischen diesen Alternativen frei wählen können, wie uns dies unser Erleben suggeriert, oder ob die Entscheidung nicht einfach durch unsere Gefühle bedingt bzw. determiniert wird. Dass wir (nicht das relative Gewicht der Gründe, sondern) unsere Priorität für die einzelnen Alternativen erkennen und sie danach ordnen können, ist richtig, aber dies gilt analog auch für einen Schachcomputer, der seine alternativen Möglichkeiten für den nächsten Zug erkennen und bewerten muss, oder für einen autonomen Fußballroboter, der entscheiden muss, ob er lieber selbst aufs Tor schließt oder den Ball einem besser positionierten Mitspieler zuspielt. Auch sie müssen die Alternativen klären und bewerten und sich dann entscheiden.

Dass Gründe unser Handeln nicht verursachen, wurde bereits ausgeführt. Das liegt daran, dass Gründe Erklärungen sind, und diese können per Definition keinen Einfluss ausüben. Oft sind sie sogar einfach nur nachträgliche Rechtfertigungen für Handlungen, die sich nicht plausibel begründen lassen (s.o.). Wir schließen uns hier der Ansicht Pauens an, dass Gründe Handlungen nicht herbeiführen, sondern lediglich erlauben, reflexiv zu ihnen Stellung zu nehmen (Pauen 2005, S. 7). Was sich nach besser oder schlechter bzw. vom limbischen System als angenehmer oder unangenehmer ordnen lässt, sind Wahrnehmungen und Vorstellungen, und diese sind Zustandsvariable. Sie verursachen emotionale Reaktionen des Körpers, die für sich allein schon ein Verhalten (z. B. Angriff oder Flucht) auslösen können, ohne dass es dazu eines Bewusstseins bedarf (vgl. Kapitel 2.3 mit Bezug auf LeDoux 2001, S. 58). Erst wenn Emotionen bewusst als Gefühle erlebt werden (vgl. Damasio und LeDoux), ermöglichen sie die Bewertung von Wahrnehmungen und Vorstellungen als angenehm oder unangenehm und damit die Entstehung von Wünschen und Befürchtungen. Diese führen dann ihrerseits zu Überlegungen darüber, wie wir uns zweckmäßigerweise verhalten sollten, also nicht zu realen Handlungen, sondern zu Handlungen „im Geiste", die uns die möglichen Konsequenzen fühlen lassen, ehe sie real werden. „Das Wahrnehmen und Empfinden kommt *vor* dem Denken und ist von ihm *unabhängig*" (Esken/Heckmann 1998, S. 33).

Interessant ist die Beobachtung, dass wir auch im ***Traume*** Wünsche haben, Entscheidungen treffen und die daraus abgeleiteten Handlungen erleben können. Bieri schreibt: „Es gehört zur Freiheitserfahrung, dass wir Urheber, Subjekt oder Autor nicht nur unseres Tuns, sondern auch unseres Wollens sind" (Bieri 2001, S. 410). Genau diese Freiheitserfahrungen erleben wir aber auch im Traum. Mit Sicherheit handelt es sich dabei aber um Vorgänge, die nicht von einem bewussten Ich gesteuert werden, sondern autonom ablaufen und von uns lediglich als von uns bewusst gesteuert erlebt werden. Tatsächlich liegen wir dabei aber bewegungslos im Bett und nehmen lediglich wahr, was eine Illusionsmaschinerie im Gehirn produziert. Könnten wir auch im Traume freie Entscheidungen treffen, dann bedürften Entscheidungen keines Bewusstseins und wir könnten den Verlauf unserer Träume willentlich beeinflussen. Dies sind unwahrscheinliche Hypothesen, woraus folgt, dass das Gehirn zumindest im Traum eigenständig entscheidet und uns lediglich vorspiegelt, wir hätten entschieden und gehandelt. Und warum sollte dies dann nicht analog auch für den Wachzustand gelten? Mit Beckermann sagen wir daher: „Wir werden das Problem der Willensfreiheit nur lösen, wenn wir uns von diesem Bild, vom Bild des Gespenstes in der Maschine endgültig lösen" (Ansgar Beckermann 2004, S. 31f).

Und was bedeutet es, die ***Willensstärke*** zu haben, sich im Handeln von den Gründen bestimmen zu lassen, von denen man überzeugt ist? In Kapitel 2.1 (S. 74) haben wird von *Überzeugungen* gesprochen, wenn wir etwas glauben, ohne zu wissen, wie gesichert das ist, was wir glauben. Elgin schreibt daher:

„Wenn ich recht habe, dann beginnen selbst Aberglaube, Täuschungen und Vorurteile ihre Karriere als ursprünglich haltbare Überzeugungen" (Elgin 2003, S. 195). Kapitel 2.3 hat verdeutlicht, dass bei Entscheidungen neben der richtigen Bewertung der Alternativen auch noch deren Eintrittswahrscheinlichkeit und der zu erwartende Zeitpunkt ihres Eintretens zu berücksichtigen sind (Bild 16, S. 121). Nun sind aber genau diese Größen bei bloßen Überzeugungen ungewiss, weshalb es natürlich einer gewissen ***Willensstärke,*** man könnte auch sagen eines gewissen Mutes bedarf, sich unter nicht abschätzbarer Unsicherheit zu entscheiden.

Kommen wir jetzt noch einmal auf die Rolle des Denkens zurück. Aus Sicht der Philosophie setzen freie Entscheidungen Überlegungen voraus, bei denen Gründe (pro und contra) gegeneinander abgewogen werden. Deshalb ist „Entscheiden ... Willensbildung durch Überlegen" (Bieri 2001, S. 61). Wie bereits oben zitiert, können wir nach Bieri „mit unseren Gedanken Einfluss auf unseren Willen nehmen". Beeinflussen unsere Gedanken aber nur unseren Willen oder bilden bzw. bestimmen sie ihn? Dass Gedanken unseren Willen beeinflussen ist nahe liegend, denn sie produzieren Vorstellungen von dem, was passieren wird, wenn ..... Und dies hat natürlich maßgebenden Einfluss auf unsere Entscheidungen (bzw. die des Gehirns).

Für Bieri ist ein freier Wille ein angeeigneter Wille, der durch drei Merkmale charakterisiert ist (Bieri 2001, S. 384):

- Artikulation: Klarheit was man will (ich weiß, was ich will)
- Verständnis für den eigenen Willen (ich verstehe, was ich will und warum ich es will)
- Bewertung: Akzeptanz des erlebten Willens (ich billige was ich will).

Ein entscheidender Punkt bleibt u.E. bei dieser Sicht unberücksichtigt: die Alternativen bedürfen einer ***Bewertung***!

Wie bereits ausgeführt, wird unsere Entscheidungsfindung (nach Damasio) wesentlich durch *somatische Marker,* das heißt emotionale körperliche Zustände beeinflusst. Sie sind unsere *inneren Stimme.* Wir haben dann ein gutes oder ein ungutes Gefühl im Bauch, fühlen eine Enge oder ein Befreiungsgefühl in der Brust, haben einen Kloß im Hals und ähnliches. Dadurch wird unsere Aufmerksamkeit auf die angenehmen oder unangenehmen Folgen möglicher Handlungen gelenkt. Somatische Marker sind daher *Warnsignale,* die uns helfen, von vornherein bestimmte Verhaltensmöglichkeiten (teilweise auch unbewusst) als Alternativen auszuschließen. Sie sind deshalb eine *Hilfe zur Bewertung möglicher Konsequenzen.* „Gefühle ... sind in diesem Sinne also *Ratgeber,* und zwar entweder als spontane Affekte, indem sie uns im Hinblick auf Dinge zu- oder abraten, die »angeborenermaßen« positiv oder negativ sind, oder aufgrund der *Erfahrungen* der positiven oder negativen Folgen unseres Handelns. Im Prinzip ist dies die vernünftigste Art, Verhalten zu steuern ..." (Roth 2003, S. 160). Wir haben also gar nicht die Freiheit zu entscheiden, was uns schmeckt oder nicht schmeckt, was uns freut oder ängstigt. Wir erleben es ganz einfach als Eigenschaften unserer Umwelt. „Unsere Emotionen gehören zwar zum Kern unserer Identität, doch zugleich scheinen sie nach einem eigenen Schema abzulaufen, das oft ohne unsere Zustimmung festgelegt wurde" (LeDoux 2001, S. 25). Spitzer schreibt: „Gerade weil der Körper nicht selten schlauer ist als der Verstand, ist es daher in aller Regel auch vernünftig, auf ihn zu hören" (Spitzer 2004, S. 176). Nicht immer ist also ein Wille frei, der auf ***rationaler Intelligenz*** basiert, und eine Entscheidung unfrei, die sich aus ***emotionaler Intelligenz*** ableitet. „Nicht die Optimierung von Kosten-Nutzen-Verhältnissen ist das wichtigste Kriterium menschlichen Entscheidens und Handelns, sondern das Aufrechterhalten eines möglichst stabilen und in sich widerspruchsfreien emotionalen Zustandes in der handelnden Person" (Roth 2003, S. 164).

Was für uns gut ist, resultiert nicht nur aus den Erfahrungen des Individuums, sondern weitgehend aus den Erfahrungen der Art und ist genetisch verankert. Roth schreibt: „Unsere Gefühle treiben uns dazu, dies oder jenes zu tun, unser Verstand rät uns davon ab - oder umgekehrt. Selten genug weisen Verstand und Gefühl in dieselbe Richtung" (Roth 2003, S. 154).

Damasio hat dies anhand zweier konkreter Menschenschicksale (Baugruppenführer Phineas P. Gage, dem 1848 bei einer Sprengung Teile des Vorderhirns zerstört wurden und Damasios Patient Elliot nach einem operierten Hirntumor) dargelegt. Sie hatten die Fähigkeit verloren, die Konsequenzen ihrer Handlungen emotional zu bewerten, obwohl sie dazu rein rational noch in der Lage waren. Sie wussten ohne zu fühlen, was zu irrationalem Handeln führte, weil den Betroffenen die Bewertungsmaßstäbe abhanden gekommen waren.

Dies zeigt, dass es gerade nicht sinnvoll ist, einen freien Willen dadurch zu kennzeichnen, dass er nicht gefühlsmäßig, sondern rational bestimmt ist. *Wichtig ist also, dass wir nicht nur die Konsequenzen unseres Handelns rational abschätzen können, sondern dass wir zusätzlich abschätzen können, ob die Konsequenzen von angenehmer oder unangenehmer Art sein werden!*

Überlegungen und Gedanken sind deshalb kein Kriterium für Willensfreiheit bzw. Entscheidungsfreiheit, sondern ein Hilfsmittel um Konsequenzen abzuschätzen, wenn diese nicht offen zu Tage liegen oder undurchsichtig sind. Die Kriterien, die unseren Entscheidungen selbst zugrunde liegen, sind gefühlsmäßige Bewertungen und diese entziehen sich unserem willentlichen Einfluss. Diese Bewertungen können phylogenetisch oder ontogenetisch erworben, also ererbt oder aus der Erfahrung des Individuums gewonnen worden sein. Wenn wir Gedanken zudem als vorgestellte Bewegungen oder Handlungen interpretieren, wird deutlich, dass es keinen prinzipiellen Unterschied ausmacht, ob unser Wollen unser Denken (unsere gedachten Handlungen) oder unsere konkreten Handlungen bestimmt. Unsere These lautet daher: ***Denkgründe unterscheiden sich nicht von Handlungsgründen***. Der Unterschied zwischen Denken und Handeln ist nur der, dass die Konsequenzen von Gedanken „vorgestellte", die von Handlungen dagegen „spürbare" Auswirkungen haben. Denken ermöglicht uns „geistiges Experimentieren", damit, wie es Karl R. Popper ausdrückt, nicht wir, sondern unsere Hypothesen sterben.

Dietrich Dörner (1992) beschreibt anhand von Erfahrungen mit seinem Simulationsmodell „*Tanaland*", wie Menschen in Situationen entscheiden, in denen sie ein komplexes System mit vielen sich gegenseitig beeinflussenden Einzelkomponenten steuern sollen, das sie nicht durchschauen. Dabei hat sich gezeigt, dass sie sich in derartigen Fällen, irrational verhalten. Kann man daraus aber schon die Schlussfolgerung ableiten, dass sie dann ihre Willensfreiheit aufgeben? Man könnte noch pointierter fragen, ob wir die Freiheit haben, wahlweise rational und damit frei, oder gefühlsmäßig, also unfrei, zu entscheiden?

Kommen wir jetzt noch einmal auf Bieris Thesen (s.o.) zurück:

1. Erfordert das Gefühl der Willensfreiheit wirklich Klarheit darüber, was ich will? Musterbeispiele dafür, wo ich es nicht weiß, sind die meisten kreativen Handlungen (ich interpretiere ein Klavierstück völlig frei nach Gefühl, ich male ein abstraktes Bild und lasse mich von meiner Inspiration treiben). Wir haben es hier mit einem ungerichteten Denken (Bild 13, S. 113) zu tun, und genau das vermittelt uns den Eindruck völliger Freiheit!
2. Muss ich wirklich verstehen, warum ich etwas will, um mich frei zu fühlen? Rein gefühlsmäßige Entscheidungen (aus dem Bauch) können sehr wohl den Eindruck von Freiheit vermitteln, auch wenn wir unsere Gefühle nicht begründen können, weil sie genetisch bestimmt sind oder aus Erfahrungen stammen, die ins Unbewusste abgedrängt worden sind (somatische Marker).

3. Erfordert das Gefühl der Willensfreiheit wirklich, dass ich meine Entscheidung akzeptiere? Der Spruch „Und wenn's auch Sünde war, es war doch wunderbar" zeigt, dass manche Entscheidungen zwar unter moralischen oder auch anderen Aspekten inakzeptabel sind, aber trotzdem lustvoll genossen werden. Gerade das Gefühl, sich über innere oder äußere Zwänge hinweggesetzt zu haben, verleiht Glück und Zufriedenheit und nicht selten auch den Eindruck, frei (von Zwängen) gehandelt zu haben.

Unsere These lautet, dass der ***Eindruck eingeschränkter Willensfreiheit*** immer dann auftaucht, wenn Konfliktsituationen auftreten. Es geht also nicht um die Frage, ob wir wissen, verstehen und billigen, was wir wollen, und auch nicht darum, ob unser Wollen rational oder gefühlsmäßig bestimmt ist, und auch nicht darum, ob unser Wille aus Gedanken und Urteilen bzw. Gründen hervorgeht. Das Gefühl der Unfreiheit entsteht vielmehr immer dann, wenn wir nicht können wie wir wollen! Was damit gemeint ist, wollen wir an einem häufig zitierten Beispiel demonstrieren. Es geht um einen Drogenabhängigen, dessen innere Zwänge angeblich seine Willensfreiheit einschränken. „Der Süchtige kann nicht wollen, keine Drogen zu nehmen" (Beckermann 2004, S. 21). Analoges gilt für Trinker, Raucher und andere Arten von Sucht.

Dieser Behauptung liegt u.E. ein grundsätzliches Missverständnis zugrunde. Natürlich kann sich ein Süchtiger die Befreiung von seiner Sucht wünschen und den Willen haben, aufzuhören. Er kann diesen Wunsch lediglich nicht umsetzen! Warum nicht? In Kapitel 2.3 haben wir bereits die Antwort geliefert. Er muss sich hier zwischen zwei Alternativen entscheiden. Dabei muss er die aktuelle Befriedigung durch einen Joint abwägen gegen den langfristigen Nutzen der finanziellen Ersparnisse und besseren Gesundheit bei Verzicht auf die Droge. Die „unvernünftige Entscheidung" für die Droge resultiert hier nicht daraus, dass er unfähig ist, *rational* die Konsequenzen des Drogenkonsums zu beurteilen, sondern daraus, dass er unfähig ist, den langfristigen Verzicht auf die Droge *emotional* angemessen zu bewerten.

Für den Hirnforscher Gerhard Roth sind „sehr »willensstarke« Menschen ... überhaupt nicht frei, sondern von ihren Zielsetzungen getrieben, mit deren Erreichen sie sich belohnen wollen. Es ist die Aussicht auf diese besondere Belohnung, nicht der freie Wille, der Menschen zu Höchstleistungen antreibt" (Roth 1997, S. 311). Dazu müssen Ziele mit bestimmten Belohnungsmustern im limbischen System verknüpft werden, die das Erreichen dieser Ziele als besonders lustvoll erscheinen lassen. Dopamin *kündigt eine solche Belohnung durch hirneigene Opiate an.* Die *Opiate* selbst sind *Endorphine und Enzephaline,* die als „Belohnungsstoffe" innerhalb des Gehirns wirken, wenn eine Leistung eine Belohnung „verdient". Wir fühlen uns dann je nach Intensität glücklich, euphorisch oder ekstatisch. Das *körpereigene Belohnungssystem* motiviert uns zu einem Verhalten, das den damit verknüpften angenehmen Zustand herbeiführt. Zu viel *Dopamin* bewirkt Hyperaktivität, zu wenig führt zu Interesse- und Antriebslosigkeit. Störungen des Motivationssystems gehen also auf neurologische Erkrankungen zurück und sind nicht Ausdruck von Willensschwäche. Sie äußern sich lediglich durch Antriebsschwächen und Schwierigkeiten, Aufgaben zu Ende zu führen, bei denen sich erst längerfristig der Nutzen und eine Belohnung einstellen. ***Motivationsdefizite und Willensschwäche sind also Belohnungsdefizite.*** Langfristige Ziele werden dann vernachlässigt, weil andere Aktionen ein sofortiges Bedürfnis befriedigen. Hier ist der Wunsch nach kurzfristig erreichbarer Belohnung größer als die Aufrechterhaltung einer lang andauernden Anstrengung zur Erlangung einer zukünftigen Belohnung, die lediglich in der Vorstellungswelt existiert, aber momentan als nicht ausreichend verlockend erlebt wird. Es geht hier also um Konflikte zwischen gegenläufigen Wünschen oder zwischen „gefühlten Wünschen" und „rationalen Überlegungen".

In diese Kategorie gehört auch das „unvernünftige Verhalten" der Menschheit gegenüber unserer Umwelt und der natürlichen Ressourcen. Wir kennen rational die Konsequenzen unseres Verhaltens (Klimakatastrophe, Umweltzerstörung, Grenzen der Ressourcen und des Wachstums u.ä,), aber wir orientieren uns trotzdem an kurzfristigem Wohlergehen. Ist dies ein Ausdruck von Willensschwäche oder fehlender Willensfreiheit? Sicher nicht!

In Kapitel 2.3 hatten wir zwischen drei Arten von Entscheidungen unterschieden:

a) der Entscheidung (exklusives ODER) zwischen verschiedenen sich aktuell bietenden Alternativen. Solche ***Entscheidungen sind reaktiv,*** oft instinktiv, d.h. es *muss* auf eine aktuelle Situation unmittelbar reagiert werden (ohne Berücksichtigung der möglichen zukünftigen Konsequenzen), wobei die Verhältnisse eine Entscheidung *erzwingen* (links oder rechts, jetzt oder später, Angriff oder Flucht)

b) der Entscheidung darüber, wie ein aktueller Zustand (möglichst schnell und stark) verbessert werden kann, wie also der Gradient des Lustzuwachses maximiert werden kann (wiederum weitgehend ohne Berücksichtigung der möglichen zukünftigen Konsequenzen). Dies erfordert Eigeninitiative und somit auf kurzfristigen Erfolg ausgerichtete ***proaktive Entscheidungen***, wobei die äußeren Umstände eine Eigeninitiative *ermöglichen* müssen
c) der Entscheidung zwischen Alternativen, die unterschiedliche zukünftige Konsequenzen nach sich ziehen. Solche ***Entscheidungen sind kognitiv***, d.h. wir müssen uns zukünftige Szenarien vorstellen, sie emotional bewerten und uns überlegen, welchen Einfluss wir durch eigenes Handeln (was mache ich, wie mache ich es) darauf nehmen können. In diesen Fällen können wir oft den Zeitpunkt der Entscheidung und des Handelns *frei wählen*.

Wir können bei Entscheidungen auch unterscheiden zwischen

– ***Was-Entscheidungen*** (was will ich tun?)
– ***Wie-Entscheidungen*** (wie, d.h. in welchen Schritten und auf welche Weise will ich es tun)
– ***Wann-Entscheidungen*** (wann will ich mit einer Aktion beginnen)

Reaktive Entscheidungen sind vor allem Was- und Wie-Entscheidungen, denn es muss i.d.R. sofort entschieden werden. Dies gilt in gewisser Weise auch für proaktive Entscheidungen. Bei kognitiven Entscheidungen liegt der Schwerpunkt dagegen mehr bei Wie- und Wann-Entscheidungen.

Unter diesem Aspekt zeigt sich, dass in den Experimenten von Libet, Haggard und Eimer die Entscheidungen der Versuchsteilnehmer am Experiment teilzunehmen, *kognitive* Entscheidungen waren (was bringt mir das), während die Entscheidungen, den Knopf jetzt zu drücken (oder es jetzt noch zu unterlassen), *reaktive* Entscheidungen waren. Sie *mussten* sich in jedem Moment für eine der beiden Alternativen entscheiden. Wenn nun Mynarek behauptet: „Der von Libet und anderen untersuchte kleine Willensakt ist mithin eine zu kleine Einheit, um vollständige Willensentscheidungen im Sinne einer Wahrhandlung richtig abzubilden“ (Mynarek 2006, S. 123), lautet unser Kommentar: es gibt keine zu kleinen oder zu großen oder vollständige und unvollständige Willensentscheidungen, sondern es gibt nur unterschiedliche Arten von Entscheidungen und diese basieren auf unterschiedlichen Mechanismen im Gehirn. Mynarek behauptet außerdem: „Das bewusste Fingerdrücken, der letzte Willensruck ..., ‚jetzt' zu drücken, ist nur der Exekutivakt. Er ist nur noch eine ‚kleine Teilentscheidung', und zwar nicht mehr über das Ob, sondern nur noch über das Wann, und das ist noch eingeengt auf eine festliegende Zeitspanne von drei Sekunden" (Mynarek 2006, S. 121). Bei solchen Aussagen stellt sich zunächst die Frage, ob ‚kleine Teilentscheidungen', ‚Willensrucke' und ‚Exekutivakte' dasselbe sind. Unsere Antwort lautet: es gibt nur Entscheidungen einerseits, unabhängig davon, ob sie groß oder klein und überlegt oder ruckartig erfolgen, und Handlungen bzw. Ausführungen andererseits, die per Definition Exekutivakte sind.

Hier soll allerdings noch auf einen Punkt hingewiesen werden, der in der Literatur nicht beachtet wird. Es geht darum, dass der Knopfdruck ja innerhalb einer gewissen vorgegebenen Zeitspanne erfolgen „musste". D.h. je länger der Proband seine Entscheidung zum Knopfdruck hinauszögerte, um so größer wurde der *psychische Druck*, jetzt „endlich" zu drücken, ehe die Vorgabezeit verstrichen war. Dies ist vergleichbar dem steigenden Druck in der Blase, wenn wir den Gang zur Toilette aufschieben. Dadurch wird aber die Willens- und Handlungsfreiheit immer stärker eingeschränkt. Die Entscheidungen waren tatsächlich also gar nicht so frei, wie das Experiment suggeriert!

Interessant sind in diesem Zusammenhang Untersuchungen des israelisch amerikanischen Psychologen und Nobelpreisträgers Daniel Kahneman im Bereich „Behavioral Finance" (Kahnemann 1982). Er analysierte Gehirnaktivitäten von Probanden bei Investmententscheidungen im Kernspintomographen und konnte zeigen, dass bei Entscheidungen für sofortige Geldauszahlungen (in unserer Terminologie proaktive Entscheidungen) vor allem das Kleinhirn aktiv war. Bei Entscheidungen für eine spätere (aber höhere) Geldauszahlung (in unserer Terminologie kognitive Entscheidungen) spielten dagegen Überlegungen eine größere Rolle, was sich in einer verstärkten Aktivität des Großhirns niederschlug. (Vgl. dazu auch Neuromarketing, ARTE 12.12.2008). Diese Sicht wollen wir jetzt noch vertiefen.

Betrachten wir zunächst ***proaktive Entscheidungen***. Diese werden in der Philosophie kaum diskutiert, obwohl sie unser Verhalten wesentlich bestimmen. Mit hirneigenen „Belohnungsstoffen", den sog. endogenen Opiaten (Endorphine und Enzephaline) belohnt sich das Gehirn, wenn etwas eine Belohnung verdient. „Wir fühlen uns dann je nach Menge und Art der produzierten Substanzen zufrieden, glücklich, euphorisch oder ekstatisch. Dies hat zur Folge, dass wir dasjenige zu wiederholen oder wiederzuerlangen trachten, was diesen positiven Zustand herbeiführte" (Roth 2003, S. 146). „Das menschliche Gehirn wird über Belohnungssysteme zum Handeln angehalten. Um es in einer psychologischen Sprache auszudrücken: Die Motivation zum Handeln erfolgt über Belohnungssysteme" (Linke 2006, S. 163). Interessanterweise streben wir aber nicht danach, positive Zustände zu erhalten, also nach dauerhaft guten Gefühlen, sondern nach der *Verbesserung* eines aktuellen Gefühlszustandes. Wir versuchen also (bei proaktiven Entscheidungen) nicht auf einen „Gipfel des Glücks" zu gelangen bzw. wenn wir ihn erreicht haben, dort zu verharren, sondern suchen permanent die Umwelt ab nach Chancen zur *weiteren Verbesserung* unseres Zustandes. ***Unser „(angeblich) freier Wille" zielt also darauf ab, den Gradienten eines möglichen Lustzuwachses zu maximieren*** (vgl. Bild 14, S. 118). Nicht was wir haben verschafft Befriedigung, sondern die Erwartung, etwas Zusätzliches zu bekommen treibt unser Begehren. Deshalb wollen wir stets unseren Besitz weiter vermehren, egal wie viel wir schon angehäuft haben, im Beruf noch weiter aufsteigen, egal wie weit wir es bereits gebracht haben usw. Diesem Prinzip begegnen wie auch in der Evolution. Bestimmte Körper- oder Verhaltensmerkmale werden dabei nicht ausgebildet ***um*** in Zukunft fliegen, schwimmen oder schnell laufen etc. zu können. Vielmehr werden immer nur die Eigenschaften selektiert, die in einer aktuellen Situation einen kurzfristigen Vorteil verschaffen. Wie groß bei einer bestimmten Aktion der Lust*zuwachs* sein wird, sagt uns das ***Gefühl, das uns antreibt***. Und dieses Gefühl wird von unserem *Dopaminpegel* bestimmt, denn der Neuromodulator Dopamin stellt eine Belohnung durch hirneigene Opiate lediglich *„in Aussicht"*. Entscheidend für unser Wollen ist dabei der *Vorgeschmack* auf eine Belohnung, nicht die Belohnung selbst. Dafür sind wir bereit, fast alles zu geben.

Im letzten Schritt, bei ***kognitiven Entscheidungen***, wird nach einer Kette von Aktionen gesucht, die zu einem bestimmten ***Ziel*** führt (Beute machen, Paarungspartner finden, Revier erobern und ähnliches). Ggf. kann damit zusätzlich eine Bewertung alternativer Ziele einhergehen, d.h. ein Auswahlprozess zwischen alternativen Zielen erfolgen (*was* will ich). Es stehen dabei aber nicht das Ziel der Handlung, sondern dessen „fühlbare Konsequenzen" im Blickfeld. Woher aber stammen die alternativen Ziele, die es gegeneinander abzuwägen gilt? Für die Evolution hat Stuart Kauffmann einen Vorschlag, der sich auch auf das Gehirn übertragen lässt: "Die optimale Erkundung eines evolutionären Raumes findet in der Nähe einer Art von Phasenübergang zwischen Ordnung und Unordnung statt, wenn Populationen sich von den lokalen Gipfeln, auf denen sie steckengeblieben sind, ablösen und sich an Graten entlang zu entfernten Regionen höherer Fitness bewegen" (Kauffmann 1998, S. 49). Wie bereits in Kapitel 2.3 ausgeführt, müssen bei der Bewertung alternativer Ziele auch die Eintrittswahrscheinlichkeit und der zu erwartende Zeitpunkt der möglichen Erreichung eines Ziels mit in die Betrachtung einbezogen werden. Dies erfordert die Fähigkeit, sich zukünftige Szenarien im Geiste vorstellen zu können, und damit die Fähigkeit des Erkennens, des Verstehens und der Ableitung sekundären Wissens. Dabei lassen sich bei menschlichen Entscheidungen charakteristische Grundregeln ausmachen. Diese sind nach Roth (2003, S. 164):

1. Die Furcht vor dem Risiko. Sie lässt uns Alternativen mit unkalkulierbarem Risiko nach Möglichkeit vermeiden.
2. Kurzsichtigkeit, d.h. nahe Ereignisse werden subjektiv stärker gewichtet als zukünftige.
3. Fokussierung auf wenige (2 bis 3) Alternativen. Der Abwägungsprozess wird dann abgebrochen, wenn eine halbwegs befriedigende Lösung gefunden worden ist.

Wenn eine Situation in Vorstellungsbildern mit ihren emotionalen Konsequenzen von unbewussten Instanzen als besonders unangenehm oder auch als besonders angenehm erlebt wird, führt dies zu einer ***Aufmerksamkeitsreaktion*** und die Lage wird im Bewusstsein weiter analysiert. Die rationale Problemanalyse ist eine ***Erweiterung der operanten Konditionierung***, weil dabei der Zusammenhang zwischen einem neutralen Reiz und seinen Konsequenzen bewusst wird und ***bewusste Entscheidungen*** getroffen werden müssen. Ist die Entscheidung zugunsten eines Zieles gefallen, das mit einem möglichst angenehmen Gefühl verknüpft ist, wird ein ***Handlungsschema gesucht***, mit dem das Ziel erreicht werden kann (*wie* will ich vorgehen). Zielorientiertes Verhalten ist dann identisch mit der Suche nach Wegen zur Erreichung maximal bewerteter Zustände auf Basis verfügbarer Ressourcen und unter Beachtung etwaiger Restriktionen. Dabei berücksichtigt der orbitofrontale Cortex die mittleren und längerfristigen Konsequenzen unseres Handelns und lenkt sie in sozial verträgliche Bahnen (Roth 2003, S. 194). Dabei ist allerdings wiederum zu beachten, dass nicht der gesamte Entscheidungsprozess unter der Kontrolle des Bewusstseins abläuft, sondern allenfalls die letzte Phase ins Bewusstsein gehoben wird. Wolf Singer verweist hier auf konkrete Experimente.

„Diese Versuche gehen etwa so, dass man der Versuchsperson sagt, sie soll nach eigenem Gusto, nach eigener Initiative, zwei oder drei verschiedene Handlungen ausführen und zwar zum Zeitpunkt, wann ihr das genehm ist. Und gleichzeitig misst man die Gehirnaktivität - auf verschiedene Weise ist das möglich - und kann mit der Zeit feststellen, dass der Handlung B eine bestimmte Hirnaktivität B′ zugeordnet ist und der Handlung A eine andere. Und wenn ich diese Signatur erkannt habe, dann (ist) ... oft schon 15 Sekunden bevor die Versuchsperson sagt, ich will jetzt das und das machen, ersichtlich, .. für den der misst, dass das Gehirn auf dem Weg ist, sich in dieser Richtung zu entscheiden. Das zeigt, dass Handlungsentwürfe und Handlungsmotive, oft aus dem Unbewussten vorbereitet werden, dann schon eine ganze Menge von Schaltern umgelegt werden, damit sich diese Handlung irgendwann auch einmal manifestieren kann, und irgendwann auf diesem Weg der Vorbereitung schaltet sich das Bewusstsein dazu, kommt dieser Handlungsplan ins Bewusstsein, wird dann dort umgemünzt in ein »ich will«, zurecht, denn es ist ja die Person, die das macht. Und dann schließlich wird die Handlung ausgeführt" (Wolf Singer in: Philosophicum 2007). Bei dieser Beobachtung fällt unmittelbar ins Auge, dass die hier ablaufenden Prozesse eine Ähnlichkeit zu anderen Wahrnehmungsvorgängen aufweisen. Auch dort erfolgt zunächst im Bereich des Unbewussten ein Abgleich der Sinneswahrnehmung mit internen Hypothesen, und erst das Ergebnis dieses Prozesses wird dann den bewussten Instanzen in Form von Qualia präsentiert. Und auch hier wird das Qualia-Erlebnis verknüpft mit einem „ich sehe", „ich höre" usw. Bild 6 (S. 45) hat uns exemplarisch veranschaulicht, wie solche Entscheidungsprozesse ablaufen, die schließlich in einem Attraktor, der Entscheidung, konvergieren.

Nach Meinung von John Dylan Haynes vom Max Planck Institut für Kognition und Neurowissenschaften in Leipzig hat Libet die Zeitspanne, in der das Gehirn unsere Entscheidungen vorausplant, deutlich unterschätzt. Haynes und seine Mitarbeiter haben erkannt, dass jeder Gedanke im Gehirn mit einem spezifischen Aktivierungsmuster verknüpft ist. Dies ermöglicht es, durch Einsatz von Software einzelne Muster bestimmten Denkprozessen zuzuordnen. Konkret war es so möglich, vorab zu erkennen, ob sich eine Person entschieden hat, etwa zwei Zahlen zu addieren oder zu subtrahieren, und zwar ehe die Rechenoperation selbst durchgeführt wurde. Auf diese Art eröffnet sich die Möglichkeit, „verdeckte Pläne" eines Menschen aus seinem Gehirn „auszulesen" (Haynes et al 2007).

Der übliche philosophische Einwand, dass Hirnforscher nur irgendwelche Hirnaktivitäten vor einer Entscheidung messen, aber nicht sagen können, was deren konkrete Funktion ist, kann so entkräftet werden.

Kommen wir nun zu einer weiteren wesentlichen Frage: Woher stammen unsere ***Ziele*** falls wir zielorientiert, d.h. kognitiv entscheiden? Und welches sind die bestimmenden Faktoren nach denen wir die alternativen Ziele bewerten? Bei künstlichen Systemen scheint die Sache klar. Sie verfolgen die Ziele ihrer menschlichen Konstrukteure und nicht ihre eigenen. Diese Ziele sind nicht explizit vorgegeben, sondern implizit in den Verhaltens- d.h. Programmanweisungen bzw. Konstruktionsprinzipien fixiert. Sie bewirken ein zielführendes Verhalten, das der Ausrichtung des Verhaltens an den Zielen dient, deren Erreichung der Entwickler beabsichtigte. Vergleichbare Leitlinien für das Verhalten finden wir auch bei Lebewesen auf niederen Stufen. Man denke z. B. an staatenbildende Insekten. Sie verfolgen überhaupt keine Ziele, sondern sind simple Reiz-Reaktionsmaschinen. Merkmalsdetektoren in ihrem Nervensystem reagieren auf bestimmte Schlüsselreize und lösen einen ihnen starr zugeordneten Reflex und auf höheren Stufen ein vorgegebenes Instinktverhalten aus. Beim Menschen finden wir dieses Prinzip ebenfalls noch dort, wo Wahrnehmungen den Thalamus in Verbindung mit der Amygdala dazu veranlassen, unmittelbare emotionale Reaktionen auszulösen, noch ehe die Großhirnrinde eine Wahrnehmung ins Bewusstsein treten lässt (vgl. Kapitel 3.5). In der nächsten Stufe tritt an die Stelle einer unmittelbaren Verhaltensreaktion die Lenkung der Aufmerksamkeit auf die entsprechenden Reize und lässt sie so ins Bewusstsein treten und zwar zusammen mit ihrer emotionalen Bewertung, die dann als Gefühl erlebt wird und zum *somatischen Marker* der Wahrnehmung wird. Dieses Gefühl liefert wiederum den Wertmaßstab (Bild 15, S. 120) für die geistige Vorwegnahme möglicher Verhaltensreaktionen in unserer Vorstellungswelt. Und jetzt befinden wir uns auf der Ebene, auf der die Philosophie die ***Willensfreiheit*** ins Spiel bringt. Sie wird abgeleitet aus der Fähigkeit *über Alternativen nachzudenken* und daraus *Entscheidungen abzuleiten,* die wir dann als *unseren Willen* erleben. Allerdings zeigt sich jetzt, dass hier alternative Reaktionen einfach nur durch alternative Gedanken und (unbewusste) Emotionen nur von erlebten bzw. vorgestellten Gefühlen abgelöst werden. Werden die erkennbaren Alternativen bewertet, werden sie zu *Wünschen oder Befürchtungen,* von denen die am höchsten bewertete Alternative schließlich im Willen mündet, sie umzusetzen bzw. noch abzuwarten. Damit verbunden ist die *Überzeugung*, d.h. die Erwartung, dass mit einer Umsetzung das vorgestellte Ergebnis auch erzielt wird bzw. erzielt werden kann. Die Vorstellung davon, warum eine bestimmte Alternative die am höchsten zu bewertende ist, liefert dann die *Gründe*, mit denen wir uns und unserer Umwelt gegenüber unser Verhalten rechtfertigen. Das Wissen, dass es auch andere Alternativen gibt, vermittelt uns schließlich den Eindruck, dass wir uns auch hätten *anders entscheiden* und anders handeln können.

Woraus, so lautet unsere Frage, leitet die Philosophie nunmehr die uns angeblich zur Verfügung stehende Freiheit ab? Auch einem simplen Computer eröffnen sich Alternativen (CASE OF ...), auch er kann deren Konsequenzen ermitteln, diese bewerten und schließlich daraus zu einer endgültigen Entscheidung (seinem Willen?) gelangen. Man denke nur an Schachcomputer. Auch sie können mit ihrer Entscheidung Erwartungen verknüpfen (z. B. dass der Gegner mit einem bestimmten Gegenzug reagieren wird) und so konzipiert werden, dass sie (durch Rückwärtsverkettung) ihre Entscheidung auf die entscheidungsrelevanten Kriterien zurückführen, d.h. begründen können. Und diese Begründung können sie wahlweise abgeben ehe sie ihre Entscheidung in eine Handlung umsetzen oder nachdem sie sie umgesetzt haben. All diese Abläufe sind streng deterministisch. Der Eindruck von Wahlfreiheit entsteht nur, weil dem System alternative Optionen zur Verfügung stehen, die allerdings stets bedingungsabhängig sind. Diese Bedingungen können bei autonomen Robotern irgendwelche Repräsentationen von Umweltreizen oder Reizen aus dem eigenen Körper in einem „Computergehirn" sein. Das Roboterverhalten wird dann bestimmt durch seine Eigenwahrnehmung in Verbindung mit der Wahrnehmung seiner Umwelt und der Fähigkeit des Computers, der „seinen" Körper wahrnimmt, lokalisiert und steuert und so dessen Zustand in eine *semantische Beziehung* zu seiner Umwelt setzt. Wird ein Computer mit einer Hardware ausgestattet (hier einem Roboterkörper), die er einerseits „wahrnehmen" (fühlen?) und andererseits beeinflussen und steuern kann, spricht man von seiner ***Körperlichkeit***. Kommt es zu Interaktionen zwischen diesem Körper und seiner Umwelt, die der Computer erfasst und in einem inneren Modell abbildet bzw. repräsentiert (Bilder 26, S. 222 und 27, S. 223), spricht man von der ***Situiertheit*** des Roboters in seiner Umwelt.

Unter welchen Voraussetzungen können wir einem solchen System Bewusstsein zubilligen? In den Kapiteln 4.3 und 4.4 haben wir die Bedingungen hierfür explizit genannt, wobei verschiedene Entwicklungsstufen für Bewusstsein zu unterscheiden sind. Die notwendigen und hinreichenden Bedingungen für diese einzelnen Entwicklungsstufen fasst Bild 28 (S. 254) zusammen.

Kommen wir auf die Ausgangsfrage zurück. Woher stammen die Ziele, deren Verwirklichung wir mit unseren Entscheidungen und Handlungen anstreben? Die Antwort lautet: Es gibt weder in Lebewesen noch in Robotern explizit verankerte Ziele, sondern nur Kriterien, nach denen unsere Eigen- und Umweltwahrnehmungen als angenehm oder unangenehm bewertet bzw. erlebt werden. Daraus leitet sich das implizit in uns verankerte Ziel ab, alles zu tun bzw. anzustreben, was als angenehm erlebt wird oder in unserer Vorstellung mit angenehmen Gefühlen verknüpft wird. Die grundsätzlichen Bewertungen sind *genetisch verankert* (Schmerzen, Hunger und Durst sind immer unangenehm, Sex ist immer angenehm und erwünscht). Sie wurden *von der Evolution* so *selektiert*, dass sie der optimalen Verbreitung unserer Gene dienen. Den Zusammenhang zwischen Verhalten und dessen Auswirkung auf die Verbreitung der Gene versuchen die Soziobiologie und die Soziopsychologie zu erhellen. Sie haben gezeigt, dass unsere „egoistischen Gene“ (Dawkins) selbst kein „Interesse“ an unserem Glück haben, sondern nur an ihrer Weiterverbreitung. Was diesem Ziel dient, macht uns glücklich, selbst wenn es z. B. bei altruistischem Verhalten anderen Lebewesen zugute kommt, insbesondere solchen, die Teile unserer Gene tragen. Was angenehme oder unangenehme Zustände herbeiführt, ist größtenteils ontogenetisch erworben, also aus Erfahrung erlernt worden. Deshalb wissen wir, was wir uns wünschen und wie wir es erreichen können. Wenn wir es (noch) nicht wissen, versuchen wir es durch *Explorationsverhalten* herauszufinden, in der Realität oder durch Nachdenken. Um unsere Chancen der Zielerreichung richtig einschätzen zu können, müssen wir unsere *Kompetenz*, also unsere Fähigkeiten kennen. Dazu bedarf es der Möglichkeit eines Rückgriffs auf Erfahrungen, d.h. einer Autobiographie.

Deshalb wissen wir bzw. unser Gehirn, welche Körperzustände erwünscht bzw. unerwünscht sind. Welchen Einfluss hierbei unsere Umwelt spielt, hat das Gehirn ontogenetisch gelernt. Daraus leiten sich einerseits unsere Wünsche und Befürchtungen ab, und andererseits leitet sich aus der Kenntnis unserer eigenen Möglichkeiten und Kompetenzen das Wissen ab, mit welchen möglichen Aktionen sich die Wünsche erfüllen und die Befürchtungen vermeiden lassen, und zwar entweder unmittelbar durch reale Handlungen oder aber nur fiktiv in unserer Vorstellungswelt. Aus Vorstellungen resultieren dann ggf. Überlegungen, was wir als nächstes oder irgendwann tun sollten und wie wir dabei vorgehen könnten. Dabei handelt es sich um autonom im Gehirn ablaufende Prozesse, die jedoch durch Eigen- und Umweltwahrnehmungen gesteuert werden.

Aus all dem leitet sich die Frage ab, wer denn nun unsere Entscheidungen trifft und unsere Handlungen lenkt. Die Antwort lautet: das Gehirn! Denkt und entscheidet deswegen aber das Gehirn statt meiner, oder gar über meinen Kopf hinweg, und bin ich vielleicht nur eine Marionette, das ausführende Organ der Entscheidungen des Gehirns? Das sind die Befürchtungen die stets vorgebracht werden, wenn das Gehirn als das Organ ins Blickfeld rückt, das unser Wollen, Denken, Entscheiden und Handeln steuert und somit bestimmt.

Die Idee der Willensfreiheit basiert ja gerade auf der Prämisse, dass Entscheidungen durch den Entscheidenden und nicht durch irgendwelche Umstände determiniert werden. Dabei wird aber meist übersehen, dass sich diese Umstände natürlich auch auf unseren eigenen Körper beziehen können, der aus Sicht des Gehirns ebenfalls Bestandteil der Umwelt ist (vgl. Bild 26, S. 222), aus unserem Erleben aber Bestandteil des Ich. Wenn also das Befinden des eigenen Körpers die Reaktionen des Gehirns bestimmt und dieses veranlasst, Vorstellungen von möglichen Zukunftsszenarien zu generieren, zu bewerten und daraus mögliche Handlungsanweisungen an den Körper abzuleiten, die wiederum diesem Körper zugute kommen sollen, sind wir dann wirklich unfrei?

Der (gefühlte) Zustand unseres Körpers in seiner Wechselbeziehung mit seiner Umwelt, sowie unser Erfahrungsschatz bestimmen, welche Verarbeitungsprozesse im Gehirn ablaufen. Insofern ist die Vorstellung, dass das Gehirn den Geist determiniert irreführend. ***Definiert man den Geist als die Repräsentation von Wahrnehmungen des eigenen Körpers und seiner Umwelt im Gehirn, dann determiniert der Geist die Verarbeitungsprozesse im Gehirn und nicht umgekehrt. Dieser Geist ist der Input für die Gehirnprozesse, die durch ihn streng determiniert und vollständig kausal bestimmt sind.*** Allerdings ist dabei zu beachten, dass das Gehirn ein komplexes, nichtlineares System ist. *Das Gehirn entscheidet also zwar autonom, aber auf Basis von realen oder vorgestellten, d.h. selbst erzeugten virtuellen Körperzuständen. So gesehen ist also auch der Körper in den Entscheidungsprozess involviert, wobei wir nicht die physikalischen Prozesse erleben, sondern das, was diese repräsentieren.*

Diese Feststellung sollte jedoch zu keinen vorschnellen Schlussfolgerungen führen. Betrachten wir als Beispiel die folgende Aussage: „Die Äußerung mancher Hirnforscher, der Mensch müsse rein deterministisch verstanden werden, steht, wenn keine weiteren Vorkehrungen getroffen werden, daher in der Gefahr, den Menschen die Würde zu nehmen" (Linke 2006, S. 195). Das eigentliche Problem derartiger Befürchtungen besteht darin, dass der Mensch bzw. sein Gehirn dabei als simples Objekt betrachtet werden, das in vorhersehbarer Weise auf eine bestimmte physikalische Ursache reagiert. Dass der Mensch ein nichtlineares System im Zustand des Fließgleichgewichts ist, das äußerst empfindlich auf alle Arten von Einflüssen reagiert, wird dabei nicht beachtet. Und was das „System Mensch" ausmacht, ist eben die von Mensch zu Mensch unterschiedliche Spezifität, mit der er als komplexes System auf alle Arten von Reizen reagiert. Genau das ist es, was ihn als Persönlichkeit ausmacht und jedem Menschen seine Individualität verleiht. Und diese Spezifität ist das Produkt aus genetischer Grundausstattung und individueller Lebensgeschichte mit individuellen Erfahrungen. Die Tatsache, dass sich menschliches Verhalten so wissenschaftlich erklären lässt, deckt sich vollständig mit unserem eigenen Erleben und Verständnis, dass diese Umstände uns, unsere Sicht der Dinge und unser Verhalten prägen und ausmachen.

Handlungsverantwortung setzt also die Fähigkeit (des Gehirns) voraus, Vorstellungen zu bilden, d.h. sich mögliche Konsequenzen ausmalen zu können (Konsequenzen abzuschätzen) und diese auch emotional zu bewerten (Konsequenzen richtig einzuschätzen). Habermas argumentiert, dass bei Strafverfahren Defizite berücksichtigt werden, „die Personen entweder in ihrer Handlungsfreiheit oder in ihrer für die Willensbildung relevanten, also *immer noch vorausgesetzten* Wahrnehmungs-, Urteils- und Entscheidungsfähigkeit *beeinträchtigen*, (während) … sich naturwissenschaftliche Erklärungen auf chemisch nachweisbare Einwirkungen …, oder auf neurologische Befunde …, oder auf genetische Dispositionen … (beziehen), also allgemein auf Ursachen, die sich physiologisch, das heißt *unmittelbar* über ein organisches Geschehen auf das Verhalten einer Person *auswirken*. … (Deshalb) lassen naturwissenschaftliche Erklärungen auch keine Rückschlüsse auf kausal wirksame propositionale Einstellungen (wie Wünsche oder Überzeugungen) zu. Vielmehr wird das *als Handeln interpretierte Verhalten* einer Person ohne Bezugnahme auf deren Stellungnahmen im Raum der Gründe kausal erklärt" (Habermas 2006, S. 679).

Diese Aussage beruht u.E. auf einem Missverständnis. Sie entspricht sinngemäß der Behauptung, die Wissenschaft würde Computer oder Roboter rein physikalisch betrachten. Tatsächlich ist dies aber nur eine spezifische Sicht. Die andere Sicht beschreibt und begründet das Verhalten eines Roboters so, wie die eines Menschen, in Abhängigkeit von Bedingungen (IF …) und deren Erfülltsein (THEN …), wie ein Blick in ein beliebiges Computerprogramm zeigt. Wenn die Wahrnehmungs-, Urteils- und Entscheidungsfähigkeit eines Menschen oder eines Roboters beeinträchtigt ist, stellt sich die Frage nach der Ursache dieser Beeinträchtigung. Beim Roboter kann sie physikalisch bedingt sein (Ausfall bzw. eingeschränkte Funktion einer Komponente) oder konzeptionell (Programmfehler) oder auf einem äußeren Einfluss (z. B. fehlerhafte, unerlaubte, nicht vorgesehene Daten) beruhen. Sie kann also auf unterschiedliche *Gründe* zurückgeführt werden! Auch betrachtet die Wissenschaft technische Systeme unter dem Aspekt ihrer Zuverlässigkeit, Wartbarkeit, Robustheit, Bedienerfreundlichkeit u.ä. und begründet ihr Verhalten mit Bezug auf solche Merkmale. Und wie sich die Philosophie und die Hirnforschung Gedanken darüber machen, wie Gehirne Bewusstsein hervorbringen, erforschen Ingenieure, was technische Systeme zu effizienten, zuverlässigen und bedienerfreundlichen Systemen macht. Und dabei suchen sie nicht nach Ursachen, sondern nach Gründen, d.h. nach Erklärungen und Konstruktionsprinzipien.

Analog darf man die Ursachen für unangepasstes menschliches Verhalten nicht ausschließlich im chemisch-biologischen Bereich suchen und glauben, es lasse sich auf physikalische, chemische oder biologische Ursachen reduzieren und nur „rein materiell" begründen. Abnormes Verhalten von Lebewesen kann zwar physisch, chemisch, neurologisch oder genetisch begründbar sein, aber diese materielle Grundlage wird trotzdem begleitet von verzerrten, abgestumpften, Angst auslösenden und ähnlichen Wahrnehmungen, Gefühlen und Vorstellungen, die u.U. eine viel bessere Begründung liefern. Außerdem resultieren chemische und neurologische Einflüsse aus der spezifischen Lebensgeschichte eines Lebewesens (Umwelt, Erziehung, prägende Erlebnisse usw.), die in der Verschaltung und in der Chemie des Gehirns ihren Niederschlag finden. Sie lassen sich also ihrerseits begründen und damit auch juristisch berücksichtigen. Die Vorstellung, dass ein anonymes Gehirn „über unseren Kopf hinweg" eigenmächtige, nicht nachvollziehbare Entscheidungen trifft, ist also irreführend. Auch ist die Behauptung, Hirnzustände würden Verhalten auslösen und steuern nur bedingt richtig. Richtig ist vielmehr, dass reale oder vorgestellte Körper- und Umweltzustände in Gehirnzuständen repräsentiert werden und auf dieser Basis dann Verhalten herbeiführen. So gesehen wird Verhalten durch Zustände außerhalb des Gehirns ausgelöst und das Gehirn wird lediglich als „Vehikel“ benutzt, um Verhalten überhaupt zu ermöglichen. Das Gehirn ist nämlich ein *offenes System*, das in hohem Maße von seiner Umgebung (Input aus dem Körper) abhängig ist (vgl. Kapitel 1.2), es ist ein *heteronomes System*. Als solches kann es auch auf äußere Reize reagieren, die im physikalischen Sinne keine Kraft ausüben. Es bezieht seine Energie aus dem Körper und dieser die seine aus der Nahrung. So gesehen sind die im Gehirn einlaufenden Signale zwar Ursache der Gehirnvorgänge und des daraus resultierenden Verhaltens, sie tragen aber so wenig zum Verständnis dieser Gehirnvorgänge bei, wie die elektrischen Ströme in einem Mikrochip zum Verständnis der Reaktionen eines Computers beitragen. ***Die Abläufe im Gehirn und im Computer werden allein durch Signale gesteuert. Gehirn und Computer benötigen für ihre Funktion weder Zeichen, noch Logik, noch Erklärungen und auch keine Gründe, sowenig wie die Natur der Naturgesetze bedarf. Alle diese Phänomene sind lediglich Abstraktionen auf höheren Ebenen, die ein Verständnis der Phänomene ermöglichen, indem sie vom Physikalischen abstrahieren und allein die sich dahinter verbergenden Gesetzmäßigkeiten explizit formulieren und repräsentieren. Sie werden so zu mentalen Entitäten. Und ihre Repräsentation erfolgt ebenfalls wieder mit physikalischen Mitteln. Sie gehört aber zu einer abstrakten Klasse von Repräsentationen, die vom Gehirn selbst erzeugt werden, und die selbst kein Abbild in der realen Welt mehr haben. So gesehen sind sie ein neuer Schritt in der Evolution. Als physikalischer Träger des Mentalen können sie aber selbst in die Verhaltenssteuerung eingreifen, oder das Verhalten zumindest beeinflussen. Und deshalb bedarf es des Geistes, und deshalb kann der Geist auch unser Verhalten beeinflussen, obwohl er streng physikalisch wirkt.***

Der Energielieferant für das Verhalten von Lebewesen und künstlichen Systemen (Robotern), die auf Input-Signale und innere Zustände reagieren, sind nicht die Signale, die lediglich die Funktion von Steuerparametern übernehmen, sondern andere Quellen. Bei Lebewesen ist es beispielsweise die aufgenommene Nahrung. Informations- und Energiezufuhr erfolgen bei solchen Systemen also getrennt und zeitlich unabhängig voneinander, was natürlich bedingt, dass solche Systeme eines Energiespeichers bedürfen.

Die Entscheidungen meines Gehirns resultieren aus dem aktuellen Befinden meines als Ich erlebten Körpers in seiner aktuellen Umweltsituation, sowie aus der im Gehirn neurologisch-chemisch verankerten Autobiographie dieses Ichs. Beide werden im Gehirn repräsentiert, und soweit sie ins Bewusstsein durchdringen, mental erlebt. Und wenn meine Entscheidungen auf diesen Repräsentationen basieren, dann sind sie ***meine Entscheidungen,*** auch wenn sie nicht von irgendeinem mysteriösen Selbst stammen, das sich nirgendwo ausmachen lässt.

6 Ist maschinelles Bewusstsein möglich?

Die Philosophie des Geistes und die Hirnforschung betrachten das Problem des Bewusstseins allgemein und das Qualiaproblem im Besonderen stets im Hinblick auf den Menschen. Dies zeigt sich am deutlichsten an Versuchen, Bewusstsein zu definieren und seine Kennzeichen zu benennen. Man stößt dann auf Definitionen der folgenden Art:

„Ich nehme an, dass die physische Grundlage des Bewusstseins eine emergente Eigenschaft ist, die aus spezifischen Wechselbeziehungen zwischen Neuronen und ihren Elementen resultieren" (Koch 2005, S. 12), oder „Bewusstsein besteht aus jenen Gefühlszuständen, die morgens, wenn wir aus einem traumlosen Schlaf erwachen, beginnen und sich den ganzen Tag hindurch fortsetzen, bis wir in ein Koma fallen oder sterben oder wieder einschlafen oder auf andere Weise das Bewusstsein verlieren" (Searle in Koch 2005, S. 13), oder „Bewusstseinszustände treten auf, wenn das System, das für Bewusstheit verantwortlich ist, der Aktivität gewahr wird, die in unbewussten Verarbeitungssystemen vor sich geht" (LeDoux 2001, S. 21). In der Philosophie des Geistes werden dann zusätzlich bestimmte Bewusstseinsformen unterschieden, so z. B. das phänomenale und das Selbstbewusstsein, die dann ihrerseits ggf. noch weiter unterteilt werden.

Es fällt weiterhin auf, dass der Bezugspunkt für Begriffe wie denken, fühlen, wissen, erkennen, Qualia erleben u.a. stets das Ich ist. Dieses Ich wird aber nicht durch seine Substanz, sondern durch seine Eigenschaften definiert.

„Die Idee, dass ein ich (oder eine Person oder schließlich eine Seele) von einem Gehirn oder einem Körper verschieden ist, ist tief in unserer Art zu denken und deshalb auch darüber zu reden, verwurzelt" (Dennet 1994, S. 48). „Das Wort »Ich« ist in einer konkreten Äußerung also nicht einfach ein Name eines Dinges (etwa meines Leibes), schon eher der einer (abstrakten) Person im lateinischen Sinne der Rolle (Theatermaske) in die der Sprecher als Subjekt gerade schlüpft. Das Wort »Ich«

mit Großbuchstaben besteht dann gewissermaßen für das Gesamt der Rollen, die jeder von uns übernehmen könnte. Das Ich ist damit ein Wir" (Stekeler-Weithofer 2005, S. 183 mit Bezug auf Hegel und Kant). Für David Hume ist das Ich einfach ein Bündel von Wahrnehmungen. Für Leibniz zeichnet es sich aus durch seine Fähigkeit zur Selbstreflexion. Und Wolfgang Marx postuliert: „Ich ist nichts anderes als was es weiß" (Marx 1994, S. 35).

Kant unterscheidet zwischen einem Empirischen Ich, das durch die Sinne in seinen wandelbaren Zuständen erfahren wird und einem Transzendentalen Ich, das die formale Bedingung bzw. Voraussetzung für die Einheitlichkeit aller empirischen Erfahrungen eines mit sich identischen Subjekts ist.

Bei Fichte wird das empirische Ich zu einer Person. Personen sind selbstbewusste und selbstbestimmte Lebewesen. Bei John Locke und Christian Wolff haben Personen ein Bewusstsein davon, dass sie über den zeitlichen Wandel ihrer Zustände hinweg stets dieselben bleiben (Identität der Person).

Personen sind kein Körper, sondern sie haben einen Körper, sie kennen den Zustand ihres Körpers, sie haben und kennen psychischen Zustände, sie denken, entscheiden, handeln usw. „Was es gibt, sind Personen, nicht ominöse Selbste oder Iche" (Beckermann 2004, S. 21). Ludwig Wittgenstein sagt: „Das denkende, vorstellende, Subjekt gibt es nicht" (Wittgenstein, Tractatus 5.631), und Searle meint: „Die Idee ist immer, das Hirn so zu behandeln, als wäre da jemand drin, der es zum Rechnen benutzt" (Searle 1993, S. 234).

Für Francis Crick ist das Ich einfach ein Haufen von Neuronen, die untereinander in einer komplexen Wechselwirkung stehen, für Metzinger ist es ein Selbstmodell und für Wolfgang Prinz ein soziales Produkt. Roth meint, wir sollten uns von solchen Ich-Vorstellungen völlig trennen. Er gibt allerdings zu: „Der Abschied vom Ich als Autor meiner Handlungen und die Feststellung »Ich bin ein Konstrukt« bzw. »das Ich ist ein Konstrukt« mögen sehr befremdlich klingen (Roth 1997, S. 331).

Es ist unmittelbar einsichtig, dass derartige Definitionen oder Charakteristika ungeeignet sind, um auf dieser Basis die Möglichkeit von maschinellem Bewusstsein und insbesondere Selbstbewusstsein zu klären. Mit Wittgenstein vertreten wir hier die Ansicht: „Alles was überhaupt gedacht werden kann, kann klar gedacht werden. Alles was sich aussprechen lässt, lässt sich klar aussprechen" (Tractatus 4.116).

In Anlehnung an Wittgensteins Aussage, dass der Gebrauch die Wahrheit der Worte klärt, postulieren wir, ***dass die Möglichkeit der Formulierung von Thesen und die Möglichkeit von deren Falsifikation die Brauchbarkeit von Begriffen demonstriert.***

Mit diesem Ziel werden in der vorliegenden Abhandlung Begriffe wie Wissen, Glauben, Meinen (Kapitel 2.1) sowie Erkennen, Denken und Verstehen (Kapitel 2.2) und Hoffen, Wünschen und Befürchten (Kapitel 2.3) definiert. Zudem wird aufgezeigt, dass es unterschiedliche Entwicklungsstufen und damit Ausprägungen von Bewusstsein gibt. „Der neue Weg macht ein neues System aus" (Wittgenstein 1984, 155).

Auf dieser Basis lassen sich dann Aussagen darüber ableiten, ob künstliche Systeme über derartige Fähigkeiten und Eigenschaften verfügen oder nicht. Ob wir dann letztlich bereit sind, Artefakten bestimmte kognitive Merkmale und Fähigkeiten zuzuerkennen, hängt dann wiederum davon ab, wie diese Merkmale und Fähigkeiten definiert werden. Und diese Definitionen müssen ihrerseits so formuliert werden, dass sie sich auf die hier angesprochenen Fragestellungen und nicht nur auf die Spezies Mensch anwenden lassen.

So können dann auch die notwendigen und hinreichenden Bedingungen und die „Konstruktionsanforderungen" für die Möglichkeit der Realisierung von maschinellem Bewusstsein angegeben und die Resultate verifiziert bzw. falsifiziert werden. Werden so abgeleitete Aussagen nicht akzeptiert, muss entweder ein Fehler in der logischen Ableitung der Konsequenzen aus den Prämissen (hier Begriffsdefinitionen) nachgewiesen werden, oder aber es müssen die Ausgangsprämissen selbst als nicht tragfähig oder unvollständig ausgewiesen und durch bessere Alternativen ersetzt werden. Nur so ist Erkenntnisfortschritt möglich.

Ludwig Wittgenstein sagt ganz richtig: „Der Sinn einer Frage ist die Methode ihrer Beantwortung. Sage mir, *wie* Du suchst, und ich werde Dir sagen, *was* Du suchst" (Wittgenstein 1984, 2.7).

Wir werden daher an der in diesem Kapitel gegebenen Fragestellung, ob maschinelles Bewusstsein möglich ist, demonstrieren, wie mit den Hilfsmitteln der vorliegenden Arbeit die Beantwortung dieser Frage methodisch angegangen werden kann.

Der Denkansatz geht hierbei nicht von einem Selbst, einem Ich oder einer Person aus, sondern betrachtet die Fragestellung aus der Sicht des ***Separatismus***, d.h. der ***Wechselwirkung zwischen einem informationsverarbeitenden System*** (dem Gehirn oder einem Computer)

und einem System, das diese Informationen bereitstellt (der Körper bzw. irgendwelche Hardwarekomponenten, wie z. B. ein Roboterkörper). Es ist dann die Frage zu untersuchen, wie die bekannten Phänomene des Bewusstseins aus dieser Perspektive, d.h. der Interaktion dieser beiden Teile (Informationsverarbeiter und Informationslieferant) erklärt werden können.

Am Beginn der Diskussion steht die Frage, auf welche Stufe von Bewusstsein (Bild 28, S. 254) sich die Fragestellung überhaupt beziehen soll. Wir beginnen hier zunächst mit der Klärung, ob die ***unterste Bewusstseinsebene,*** das ***merkmalbezogene phänomenale Bewusstsein,*** das ist die ***Fähigkeit, Qualia überhaupt zu erleben,*** maschinell realisierbar ist und welche Voraussetzungen dafür erfüllt sein müssen.

Nach unserer Definition sind ***Qualia*** *bewusst* wahrgenommene Repräsentationen von Umweltsachverhalten (Merkmalen, Objekten, Ereignissen) (Bild 9, S. 88), wobei die Umwelt im vorliegenden Fall der Informationslieferant an das informationsverarbeitende System ist. Beim Menschen ist dies der Körper, der sämtliche Informationen für das Gehirn bereitstellt (Bild 25, S. 217). Die Wahrnehmungen können Sinnes- oder Selbstwahrnehmungen sein, wobei auf der untersten Stufe des merkmalbezogenen phänomenalen Bewusstseins noch gar nicht zwischen diesen beiden Wahrnehmungsmodi unterschieden werden kann. Hier müssen aber bereits die Begriffe ***Wahrnehmen*** und ***Erkennen*** auseinandergehalten werden. In unserer Terminologie sprechen wir von Wahrnehmungen auch schon dann, wenn noch nichts erkannt werden kann. So können wir z. B. ein „weißes Rauschen" wahrnehmen oder wahrnehmen, dass es dunkel oder neblig ist, obwohl wir nichts erkennen können. Erkennen können wir erst etwas, wenn wir Wahrnehmungskategorien unterscheiden, also unsere Wahrnehmungen klassifizieren können (Bilder 6, S. 45 und 9, S. 88). Dies setzt aber nicht voraus, dass wir sie deshalb auch schon mit Begriffen versehen müssen. Allerdings sprechen wir hier auch schon von Qualiaerlebnissen, wenn die in Kapitel 3.3 (S. 163) definierten notwendigen Bedingungen erfüllt sind. Werden Qualiamodalitäten, -qualitäten, -intensitäten und -lokalitäten erkannt, d.h. können sie unterschieden und damit klassifiziert werden, gestehen wir einem System, das über diese Fähigkeiten verfügt, auch Qualiaerlebnisse zu. Die Möglichkeit, dunkel und hell, neblig und klar, hören und sehen zu unterscheiden, ist dann bereits Ausdruck für Qualiaerlebnisse. Es ist ein explizites Wissen mit einem propositionalen Gehalt (merkmalbezogen) über den berichtet werden kann, und der i.d.R. für das erkennende System eine

Bedeutung hat (somatische Marker), d.h. eine körperliche oder geistige Reaktion hervorruft. Was nicht von Bedeutung ist, dringt bei Lebewesen nicht bis ins Bewusstsein durch und bei Computern nicht bis in die CPU. Deshalb werden etwa bei einer computergestützten Prozessüberwachung eingehende Meldungen gewichtet und ihrer Bedeutung entsprechend abgearbeitet. Und erst im Moment der Bearbeitung werden sie dann zu ***aktivem explizitem Wissen*** und damit ***bewusst***. Alarmmeldungen werden bei Mensch und Maschine sofort bewusst und bearbeitet.

Dabei lassen sich verschiedene Erkenntnisstufen unterscheiden (Bild 11, S. 102). Auf der untersten Ebene werden einfach nur ***Signifikanzen*** erkannt. Das sind (durch reinen Zufall nicht erklärbare) „Inseln der Ordnung" im Chaos. Beispiele hierfür sind etwa verhaltensauslösende Reize bei niederen Tieren. Auf den nächst höheren Erkenntnisstufen werden dann ***Redundanzen*** erkannt. Redundanzen zeigen sich dann, wenn „innerhalb der Inseln der Ordnung" zwischen den einzelnen Entitäten gesetzmäßige Beziehungen erkennbar werden, wir also zwischen unabhängigen und abhängigen Variablen unterscheiden können. Dies wiederum setzt voraus, dass wir in aufeinanderfolgenden Mustern (durch Induktion) empirisch Gesetzmäßigkeiten aufspüren, was voraussetzt, dass diese Muster Redundanzen (abhängige Variable) enthalten. Haben wir die Gesetzmäßigkeiten erkannt, können wir wiederum mit Hilfe dieser Gesetze aus den unabhängigen Variablen (Indizien) die abhängigen Variablen (als Hypothesen) selbst erschließen und so unsere Wahrnehmungen durch Vorstellungen ergänzen. Zunehmende Erkenntnis und Intelligenz zeigt sich in der Fähigkeit, immer komplexere Zusammenhänge zu durchschauen (vgl. auch Bild 12, S. 106).

Aus Signifikanzen und Redundanzen leiten wir also Hypothesen ab und „unsere Qualia-Erlebnisse sind vom Gehirn produzierte Hypothesen, abgeleitet aus Indizien von Wahrnehmungen" (Kapitel 4.1, S. 198). „Qualia sind also kein Abbild aller im Gehirn an einer bestimmten Sinnesmodalität beteiligter Repräsentationen. Vielmehr wird dem Bewusstsein nur das Ergebnis der Analyse der verschiedenen Sinnesreize präsentiert" (Kapitel 4.1, S. 200). Daraus folgt, dass z. B. die bloße Codierung und Speicherung eines Fotos oder eines Musikstückes im Arbeitsspeicher eines Computers diesem noch kein Qualiaerlebnis über „den Inhalt" des Gespeicherten verschafft. Er kann dann allenfalls etwas wahrnehmen, aber nichts erkennen und damit (nach unserer Definition) auch kein Qualiaerlebnis erlangen.

Hier sei angemerkt, dass wir einfach definitiv unterstellen, dass Qualia nicht schon durch reine Wahrnehmungen entstehen, sondern erst durch Erkenntnisse bzw. Hypothesen, die aus Wahrnehmungen ableitbar sind (Bild 6, S. 45). Erst durch Erkenntnisse werden Wahrnehmungen zu *bewussten* Wahrnehmungen, d.h. zu *Wahrnehmungen mit einem propositionalen Gehalt*. Den „Luxus" von Qualiaerlebnissen ohne irgendwelchen Nutzen (ohne Verknüpfung mit Erkenntnissen, aus denen sich Verhalten ableiten lässt), hätte sich die Evolution sicher nicht geleistet. Diese Aussage steht in scheinbarem Widerspruch zu der Erfahrung, dass wir sehr wohl reine Wahrnehmungen als Qualia erleben, beispielsweise wenn wir uns vor Dunkelheit fürchten oder Lärm als schmerzhaft empfinden oder im Nebel ziellos umherirren. Dann *erleben* wir, „wie es ist", Dunkelheit oder Lärm ausgesetzt zu sein oder die Orientierung verloren zu haben. In solchen Fällen wird die Körperbefindlichkeit zum propositionalen Gehalt der Wahrnehmung.

Das Äquivalent hierzu wäre, wenn etwa ein Computer über längere Zeit keinen Input erhält und dann in den „Sparmodus" wechselt (sich langweilt) und beim ersten Input „wieder aufwacht" (Adrenalinstoß), worin sich letztlich das „Befinden" der Hardware ausdrückt. Irgendwelche Einflüsse ohne eigentlichen Erkenntniswert (Wechsel in den Sparmodus, weil nichts passiert) bekommen so einen propositionalen Gehalt.

Könnte also z. B. die Zentraleinheit den Wechsel vom Aktivmodus in den Sparmodus und umgekehrt als Qualia erleben, oder die nachlassende Batteriespannung (Hunger) oder den Status eines Druckers (Peripherie bzw. Außenwelt?), der z. B. Papierstau oder leere Tintenpatronen meldet? Und berichtet der Computer dann der Außenwelt über das Terminal von seinen Qualiaerlebnissen?

Offensichtlich reichen die bisher angeführten Kriterien noch nicht aus, um solche Fragen zu beantworten.

Mit Bezug auf Bild 9 (S. 88) rekapitulieren wir noch einmal, dass alle Arten von Qualia hervorgehen aus Repräsentationen in einem Informationsverarbeitenden System IS, die sich ableiten aus Informationen, die von außerhalb des IS stammen (Außenwelt bzw. Körper als Informationslieferant). Aus ihnen leitet sich ***primäres Wissen*** ab, wohingegen daraus abgeleitetes sog. ***sekundäres Wissen*** (in einer weiteren Ausbaustufe) vom IS selbst erzeugt wird. In Kapitel 4.1 (S. 197) haben wir entsprechend zwischen *sensorischen und kognitiven Repräsentationen* unterschieden. Erstere beziehen sich auf, von außen vorgegebene und bestimmte Wahrnehmungen, letztere auf vom Gehirn bzw. einer CPU selbst erzeugte Wahrnehmungen, die wir dann ***Vorstellungen*** nennen.

Beide Repräsentationen sind interne Zustände des IS oder resultieren aus solchen Zuständen. Dies setzt aber voraus, dass es sich beim IS um eine ***finite state Maschine*** handeln muss, denn nur diese kann interne Zustände annehmen, im Gegensatz zu reinen Reiz-Reaktions-Mechanismen (trivialen Automaten). Und diese ***internen Zustände*** werden unter bestimmten Bedingungen, die jetzt zu diskutieren sind, zum ***propositionalen Gehalt des Qualiaerlebnisses***.

Die Frage, ob Batteriespannungen oder Füllstände von Druckerpatronen zu Qualiaerlebnissen werden können, hängt also zunächst einmal davon ab, ob diese (z. B. im Arbeitsspeicher) überhaupt repräsentiert (und permanent upgedated) werden. Sendet ein Gerät zur Messung der Batteriespannung bei Unterschreitung eines bestimmten Wertes lediglich eine „Information" an die ZE, die diese in eine Meldung „nach außen" umsetzt, ohne gleichzeitig interne Zustände zu aktualisieren, dann reagiert sie wie ein trivialer Automat und der Prozess entzieht sich der Bewusstwerdung. Dies gilt analog für alle anderen Informationen über den Zustand von Systemkomponenten.

Eine notwendige Bedingung für Qualia sind also ***interne Zustände*** einer finite state Maschine, die ***die Qualia*** repräsentieren. Diese Repräsentationen müssen ein ***explizites Wissen repräsentieren.*** Computerprogramme repräsentieren ein implizites Wissen und sind somit dem Bewusstsein unzugänglich, können daher grundsätzlich (dem Computer) keine Qualiaerlebnisse verschaffen (und auch nicht Geist sein!), wohl aber (explizit) angeben, wie solche entstehen (könnten). Beim expliziten Wissen unterscheiden wir wiederum zwischen einem passiven (abrufbaren aber momentan nicht explizit verfügbaren) Wissen (entsprechend der Wissensrepräsentation im hinteren Cortex) und einem ***aktiven expliziten Wissen,*** das aktuell zur Verarbeitung und Analyse bereitsteht (entsprechend der Repräsentation im Frontalhirn) (Kapitel 2.1, S. 63). Batteriespannungen oder Füllstände von Druckerpatronen können daher nur dann zu (vorübergehenden) Qualiaerlebnissen werden, wenn sie aktiviert, also abgefragt werden (wir versuchen uns zu erinnern) oder von sich aus „ins Bewusstsein drängen" (data driven – es wird uns dann plötzlich etwas bewusst). Dass sie irgendwo (intern, extern oder ggf. sogar im Internet) gespeichert sind, macht sie dadurch allein noch nicht zu Qualiaerlebnissen. Wohl aber wenn sie „abgerufen" werden, wobei es dann letztlich gleichgültig ist, wo sie konkret repräsentiert sind, von wo sie also abgerufen werden bzw. von wo aus sie die ZE aktivieren.

Hier stoßen wir auf ein weiteres Problem. Es handelt sich um die Frage, wem konkret Qualia Erlebnisse „beschert" werden, wer also erlebt konkret die Qualia? Dies entspricht der Frage, welche Neuronen im Gehirn konkret Qualia hervorbringen und warum und wie gerade diese Neuronen? Es lassen sich zwar mit den bildgebenden Verfahren der Hirnforschung die Gehirnbereiche eingrenzen, die bei Qualiaerlebnissen aktiviert werden, deshalb weiß man aber noch lange nicht, wie sie die Qualiaerlebnisse „erzeugen". Die Lösung dieses Rätsels bleibt in den Worten von LeDoux den „Geistforschern" aufgegeben. Vielleicht bringt uns hier ein Blick „ins Innere" des Computers weiter, dessen Funktionsweise wir ja kennen.

Das Problem hierbei ist, dass sich bei genauerem Hinsehen sowohl das Steuerwerk (control unit) als auch das Rechenwerk (arithmetic logical unit) in der Zentraleinheit ZE (bzw. der CPU = central processing unit) des Computers als triviale Automaten erweisen, die per Definition kein Qualiaerlebnis hervorbringen können. Andererseits müssen wir von der plausiblen Annahme ausgehen, ***dass Qualia aus Informationsverarbeitungsprozessen hervorgehen.*** Dies legt den Schluss nahe, dass es sich bei Qualia um ein emergentes Phänomen handelt, das nur aus dem Zusammenspiel der CPU mit dem Arbeitsspeicher eines Computers oder von Neuronenverbänden im vorderen Cortex verstehen lässt, ebenso wie die Funktionsweise und Charakteristik eines Motors erst aus dem Zusammenspiel seiner Komponenten erkennbar wird. Obwohl sich also die CPU ausschließlich aus trivialen Automaten zusammensetzt, ist der Computer insgesamt eine finite state Maschine. *Den propositinalen Gehalt der Qualia finden wir dann im Arbeitsspeicher, die „Erzeugung" von Qualiaerlebnissen erfolgt dagegen in der CPU.* Das Denken und Entscheiden spielt sich dann analog in der CPU ab, während das Gedachte und die getroffene Entscheidung im Arbeitsspeicher „abgelegt" sind. Beides muss daher streng auseinander gehalten werden, was in der Philosophie des Geistes meist nicht beachtet wird. In der CPU laufen *Prozesse* ab, die sich der bewussten Wahrnehmung und damit auch Beeinflussung entziehen. Dies gilt analog fürs Gehirn. Das Denken, Wollen und Entscheiden kann daher auch nicht willentlich beeinflusst werden, weil die dabei ablaufenden Prozesse durch die Konstruktion der CPU in Verbindung mit der Software vorgegeben sind. Analoges gilt für das Gehirn. Es ist also die ***Architek-***

tur bzw. das Design oder die Konstruktion der Maschine, die dafür maßgebend ist, ob und wie sie Qualiaerlebnisse erzeugen bzw. erleben kann oder nicht. *Ob wir allerdings von Daten-, Informations-, Wissens- oder Qualiaverarbeitung reden wollen, hängt dann ausschließlich davon ab, ob das, was im Arbeitsspeicher repräsentiert ist, die von uns definierten Anforderungen für Qualia erfüllt (s.o.).* Die Mindestanforderung hierbei ist die Fähigkeit der programmgesteuerten CPU, aus den Repräsentationen im Arbeitsspeicher Erkenntnisse ableiten, d.h. in den Repräsentationen (verhaltensrelevante) Gesetzmäßigkeiten erkennen und daraus adäquate Reaktionen ableiten zu können. Und das ist mehr als die bloße Berechnung irgendwelcher Outputs aus vorgegebenen Inputs in einem trivialen Automaten, d.h. mehr als reine ***Symbolverarbeitung***. Es ist ***Musteranalyse und verarbeitung***!

Beim Computer haben wir es mit einem Universalautomaten zu tun, der erst durch ein Computerprogramm zu einem Spezialautomaten wird. Das Computerprogramm beschreibt dabei explizit, wie die Maschine konstruiert ist. Es macht somit die Funktionsweise des Automaten sichtbar und verständlich, indem es sie auf einer logischen Ebene beschreibt. Software erzeugt daher keinen Geist, sondern sie beschreibt, wie die Hardware ggf. Qualia „erzeugt" bzw. „hervorbringt". Und sie beschreibt dabei den durch sie spezifizierten Spezialautomaten als eine finite state Maschine.

Unterschiedliche Programme spezifizieren unterschiedliche Maschinen, die alle auf einer Universalmaschine realisiert werden können. Dies erinnert an multiple Persönlichkeiten, die sich gemeinsam einen Körper „teilen" (Kapitel 4.4).

Fragen wir jetzt weiter nach den Möglichkeiten, auch ***höhere Bewusstseinsstufen*** maschinell hervorzubringen. Dazu gehört zunächst die Fähigkeit, raum-zeitliche Gesetzmäßigkeiten zwischen Qualia-Merkmalen zu erkennen und sie als ***Objekte und Ereignisse mit Qualia-Merkmalen*** zu erleben (Bilder 8, S. 78, 11, S. 102 und 28, S. 254). Dazu sind scheinbar gewisse autonome Roboter, die eigenständig in ihrer Umwelt agieren können, heute schon fähig. Tatsächlich sind sie dies aber nicht. Solche Systeme „spiegeln" ihre etwa durch Kameras erfassten und intern repräsentierten Wahrnehmungen (= „Draufsichten" auf Objekte) an bekannten bzw. vorgegebenen Mustern und ordnen „wiedererkannten Mustern" dann Begriffe bzw. Symbole oder Namen zu (z. B. Tasse, Stuhl, Tisch usw. bei Haushaltsrobotern). Diese dienen als

Basis für eine Symbolverarbeitung, die dann ihrerseits das Roboterverhalten steuert.

Der Wahrnehmungsprozess und das Verhalten von Lebewesen funktionieren dagegen völlig anders, wie die *sensumotorische Phase* bei Babys demonstriert. In Kapitel 3.1 (S. 135) haben wir dazu ausgeführt, dass Babys in dieser Phase beginnen, ihre Umgebung raum-zeitlich zu strukturieren. Objekte werden dann ergriffen und mit der Hand gedreht, manipuliert, in den Mund genommen usw. und aus verschiedenen Seiten begutachtet, also im wahrsten Sinne des Wortes begriffen. So entsteht eine im Gehirn repräsentierte dreidimensionale (visuelle) Welt. Die Welt wird dann als eine Ansammlung dreidimensionaler Objekte begriffen, die miteinander interagieren, wobei diese Interaktionsmöglichkeiten wiederum induktiv erschlossen werden. Dieser Erkenntnisprozess ist in Bild 12 (S. 106) dargestellt, wo der Zusammenhang zwischen der Bildung von Hypothesen und daraus abgeleiteten Erkenntnissen dargestellt ist. (Wieder-) Erkennen bedeutet dann, dass aus einer zweidimensionalen Perspektive auf ein intern repräsentiertes dreidimensionales Objekt geschlossen werden muss. Dabei muss das interne Modell (zunächst konkret mit den Händen, und dann) in Gedanken so lange gedreht werden, bis eine Übereinstimmung mit der Wahrnehmung erkennbar wird. Dadurch wird eine Hypothese über das, was das Wahrgenommene sein könnte, bestätigt oder widerlegt. So entsteht dann ein (visuelles) Wissen über die Objekte der Welt. ***Denken heißt dann Vorstellungen von Interaktionen mit den Objekten der Welt entwickeln*** (Bild 13, S. 113). In Kapitel 2.2 (S. 109) haben wir dabei unterschieden zwischen Vorstellungen und Überlegungen. *Vorstellungen generieren* ist dann sinngemäß gleichzusetzen mit der interaktiven Manipulation von 3-D Darstellungen im Computer Aided Design (CAD). Dort können wir ebenfalls mit Objekten im virtuellen Raum manipulieren und so beispielsweise Kollisionsprüfungen durchführen oder versuchen, ein Gerät zusammenzubauen, ein Objekt zu drehen oder zu verschieben usw. Dabei handelt es sich um Operationen, die nur unzureichend mit Symbolen beschrieben werden können (kann ich Objekt A durch das Loch in Objekt B einführen, wenn ich A geeignet drehe? Wie muss ich die Tasse ergreifen, wenn ich sie ins obere Regal auf der linken Seite hinstellen möchte? Wie kann ich das Messer aus der Besteckschublade „herausfischen"?). Der Affe, der in der Käfigecke sitzt und überlegt, wie er die Kisten aufeinander stellen muss, um an die Banane zu kommen (Kapitel 4.6, S. 266), denkt genau so! Vorläufer solcher Fähigkeiten finden wir z. B. bei fußballspielenden Robotern, bei denen das Fußballfeld geometrisch repräsentiert wird und sich die einzelnen Roboter innerhalb des Fußballfeldes örtlich lokalisieren können, indem sie sich an bestimmten Markierungspunkten orientieren (Zimmermann 2007).

Überlegungen dagegen sind das, was Kinder durchführen, wenn Piaget von der *formal operativen Phase* spricht (Kapitel 3.1, S. 136).

Einem Roboter gesteht der Verfasser erst dann ein objektbezogenes phänomenales Bewusstsein zu, wenn er in der Lage ist, sein Wissen über Objekte in einer dreidimensionalen virtuellen Welt zu repräsentieren und dort auch zu manipulieren. Dies ist eine Erweiterung von CAD-Systemen, da nunmehr das System selbst durch Agieren in seiner Umwelt die Informationen sammeln muss, die bei einem CAD System normalerweise der Konstrukteur eingibt. Natürlich bedarf es dazu einer ***Körperlichkeit*** und der Wechselwirkung zwischen diesem Körper und seinen ***Sinnesorganen*** einerseits und dem informationsverarbeitenden Prozess (Gehirn bzw. Computer) andererseits. Und dieses Zusammenspiel beschreibt der ***separatistische Ansatz*** des Verfassers. Eine Kollisionsprüfung wird dann allerdings nicht mehr vom Ingenieur durchgeführt, der das CAD-System nutzt, sondern vom Roboter selbst. Nach welchen Kriterien und wie dies erfolgen könnte, ist noch zu erforschen. Auf dieser Basis lässt sich dann auch die Anforderung an die Aufrechterhaltung von Objektkonstanz und die Vorstellung von verborgenen Objekten handhaben.

Die nächste Bewusstseinsstufe, das ***Selbst-Bewusstsein als Kernbewusstsein*** (Bild 28, S. 254) wird erreicht, wenn ein Computer durch geeignete Programmierung dazu ertüchtigt werden kann, z. B. „seinen Roboter" als ein Objekt zu erkennen und nicht nur auf bestimmte Zustände seines Körpers reflexartig bzw. instinktartig (d.h. durch programmtechnisch vorgegebene Bewegungsabläufe) zu reagieren. Er muss dann seine Körperzustände einem ***Ich*** zuordnen und als Ich darauf reagieren. Nicht das Ich steht dann am Beginn einer Aktion bzw. löst diese aus, wie dies in der Philosophie des Geistes bei der ***Akteurskausalität*** z.T. unterstellt wird, sondern der ***Zustand dieses Ich***!

Ob das Ich dabei erst aus Korrelationen vom Computer im Roboter erschlossen werden muss, oder auch als (phylogenetisches) Vorwissen (Hintergrundwissen) vom Programmierer bereits mit festgelegt werden kann, wäre noch zu diskutieren. Die näheren Details müssten dann fallspezifisch noch in vorbereitete „Wissensbasen" hineingelernt werden. Unabhängig davon müsste das System natürlich auch stets über seine aktuelle Situiertheit in der Welt informiert sein. Einen Überblick über die möglichen Wechselbeziehungen zwischen einem Roboter und seiner Umwelt liefert Bild 27 (S. 223).

Die Fähigkeit, Erkenntnisse über die Zusammenhänge in der Innenwelt (Beziehungen zwischen Zustandsvariablen des Körpers), in der Außenwelt (Erkennen physikalischer Gesetze und kausaler Zusammenhänge), sowie die Einwirkungsmöglichkeiten des Körpers auf die Außenwelt und die Einwirkungsmöglichkeiten der Außenwelt auf den Körper zu sammeln und so ein Wissen über die Welt zu gewinnen und diese vielleicht sogar noch um ein Metawissen (Bild 8, S. 78) zu ergänzen und dann auch etwas glauben, hoffen befürchten usw. können (Bilder 15, S. 120 und 16, S. 121), stehen dann als nächstes Entwicklungsziel vor den Roboterentwicklern. Die hier zu erfüllenden Anforderungen hat der Verfasser in den entsprechenden Kapiteln bereits ausgeführt, insbesondere die Anforderungen an bestimmte Ausbaustufen eines erweiteren Bewusstseins (Bild 29, S. 259). Natürlich gehört dazu auch die Entwicklung geeigneter „Sinnesorgane" zur Wahrnehmung der Innenwelt wie auch der Außenwelt.

Abschließend wollen wir jetzt noch auf zwei Spezialfragen eingehen.

1. Die (Nagel'sche) Frage, die sich unmittelbar aufdrängt heißt: „Wie ist es ein Roboter zu sein?" Die Antwort lautet, dass sich zumindest das Wissen des Roboters über seinen Körper und sein Körpergefühl so sehr von dem unseren unterscheiden wird, wie das einer Fledermaus. Er wird sicher seinen Körper anders erleben, keine Bauchschmerzen, keine Halsentzündung u.ä. haben. Aber er wird vielleicht erleben, wie es ist, wenn die Gelenke heißlaufen, der Arm sich nicht mehr bewegen lässt oder die Batterie „schwächelt" oder die Linsen seiner Kameras (Augen) angelaufen sind und er nichts mehr sieht. Und sicher kann er, geeignet programmiert, auch davon berichten. Dieses Wissen und Erleben bringt dann aber der Computer hervor, auch wenn es sich auf den Roboter als Gesamtheit bezieht. Ohne Selbstbewusstsein wird er es einfach nur wahrnehmen und erleben. Es wird zu einem Qualiaerlebnis, sobald es klassifiziert und einer bestimmten Wahrnehmungskategorie zugeordnet werden kann, also Erkenntnisse verschafft. Und so wie wir als Außenstehende aus der Perspektive der 2. Person erkennen, dass der Roboter ein Objekt ist, das gerade seinen Arm bewegt, wird der Computer im Roboter dies aus der Perspektive der 1. Person ebenfalls erkennen. Kann der Computer den angehobenen Arm

dem Objekt Roboter zuordnen bzw. genauer gesagt als einen Zustand des Roboters erkennen, d.h. sind die Voraussetzungen für Selbstbewusstsein erfüllt (Bild 29, S. 259), dann wird der Computer das als „der Roboter hebt seinen Arm" bzw. als „mein Roboter hebt seinen Arm" oder kürzer als „ich hebe meinen Arm" erleben. Das ***Ich Erlebnis*** entsteht dabei deshalb, weil der Arm vom Computer her beeinflusst, d.h. angesteuert werden kann, was für die Komponenten fremder Objekte nicht gilt. Das Ich Erlebnis kann sich aber nicht auf den Computer (der ja die Aktion auslöst) beziehen, da dieser nichts von seiner eigenen Existenz weiß, weil er nicht in sich selbst repräsentiert ist! Wohl aber ist der Zustand des Roboters vor der Einleitung des „Arm Hebens" im Computer repräsentiert, und dieser repräsentierte Roboter-Zustand liefert die Begründung dafür, dass er (der Computer) das Armheben des Roboters initiiert hat. Der Zustand des Roboters war dann m.a.W. der Auslöser für die Aktion. Und deshalb kann der Roboter (genauer der Computer der ihn steuert) auch angeben, warum der Roboter seinen Arm gehoben hat, d.h. seine Aktion begründen. Deshalb hat er aber noch lange keinen freien Willen. Die *im Computer repräsentierten Roboterzustände*, sind dann verantwortlich für die Aktikonen bzw. Reaktionen des Roboters und nicht irgendein mysteriöses Ich im Roboter. Dabei ist zu beachten, dass diese Zustände auch als Wünsche, Befürchtungen u.ä., also als ***propositionale Einstellungen*** bzw. in unserer Terminologie als ***Erlebnistypen*** im Computer repräsentiert sein können (Bild 16, S. 121). Und dann handelt der Roboter aus Wünschen oder Befürchtungen. Und *er ist für sein Handeln verantwortlich, nicht weil er auch anders hätte handeln können (was er nicht konnte!), sondern wegen der* ***Motive****, die sein Handeln auslösten*! Und diese können wir (und der Computer) aus dem Arbeitsspeicher „auslesen", falls sie nicht gelöscht bzw. überschrieben werden, falls der Roboter also bereits die Stufe des ***erweiterten Selbstbewusstseins*** erreicht hat und alles in einer Autobiographie gespeichert und nichts vergessen (d.h. überschrieben) wird.

Das Erkennen von zeitlichen Zusammenhängen (z. B. Kausalität) wird erst dann möglich, wenn zeitliche Folgen in ein räumliches Nebeneinander transferiert werden, so dass jederzeit durch „Navigation im Raum der Repräsentationen" logische Abhängigkeiten erkannt werden können. Kausale Beziehungen spiegeln sich dann in der Repräsentation als logische (wenn - dann) Abhängigkeiten wider. So wird der „Pfeil der Zeit" überlistet (man denke an einen Film, den man, im Gegensatz zur realen Zeit, vor- und rückwärts laufen lassen kann oder an die Ableitung zeitlicher Abläufe aus den Jahresringen von Baumstämmen).

2. Setzt (Computer-) Denken Symbolverarbeitung, also Sprache voraus?

Wie bereits oben erwähnt, ist Denken bei Lebewesen ohne Sprachvermögen gleichzusetzen mit „anschauliche Vorstellungen im Geiste bewegen", so wie Körperteile in der realen Welt bewegt werden. Die Konsequenzen der Bewegung von Gliedmaßen werden dann in der realen Welt gespürt, die der Bewegung von Gedanken in einer vorgestellten, virtuellen Welt. Letzteres verschafft Vorteile, wenn man sich die möglichen Konsequenzen im Geiste ausmalt, ehe man sie konkret zu spüren bekommt. Darin liegt der Nutzen von manipulierbaren Qualiaerlebnissen.

Hier stellt sich die Frage, warum wir überhaupt auf Sprache beim Denken ausweichen. Wittgenstein schreibt „»Ein Sachverhalt ist denkbar« heißt: Wir können uns ein Bild von ihm machen" (Tractatus 3.001). Analog vertritt Kant die Meinung, dass Begriffe ohne Anschauungen leer sind. Unsere Antithese lautet, dass Sprache vor allem dann einsetzt, wenn die Anschauung versagt. Man denke an Mathematiker, die sich über imaginäre Zahlen und n-dimensionale Räume unterhalten oder an Quantenphysiker, die über Quarks diskutieren.

Wenn wir nicht über konkrete, identifizierbare Objekte nachdenken, sondern über Klassen von Objekten, dann kann eine solche Klasse aus der *Vereinigung* aller zugehörigen Elemente oder aus dem *Durchschnitt* der Elemente gebildet werden, die gewisse gemeinsame Merkmale aufweisen. Im ersten Fall können wir einfach einen *Prototypen* auswählen, der die Klasse repräsentiert. In Kapitel 2.1 haben wir als Beispiel für die Klasse der Vögel eine Amsel herangezogen. Wenn wir über Vögel nachdenken, haben wir dann tatsächlich Amseln in unserer visuellen Anschauung vor uns.

Dieser Ansatz versagt, wenn wir Klassen aus dem Durchschnitt einer Menge von Elementen bilden. Nehmen wir als Beispiel die Beamten. Sie sind gekennzeichnet durch ihren Arbeitgeber, ansonsten unterscheiden sie sich (fast) nicht vom Rest der Bevölkerung. Wie also sollen wir uns einen Beamten anschaulich visuell im Geiste vorstellen? Was für ein Bild sollen wir uns von ihm machen (Wittgenstein)? Und welche Anschauung ist mit dem Begriff verbunden (Kant)? Es handelt sich hier um eine ***abstrakte Klasse*** (vgl. Kapitel 2.1). Tiere mit lediglich merkmalbezogenen Qualiaerlebnissen, können Klassen von Objekten mit dem entsprechenden Merkmal problemlos auseinander halten, nicht jedoch deren einzelne Elemente identifizieren. Abstrakte Klassen können sie aber grundsätzlich nicht auseinander halten.

Wenn wir mit abstrakten Klassen schon keine An***schauungen*** verbinden können, dann können wir dies aber vielleicht durch „An***hörungen***". Die (hier nicht weiter zu diskutierende) These des Verfassers lautet, dass wir Laute und Sprache zu Hilfe nehmen, wenn wir Dinge denken wollen, die sich der visuellen Anschauung entziehen. Laute lassen sich im Geiste zudem viel einfacher manipulieren als visuelle Bilder. Zudem ist es nur schwer möglich, in der realen Welt gleichzeitig die konkrete Welt visuell im Auge zu behalten und visuelle Vorstellungen im Geiste zu manipulieren. Deshalb weichen wir auf auditive Vorstellungen aus und führen Zwiegespräche mit uns selbst, auch wenn wir uns gerade etwas anschauen. ***Auditives Denken*** manipuliert Töne bzw. Laute der Sprache, aber auch der Musik (wir summen eine Melodie vor uns hin). Allerdings gilt hier nicht mehr das Kausalitätsgesetz (können wir uns auditiv Objekte und Kausalität vorstellen?). Es wird vielmehr durch grammatikalische Gesetze oder die Gesetze der Harmonielehre bestimmt. Dadurch erschließen sich „neue Denkwelten", in denen es Objekte im visuellen Sinne nicht mehr gibt (ist der Radetzky Marsch ein Objekt das kausal auf andere Objekte einwirken kann?).

Jetzt wird Sprache nicht mehr nur als Kommunikationsmittel gesehen, denn wir sprechen vor allem mit uns selbst (innere Zwiesprache)! Dieser Aspekt ist für die Robotik und die Informatik interessant, wenn Problemstellungen mit Hilfe der Logik zu bewältigen sind. Oft dient Sprache aber vor allem zur Kommunikation, d.h. zur Übermittlung von (abstrakten) Gedanken, wo Objekthandhabung für eine anschauliche Demonstration nicht möglich ist, sondern wo „nicht zeigbare" Sachverhalte und unanschauliche Vorgänge (z. B. logische Schlussfolgerungen) mittels Symbolen kommuniziert werden müssen (was Gestiksymbole der Taubstummensprache einschließt). Beim „Computerdenken" in Symbolsprache sollten allerdings im Sinne der Sprechakttheorie der Sprechakttyp (die Intention) und der propositionale Gehalt einer Aussage explizit angegeben werden (Kapitel 4.6), so dass sie nicht erst mit Hilfe der Grammatik erschlossen werden müssen, weil sie in Sätzen nur implizit enthaltenen sind (Erkennungs- und nicht Verständnisproblem).

Die hier unterbreiteten abschließenden Kommentare zum Thema „maschinelles Bewusstsein" und ganz allgemein „maschinelle Kognition" zeigen auf, wie die vorliegende Arbeit als Basis für weiterführende Überlegungen sowohl in der Informatik als auch in der Philosophie des Geistes genutzt werden können. Wenn damit auch noch nicht alle Fragen geklärt sind, so glaubt der Verfasser doch zumindest die Grundlagen gelegt zu haben, um die Phänomene, die die Philosophie des Geistes seit langem beschäftigen, besser verstehen zu können.

Literatur

Barkow, Jerome: Darwin, Sex, and Status. Toronto 1989

Bauer, Joachim: Warum ich fühle was du fühlst, intuitive Kommunikation und das Geheimnis der Spiegelneurone. Hamburg 2005

Beckermann, Ansgar: Sprachverstehende Maschinen. Erkenntnis 28, 1988, S. 65-85

Beckermann, Ansgar: Semantische Maschinen. S. 196-211 in: Forum für Philosophie: Intentionalität und Verstehen. Frankfurt a.M. 1990.

Beckermann, A.: Analytische Einführung in die Philosophie des Geistes. Berlin, New York 1999

Beckermann, A.: Schließt biologische Determiniertheit Freiheit aus? S. 19-32 in: Hermanni/Koslowski (Hrsg.): Der freie und der unfreie Wille. München 2004

Beckermann, A.: Neuronale Determiniertheit und Freiheit. Information Philosophie 2/2005. S. 7-18

Beiersdörfer, K. (Hrsg.): Was ist Denken? Gehirn-Computer-Roboter. Paderborn, München, Wien, Zürich 2003

Bieri, Peter: Analytische Philosophie der Erkenntnis. Frankfurt a.M. 1987

Bieri, Peter: Das Handwerk der Freiheit. Über die Entdeckung des eigenen Willens. München 2001

Block, Ned: Inverted Earth. S. 53-80. In: Tomberlin, J. (Hrsg.): Philosophical Perspectives, Bd. 4, Atascadero 1990

Breidbach, O.: Was weiß das Gehirn? Journal für Philosophie, der blaue reiter, Heft 21 Wissen, S. 50-57

Brooks, R.: Menschmaschinen. Wie uns die Zukunftstechnologien neu erschaffen. Frankfurt, New York 2002

Brunak, S.; Lautrup, B.: Neuronale Netze: Die nächste Computer-Revolution. München, Wien 1993

Buccino, G. et al.: Neural Circuits Underlying Imitation Learning of Hand Actions: An Event-Related fMRI Study. Neuron, Vol.42, 4/2004, S. 323-334

Buchheim, Thomas: Wer kann, der kann auch anders. S. 158-165 in: Christian Geyer (Hrsg): Hirnforschung und Willensfreiheit. Zur Deutung der neuesten Experimente. Frankfurt a.M. 2004.

Caglayan, A.L.; Harrison, C.G.: Intelligente Software-Agenten. Grundlagen, Technik und praktische Anwendung im Unternehmen. München, Wien 1998

Calaprice, A. (Hrsg.): Einstein sagt. Zitate, Einfälle, Gedanken. München, Zürich 2001

Calvin, W.H.: Wie das Gehirn denkt. Die Evolution der Intelligenz. Heidelberg, Berlin 1998

Chalmers, David J.: Das Rätsel des bewussten Erlebens. In: Spektrum der Wissenschaft 2/1996, S. 40-47

Chalmers, David J.: Das schwierige Problem des Bewusstseins. S. 221-253 in: Esken, Frank; Heckmann, Dieter (Hrsg.): Bewusstsein und Repräsentation. Paderborn 1998

Churchland, Paul M.: Die Seelenmaschine. Eine philosophische Reise ins Gehirn. Heidelberg, Berlin, Oxford 1997

Cruse, Holk: Ich bin mein Gehirn S. 223-228. In: Christian Geyer (Hrsg): Hirnforschung und Willensfreiheit. Zur Deutung der neuesten Experimente. Frankfurt 2004.

Damasio, Antonio: Ich fühle also bin ich. Die Entschlüsselung des Bewusstseins. München 1999

Damasio, Antonio: Descartes' Irrtum: Fühlen, Denken und das menschliche Gehirn. München 1997

Davidson, Donald: Handlung und Ereignis. Frankfurt a.M. 1985

Davis, Randall: Interactive Transfer of Expertise: Acquisition of New Inference Rules. Artificial Intelligence 12 (1979), S. 121-157

Dawkins, Richard: Das egoistische Gen. Heidelberg 1994

Dawkins, Richard: Der blinde Uhrmacher, Ein neues Plädoyer für den Darwinismus, München 1996

Decety, J; Michel, F (Hrsg.): Comparative analysis of actual and mental movement times in two graphic tasks. In: Brain and Cognition 11. S. 87-97:

Delacour, Jean: Was kann die Neurobiologie erklären? In: Spektrum der Wissenschaft SPEZIAL - Bewusstsein 1/2004. S. 12-19

Dennett, Daniel C.: Philosophie des menschlichen Bewusstseins. Hamburg 1994

Ditfurth, Hoimar von: Der Geist fiel nicht vom Himmel. München 1980

Dörner, Dietrich: Die Logik des Misslingens, Strategisches Denken in komplexen Situationen. Reinbek 1992

Dörner, Dietrich: Bauplan für eine Seele. Reinbek bei Hamburg 1999

Doyle, John: A Truth Maintenance System. Artificial Intelligence 12 (1979), S. 231-272

Dretske, Fred: Naturalisierung des Geistes. Paderborn, München, Wien, Zürich 1998a

Dretske, Fred: Wozu ist Bewusstsein gut? S. 73-90. In: Esken, Frank; Heckmann, Dieter (Hrsg.): Bewusstsein und Repräsentation. Paderborn 1998b,

Dretske, Fred: Selbst-Bewußtsein S. 537-561. In: Esken, Frank; Heckmann, Dieter (Hrsg.): Bewusstsein und Repräsentation. Paderborn 1998c

Durstewitz, Daniel; Windmann, Sabine: Gibt es Eigenschaften neuronaler Strukturen und Prozesse, die mit Bewusstsein korreliert sind? S. 127-151 In: Esken, Frank; Heckmann, Dieter (Hrsg.): Bewusstsein und Repräsentation. Paderborn 1998

Eigen, Manfred: Stufen zum Leben. Die frühe Evolution im Visier der Molekularbiologie. München, Zürich 1993

Elepfandt, A.; Wolters, G. (Hrsg.): Denkmaschinen? Interdisziplinäre Perspektiven zum Thema Gehirn und Geist. Konstanz 1993

Elgin, Catherine Z.: Erkenntnistheoretisches Gleichgewicht. S. 193-217. In: Vogel, Matthias; Wingert, Lutz (Hrsg.): Wissen zwischen Entdeckung und Konstruktion. Erkenntnistheoretische Kontroversen. Frankfurt a.M. 2003.

Esken, Frank; Heckmann, Dieter (Hrsg.): Bewusstsein und Repräsentation. Paderborn 1998

Esken, Frank: Schwierigkeiten mit Glaubenszuschreibungen bei Tieren S. 423-457. In: Esken, Frank; Dieter Heckmann, Dieter (Hrsg.): Bewusstsein und Repräsentation. Paderborn 1998

Ferris, Timothy: The Minds Sky. New York 1992

Figal, G.: Was ist Wissen? Die Frage des Sokrates. In: der blaue reiter – Journal für Philosophie, Heft 21: Wissen, 2006, S. 64-69

Filipp, S.-H. Entwicklung von Selbstkonzepten. Zeitschrift für Entwicklungspsychologie und pädagogische Psychologie 12, 1980, S. 105-125

Filipp, S.-H.; Mayer, A.-K.: Selbstkonzept-Entwicklung S. 259-334 in: Asendorpf (Hrsg.): Soziale, emotionale und Persönlichkeitsentwicklung (Enzyklopädie der Psychologie,Themenbereich C: Theorie und Forschung, Serie V: Entwicklungspsychologie, Band 3), Göttingen 2005

Flanagan, Owen: Hirnforschung und Träume, S. 491-522. In: Metzinger, Thomas: Bewusstsein, Beiträge aus der Gegenwartsphilosophie. Paderborn, München, Wien, Zürich 2005

Forum für Philosophie Bad Homburg (Hrsg.): Intentionalität und Verstehen. Frankfurt a.M. 1990

Frankfurt, Harry: Freedom oft he Will and the Concept of a Person. Journal of Philosophy 68. 1971, S. 5-20

Frankfurt, Harry: The Importance of what we care about. Synthese 53 (2) 1982, S. 257-272

Funke, J.; Vaterrodt-Plünnecke, B.: Was ist Intelligenz? München 1998

Gadenne, V.: Bewusstsein, Kognition und Gehirn. Bern 1996

Gadenne, V.; Visintin, A. (Hrsg.): Wissenschaftsphilosophie. Freiburg, München 1999

Görnitz, Th.: Materie und Bewusstsein aus abstrakter, bedeutungsfreier Quanteninformation (Protyposis) in: Philosophia naturalis Band 42, 2005 Heft 2, S. 255-283

Grush, Rick: Wahrnehmung, Vorstellung und die sensomotorische Schleife S. 169-192. In: Esken, Frank; Heckmann, Dieter (Hrsg.): Bewusstsein und Repräsentation. Paderborn. 1998

Habermas, Jürgen: Freiheit und Determinismus. In: Deutsche Zeitschrift für Philosophie, 52. Jahrg. 2004, Heft 6, S. 871-890.

Habermas, Jürgen: Das Sprachspiel verantwortlicher Urheberschaft und das Problem der Willensfreiheit: Wie lässt sich der epistemische Dualismus mit einem ontologischen Monismus versöhnen? In: Deutsche Zeitschrift für Philosophie, 54. Jahrg. 2006, Heft 5, S. 669-707.

Hacking, I.: Multiple Persönlichkeit. Zur Geschichte der Seele in der Moderne. München, Wien 1996

Haggard, P.; Eimer, M.: On the relation between brain potentials and the awareness of voluntary movements, S. 128-133. In: Experimental Brain Research (126) 1999

Haken, H.; Haken-Krell, M.: Erfolgsgeheimnisse der Wahrnehmung. Synergetik als Schlüssel zum Gehirn. Stuttgart 1992

Hamilton, P.: Künstliche neuronale Netze. Grundprinzipien, Hintergründe, Anwendungen. Berlin und Offenbach 1993

Hawking, Stephen: Einsteins Traum - Expedition an die Grenzen der Raumzeit. Hamburg 1993

Haynes et al: Reading Hidden Intentions in the Human Brain. In: Current Biology 17 (4), 2007, S. 323-328

Hermanni, F.; Koslowski, P. (Hrsg.): der freie und der unfreie Wille. München 2004

Honda Research Institute Europe GmbH (Hrsg): Geschichte, Fähigkeiten und Zukunft der Roboter von Honda o.J.

Ichbiah, D.: Roboter. Geschichte, Technik, Entwicklung. München 2005

Jeannerod, M.: The representing brain - Neural correlates of motor intention and imagery. Behavioral and Brain Sciences 17 (2) 1994, S. 187-202

Johnson-Laird, P.: Der Computer im Kopf. Formen und Verfahren der Erkenntnis. München 1996

Kahneman, D.; Slovic, P.; Tversky, A. (Hrsg.): Judgment under Uncertainty; Heuristics and Biases. New York 1982

Kahnemann, D.; Tversky, A. (Hrsg.): Choices, Values, and Frames. New York 2000

Kahnemann, D.; Diener, E.; Schwarz, N. (Hrsg.): Well Being: The Foundations of Hedonic Psychology. Russel Sage Fund 2003

Kail, Robert; Pellegrino, James W.: Menschliche Intelligenz. Heidelberg 1989

Kauffman, Stuart: Der Öltropfen im Wasser. Chaos, Komplexität, Selbstorganisation in Natur und Gesellschaft. München 1998

Kemmerling, A.: Eine Handvoll Bemerkungen zur begrifflichen Unübersichtlichkeit von „Bewusstsein". S. 55-72. In: Esken, Frank; Heckmann, Dieter (Hrsg.): Bewusstsein und Repräsentation. Paderborn 1998

Keysers, C. et al.: A Touching Sight: SII/PV Activation during the Observation and Experience of Touch. Neuron, Vol.42, 4/2004, S. 335-348

Kinnebrock, W.: Neuronale Netze, Grundlagen, Anwendungen, Beispiele. München, Wien 1992

Koch, Christof: Bewusstsein ein neurobiologisches Rätsel. München 2005

Koestler, Arthur: Der Mensch Irrläufer der Evolution. Die Kluft zwischen Denken und Handeln. Frankfurt a.M. 1990

Kohonen, Teuvo: Self-Organization and Assoziative Memory. Berlin, Heidelberg, New York, London, Paris, Tokyo, Honkong 1989

Kurzweil, R.: Homo S@piens. Leben im 21. Jahrhundert - Was bleibt vom Menschen? München 2000

Kutschera, Franz von: Eine offene Welt in: Festschrift der Uni Leipzig 1999

Langton, Ch. G. (Hrsg.): Artificial Life. An Overview. Cambridge Mass. 1995

Lanz, P.: Das phänomenale Bewusstsein. Frankfurt a.M. 1996

LeDoux, Joseph: Das Netz der Gefühle. Wie Emotionen entstehen. München 2001

Lenz, Anita; Meretz, Stefan: Neuronale Netze und Subjektivität. Lernen, Bedeutung und die Grenzen der Neuro-Informatik. Braunschweig, Wiesbaden 1995

Lenzen, Wolfgang: Zombies, Zimbos und das „schwierige Problem" des Bewusstseins. S. 255-281, In: Esken, Frank; Heckmann, Dieter (Hrsg.): Bewusstsein und Repräsentation. Paderborn 1998

Levine, J.: Materialism and Qualia: The Explanatory Gap. In: Pacific Philosophical Quarterly 64 (1983), S. 354-361

Levy, Steven: Künstliches Leben aus dem Computer. München 1996

Libet, B.; Gleason, C.A.; Wright, E.W.; Pearl, D.K.: Time of conscious intention to act in relation to onset of cerebral activity (readiness potential), S. 623-642. In: Brain (106) 1983

Libet, B.: Unconscious Cerebral Initiative and the Role of Conscious Will in Voluntary Action, S. 529-566. In: Behavioral and Brain Sciences 8, 1985

Linke, Detlef B.: Die Freiheit und das Gehirn, eine neurophilosophische Ethik. Reinbek 2006

Löhrer, Guido: Abweichende Kausalketten, abwegige Handlungsverläufe und die Rückkehr teleologischer Handlungserklärungen. In: Deutsche Zeitschrift für Philosophie, 54. Jahrg. 2006, Heft 5, Seite 785-800.

Mainzer, Klaus: Computer - neue Flügel des Geistes? Die Evolution computergestützter Technik, Wissenschaft, Kultur und Philosophie. Berlin, New York 1995

Mainzer, Klaus: Gehirn, Computer, Komplexität. Berlin, Heidelberg, New York 1997

Mainzer, Klaus: Computernetze und virtuelle Realität. Berlin, Heidelberg, New York 1999

Mainzer, Klaus: KI – Künstliche Intelligenz. Grundlagen intelligenter Systeme. Darmstadt 2003a

Mainzer, Klaus: Computerphilosophie. Hamburg 2003b

Mainzer, Klaus: Computer, künstliche Intelligenz und Theory of Mind: Modelle des Menschlichen? S. 79-97. In: Förstl, Hans (Hrsg.): Theory of Mind. Neurobiologie und Psychologie sozialen Verhaltens. Heidelberg 2007a

Mainzer, Klaus: Thinking in Complexity. The Computational Dynamics of Matter, Mind and Mankind. Berlin, Heidelberg, New York 2007b

Mainzer, Klaus: Künstliche Intelligenz und die Zukunft der Philosophie des Geistes. In: Spät, Patrick (Hrsg.): Zur Zukunft der Philosophie des Geistes. Paderborn 2008

Mainzer, Klaus: Leben als Maschine? Von der Systembiologie zur Robotik und Künstlichen Intelligenz. Paderborn 2010

Marx, Wolfgang: Bewusstseins-Welten; Die Konkretion der Reflexionsdynamik. Tübingen 1994

Matthäus, Wolfhart F.: Denken dialektisch gedacht. Innsbruck, Wien 1999

Maturana, Humberto: Was ist erkennen? München 1996

Mayer, Helmut: Ach das Gehirn. S. 205-217. In: Christian Geyer (Hrsg): Hirnforschung und Willensfreiheit. Zur Deutung der neuesten Experimente. Frankfurt 2004

McCullock, W.S.; Pitts, W.: A logical calculus of the ideas immanent in nervous activity. S. 115-133 in: Bulletin of Mathematical Biophysics 5, 1943

McGinn, Colin: Wie kommt der Geist in die Materie? Das Rätsel des Bewusstseins. München 2001

Metzinger, Thomas: Neuere Beiträge zur Diskussion des Leib-Seele-Problems. Frankfurt a.M., Bern, New York 1985

Metzinger, Thomas (Hrsg.): Bewusstsein, Beiträge aus der Gegenwartsphilosophie. Paderborn, München, Wien, Zürich 2005

Metzinger, Thomas: Präsentationaler Gehalt. S. 377-405 in: Esken, Frank; Heckmann, Dieter (Hrsg.): Bewusstsein und Repräsentation. Paderborn 1998

Metzinger, Thomas: Postbiotisches Bewusstsein: Wie man ein künstliches Subjekt baut - und warum wir es nicht tun sollten. S. 171 ff in: Beiersdörfer, Kurt (Hrsg.): Was ist Denken? Gehirn - Computer - Roboter. Paderborn, München, Wien, Zürich 2003

Mynarek, Hubertus: Materie und Geist: Gehirn - Bewusstsein - Willensfreiheit. Argumente und Gegenargumente. Aufklärung und Kritik Heft 1/2006, S. 118-132

Nagl, L.: Charles Sanders Peirce. Frankfurt, New York 1992

Newell, A.; Simon, H.A.: Human Problem Solving. Englewood Cliffs 1972

Nisbett, R. E.; Wilson, T. D.: Telling more than we can know: Verbal reports on mental processes. Psychological Review 84 1977, S. 231-259

Pauen, Michael: Illusion Freiheit? Mögliche und unmögliche Konsequenzen der Hirnforschung. Frankfurt a.M. 2004

Pauen, Michael; Roth, Gerhard (Hrsg.): Neurowissenschaften und Philosophie. München 2001

Pauen, Michael: Grundprobleme der Philosophie des Geistes. Eine Einführung. Frankfurt am Main 2001

Pauen, Michael; Stephan, Achim (Hrsg.): Phänomenales Bewusstsein - Rückkehr zur Identitätstheorie? Paderborn 2002

Pauen, Michael: Freiheit: Eine Minimalkonzeption. S. 79-112 in: Hermanni/Koslowski (Hrsg.): Der freie und der unfreie Wille. München 2004

Pauen, Michael: Ursachen und Gründe. Information Philosophie 5/2005. S. 7-16

Peacocke, Christopher: Bewusste Einstellungen, Aufmerksamkeit und Selbst-Wissen. In: Esken, F.; Heckmann, D. (Hrsg.): Bewusstsein und Repräsentation. Paderborn 1998, S. 491-536

Penrose, Roger: Computerdenken. Die Debatte um Künstliche Intelligenz, Bewusstsein und die Gesetze der Physik. Heidelberg 1991

Pfeifer, R.; Scheier, Ch.: Understanding Intelligence. Cambridge/Massachusetts, London 2000

Philipp, Helen: Sehen mit der Zunge. Gehirn & Geist 9/2005, S. 66-69.

Philosophicum: Der freie Wille ist nur ein gutes Gefühl. Diskussion aus der ORF-Reihe Philosophicum (von 2006) am 21.5.07 in 3 SAT

Piaget, J.: Das Erwachen der Intelligenz beim Kinde Bd. 1. Stuttgart 1975

Pinker, Steven: Wie das Denken im Kopf entsteht. München 1998

Pöppel, Ernst: Lust und Schmerz. Über den Ursprung der Welt im Gehirn. München 1995

Pothast, Ulrich: Letzte Verantwortlichkeit unter Menschen. Über einen vernachlässigten Aspekt des Streits um die Willensfreiheit. S. 113-130 in: Hermanni, F.; Koslowski, P. (Hrsg.): Der freie und der unfreie Wille. München 2004

Poundstone, W.: The Recursive Universe. Cosmic Complexity and the Limits of Science Knowledge. New York 1985

Prinz, Wolfgang: Freiheit oder Wissenschaft? S. 86-103. In: von Cranach, M.; Foppa, K. (Hrsg.): Freiheit des Entscheidens und Handelns. Ein Problem der nomologischen Psychologie. Heidelberg 1996,

Ramachandran, Vilaynur S.; Blakeslee, Sandra: Die blinde Frau, die sehen kann. Rätselhafte Phänomene des Bewusstseins. Reinbek 2002

Ratey, John J.: Das menschliche Gehirn. Eine Gebrauchsanweisung. München 2003

Reiss, D.; Marino, L.: Mirror self-recognition in the bottlenose dolphin: A case of cognitive convergence. Proceedings of the National Academy of Sciences of the United States of America (PNAS) 98, 2001. S. 5937-5942

Rey, Georges: Qualia als enger Gehalt. S. 359-376 in: Esken, F.; Heckmann, D. (Hrsg.): Bewusstsein und Repräsentation. Paderborn 1998

Riedl, R.; Wuketits, F.M. (Hrsg.): Die Evolutionäre Erkenntnistheorie, Bedingungen, Lösungen, Kontroversen. Berlin, Hamburg 1987

Riedl, R.; Delpos, M. (Hrsg.): Die Evolutionäre Erkenntnistheorie im Spiegel der Wissenschaften. Wien 1996

Riedl, R.: Die Spaltung des Weltbildes, Biologische Grundlagen des Erklärens und Verstehens. Berlin und Hamburg 1985

Ros, Arno: Materie und Geist. Eine philosophische Untersuchung. Paderborn 2005

Roth, Gerhard; Prinz, Wolfgang (Hrsg.): Kopf Arbeit. Gehirnfunktionen und kognitive Leistungen. Heidelberg, Berlin, Oxford 1996

Roth, Gerhard: Das Gehirn und seine Wirklichkeit. Frankfurt a.M. 1997

Roth, Gerhard: Aus Sicht des Gehirns. Frankfurt a.M. 2003

Roth, Gerhard: Gehirn, Gründe und Ursachen. Deutsche Zeitschrift für Philosophie 53/2005. S. 691-705

Sacks, Oliver: Awakenings - Zeit des Erwachens. Reinbek 1994

Schmitz, Hermann: Was ist Wissen? Was ist Bildung? In: der blaue reiter - Journal für Philosophie, Heft 21: Wissen, 2006, S. 66

Schockenhoff, Eberhard: Wir Phantomwesen. Über zerebrale Kategorienfehler. S. 166-170 in: Geyer, Christian (Hrsg): Hirnforschung und Willensfreiheit. Zur Deutung der neuesten Experimente. Frankfurt 2004

Schröder, Jürgen: Einführung in die Philosophie des Geistes. Frankfurt a.M. 2004

Scoville, W.B.; Milner, B.: Loss of recent memory after bilateral hippocampal lesions. Journal of Neurology, Neurosurgery, and Psychiatry 20 (1), S. 11-21. 1957

Searle, John R.: Geist, Hirn und Wissenschaft. Frankfurt a.M. 1986

Searle, John R.: Die Wiederentdeckung des Geistes. München 1993

Searle, John R.: Freiheit und Neurobiologie. Frankfurt a.M. 2004

Singer, Wolf: Dialog der Gehirne. Bild der Wissenschaft 7/1997, S. 68-70

Singer, Tania et al: Empathy for Pain Involves the Affective but not Sensory Components of Pain. Science 303. 20.2.2004. S. 1157-1162

Soon, C.S.; Brass, M.; Heinze, H.-J.; Haynes, J.-D.: Unconscious determinants of free decision in the human brain. Nature neuroscience (11) 5/2008. S. 543-545

Spät, Patrick (Hrsg.): Zur Zukunft der Philosophie des Geistes. Paderborn 2008

Spektrum der Wissenschaft Spezial: Bewusstsein. 1/2004

Spiegel spezial: Die Entschlüsselung des Gehirns. 4/2003

Spies, Markus.: Unsicheres Wissen, Wahrscheinlichkeit, Fuzzy-Logik, neuronale Netze und menschliches Denken. Heidelberg, Berlin, Oxford 1993

Spitzer, Manfred: Geist im Netz. Modelle für Lernen, Denken und Handeln. Heidelberg, Berlin 2000

Spitzer, M.: Selbstbestimmen. Gehirnforschung und die Frage: Was sollen wir tun? Heidelberg 2004

Steinbuch, K.: Automat und Mensch. Berlin, Heidelberg, New York 1965

Steinvorth, Ulrich: In welchem Sinn hat der Mensch einen freien Willen? S. 1-17 in: Hermanni, F.; Koslowski, P. (Hrsg.): Der freie und der unfreie Wille. München 2004

Stekeler-Weithofer, Pirmin: Philosophie des Selbstbewusstseins; Hegels System als Formanalyse von Wissen und Autonomie. Frankfurt a.M. 2005

Strombach, W.; Tauber, M.J.; Reusch, B. (Hrsg.): Der Intelligenzbegriff in den verschiedenen Wissenschaften. Schriftenreihe der Österreichischen Computergesellschaft Bd. 28. Wien, München 1985

Sturma, Dieter: Philosophie des Geistes. Leipzig 2005

Tetens, Holm: Philosophisches Argumentieren. München 2004

Textor, Mark: Unbewusste Überzeugungen, subdoxastische Zustände und die Allgemeinheitsprinzipien. , S. 459-489 in: Esken, F.; Heckmann, D. (Hrsg.): Bewusstsein und Repräsentation. Paderborn 1998

Tietz, S.; Wild, M.: Denken Tiere? Information Philosophie 3, August 2006, S. 14-26

Tinbergen, Nikolaas: Instinktlehre. Vergleichende Erforschung angeborenen Verhaltens. Berlin 1972

Tye, Michael: Das Problem primitiver Bewusstseinsformen: Haben Bienen Empfindungen? S. 91-122 in: Esken, F.; Heckmann, D. (Hrsg.): Bewusstsein und Repräsentation. Paderborn 1998

Velmans, M.: Is Human Information Processing Conscious? In: The Behavorial and Brain Sciences 14, 1991. S. 651-668

Vogel, Matthias; Wingert, Lutz (Hrsg.): Wissen zwischen Entdeckung und Konstruktion. Erkenntnistheoretische Kontroversen. Frankfurt a.M. 2003

Vogel, M.: Wissen wir, was wir denken? In: Vogel, M.; Wingert, L. (Hrsg.): Wissen zwischen Entdeckung und Konstruktion. Frankfurt a.M. 2003

Waal, F. de: Der gute Affe. Der Ursprung von Recht und Unrecht bei Menschen und anderen Tieren. München, Wien 1997

Wingert, Lutz: Gründe zählen. Über einige Schwierigkeiten des Bionaturalismus. S. 194-204 in: Geyer, Christian (Hrsg): Hirnforschung und Willensfreiheit. Zur Deutung der neuesten Experimente. Frankfurt 2004

Wingert, Lutz: Die eigenen Sinne und die fremde Stimme. Über den mehrfachen Grund unserer Wissensansprüche. S. 218-248 in: Vogel, Matthias; Wingert, Lutz (Hrsg.): Wissen zwischen Entdeckung und Konstruktion. Erkenntnistheoretische Kontroversen. Frankfurt a.M. 2003

Winograd, Terry; Flores, Fernando: Erkenntnis Maschinen Verstehen. Zur Neugestaltung von Computersystemen. Berlin 1989

Wittgenstein, Ludwig: Tractatus logico-philosophicus. Logisch philosophische Abhandlung

Wittgenstein, Ludwig: Philosophische Untersuchungen. Frankfurt a.M. 1977

Wittgenstein, Ludwig: Philosophische Bemerkungen. Frankfurt a.M. 1984

Wright, Robert: Diesseits von Gut und Böse. Die biologischen Grundlagen unserer Ethik. München 1996

Wuketits, F.: Evolution, Erkenntnis, Ethik. Folgerungen aus der modernen Biologie. Darmstadt 1984

Zimmermann, Gero: Typenbildung mit Methoden der Clusteranalyse. Fortschrittliche Betriebsführung und Industrial Engineering, 26. Jahrg. Dez. Heft 6/1977, S. 381-389

Zimmermann, Gero: Wollen autonome Fußballroboter Tore schießen? Ein Beitrag zur Diskussion um den freien Willen. Aufklärung und Kritik 1/2007, S. 10-27.
Vgl. auch: www.gkpn.de/Zimmermann_Roboter.pdf

Zimmermann, Gero: Prämissen- und Konklusionenkritik der Philosophie des Geistes, dargestellt am Beispiel der Diskussion um den freien Willen. Aufklärung und Kritik 2/2008, S. 152-175
Vgl. auch: www.gkpn.de/Zimmermann_Willensfreiheit.pdf

Angaben zum Autor

Gero Zimmermann, geb. 1942, Studium der Elektrotechnik an der Universität Stuttgart, 1971 Promotion zum Dr. rer. pol an der Universität Karlsruhe, 1988 Habilitation in Wirtschaftsinformatik an der Universität Würzburg, berufliche Laufbahn bei einem Elektrokonzern in den Bereichen Softwareentwicklung und -betreuung als System-Ingenieur, Projekt-, Produkt- und Abteilungsleiter, sowie kaufmännischer Verantwortlicher und Controller der Entwicklungsabteilungen verschiedener Geschäftsbereiche des Konzerns. 2010 Promotion zum Dr. phil. an der Technischen Universität München.

FSC
www.fsc.org
MIX
Papier | Fördert gute Waldnutzung
FSC® C083411

Kolibri 360 GmbH
Ferdinand-Jühlke-Straße 7
99095 Erfurt, Deutschland
produktsicherheit@kolibri360.de